U0182236

"十三五"江苏省高等学校重点教材（编号：2020－1－121）

材料力学

（第三版）

主编　马占国　左建平　严圣平

参编　马立强　唐巨鹏　董纪伟
李宏波　罗吉安　赵慧明
杨卫明　韩永胜　杨　静
钟卫平

科学出版社

北　京

内 容 简 介

本书内容包括：绪论，拉伸、压缩与剪切，扭转，弯曲内力，弯曲应力，弯曲变形，应力状态分析与强度理论，组合变形，压杆稳定，动载荷与交变应力，能量法，截面的几何性质，热轧型钢常用参数表。本版新增典型例题的讲解视频，增加了课程思政教学内容。

本书可作为高等学校本科智能制造、智能建造、机器人、土木、机电、能源、地质等专业80学时左右的材料力学课程教材。对本书内容进行一定的选择后，亦可适用于材料、测绘、安全、热能等专业64学时左右的材料力学课程。本书也可作为高等职业学院相应专业材料力学教材。

图书在版编目(CIP)数据

材料力学/马占国，左建平，严圣平主编 .—3版 .—北京：科学出版社，2023.11

（“十三五”江苏省高等学校重点教材）

ISBN 978-7-03-077018-9

Ⅰ.①材… Ⅱ.①马…②左…③严… Ⅲ.①材料力学-高等学校-教材 Ⅳ.①TB301

中国国家版本馆CIP数据核字（2023）第220709号

责任编辑：任加林/责任校对：王万红

责任印制：吕春珉/封面设计：耕者设计工作室

科学出版社出版

北京东黄城根北街16号

邮政编码：100717

http://www.sciencep.com

三河市中晟雅豪印务有限公司印刷

科学出版社发行　各地新华书店经销

*

2012年8月第一版　2023年11月第十次印刷

2018年8月第二版　开本：787×1092 1/16

2023年11月第三版　印张：17 1/2

字数：407 500

定价：59.00元

（如有印装质量问题，我社负责调换〈中晟雅豪〉）

销售部电话 010-62136230　编辑部电话 010-62135763-8228

第三版前言

本书根据教育部高等学校力学教学指导委员会力学基础课程教学指导分委员会编制的《高等学校理工科非力学专业力学基础课程教学基本要求》编写而成。

本书被评为“十三五”江苏省高等学校重点教材，根据江苏省高等教育学会的要求对本教材进行修订，并通过了专家组的审定。

教育、科技、人才是全面建设社会主义现代化国家的基础性、战略性支撑。本书在编写过程中坚持科技是第一生产力、人才是第一资源、创新是第一动力的思想理念，以坚持为党育人、为国育才的原则，本着培养德智体美各方面全面发展人才的指导思想，引导学生形成实事求是的科学态度，不断提高科学思维能力，增强分析问题、解决问题的实践本领，依靠学习走向未来。教育引导学生树立共产主义远大理想和中国特色社会主义共同理想，坚定“四个自信”，厚植爱国主义情怀，把爱国情、强国志、报国行自觉融入建设社会主义现代化强国、实现中华民族伟大复兴的奋斗之中。

第三版保持原有风格与特色，坚持理论联系实践、深入浅出、重点突出。对原有内容作了部分修订，更新了部分例题和习题。新增典型例题的讲解视频，方便学生自学，提高学生的学习兴趣，对学生参加研究生入学考试和相关学科竞赛都非常有帮助。

第三版更换了一些试验曲线，尽可能采用真实试验曲线以及最新试验数据。插图都使用 AutoCAD 绘制，通过 VISIO 并转换成分辨率为 2 000 像素/英寸的 TIF 图。抛物线、正弦曲线等则按照方程精确绘制。

参加第三版编写工作的有马占国、左建平、严圣平、马立强、唐巨鹏、董纪伟、李宏波、罗吉安、赵慧明、杨卫明、韩永胜、杨静、钟卫平等老师，由马占国、左建平、严圣平担任主编。马占国负责全书的技术策划、质量把关、视频内容的选择与录制。严圣平负责本书的延续与传承，龚鹏和沈晓明两位老师参与了视频录制工作。

本次修订过程中得到了国内力学界同行以及中国矿业大学力学与工程科学系领导和老师的大力支持，参考了多本国内外优秀教材，并获得了中国矿业大学教务部和力学与土木工程学院的立项资助，在此一并感谢！

限于编者的水平，教材难免有疏漏和不妥之处，深望广大老师、同学及不同领域的读者提出批评和指正，以便再版时进一步改进和提高。

编　者

2022 年 12 月

第一版前言

材料力学是高等工科院校普遍开设的一门重要的技术基础课程，材料力学知识不仅对后续课程影响深远，而且在工程中应用广泛。许多高校将其列为硕士研究生入学考试科目。本书编写力求做到概念准确，内容精炼，重点突出，理论联系实际。为了提高学生分析问题和解决问题的能力，本书提供了一部分联系实际的典型例题。全书采用《量和单位》（GB 3100～3102－1993）中规定的有关量和单位的通用符号，书写格式规范。书中较多由浅入深的例题，尤其是量大面广的习题，对学生参加研究生入学考试和相关学科的竞赛都是非常有帮助的。

董正筑、茅献彪两位教授审查了书稿，提出了一些宝贵意见，科学出版社的编辑和编审对书稿的内容和版式提出了一些改进意见，为本书的顺利出版付出了艰辛的劳动，在此对他们表示感谢。本书在编写过程中参考了国内外一些优秀教材，汲取了它们的许多长处，并选用了其中的部分例题和习题，在此对相关作者致谢。

全书由严圣平任主编并统稿。具体编写分工为：第 3、10、11 章由钟卫平编写，第 4、7 章及附录由杨静编写，其余章节由严圣平编写。本书插图力求清晰、规范、美观。所有插图均由严圣平使用 AutoCAD 精心绘制，然后直接转成 1 200 线的 TIF 图插入到北大方正排版系统中。为方便教师上课使用以及学生自学，本书另配电子教案及学习指导书。

限于编者水平，书中难免有疏漏和不妥之处。欢迎读者批评指正，以便再版时改进和提高。

编　者

2012 年 7 月

目　录

1 绪论

典型例题

1.1 材料力学的任务

组成结构或机械的单个组成部分，如建筑物的梁和柱、旋转机械的轴等，统称**构件**(member)。当结构或机械工作时，构件将受到载荷的作用。例如，矿山支护结构构件，所承受的矿山压力是由岩石自重、地壳构造运动、地下水压力、岩层中的瓦斯压力等因素引起的。又如，车床工作时主轴受齿轮啮合力和切削力作用，吊车起吊时梁受自身重力和悬挂物重力的作用。

为了保证构件能够正常工作，构件应具有足够的承载能力，构件的设计必须满足下面三个基本要求。

(1) 在载荷作用下，构件不至于破坏（断裂或失效），即应具有足够的**强度**(strength)。例如，支架梁承受矿压时不能断裂，压力容器不能爆裂，冲床曲轴不能折断。

(2) 在载荷作用下，构件产生的变形不超出工程上允许的范围，即应具有足够的**刚度**(stiffness)。有些构件即使不破坏，即有足够的强度，但若变形过大，也不能正常工作。例如，机床的主轴若变形过大会影响加工精度。机床主轴的变形必须控制在一定范围内，才能保证加工精度，正常工作。

(3) 构件在微小的干扰下，应具有足够的保持原有平衡形态的能力，即应满足**稳定性**(stability)的要求。一些受压力作用的细长杆件，如千斤顶的螺杆、内燃机的挺杆、矿用液压支架的柱腿等，当压力较大时会被压弯，失去了原有的直线平衡形态，不能正常工作。为了保证其正常工作，要求这类细长受压杆件始终保持原有的直线平衡形态。

构件如果满足了强度、刚度和稳定性三方面的要求，就可以正常工作。但同时还应考虑经济方面的要求，若片面追求安全性而一味地加大构件尺寸或选用优质材料，将增加构件的自重和增加成本，造成浪费，甚至会影响产品的工作性能。例如，飞机的安全性非常重要，但过大的自重会影响飞机的气动性能和飞行性能。在设计构件时，除了要求构件能正常工作外，同时还应考虑合理地使用和节约材料并减轻自重。因此，材料力学的任务是在满足强度、刚度和稳定性的前提下，为设计既经济又安全的构件，提供必要的理论基础和计算方法。

一般地说，实际工程问题中的构件都应有足够的强度、刚度和稳定性。但就某一具体构件而言，对上述三项要求往往有所侧重。例如，风钻的钻杆以强度要求为主，车床的主轴以刚度要求为主,金属摩擦支柱则以稳定性要求为主。

对某些特殊构件可能会有相反的要求。例如,机器中的自控保护装置,当超载时安全销应当首先破坏而起到保护机器主轴的作用;车辆中的板簧变形越大减振的效果则越好。

研究构件的强度、刚度和稳定性时,应了解材料在外力作用下所表现出来的抗变形和抗破坏等方面的性能,即材料的力学性能(又称机械性能),而力学性能则由实验来测定。此外,经过各种假设、简化得出的理论是否正确、可信,也需要通过实验来验证。再者,有些单靠现有理论难以解决的问题,或者尚无理论结果的问题,也需借助实验来解决。所以,理论分析和实验研究都是材料力学解决实际问题的方法。

1.2 变形固体及其基本假设

制造构件所用的材料都是固体,固体在载荷作用下要产生变形,称为**变形固体**或**可变形固体**(deformable solid)。固体有多方面的属性,研究的角度不同,侧重面亦不同。材料力学主要研究构件的强度、刚度和稳定性问题,为了简化分析,对变形固体作某些假设,抓住与问题有关的主要属性,忽略一些次要属性,抽象出力学模型。但不可认为根据这些假设得出的结论一定是近似的或有误差的。模糊数学有这样一句经典语录:过分的精确反而模糊,适当的模糊反而精确。

材料力学对变形固体作如下假设。

1. 连续性假设(continuity assumption) 认为组成固体的物质毫无空隙地充满了固体的体积。

事实上,组成固体的晶粒之间存在着不同程度的空隙,但这种空隙的大小是以纳米计量的,与构件尺寸相比极其微小,可以忽略不计。这样就可以认为固体在整个体积内是连续的。

2. 均匀性假设(bomogenization assumption) 认为固体内任何部分的力学性能都是完全相同的。

无论是岩石、混凝土还是金属材料,不同部位的微粒的力学性能并不完全相同。但在构件内,各个微粒是错综复杂地排列的,材料的力学性能是所有晶粒力学性能的统计平均值,所以可以认为材料均匀性假设成立。有了均匀性假设后,若从固体内任意位置取出一部分,其力学性能都是相同的。

有了连续、均匀性假设后,就可以运用坐标的连续函数和微积分工具来分析和求解问题,并可从固体中的任何地方取出微小部分来研究。

3. 各向同性假设(isotropy assumption) 认为固体沿各个方向的力学性能完全相同。

具备这种属性的材料称为**各向同性材料**(material with isotropy)。均匀的非晶体材料,一般都是各向同性的。金属的单一晶粒,在不同方向上,其力学性能并不一样。但它的尺寸远小于构件的尺寸,又是杂乱无章地排列的,因此它们的统计平均性能在各个方向趋于一致。钢、铜和玻璃等都可认为是各向同性材料。

沿不同方向力学性能不同的材料,称为**各向异性材料**(material with anisotropy),如木材、竹材、胶合板等。

以连续、均匀、各向同性的变形固体作为构件材料的力学模型,这种理想化的力学模型代表了各种工程材料的基本属性,从而使材料力学的理论研究成为可行。用这种力学模型进行计算所得结果,在大多数情况下是能符合工程计算的精度要求的。

构件受力后都要发生变形。大变形或有限变形的力学问题大都是非线性的,所得理论结果都比较复杂。对于由满足胡克定律的材料制成的构件,小变形的力学问题大都是线性的。作为应用于工程设计的材料力学,所研究的构件在载荷作用下的变形与构件的原始尺寸相比通常甚小。在研究构件的平衡和运动以及内部受力和变形等问题时,可按构件变形前的原始尺寸和形状进行计算。在材料力学中经常用到这种小变形及按原始尺寸和形状进行计算的概念。

1.3 外力及其分类

作用于构件上的外力(载荷和约束力)按其作用方式可分为表面力和体积力。表面力是作用于物体表面上的力,又分为分布力和集中力。连续作用于物体表面的力即分布力。例如,作用于液压支架油缸内壁上的油压力和岩石对支架梁的作用力都是分布力。若外力分布面积远小于物体的表面尺寸,或沿构件轴线分布范围远小于轴线长度,就可看作是作用于一点的集中力,如风钻头对岩石的压力就是集中力。体积力是连续分布于物体内部各点上的力,如物体的自重和惯性力等。

按随时间变化的情况,载荷又分为**静载荷**(static load)和**动载荷**(dynamic load)。若载荷由零开始缓慢增加至某一定值后保持不变或变动很小,即静载荷。若载荷随时间而变化,则为动载荷。按其随时间变化的方式,动载荷又可分为交变载荷和冲击载荷。交变载荷是随时间作周期性变化的载荷。例如,截煤机的截齿工作时,煤体对它的作用力随时间作周期性变化。冲击载荷是物体运动在瞬间发生突然变化所引起的载荷。例如,放炮时冲击波对岩体和支架的作用力,刹车时飞轮的轮轴受到的冲击力,锻造时汽锤的锤杆受到的冲击力。静载荷问题相比于动载荷问题要简单些。静载荷的理论和分析方法,又是解决动载荷问题的基础。

1.4 杆件变形的基本形式

材料力学所研究的主要构件从几何上多抽象为**杆**(bar)。杆是纵向(长度方向)尺寸远大于横向(垂直于长度方向)尺寸的构件。垂直于长度方向的截面称为**横截面**(cross section),如图 1.1 所示,所有横截面形心的连线即为杆的**轴线**(axis),轴线与横截面垂直。轴线为直线的杆称为直杆,横截面的形状和大小不变的直杆称为等直杆。轴线为曲线的杆称为曲杆。

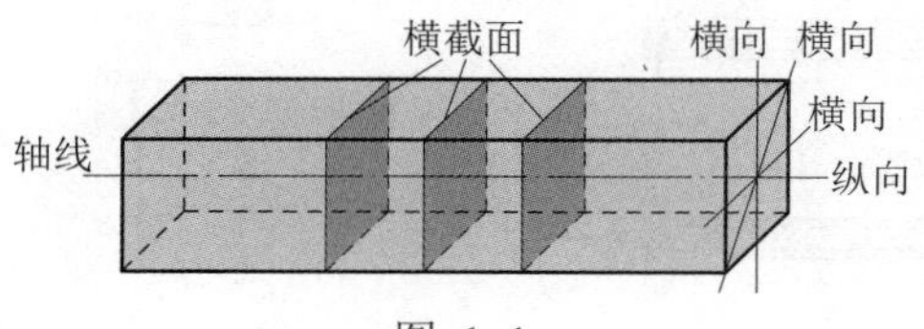

图 1.1

工程上许多常见的构件,如立柱、托架、传动轴、车轮轴、支架梁等,都可以简化为杆。

作用于杆上的外力有各种情况,杆件相应的变形也有各种形式,如对杆件的变形进行仔细分析,就可以把杆件的变形归纳为如下四种基本变形。

1. 轴向拉伸和压缩(axial tension and compression) 杆受一对大小相等、方向相反的纵向力,力的作用线与杆轴线重合(图 1.2)。变形表现为杆(拉伸时)变长变细或(压缩时)变短变粗。

2. 剪切(shear) 杆受一对大小相等、方向相反的横向力,力的作用线靠得很近(图 1.3)。变形表现为受剪杆件的两部分沿外力作用方向发生相对错动。

3. 扭转(torsion) 杆受一对大小相等、方向相反的力偶,力偶作用面垂直于杆轴线(图 1.4)。变形表现为杆件的任意两个横截面发生绕轴线的相对转动。

4. 弯曲(bending) 杆受一对大小相等、方向相反的力偶,力偶作用面是包含轴线的纵向面(图 1.5)。变形表现为杆件轴线由直线变成曲线。

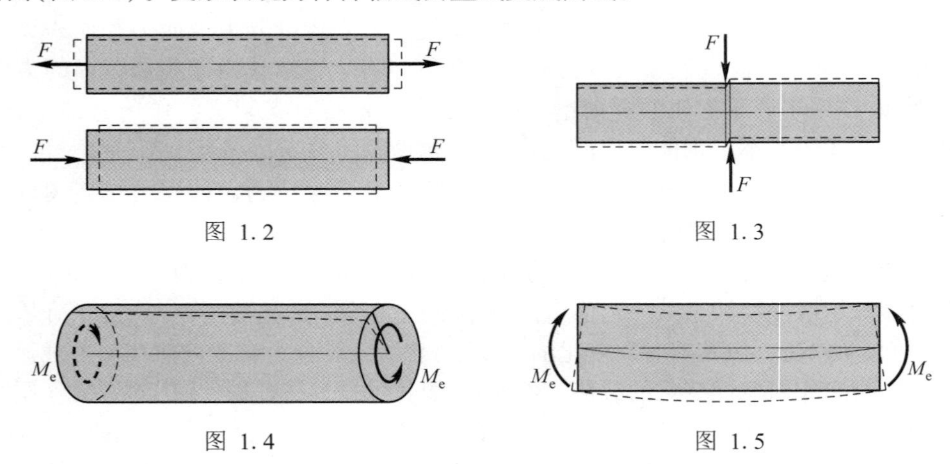

图 1.2 图 1.3

图 1.4 图 1.5

图 1.6 所示简易吊车,在载荷 F 作用下,杆 AC 受拉,而杆 BC 受压。另外,悬索桥或斜拉桥的钢缆、桁架中的杆件、液压油缸的活塞杆等的变形,都属于拉伸或压缩变形。

图 1.7 所示连接件,其螺栓受到剪切。另外,机械或结构中常用的连接件,如铆钉、销钉、螺栓、键等都产生剪切变形。

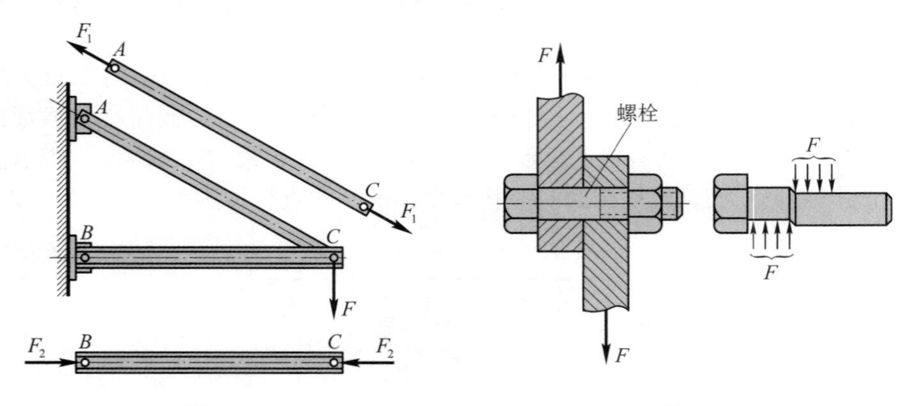

图 1.6 图 1.7

图 1.8 所示汽车转向轴 AB 发生扭转变形，司机施加在方向盘上的是一对大小相等，方向相反，平行但不共线的一对力 F，形成一力偶。另外，电动机的主轴、汽车的转动轴、发动机的曲轴等都产生扭转变形。

图 1.9 所示火车轮轴的变形即为弯曲变形，其轴线由直线弯成曲线。另外，桥式起重机的大梁、跳板跳水比赛使用的跳板、举重杠铃的杠杆、家中阳台上的晾衣杆等都产生弯曲变形。

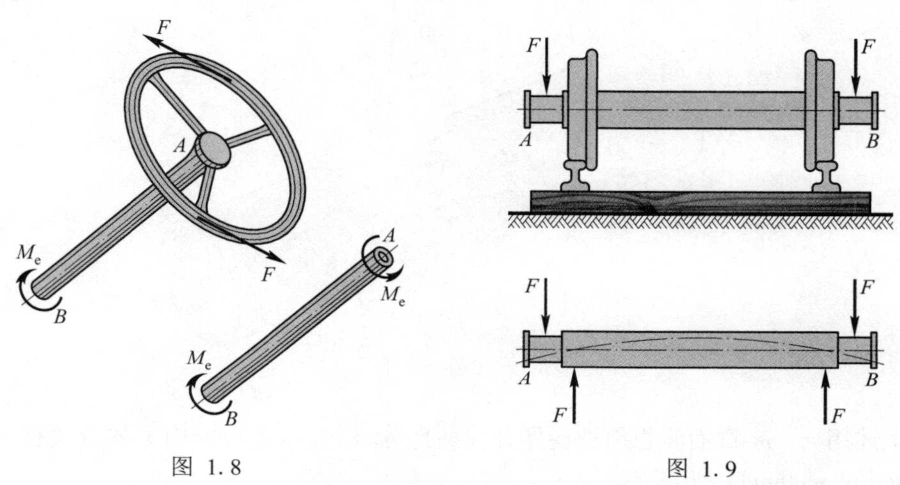

图 1.8　　图 1.9

还有一些杆件会同时发生几种基本变形。例如，车床主轴工作时会同时发生扭转、弯曲和压缩三种基本变形；钻床立柱同时发生拉伸和弯曲两种基本变形。这类由两种或两种以上基本变形组合的变形，称为**组合变形**(combined deformation)。本书首先依次讨论四种基本变形，然后再分析组合变形问题。

1.5　内力、截面法和应力的概念

由物理学可知，即使不受外力作用，物体内各质点之间也存在着相互作用的力，它使分子间距离保持不变，并维持固体一定的形状。

物体因受外力作用而变形，其内部各部分之间因相对位置改变而引起相互作用力的变化。这种由外力作用而引起的相互作用力的改变量，即为材料力学中所研究的内力。

为了显示出图 1.10(a)所示构件在外力作用下 $m-m$ 截面上的内力，假想通过截面 $m-m$ 把构件分成图 1.10(b)所示的Ⅰ、Ⅱ两部分，设法把内力转化为外力的形式，就可用理论力学的方法来分析。任取其中一部分，例如Ⅰ作为研究对象。在部分Ⅰ上作用有外力 F_1 和 F_2，欲使Ⅰ保持平衡，则Ⅱ必然有力作用于Ⅰ的 $m-m$ 面上，以与Ⅰ所受外力平衡。根据作用与反作用定律可知，Ⅰ必然也以大小相等、方向相反的力作用于Ⅱ上。上述Ⅰ与Ⅱ之间相互作用的力，就是构件在 $m-m$ 截面上的内力。按照连续性假设，在 $m-m$ 截面上应是一个分布力系，将其向截面形心简化后得到的主矢和主矩即为截面上的内力。

对于部分Ⅰ，外力 F_1、F_2 以及截面 $m-m$ 上的内力保持平衡，通过静力平衡方程可以求出截面 $m-m$ 上内力。

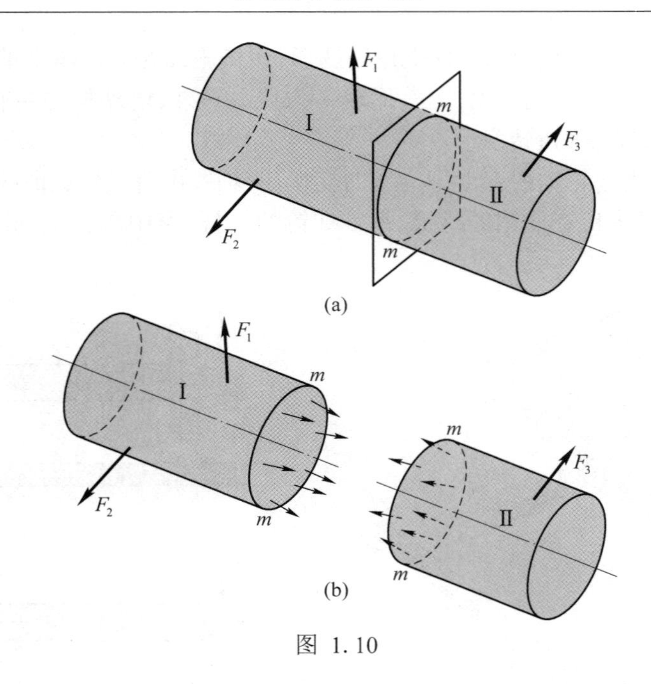

图 1.10

上述用 $m-m$ 截面假想地把构件分成两部分,以显示并确定内力的方法称为**截面法**(method of section)。步骤如下。

(1) 欲求某一截面上的内力,就沿该截面假想把构件分成两部分,任意地留下一部分作为研究对象,并弃去另一部分。

(2) 用作用于截面上的内力代替弃去部分对留下部分的作用。

(3) 建立留下部分的静力平衡方程,确定未知的内力。

在上述受力构件的 $m-m$ 截面上,围绕 C 点取微小面积 ΔA,如图 1.11 所示,ΔA 上分布内力的合力为 ΔF,则

$$p_{\mathrm{m}}=\frac{\Delta F}{\Delta A}$$

定义为 $m-m$ 截面上 C 点的平均应力。当 ΔA 趋于零时,极限

$$p=\lim_{\Delta A\to 0}p_{\mathrm{m}}=\lim_{\Delta A\to 0}\frac{\Delta F}{\Delta A} \tag{1.1}$$

称为 C 点处的**应力**(stress)。p 是一个矢量,将其分解成垂直于截面的分量 σ 和切于截面的分量 τ(图 1.12)。σ 称为**正应力**(normal stress),而 τ 称为**切应力**(shearing stress)。

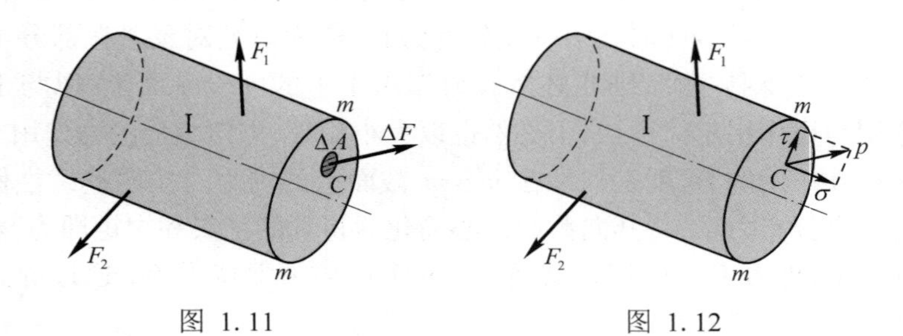

图 1.11　　　　图 1.12

应力是内力的集度,即单位面积上的内力。应力的量纲①为 $L^{-1}MT^{-2}$。在我国法定计量单位中,应力的单位为 Pa(帕), 1 Pa = 1 N/m^2。由于这个单位太小,使用不便,所以通常使用 MPa(兆帕), 1 MPa = 10^6 Pa。

1.6 应变的概念

如图 1.13 所示,在变形前构件内某点 A 沿 η 方向取长为 Δs 的一线段 AB。受力后,构件发生变形,线段 AB 移动到新位置 $A'B'$,该线段的长度变为$\Delta s+\Delta u$,即线段 AB 原长为 Δs, 伸长了 Δu, 则比值

$$\varepsilon_{\mathrm{m}}=\frac{\Delta u}{\Delta s} \tag{1.2}$$

表示线段 AB 每单位长度的平均伸长(或缩短),称为平均线应变。极限

$$\varepsilon=\lim_{\Delta s\to 0}\frac{\Delta u}{\Delta s} \tag{1.3}$$

称为 A 点沿 η 方向的**正应变**(normal strain)或**线应变**(linear strain),简称**应变**(strain)。应变 $\varepsilon>0$ 表示线段伸长, $\varepsilon<0$ 表示线段缩短。一般来说,受力构件内同一点沿不同方向的线应变是不相同的,必须明确是构件内哪一点、哪个方向的线应变。

固体的变形不仅表现为固体内线段长度的改变,而且固体内两条正交线段的夹角也将发生改变。如图 1.14 所示,在变形前构件内 A 点沿 x 方向取长为 dx 的线段 AB,沿 y 方向取长为 dy 的线段 AC, AB 垂直于 AC。构件变形后,线段 AB 移动到新位置 $A'B'$, AC 移动到新位置 $A'C'$,则$\angle CAB$ 的改变量为

$$\gamma=\frac{\pi}{2}-\angle C'A'B' \tag{1.4}$$

定义为 A 点在 xy 平面内的**角应变**或**切应变**(shearing strain)。切应变是指平面内两条正交的线段,变形后其直角的改变量。切应变以直角减小为正,增大为负。

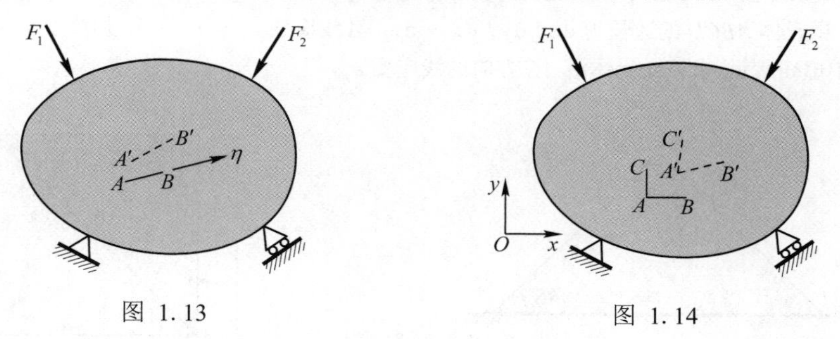

图 1.13　　图 1.14

应变是描述固体变形的一种几何度量。线应变在几何上表示伸长、缩短,而切应变表示物体形状的改变。线应变和切应变都是量纲一的量,线应变单位符号为 1,切应变单位符号为 rad。

① 在国际单位制中,7 个基本物理量:长度、质量、时间、电流、热力学温度、物质的量、发光强度的量纲分别可以用L、M、T、I、Θ、N和J表示。将一个物理导出量用若干个基本量的乘方之积表示出来的表达式,称为该物理量的量纲。

习　题

1.1　图示拉伸试样上 A、B 两点之间的距离 $l=50$ mm，直径 $d=10$ mm。受拉力 F 作用后，测得 A、B 两点之间距离的增量为 $\Delta l = 0.015$ mm，直径的增量为 $\Delta d = -9\times10^{-4}$ mm。求 AB 段杆沿长度方向和沿直径方向的平均线应变 ε 和 ε'。

1.2　图示圆形薄板的半径 $r = 100$ mm，变形后 r 的增量为 $\Delta r = 0.024$ mm。求沿半径方向和外圆圆周方向的平均线应变。

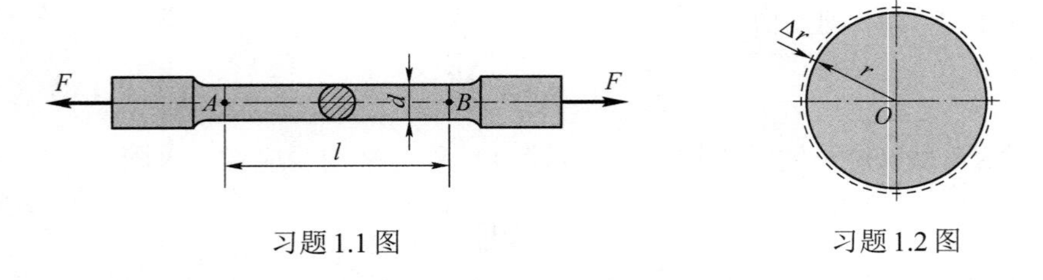

习题 1.1 图　　习题 1.2 图

1.3　图示三个矩形微元体，虚线表示其变形后的位置，求微元体在左下角 A 处的切应变 γ。

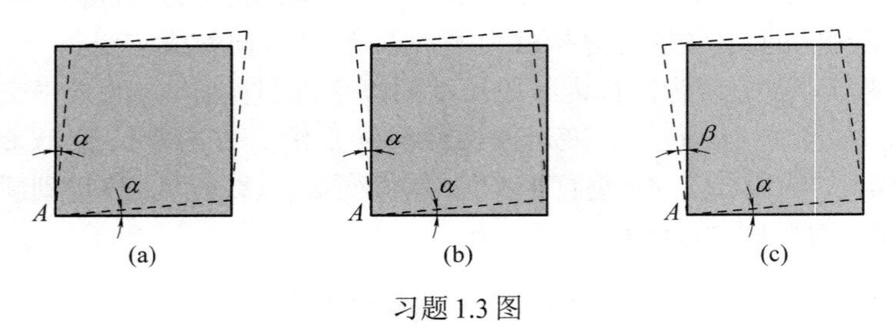

习题 1.3 图

1.4　图示三角形薄板因受外力作用而变形，角点 B 垂直向上的位移为 0.015 mm，但 AB 和 BC 仍保持为直线。试求薄板沿 OB 的平均应变，以及在 B 点处的切应变。

1.5　微元体 $ABCD$ 的边长为 $\mathrm{d}x$、$\mathrm{d}y$，$\mathrm{d}x = \mathrm{d}y$。其线应变 $\varepsilon_x = \varepsilon_y = 0$，切应变为 γ，变形后如习题 1.5 图中虚线所示。求该微元体沿 AC 方向的线应变 ε_{AC}。

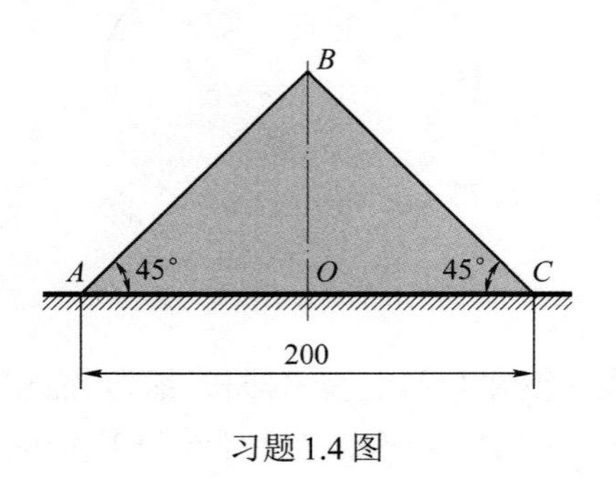

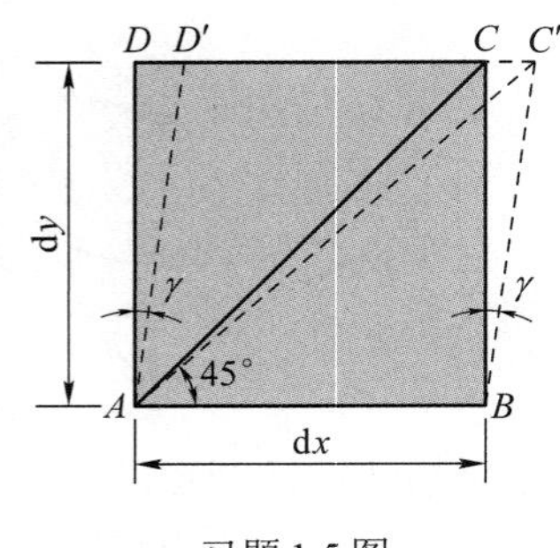

习题 1.4 图　　习题 1.5 图

2

拉伸、压缩与剪切

2.1 轴向拉伸与压缩的概念

工程实际中,存在许多承受拉伸或压缩的杆件。例如,图 2.1 所示悬索桥中承受拉力的吊索,图 2.2 所示铁路桥中承受压力的桥墩。空气压缩机、蒸汽机的连杆也是受压杆件。一些机器中用各种紧固螺栓作为连接件,将多个零件或部件装配在一起,事先对螺栓施加预紧力,使螺栓承受轴向拉力。而桁架中的杆件,则不是受拉便是受压。

图 2.1

图 2.2

工程实际问题中承受轴向拉伸或压缩的杆件,外形各有差异,加载方式也不尽相同,但它们的共同特点是:作用于杆件上外力的合力作用线与杆的轴线相重合,杆件变形是沿轴线方向的伸长或缩短。若将这些杆件的形状和受力情况进行简化,均可简化成图 2.3 所表示的受力简图,图中用虚线表示杆变形后的形状。杆拉伸时纵向伸长、横向缩短(变长变细),压缩时纵向缩短、横向伸长(变短变粗)。

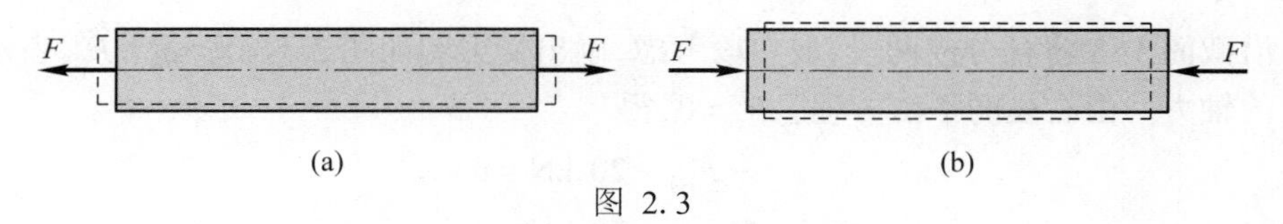

图 2.3

轴向拉伸与压缩是杆件基本受力与变形形式中最简单的一种,涉及的一些基本原理和方法比较简单,但在材料力学中却有一定的普遍意义。

2.2 轴向拉压杆横截面上的内力

为了求解图2.4(a)所示杆横截面 $m-m$ 上的内力,沿横截面 $m-m$ 假想地把杆分成两部分。杆件左、右两段在横截面 $m-m$ 上只有沿轴线方向且与轴线重合的内力 [图2.4(b)或(c)],用 F_N 表示,由左段(或右段)的平衡方程 $\sum F_x=0$,得

$$F_N=F$$

内力 F_N 称为**轴力**(normal force)。拉伸时的轴力规定为正,压缩时的轴力规定为负。

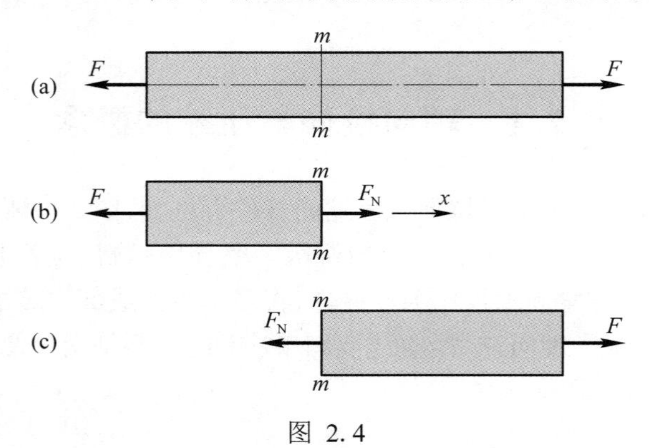

图 2.4

当杆件受到多个轴向载荷作用时,在不同的横截面上,轴力不尽相同,这时可以用**轴力图**表示轴力沿杆件轴线变化的情况。在轴力图中,横坐标表示横截面位置,纵坐标表示轴力的大小。下面通过例题说明求解轴力以及绘制轴力图的方法。

例 2.1 求图2.5(a)所示杆1-1、2-2、3-3截面上的轴力,并画出轴力图。

解: 使用截面法,沿截面1-1将杆分成两段,取左段考虑,画出受力图如图2.5(b)所示,F_{N1}表示1-1截面上的轴力。由左段的平衡方程 $\sum F_x=0$,得

$$F_{N1}-10\ \mathrm{kN}=0$$

由此求得截面1-1上的轴力

$$F_{N1}=10\ \mathrm{kN}$$

沿截面2-2将杆分成两段,取左段考虑,画出受力图如图2.5(c)所示,F_{N2}表示2-2截面上的轴力。由左段的平衡方程 $\sum F_x=0$,得

$$F_{N2}+15\ \mathrm{kN}-10\ \mathrm{kN}=0$$

$$F_{N2}=-5\ \mathrm{kN}$$

沿截面3-3将杆分成两段,取右段考虑,画出受力图如图2.5(d)所示,F_{N3}表示3-3截面上的轴力。由右段的平衡方程 $\sum F_x=0$,得

$$-F_{N3}-20\ \mathrm{kN}=0$$

$$F_{N3}=-20\ \mathrm{kN}$$

以横坐标表示横截面的位置,纵坐标表示相应横截面上的轴力,画出轴力图如图2.5(e)所示。

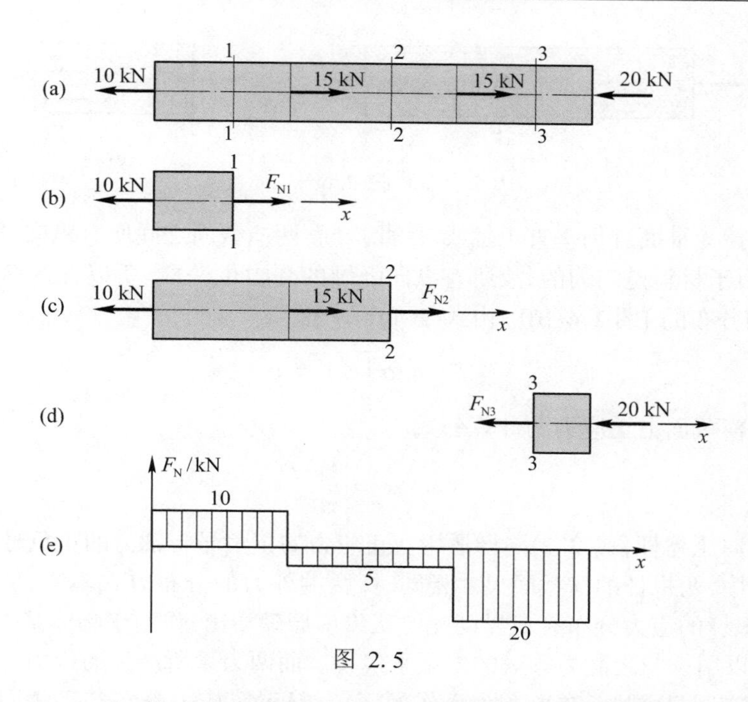

图 2.5

在图 2.5(b)~(d)中,轴力都画成正方向,即指向横截面的外法线方向。如果求出的轴力为正,说明是拉力;如果求出的轴力为负,说明是压力。这与轴力的正负号规定完全一致。另外,轴力图中可以不画阴影线,但如果画,则要求阴影线与轴线垂直。

2.3　轴向拉压杆横截面上的应力

材料相同、粗细不同的两根杆,在相同的拉力作用下,两杆的轴力显然相同。但当拉力逐渐增大时,细杆必定先被拉断。由此可见,拉杆的强度不仅与轴力大小有关,而且与横截面面积有关。

为了解决拉压杆件的强度问题,除需计算横截面上的内力(即轴力)外,还需进一步研究内力在横截面上的分布规律和分布的集度,即应力。

在拉压杆的横截面上,与轴力 F_N 对应的应力是正应力 σ。在横截面上取微元面积 dA,该微面积上的法向内力元素 σdA 组成一个平面平行力系,其合力就是轴力 F_N,即

$$F_N = \int_A \sigma dA \tag{2.1}$$

只有知道了 σ 在横截面上的分布规律,才能完成式(2.1)中的积分。

为了求得 σ 在横截面上的分布规律,可以通过实验来观察杆件的变形。取一等直杆,在其表面上画2条与轴线垂直的横向线 ab 和 cd [图2.6(a)]。在杆两端施加拉力 F,变形后两条横向线分别平行地移至 $a'b'$ 和 $c'd'$。根据此变形现象,可得出结论:杆件外表面上位于横向线 ab 和 cd 之间的所有纵向纤维的伸长量是相等的。

观察到的是杆外表面的变形现象,杆内部的变形现象是看不见摸不着的。根据外表面的变形现象,可以猜测杆内部的变形规律,作如下的**平面假设**:变形前原为平面的横截面,

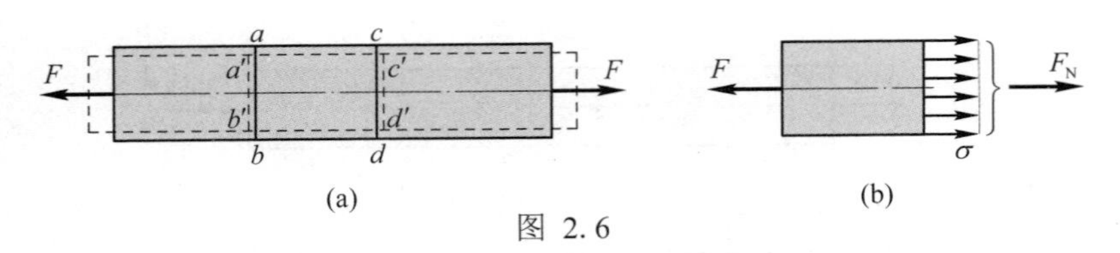

图 2.6

变形后仍保持为平面且仍垂直于轴线。由此推断,两横截面之间所有纵向纤维的伸长量是相等的。又由于材料是均匀的,故所有纵向纤维的受力也一样。所以杆件横截面上的正应力 σ 是均匀分布的 [图 2.6(b)]。由式(2.1)可求得

$$F_N = \sigma\int_A dA = \sigma A$$

由此求得杆横截面上正应力的计算公式

$$\sigma = \frac{F_N}{A} \tag{2.2}$$

对于轴向压缩杆,式(2.2)同样适用。正应力的正负号与轴力的正负号是一致的。

图 2.7 中,两根杆的横截面尺寸相同,杆两端外力的分布方式不同,但它们是静力等效的,这两根杆的应力分布有何异同呢?**圣维南原理**指出:作用于物体某一局部区域内的外力系,可以用一与之静力等效的力系来代替。而两力系所产生的应力分布只在力系作用区域附近有明显差别,在离开力系作用区域较远处,应力分布几乎相同。此原理已被实验所证实。根据此原理,图 2.7 所示两根杆,在端部应力分布有明显差别,集中力作用点附近区域内的应力分布比较复杂,而在距两端稍远处的应力分布基本一样。

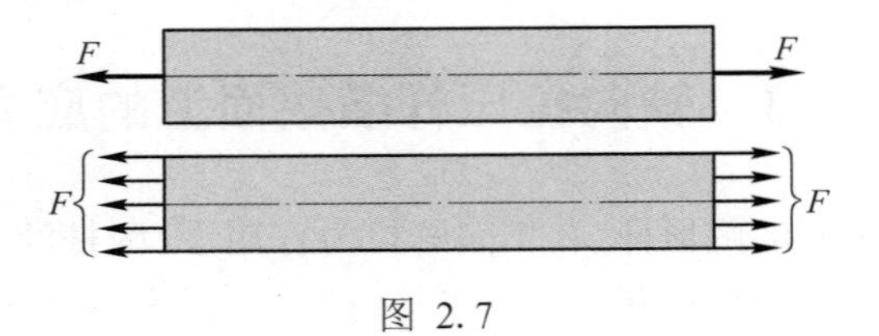

图 2.7

2.4 轴向拉压杆斜截面上的应力

不同材料的试验表明,拉压杆的破坏并非全是沿横截面发生,有些却是沿斜截面发生的。为了全面地研究拉压杆的强度,需进一步讨论杆斜截面上的应力。

图 2.8(a)所示直杆受轴向拉力 F 作用,设杆的横截面面积为 A,横截面上的正应力为 σ。斜截面 $m-m$ 与横截面夹角为 α,斜截面的面积为 A_α。沿斜截面 $m-m$ 把杆分成两部分,取左段考虑 [图 2.8(b)],由左段的平衡得

$$F_\alpha = F$$

与分析横截面上正应力均匀分布的方法相同,图 2.8(b) 所示斜截面上的应力 p_α 也是均匀分布的,则

$$p_\alpha = \frac{F_\alpha}{A_\alpha} = \frac{F}{\dfrac{A}{\cos\alpha}} = \frac{F}{A}\cos\alpha = \sigma\cos\alpha$$

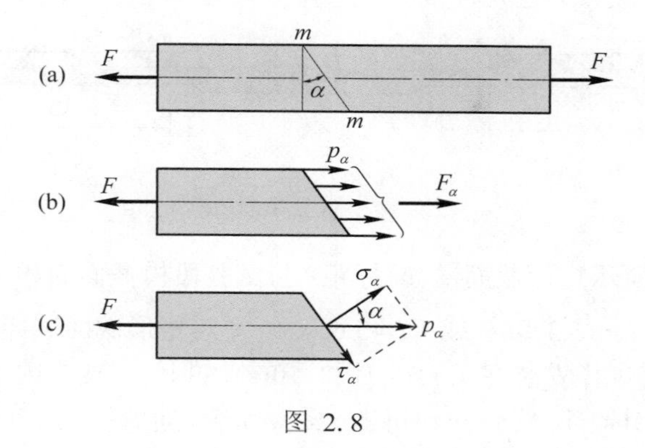

图 2.8

将 p_α 向斜截面的法向和切向分解 [图 2.8(c)],可得正应力和切应力分别为

$$\sigma_\alpha = p_\alpha \cos\alpha = \sigma\cos^2\alpha$$

$$\tau_\alpha = p_\alpha \sin\alpha = \sigma\cos\alpha\sin\alpha = \frac{\sigma}{2}\sin 2\alpha$$

即,轴向拉压杆斜截面上的正应力和切应力计算公式为

$$\left.\begin{aligned}\sigma_\alpha &= \sigma\cos^2\alpha \\ \tau_\alpha &= \frac{\sigma}{2}\sin 2\alpha\end{aligned}\right\} \tag{2.3}$$

当 $\alpha = 0°$ 时,斜截面即为横截面, σ_α 达到最大值, 且

$$\sigma_{\max} = \sigma$$

当 $\alpha = 45°$ 时, τ_α 达到最大值, 且

$$\tau_{\max} = \frac{\sigma}{2}$$

当 $\alpha = 90°$ 时,即在平行于杆件轴线的纵向截面上

$$\sigma_\alpha = \tau_\alpha = 0$$

可见,杆轴向拉(压) 时,最大正应力发生在横截面上,最大切应力发生在与杆轴线成 45°的斜截面上,在平行于杆件轴线的纵向截面上无任何应力。

2.5　材料在拉伸与压缩时的力学性能

构件的强度、刚度与稳定性,不仅与构件的形状、尺寸及所受外力有关,而且与材料的力学性能(也称为机械性能)有关。材料的力学性能是指材料在外力作用下所表现出的变形、破坏等方面的特性,一般用常温、静载(缓慢加载)试验来测定。

《金属材料　拉伸试验　第 1 部分: 室温试验方法》(GB/T 228.1 -2010)中对试样的形状、加工精度、加载速度、试验环境等都有统一规定。图 2.9 为标准拉伸试样,标记 m 与 n 之间的杆段为试验段,其长度 l 称为**标距**(gauge length)。

对于图 2.9(a)所示圆截面试样,标距 l 与直径 d 有两种比例,即

$$l = 10d \quad 或 \quad l = 5d \quad (对圆截面试样)$$

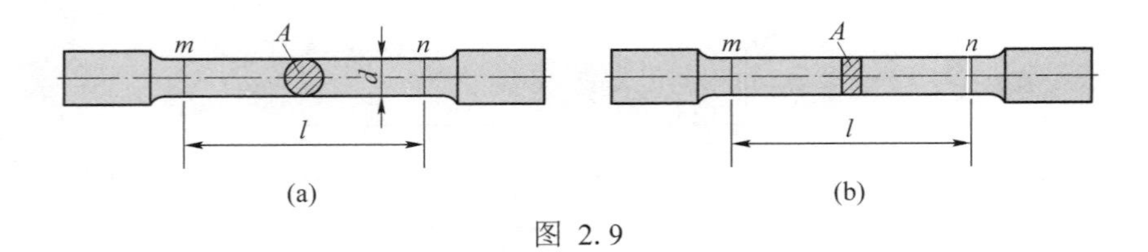

(a) (b)

图 2.9

对于图 2.9(b)所示矩形截面试样,标距 l 与试验段横截面面积 A 有两种比例,即

$$l=11.3\sqrt{A} \quad 或 \quad l=5.65\sqrt{A} \quad (对矩形截面试样)$$

试验时,首先将试样安装在试验机 [图2.10(a)] 的上、下夹头内 [图2.10(b)],并在标距段安装测量变形的引伸计。然后开动机器,缓慢加载。随着拉力 F 的增大,试样逐渐被拉长,拉力 F 对应的标距段的伸长用 Δl 表示。拉力 F 与标距段伸长 Δl 的关系曲线,称为拉伸图或 $F-\Delta l$ 曲线。

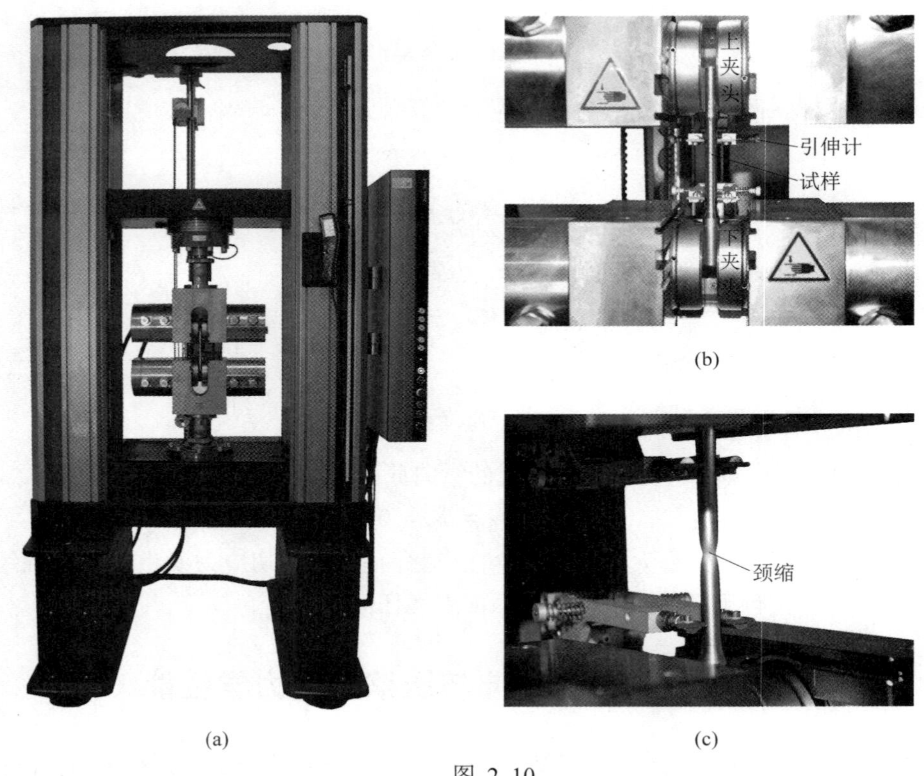

(a) (b) (c)

图 2.10

图2.11(a)为一低碳钢 Q235 试样的拉伸图[①],拉伸图与试样尺寸有关。为了削除试样尺寸的影响,将拉伸图的纵坐标(即拉力 F)除以试样变形前的原始横截面面积 A,得横截面上的正应力 $\sigma = F/A$;将拉伸图的横坐标(即伸长量 Δl)除以标距的原始长度 l,得纵向线应变 $\varepsilon = \Delta l/l$。这样所得曲线称为应力-应变曲线或 $\sigma-\varepsilon$ 曲线。图 2.11(b) 为此低碳钢

① 2022 年 11 月于中国矿业大学力学与土木工程实验中心通过试验所得真实曲线。

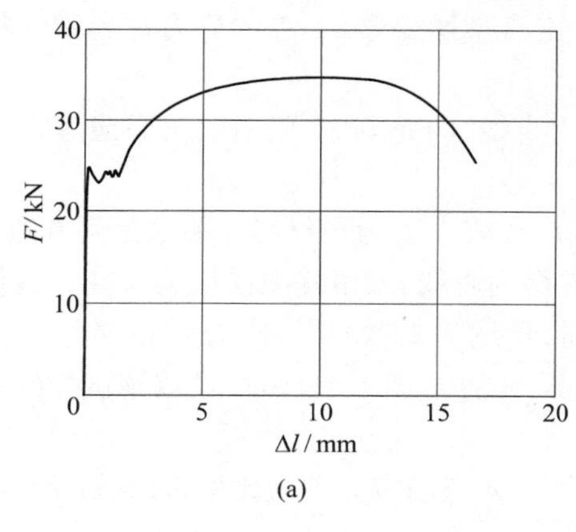

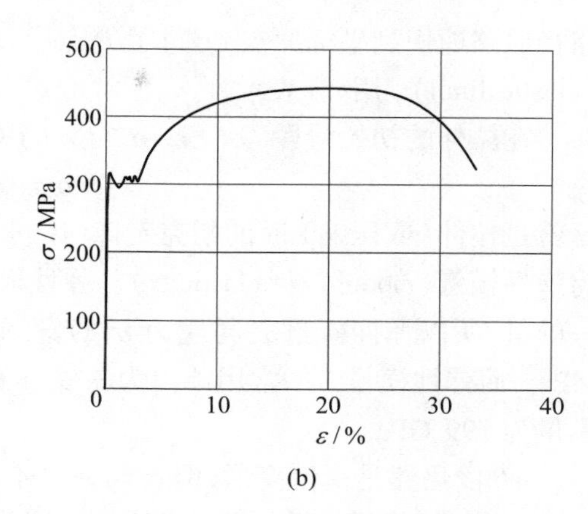

图 2.11

Q235 试样的应力–应变图。这里的 $\sigma = F/A$ 实质上是名义应力(也称工程应力)，$\varepsilon = \Delta l/l$ 实质上是名义应变(也称工程应变)。如果考虑因受力变形而引起的横截面面积的减小和标距长度的增加,即改为实际的横截面面积和实际的标距长度,得到的则是真实应力和真实应变。材料力学主要研究小变形问题,变形引起的截面尺寸和标距的改变很小。这里的实验已经超出小变形范围,图 2.11(b) 中实质上采用的是名义应力和名义应变。

2.5.1 低碳钢拉伸时的力学性能

低碳钢是指含碳量在 0.3% 以下的碳素钢,是工程中广泛应用的金属材料,其应力–应变图(图 2.12) 具有典型意义。下面介绍其力学性能。

1. 弹性阶段 载荷卸去后,可完全消失的变形称为**弹性变形**,不可消失的变形称为**塑性变形或残余变形**。

在图 2.12 中，OAB 段的变形全部是弹性变形,没有塑性变形,这一阶段称为弹性阶段。如果在这一阶段卸载到应力 σ 为零,应变 ε 也回到零,在图 2.12 中表现为沿着原加载

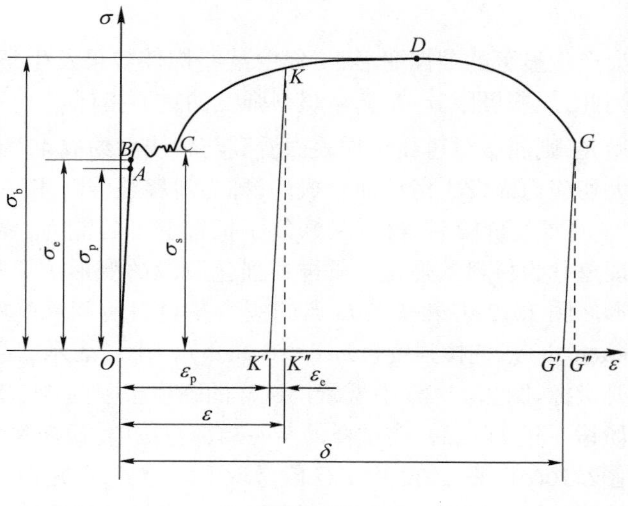

图 2.12

路径原路返回到坐标原点 O。过了 B 点后,就一定有塑性变形。B 点的应力称为**弹性极限**(elastic limit),用 σ_e 表示。

在拉伸的初始阶段 OA 段,σ 与 ε 的关系为直线,即 σ 与 ε 成正比,可写成等式

$$\sigma = E\varepsilon \tag{2.4}$$

这就是拉伸(或压缩)时的**胡克定律**(Hooke's law)。式中 E 为与材料有关的比例常数,称为**弹性模量**(modulus of elasticity)。弹性模量 E 即为直线 OA 的斜率。因为应变 ε 是量纲一的量,所以弹性模量 E 与应力 σ 的量纲相同,量纲为 $L^{-1}MT^{-2}$。应力 σ 的常用单位为 MPa,而弹性模量 E 的常用单位为GPa,1 GPa = 10^9 Pa。图2.11(b)中低碳钢试样的弹性模量为 199 GPa。

AB 段仍然是弹性变形,但 σ 与 ε 已不成正比。A 点的应力称为**比例极限**(proportional limit),用 σ_p 表示。所以胡克定律的适用范围为

$$\sigma = E\varepsilon \leqslant \sigma_p \tag{2.5}$$

在 $\sigma-\varepsilon$ 曲线上,A、B 两点非常接近,所以工程上对弹性极限 σ_e 和比例极限 σ_p 并不严格区分。

2. 屈服阶段 过了 B 点,即应力 σ 超过弹性极限 σ_e 后,试样内就一定有塑性变形(当然也有弹性变形)。如果此时卸载到应力 σ 为零,应变 ε 则回不到零,在图 2.12 中表现为返回到坐标原点 O 的右侧。

在这一阶段,应变有非常明显的增大,而应力先是下降,然后作微小波动,在 $\sigma-\varepsilon$ 曲线上出现接近水平线的小锯齿形线段。这种应力基本保持不变,而应变显著增加的现象,称为屈服或流动。在屈服阶段的最高应力和最低应力分别称为上屈服极限和下屈服极限。上屈服极限的值与试样形状、加载速度等因素有关,一般不稳定。而下屈服极限则有比较稳定的数值,能够反映材料的性能。通常把下屈服极限称为**屈服强度**(yield strength)或**屈服极限**(yield limit),用 σ_s 表示。屈服阶段中如呈现两个或两个以上的谷值应力,舍去第1个谷值应力(第 1 个极小值应力)不计,取其余谷值应力中之最小者判为下屈服极限。如只呈现 1 个下降谷,此谷值应力判为下屈服极限。图 2.11(b) 中低碳钢试样的屈服极限为 302 MPa。

材料屈服后会产生显著的塑性变形,工程中某些构件如果发生塑性变形就不能正常工作,亦即失效。因此,屈服极限 σ_s 是衡量材料强度的重要指标。

若试样经过抛光,则屈服时可在试样表面看到与轴线大约成45°倾角的条纹,是因为材料沿试样的最大切应力面发生滑移而形成的,称为**滑移线**(slip line)。

3. 强化阶段 过屈服阶段后,材料又恢复了抵抗变形的能力,要使它继续变形必须增加拉力。这种现象称为材料的强化。试样在强化阶段的变形主要是塑性变形,其变形量远大于弹性变形。图 2.12 中最高点 D 点的应力是材料所能承受的最大应力,称为**强度极限**(ultimate strength)或抗拉强度(tensile strength),用 σ_b 表示。强度极限 σ_b 是衡量材料强度的另一重要指标。图 2.11(b) 中低碳钢试样的强度极限为 442 MPa。

4. 局部变形阶段 过 D 点后,在试样的某一局部范围内,横向尺寸突然急剧缩小,形成"颈缩"现象 [图2.10(c)]。图 2.12 中 DG 段呈现下降趋势,这是由于在颈缩部分横截面面积迅速减小,使试样继续伸长所需的拉力相应减小,用横截面原始面积 A 算出的应力 σ

随之下降,事实上颈缩部分横截面上的真实应力(拉力除以实际截面面积)是增大的。到 G 点处试样被拉断。

5. 断后伸长率和断面收缩率　试样拉断后,将试样断裂的部分仔细地配接在一起使其轴线处于同一直线上,测得标距由原来的 l 变为 l_1(图 2.13)。用百分比表示的比值

$$\delta = \frac{l_1 - l}{l} \times 100\% \tag{2.6}$$

称为**断后伸长率**(percentage elongation after fracture)。

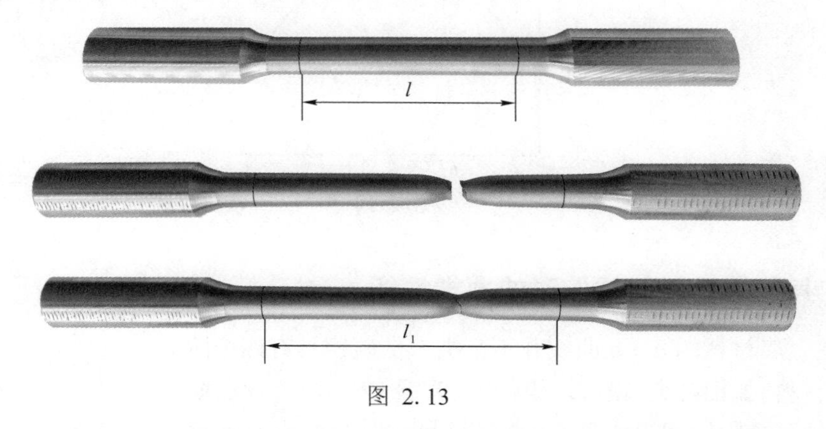

图 2.13

用 δ_5 和 δ_{10} 分别表示 $l = 5d$ 和 $l = 10d$ 试样的断后伸长率,显然 $\delta_5 > \delta_{10}$。通常不加说明的 δ 是 $l = 5d$ 标准试样的断后伸长率。

原始横截面面积为 A 的试样,拉断后颈缩处的最小横截面面积为 A_1。用百分比表示的比值

$$\psi = \frac{A - A_1}{A} \times 100\% \tag{2.7}$$

称为**断面收缩率**(percentage reduction of area)。

断后伸长率 δ 和断面收缩率 ψ 是衡量材料塑性的两个指标,它们的值越大,说明材料的塑性越好。工程上一般将 $\delta \geqslant 5\%$ 的材料称为**塑性材料**, $\delta < 5\%$ 的材料称为**脆性材料**。图 2.11(b) 中低碳钢试样的断后伸长率为 33%,是典型的塑性材料。

6. 卸载定律及冷作硬化　当把试样拉伸到强化阶段的 K 点(图 2.12)时停止加载,并逐渐卸载,则应力和应变之间遵循直线关系,该直线 KK' 与线弹性阶段的 OA 段近乎平行(斜率等于弹性模量 E)。卸载过程中,应力与应变之间按直线规律变化,这称为材料的**卸载定律**。拉力完全卸除后, $K'K''$ 表示消失了的**弹性应变** ε_e, OK' 表示不能消失的**塑性应变** ε_p,而 $\varepsilon_e + \varepsilon_p$ 则为 K 点的总应变 ε。

卸载到达 K' 点后,如果立即再加载,则应力与应变关系将沿着斜直线 $K'K$ 变化,到达 K 点后,又沿曲线 KDG 变化。在再次加载时,直到 K 点之前材料的变形都是弹性的,过了 K 点之后才开始有塑性变形。可见在二次加载时,其比例极限提高了,而塑性变形却降低了,这种现象称为**冷作硬化** 。冷作硬化的过程中材料的弹性模量不会发生改变,冷作硬化现象经退火可以消除。

以超过屈服极限而又小于强度极限的拉应力拉伸钢筋,使其产生塑性变形的做法在

工程上叫做**钢筋冷拉**。

到 G 点处(图 2.12) 试样被拉断,弹性变形消失, OG' 即为材料的断后伸长率 δ。

值得注意的是,若试样拉伸至强化阶段后卸载,不是立即而是经过一段时间后再受拉,则其线弹性范围的最大载荷还有所提高,如图 2.14 中虚线所示。这种现象称为**冷作时效**。冷作时效不仅与卸载后至再受拉的时间间隔有关,而且与试样所处的温度有关。

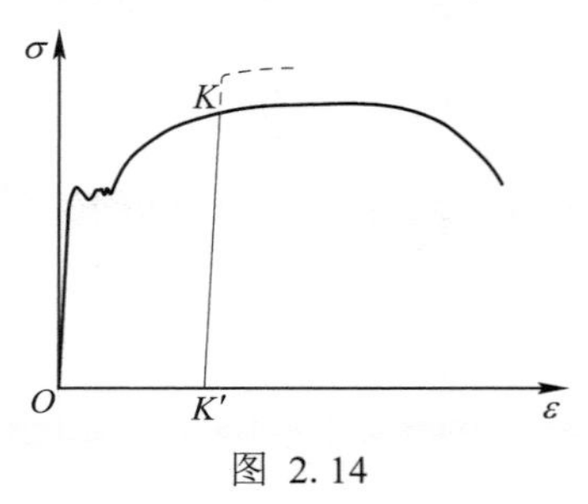

图 2.14

2.5.2 其他塑性材料拉伸时的力学性能

有些金属材料的 $\sigma-\varepsilon$ 曲线并不都类似低碳钢具有四个阶段。有些材料,如铝合金、退火球墨铸铁、黄铜 H62,没有屈服阶段,但其他三个阶段却很明显。还有些材料,如锰钢,没有屈服和局部变形阶段,只有弹性和强化阶段。这些材料的共同特点是断后伸长率 δ 都很大,都属于塑性材料。

对于没有明显屈服阶段的塑性材料,通常将对应于塑性应变 $\varepsilon_p = 0.2\%$ 时的应力作为屈服指标,称为**规定塑性延伸强度**(proof strength, plastic extension)或**名义屈服极限**,用 $\sigma_{p0.2}$ 表示(图 2.15)。

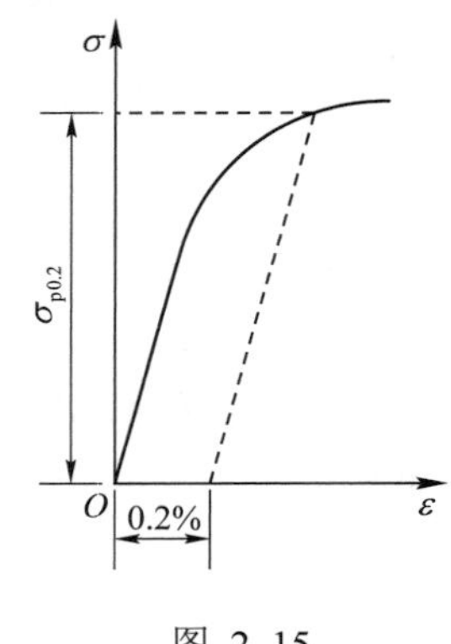

图 2.15

2.5.3 铸铁拉伸时的力学性能

铸铁是工程中广泛应用的材料之一,灰口铸铁拉伸时的 $\sigma-\varepsilon$ 曲线从很低的应力开始就不是直线,而是一条微弯曲线,且没有屈服阶段、强化阶段和颈缩阶段。铸铁的断后伸长率很小,是典型的脆性材料。铸铁的强度极限 σ_b(即拉断时的最大应力) 是衡量铸铁强度的唯一指标。这个应力可看成是试样被拉断时的真实应力,因为脆性材料的试样被拉断时,其横截面面积的减小量极其微小。

工程计算中,通常取总应变为0.1% 时 $\sigma-\varepsilon$ 曲线的割线作为其弹性模量,称为**割线弹性模量**。图 2.16 是某一铸铁试样拉伸时的 $\sigma-\varepsilon$ 曲线(真实实验曲线),其割线弹性模量(虚线 OA 的斜率)$E = 53$ GPa, 强度极限 $\sigma_b = 138$ MPa。

铸铁等脆性材料的抗拉强度极限很低,所以不宜用于制作抗拉构件。

2.5.4 材料压缩时的力学性能

金属压缩试样一般制成圆柱体, 其高度 h 与直径 d 之比值不能过大,也不能过小。大

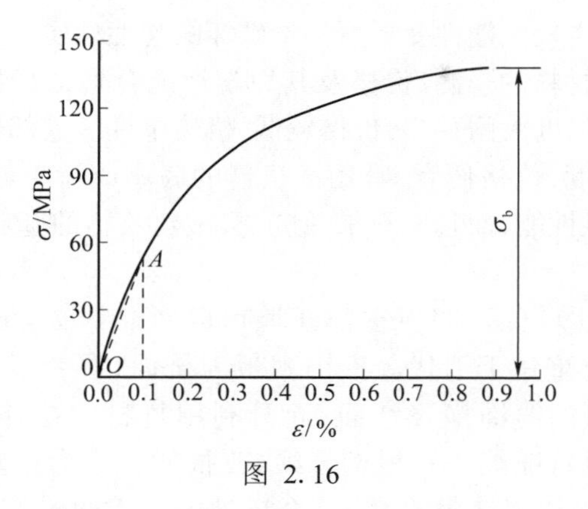

图 2.16

了会压弯，小了则两端的摩擦力会影响到整个试样。

低碳钢压缩时的 $\sigma-\varepsilon$ 曲线如图 2.17 所示。试验表明：低碳钢压缩时的弹性模量 E 和屈服极限 σ_s，都与拉伸时大致相同。屈服阶段之后，试样越压越扁，横截面面积不断增大，试样抗压能力相应地增高，因而得不到压缩时的强度极限 σ_b。

铸铁压缩时的 $\sigma-\varepsilon$ 曲线如图 2.18 所示，试样在较小的变形下突然破坏，破坏断面的法线与轴线大致成 45°～55°的倾角，表明试样沿斜截面因相对错动而破坏。铸铁的抗压强度极限比它的抗拉强度极限高 4～5 倍。

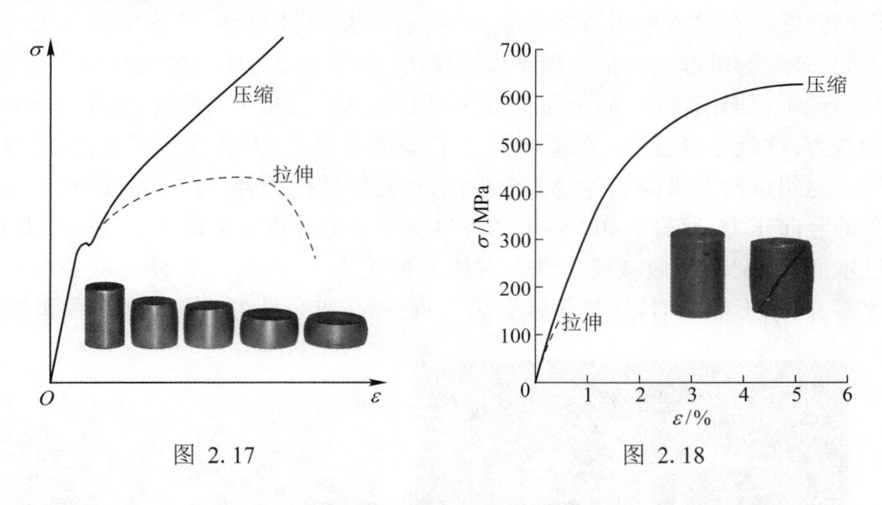

图 2.17　　图 2.18

某些塑性材料，如铝合金，压缩时也是沿斜截面破坏，并非都像低碳钢那样压成扁饼状。煤、石料压缩时则沿纵向截面开裂。

上面通过试验的方法介绍了一些典型材料的力学性能，根据断后伸长率将材料分为塑性材料和脆性材料。图 2.11(b)中低碳钢试样的断后伸长率为 33%，所以是典型的塑性材料。铸铁则是典型的脆性材料。但材料在高温和低温下的力学性能与常温下并不相同，且往往与作用时间的长短有关。在高温条件下，材料降低了抵抗屈服的能力，容易产生塑性变形。地壳深处的岩石由于处于高温条件下会产生较大的塑性变形。低温则能提高材料的脆性，在零下四五十度条件下钢也容易产生脆断现象。铸铁和岩石在三向受压的情况下则显示出产生较大塑性变形后仍不破坏的塑性性质。

在工程中应根据材料的来源、价格及其力学性能合理选择材料。低碳钢的抗拉(压)强度高,塑性性能好,韧度大耐冲击,价格较低,机器中许多零部件都使用它。铸铁的抗压强度远大于其抗拉强度,价格便宜,常用于机器的底座或齿轮箱壳等。砖、石、水泥等材料,它们有较强的抗压性能,而且原料来源广泛,做建筑物的基础、墙、柱等构件可说是价廉物美。

安澜索桥(图 2.19)位于四川省都江堰市区西北约 2 km 的岷江上,始建于宋代以前,明末毁于战火,重建于清代。上铺木板为桥面,两旁以竹索为栏,石墩为柱,又以慈竹扭成粗如碗口的缆绳横飞江面,充分利用竹材的拉伸强度。1962 年,对索桥进行了维修,改 10 根竹缆绳为 6 根钢缆绳,改扶栏竹索为铅丝(镀锌铁丝)绳,铅丝绳外以竹缆包缠。1964 年岷江洪水暴发,全桥被毁。重建时改木桥桩为钢筋混凝土桥桩。后因兴建外江水闸,将索桥下移100 m,重建时改平房式桥头堡为大屋顶双层桥头堡,改单层金刚亭为可供行人休息的六角亭,增建沙黑河亭,桥长 261 m。历经 2008 年汶川 8 级地震依然完好无损。安澜索桥是世界索桥建筑的典范,是都江堰最具特征的景观,全国重点文物保护单位。

位于河北赵县的赵州桥(图 2.20)是隋朝著名匠师李春的杰作,建于隋代。该桥长 50.82 m,主拱净跨长 37.02 m,拱高 7.23 m,桥上还有 4 个小拱。这是当今世界上跨径最大、历史最悠久的石拱桥。在长达1 400余年的历史中,它经历了多次水灾、战乱和地震,至今仍然完好。石拱桥是用石料砌筑成的,石料是脆性材料,其抗拉能力远小于抗压能力。因此,合理的拱形应当是使拱不承受拉力,而其压应力应当较为均匀。如果将一根绳子的两端悬于相同的高度,绳子在重力作用下形成一条光滑的曲线,绳子的各段承受大致均匀的拉力,这就是**悬链线**。将悬链线上下颠倒过来,拉力就变为压力,曲线就成了合理的拱形。赵州桥的大拱两端各设 2 个小拱,首先使结构减轻自重 500 多吨,有效降低了基础所受的竖向压力,使得 1 400 多年来桥台基础的总沉降量不超过 50 mm。其次,小拱增加了过水面积 16%,有效减轻了洪水对桥的冲击力。再者,小拱使得应力分布得到了有效的改善,近似于应力均匀的“等强度拱”。赵州桥被公认为建筑史上的稀世杰作。

图 2.19

图 2.20

安澜索桥(绳桥或竹藤桥)、赵州桥(石拱桥)、福建泉州的洛阳桥(跨海梁式大石桥)、广东潮州的广济桥(以集梁桥、浮桥、拱桥于一体的独特风格)、北京丰台的卢沟桥

(石造联拱桥)是我国著名的五大古桥。中国古代桥梁的建筑艺术,有不少是世界桥梁史上的创举,充分显示了中国古代劳动人民的非凡智慧与才能。

2.6 失效、许用应力与强度条件

前述材料力学性能试验表明:由塑性材料制成的构件,当应力达到屈服极限 σ_s 时会出现显著的塑性变形;由脆性材料制成的构件,当应力达到强度极限 σ_b 时会突然断裂。构件出现显著塑性变形或断裂就不能正常工作,或称为失效。上述失效现象都是强度不足造成的。

塑性材料的屈服极限 σ_s 和脆性材料的强度极限 σ_b 都是构件失效时的极限应力 σ_u。

在理想的情况下,为了充分利用材料的强度,可使构件的实际应力(也称为工作应力)接近于材料的极限应力。但实际上却不能这样做。原因是:作用于构件上的外力常常估计不准确,理论计算公式带有一定的近似性,材料性质的不均匀,以及一些不确定的因素等,这些都有可能使构件的实际工作条件比设想的要偏于不安全。除了上述原因,为了确保安全,构件还应具有适当的强度储备。

将材料的极限应力 σ_u 除以大于 1 的安全因数 n, 定义为材料的**许用应力**(allowable stress), 用$[\sigma]$ 表示,即

$$[\sigma] = \frac{\sigma_u}{n}$$

对于安全因数的选择,应正确处理好安全与经济之间的矛盾。因为从安全的角度考虑,应加大安全因数,这就难免要增加材料的消耗和结构的自重。相反,若从经济角度考虑,势必要减小安全因数,这样虽可少用材料,减轻自重,但可能出现安全隐患。在一般的静载条件下,塑性材料的安全因数通常取为 1.5 ~ 2.2,脆性材料的安全因数通常取为 3.0 ~ 5.0,甚至更大。

将许用应力$[\sigma]$ 作为构件工作应力的最高限度,即要求工作应力不超过许用应力$[\sigma]$。于是得杆件轴向拉伸或压缩时的强度条件为

$$\sigma = \frac{F_N}{A} \leqslant [\sigma] \tag{2.8}$$

如果工作应力 σ 小于或等于许用应力$[\sigma]$,则杆是安全的。如果工作应力 σ 大于许用应力$[\sigma]$,则杆是危险的,但不一定失效,因为许用应力$[\sigma]$ 中有一定的安全储备。

根据上述强度条件,可以进行下述三种类型的强度计算。

1. 强度校核 若已知杆的尺寸、载荷数值和材料的许用应力,即可利用式(2.8)的强度条件验算杆件是否满足强度要求。

2. 截面设计 若已知杆件所承受的载荷及材料的许用应力,可将式(2.8)的强度条件改写成

$$A \geqslant \frac{F_N}{[\sigma]}$$

由此即可确定杆件所需要的最小横截面面积。

3. 确定许可载荷 已知杆的尺寸和材料的许用应力,可将式(2.8)的强度条件改写成

$$F_N \leqslant [\sigma] A$$

由此即可确定杆件所能承受的最大载荷。

例 2.2 直径 $d=14$ mm 的圆杆由 Q235 钢制成,许用应力$[\sigma]$ = 170 MPa。若杆受轴向拉力 $F=25$ kN,试校核此杆的强度。

解: 杆横截面上的正应力为

$$\sigma = \frac{F_N}{A} = \frac{25 \times 10^3 \text{ N}}{\frac{\pi}{4} \times (14 \text{ mm})^2} = 162 \text{ MPa} < [\sigma]$$

所以此杆满足强度要求,安全。

如果将例 2.2 中的许用应力大小改为$[\sigma]$ = 160 MPa,此时拉杆的工作应力 σ = 162 MPa > $[\sigma]$。在工程中,如果工作应力 σ 略高于许用应力$[\sigma]$,但不超过$[\sigma]$的5%,一般还是允许的,可认为满足强度条件,因为许用应力$[\sigma]$中有一定的安全储备。

例 2.3 图 2.21(a)所示三角形托架,杆 1 为一根等边角钢,许用应力$[\sigma]$ = 160MPa。已知 F = 75 kN,试为杆 1 选择等边角钢的型号。

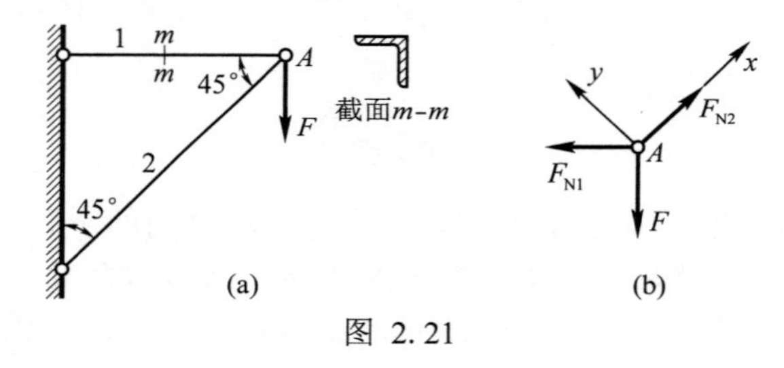

图 2.21

解: 铰 A 的受力如图 2.21(b)所示,由平衡方程$\sum F_y=0$可求得杆 1 的拉力(即轴力)

$$F_{N1} = F = 75 \text{ kN}$$

由强度条件可求得杆 1 的横截面面积

$$A_1 \geqslant \frac{F_{N1}}{[\sigma]} = \frac{75 \times 10^3 \text{ N}}{160 \times 10^6 \text{ N/m}^2} = 4.69 \times 10^{-4} \text{ m}^2 = 4.69 \text{ cm}^2$$

查本书附录 B,在截面面积 $A \geqslant 4.69$ cm^2 的所有等边角钢中,选一面积最小者,应选∠50×50×5,其面积 $A=4.803$ cm^2。

当选用型钢等标准截面时,可能为满足强度条件而将选用过大的截面。为经济起见,可选用小一号的截面,但由此而引起的最大工作应力超过许用应力的百分数,在设计规范上有具体规定,一般限制在 5%以内。

例 2.4 图 2.22(a)所示结构,杆 1 的许用应力$[\sigma]_1$ = 160MPa,横截面面积 A_1 = 200 mm^2;杆 2 的许用应力$[\sigma]_2$ = 120 MPa,横截面面积 A_2 = 100 mm^2。AB 为刚性梁,试确定许可载荷$[F]$。

解: 梁 AB 的受力如图 2.22(b)所示,由静力平衡方程可求得杆 1、2 的拉力分别为

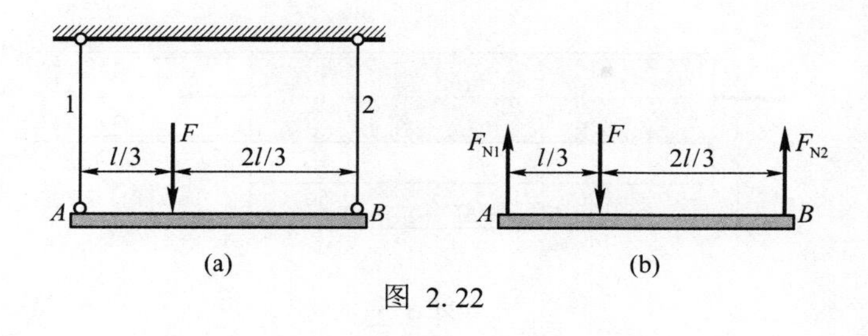

图 2.22

$$F_{N1} = \frac{2F}{3},\quad F_{N2} = \frac{F}{3}$$

由杆 1 的强度条件

$$\frac{F_{N1}}{A_1} \leqslant [\sigma]_1 \quad 即 \quad \frac{\frac{2F}{3}}{200\ \text{mm}^2} \leqslant 160\ \text{N/mm}^2$$

得

$$F \leqslant 48\ \text{kN}$$

由杆 2 的强度条件

$$\frac{F_{N2}}{A_2} \leqslant [\sigma]_2 \quad 即 \quad \frac{\frac{F}{3}}{100\ \text{mm}^2} \leqslant 120\ \text{N/mm}^2$$

得

$$F \leqslant 36\ \text{kN}$$

比较以上结果,可知许可载荷$[F] = 36$ kN。

2.7　轴向拉压杆的变形

直杆在轴向拉力作用下会变长变细,即引起纵向尺寸的增大和横向尺寸的减小。而直杆在轴向压力作用下则会变短变粗,即引起纵向尺寸的减小和横向尺寸的增大。

图 2.23 所示等直杆,原长为 l,横截面面积为 A,某一横向尺寸为 b。在轴向拉力 F 作用下,长度由 l 变为 $l+\Delta l$,即伸长 Δl。横向尺寸 b 变为 $b+\Delta b$,此处 Δb 的值为负。比值

$$\varepsilon = \frac{\Delta l}{l} \tag{2.9a}$$

$$\varepsilon' = \frac{\Delta b}{b} \tag{2.9b}$$

分别是杆件的纵向线应变和横向线应变。

另外,杆件横截面上的应力为

$$\sigma = \frac{F}{A} \tag{2.10}$$

当应力不超过材料的比例极限时,应力与应变成正比,即式(2.4)所述胡克定律

$$\sigma = E\varepsilon$$

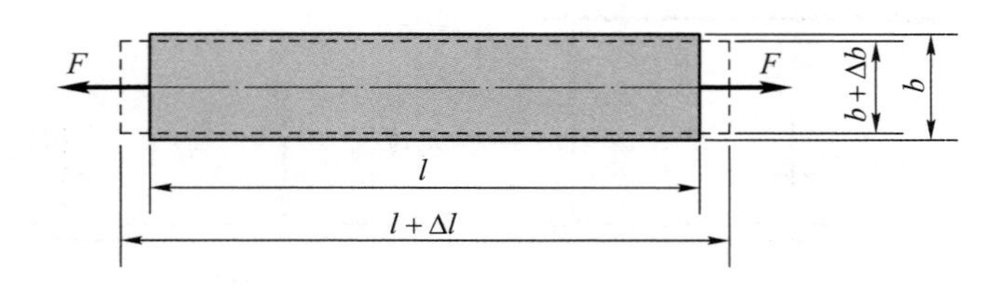

图 2.23

将式(2.9a)和式(2.10)代入式(2.4),可得

$$\Delta l = \frac{Fl}{EA} \tag{2.11}$$

这是胡克定律的另一表达形式,分母中的 EA 称为抗拉(压)刚度或拉压刚度。

我国东汉经学家郑玄(公元127~200年)在《周礼·考工记,弓人》注中,提出弓的变形与所加力之间的关系为:“假令弓力胜三石……每加物一石,则张一尺”,被认为是最早提出了变形与力成正比的关系,在时间上比胡克早了约1 500年。

试验结果表明,当应力不超过比例极限时,横向应变 ε' 与纵向应变 ε 之比的绝对值是一常数,即

$$\left|\frac{\varepsilon'}{\varepsilon}\right| = \mu \tag{2.12}$$

μ 称为**横向变形因数**或**泊松比**(Poisson's ratio),是一个量纲一的量,其值随材料不同而不同。

对于工程实际中的常见材料,杆件轴向拉伸时变长变细(此时 $\varepsilon > 0$,而 $\varepsilon' < 0$),而轴向压缩时则变短变粗(此时 $\varepsilon < 0$,而 $\varepsilon' > 0$),所以 ε 和 ε' 的符号是相反的。式(2.12)可改写成

$$\varepsilon' = -\mu\varepsilon \tag{2.13}$$

对于常规、传统的材料,有 $0 < \mu < 0.5$。当 $\mu = 0$ 时,材料在变形过程中横向尺寸将保持不变;当 $\mu = 0.5$ 时,材料在变形过程中体积将保持不变;当 $-1 < \mu < 0$ 时,杆件在拉伸过程中变长变粗,压缩过程中变短变细,这种材料称为负泊松比材料,黄铁矿、砷、镉以及一些动物的皮肤就是天然的负泊松比材料,但是负泊松比材料作为一种可设计材料的概念是在20世纪80年代首先提出的,旨在满足高新技术领域对新型材料提出的要求,之后具有负泊松比效应的泡沫材料、聚合材料、复合材料不断被设计出来,其特殊的力学属性使负泊松比材料得到迅速的发展,并在许多工程领域都有广阔的应用前景。

弹性模量 E 和泊松比 μ 是材料固有的弹性常数。

式(2.11)适用于杆件横截面面积 A 以及轴力 F_N 皆为常量的情况。如果横截面面积 A 沿轴线平缓变化(图2.24),或轴力 F_N 沿轴线变化,则可在任意横截面 x 处取长为 dx 的微段。该微段横截面面积为 $A(x)$,轴力为 $F_N(x)$,利用式(2.11)求得微段伸长为

$$d(\Delta l) = \frac{F_N(x)\,dx}{EA(x)}$$

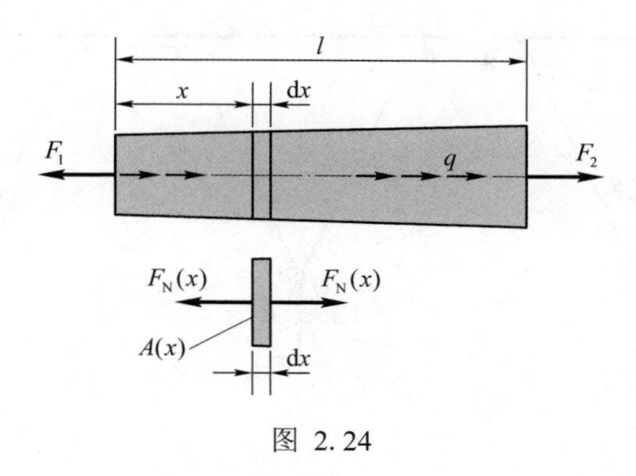

图 2.24

积分上式便得整个杆件的伸长为

$$\Delta l = \int_l \frac{F_N(x)\,dx}{EA(x)} \tag{2.14}$$

例 2.5 图 2.25 所示圆锥形杆的长度为 l,材料的弹性模量为 E,质量密度为 ρ,试求自重引起的杆的最大正应力以及杆的伸长量。

解: 设任意横截面 x 处的轴力为 $F_N(x)$,截面面积为 $A(x)$,该截面以下部分的体积为 $V(x)$,则

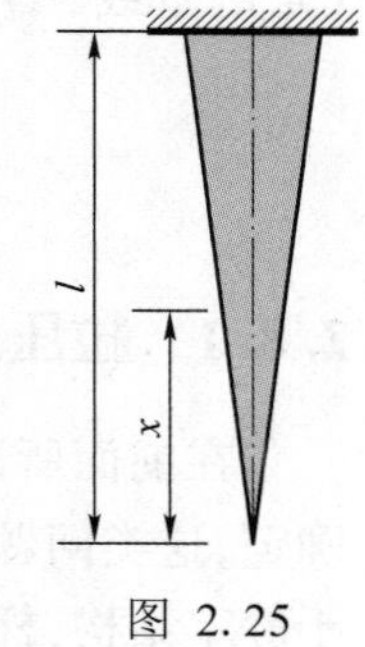

图 2.25

$$F_N(x) = \rho g V(x) = \rho g \frac{1}{3} A(x) \cdot x$$

任意横截面 x 上的正应力

$$\sigma(x) = \frac{F_N(x)}{A(x)} = \rho g \frac{x}{3}$$

杆的最大正应力发生在固定端,其值

$$\sigma_{max} = \sigma(x)\big|_{x=l} = \frac{1}{3}\rho g l$$

杆的伸长量为

$$\Delta l = \int_l \frac{F_N(x)\,dx}{EA(x)} = \int_0^l \frac{\rho g A(x) \cdot x}{3EA(x)}\,dx = \int_0^l \frac{\rho g x}{3E}\,dx = \frac{\rho g l^2}{6E}$$

例 2.6 图 2.26(a)所示结构受铅垂力 F 作用,杆 1、2 的长度均为 l,拉压刚度均为 EA,试求 A 点的垂直位移。

解: 考虑节点 A 的平衡条件,可求得杆 1、2 的轴力为

$$F_{N1} = F_{N2} = \frac{F}{2\cos\theta}$$

由胡克定律可求得杆 1、2 的伸长量为

$$\Delta l_1 = \Delta l_2 = \Delta l = \frac{F_{N1} l}{EA} = \frac{Fl}{2EA\cos\theta}$$

为求 A 点的垂直位移,应分别以 B、C 两点为圆心,$l+\Delta l$ 为半径画圆弧[图 2.26(b)],两圆弧的交点就是节点 A 最后的位置。为简化计算,考虑到是小变形,用圆弧在 D、E 两

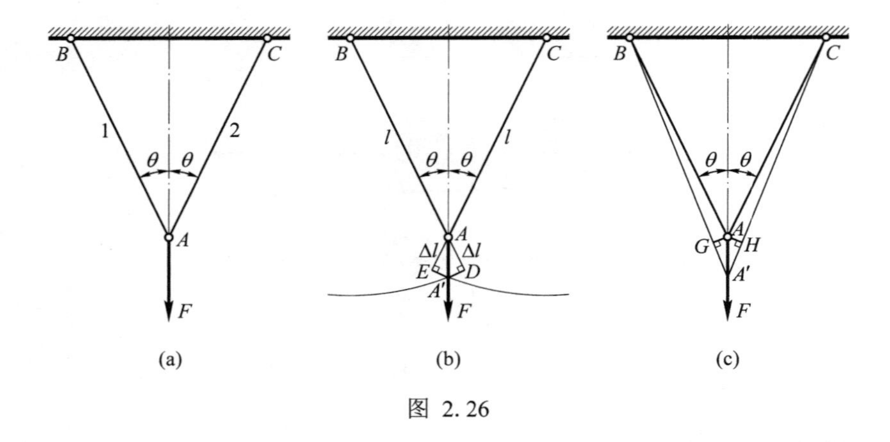

图 2.26

点的切线(也是 BD、CE 的垂线)代替圆弧,两切线的交点 A' 就是 A 点最后的位置。A 点的垂直位移为

$$\Delta_{AV} = \overline{AA'} = \frac{\Delta l}{\cos\theta} = \frac{Fl}{2EA\cos^2\theta}$$

也可这样分析:如图 2.26(c)所示,设节点 A 的最后位置是 A',过 A 点分别作 BA'、CA' 的垂线 AG、AH,图中的 $\overline{GA'} = \overline{HA'} \approx \Delta l$,$\angle GA'A \approx \theta$。

2.8 拉压超静定问题

2.8.1 拉压超静定问题及其解法

在前面所讨论的拉压问题中,杆的约束力以及轴力只需根据静力平衡方程就能完全确定,这类问题称为**静定问题**,对应的结构称为**静定结构**。例如,图 2.26(a)所示结构就属于静定结构,杆 1、2 的轴力通过静力平衡方程就可求出。

但在工程实际中存在一些结构,其未知力的数目超过了可以建立的静力平衡方程数目,不可能单凭静力平衡方程来确定杆的约束力或轴力,这类问题称为**超静定问题**,对应的结构称为**超静定结构**。例如,图 2.27(a)所示结构,节点 A 的受力如图 2.27(b)所示,其平衡方程为

$$\sum F_x = 0, \quad F_{N1}\sin\theta - F_{N2}\sin\theta = 0 \quad 即 \quad F_{N1} = F_{N2} \tag{2.15a}$$

$$\sum F_y = 0, \quad 2F_{N1}\cos\theta + F_{N3} - F = 0 \tag{2.15b}$$

此处独立的静力平衡方程只有 2 个,但未知力却有 3 个,单凭静力平衡方程不能求出轴力 F_{N1}、F_{N2} 和 F_{N3},属于一次超静定问题。

为了求解此问题,除建立静力平衡方程之外,还需考虑各杆的变形以建立补充方程。从图 2.27(c)可以看出,三杆的变形存在着如下关系

$$\Delta l_1 = \Delta l_3\cos\theta \tag{2.16}$$

杆 1、2、3 的变形只有满足了上面的关系,它们才可能在变形后仍然在节点 A' 联系在一起。这种几何关系称为**变形协调条件**。

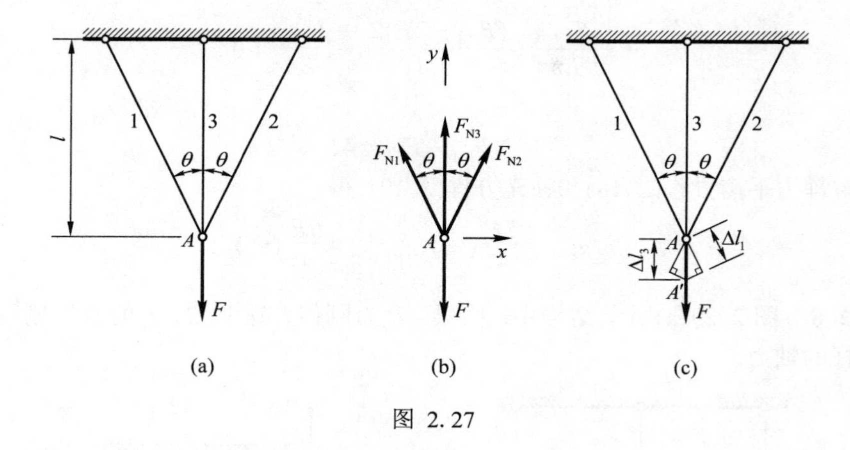

图 2.27

若杆 1、2、3 的抗拉刚度均为 EA,由胡克定律得

$$\Delta l_1 = \frac{F_{N1} l}{EA\cos\theta}, \quad \Delta l_3 = \frac{F_{N3} l}{EA}$$

将其代入变形协调条件式(2.16),便得到补充方程

$$\frac{F_{N1} l}{EA\cos\theta} = \frac{F_{N3} l}{EA}\cos\theta \tag{2.17}$$

联立求解静力平衡方程(2.15a)、方程(2.15b)和补充方程(2.17),得

$$F_{N1} = F_{N2} = \frac{F\cos^2\theta}{1+2\cos^3\theta}, \quad F_{N3} = \frac{F}{1+2\cos^3\theta}$$

从上面例子可以看出,求解超静定问题主要分以下三个步骤。

(1) 先进行受力分析,列出静力平衡方程。

(2) 根据变形协调条件及胡克定律列出补充方程。

(3) 联立求解静力平衡方程和补充方程。

例 2.7 图 2.28(a)所示两端固定的等直杆,受轴向载荷 $2F$ 和 F 作用,求固定端 A 和 B 的约束力。

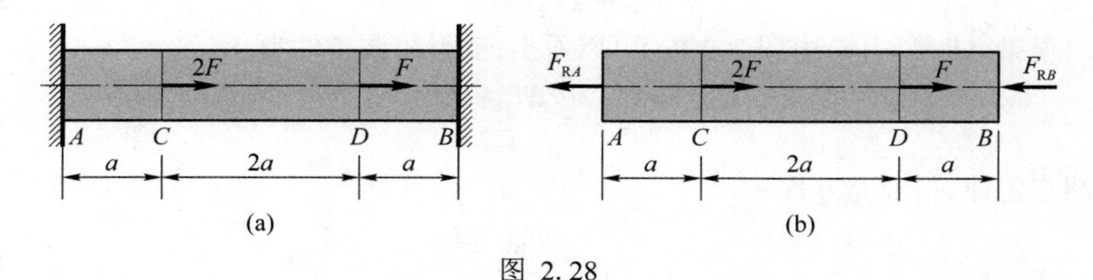

图 2.28

解: 杆 AB 的受力如图 2.28(b)所示,静力平衡方程为

$$F_{RA} + F_{RB} = 3F \tag{2.18}$$

杆 AB 两端固定,总伸长量为零,变形协调条件为

$$\Delta l_{AB} = \Delta l_{AC} + \Delta l_{CD} + \Delta l_{DB} = 0$$

代入胡克定律,得补充方程

$$\frac{F_{RA}a}{EA}+\frac{(F_{RA}-2F)2a}{EA}-\frac{F_{RB}a}{EA}=0$$

即

$$3F_{RA}-F_{RB}=4F \tag{2.19}$$

联立求解静力平衡方程(2.18)和补充方程(2.19),得

$$F_{RA}=\frac{7F}{4}(\leftarrow),\quad F_{RB}=\frac{5F}{4}(\leftarrow)$$

例 2.8 图 2.29(a)所示结构中,横梁 AB 为刚体,杆 1、2、3 的拉压刚度均为 EA。试求三杆的轴力。

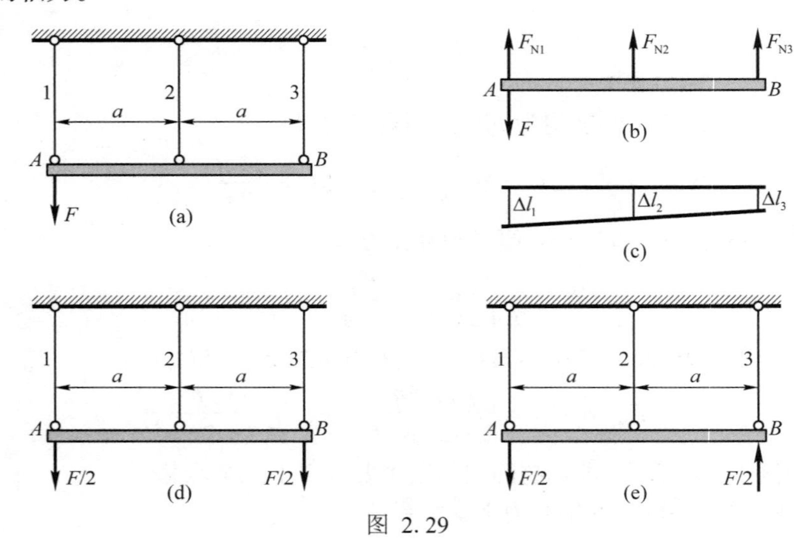

图 2.29

解: 三杆中有拉杆,也有压杆,可假设三杆的轴力都为拉力。横梁 AB 受力如图 2.29(b)所示,静力平衡方程为

$$F_{N1}+F_{N2}+F_{N3}=F \tag{2.20a}$$

$$F_{N2}+2F_{N3}=0 \tag{2.20b}$$

因横梁 AB 是刚体,由图 2.29(c)可以看出,变形协调条件为

$$\Delta l_2=\frac{\Delta l_1+\Delta l_3}{2}$$

代入胡克定律,得补充方程

$$F_{N2}=\frac{F_{N1}+F_{N3}}{2} \tag{2.20c}$$

联立求解式(2.20a)、式(2.20b)、式(2.20c),得

$$F_{N1}=\frac{5F}{6},\quad F_{N2}=\frac{F}{3},\quad F_{N3}=-\frac{F}{6}$$

由此可见,杆 1、2 受拉,杆 3 受压。

也可以利用对称性求解。将图 2.29(a)所示载荷看成图 2.29(d)所示正对称与图 2.29(e)所示反对称载荷的叠加。

图 2.29(d)中三杆的轴力都等于 $F/3$，图 2.29(e)中三杆的轴力分别等于 $F/2$、0、$-F/2$，由叠加法得

$$F_{N1}=\frac{F}{3}+\frac{F}{2}=\frac{5F}{6}$$

$$F_{N2}=\frac{F}{3}+0=\frac{F}{3}$$

$$F_{N3}=\frac{F}{3}-\frac{F}{2}=-\frac{F}{6}$$

2.8.2 温度应力

长为 l 的杆，当温度升高(或降低)ΔT，如果杆件不受约束而可以自由伸缩，则杆伸长(或缩短)

$$\Delta l_T = \alpha_l l \Delta T \tag{2.21}$$

式中，α_l 为材料的线胀系数，单位为℃$^{-1}$。

在静定结构中，由于构件可以自由变形而不受任何限制，则均匀的温度改变不会在构件内引起应力。但在超静定结构中，温度变化引起的变形受到约束，构件内将引起应力。温度变化在构件内引起的应力称为**温度应力**(temperature stress)。

如图 2.30(a)所示一根两端固定的等直杆，当温度升高 ΔT 时，如果杆没有两端的约束而可以自由变形，则杆因温度升高而引起的伸长量如式(2.21)所示。

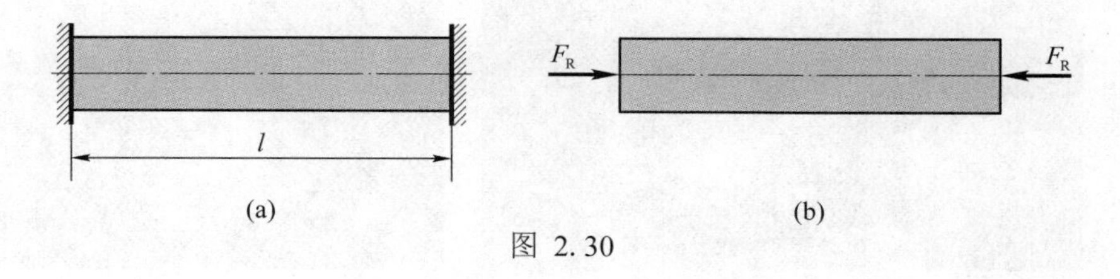

图 2.30

但是，两端的约束使杆不得伸长，而使杆两端产生如图 2.30(b)所示大小相等，方向相反的轴向约束力 F_R，约束力 F_R 使杆缩短

$$\Delta l_N = \frac{F_R l}{EA} \tag{2.22}$$

由于杆两端固定，杆的长度不能变化，必须满足

$$\Delta l_T = \Delta l_N \tag{2.23}$$

这就是变形协调条件。将式(2.21)、式(2.22)代入式(2.23)，得

$$\alpha_l l \Delta T = \frac{F_R l}{EA}$$

由此求出

$$F_R = \alpha_l EA\Delta T$$

杆内的温度应力为

$$\sigma_T = \frac{F_R}{A} = \alpha_l E\Delta T$$

温度增高时 σ_T 是压应力；温度降低时 σ_T 是拉应力。

若杆是碳钢制成的，碳钢的线胀系数 $\alpha_l = 12.5 \times 10^{-6}\ ℃^{-1}$，弹性模量 $E = 200$ GPa，当温度增加 $\Delta T = 50$ ℃ 时

$$\sigma_T = \alpha_l E \Delta T = (12.5\times10^{-6}\ ℃^{-1}) \times (200\times10^3\ \text{MPa}) \times (50\ ℃) = 125\ \text{MPa}$$

这是相当高的温度应力,在工程设计中不容忽视。

为了避免产生过高的温度应力,高温高压蒸汽管道通常采用自然补偿和补偿器补偿两种方式,自然补偿是利用弯头形成 π 型、Z 型、L 型管段(图 2.31)进行补偿,补偿器补偿比较常用的有旋转补偿器、波纹管补偿器(图 2.32)等,这些补偿方法可以起到降低温度应力的效果。

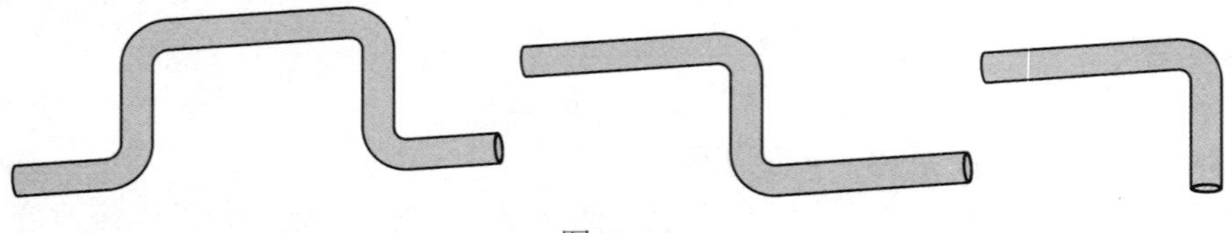

图 2.31

图 2.32

混凝土道路浇灌后,用马路切割机切出伸缩缝,然后在伸缩缝内灌沥青;铺地砖最好留2 mm 左右的伸缩缝,之后用勾缝剂勾缝;沿建筑物长度方向每隔一定距离预留伸缩缝。以上例子中留置的伸缩缝,可以削弱对膨胀构件的约束,从而有效降低温度应力。

例 2.9 图 2.33(a)所示结构中，A 处为水平可动铰。已知杆 1、2 的横截面面积均为 1 000 mm^2，线胀系数 $\alpha_l = 12\times10^{-6}\ ℃^{-1}$,弹性模量 $E = 200$ GPa。若杆 1 的温度升高30 ℃，而杆 2 的温度不变,试求两杆的应力。

解: 杆 1 受压,设压力为 F_{N1};杆 2 受拉,设拉力为 F_{N2}。节点 A 受力如图 2.33(b) 所示,由平衡方程 $\sum F_x = 0$,得

$$F_{N1}\cos\alpha - F_{N2} = 0 \quad 即 \quad F_{N2} = \frac{4}{5}F_{N1} \tag{2.24}$$

从图 2.33(c) 可以看出,变形协调条件为

$$\Delta l_1 = \Delta l_2 \cos\alpha$$

即

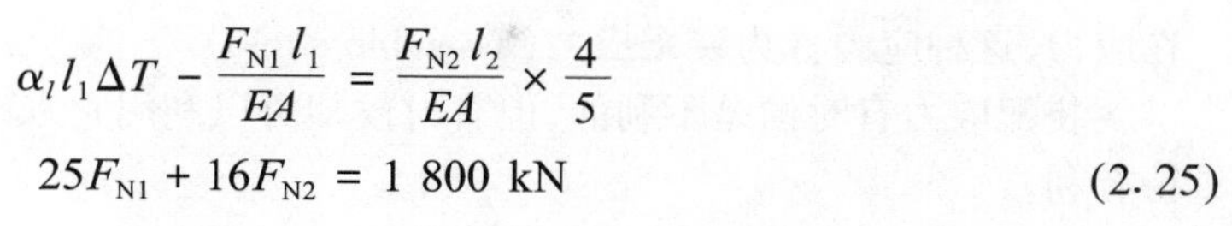

$$\alpha_l l_1 \Delta T - \frac{F_{N1} l_1}{EA} = \frac{F_{N2} l_2}{EA} \times \frac{4}{5}$$

$$25F_{N1} + 16F_{N2} = 1\ 800\ \text{kN} \tag{2.25}$$

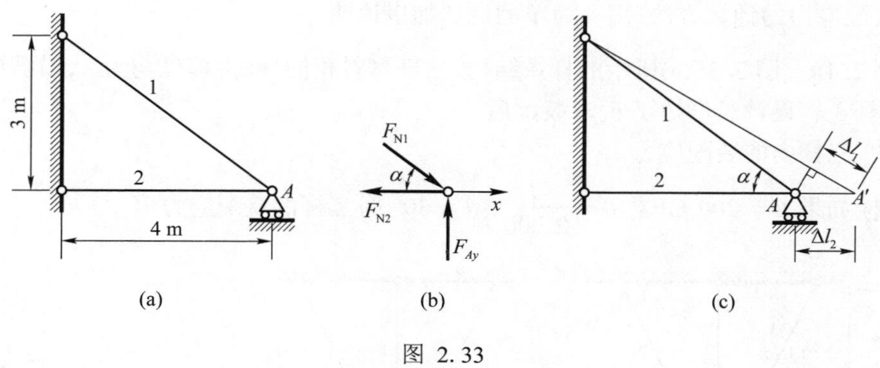

图 2.33

联立求解式(2.24)、式(2.25)，得

$$F_{N1} = \frac{1\ 000}{21}\ \text{kN} = 47.6\ \text{kN}\ (\text{压})$$

$$F_{N2} = \frac{800}{21}\ \text{kN} = 38.1\ \text{kN}\ (\text{拉})$$

杆 1、2 横截面上的应力分别为

$$\sigma_1 = \frac{F_{N1}}{A} = \frac{47.6 \times 10^3\ \text{N}}{1\ 000\ \text{mm}^2} = 47.6\ \text{MPa}\ (\text{压})$$

$$\sigma_2 = \frac{F_{N2}}{A} = \frac{38.1 \times 10^3\ \text{N}}{1\ 000\ \text{mm}^2} = 38.1\ \text{MPa}\ (\text{拉})$$

2.8.3　装配应力

构件在加工制造过程中，尺寸上难免存在微小误差。对于静定结构，构件的加工误差不会引起应力。例如，图 2.34(a)所示结构，如果杆 1 的实际长度比设计尺寸稍短，装配时两杆下端仍可自由连接。装配后，虽然结构几何形状发生微小变化，但杆内并不产生应力。

但对于超静定结构，加工误差往往会引起应力。例如，图 2.34(b)所示结构，杆 3 的实际长度比设计尺寸稍短，或者杆 1、2 的实际长度比设计尺寸稍长，致使杆 3 下端与杆 1、

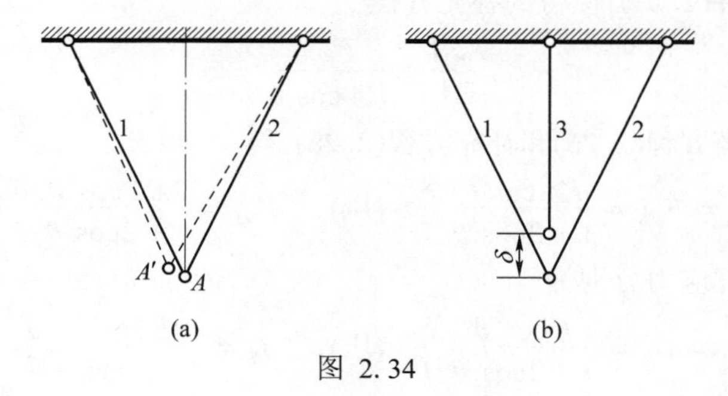

图 2.34

2 下端相差微小距离 δ，强制将三杆下端装配在一起。装配后，在未加外力时杆内就已存在应力，这种应力称为**装配应力**(assemble stress)。

装配应力有时候是不利的，但有时候却可以利用它来改善构件内力的分布情况，而变得有利。

装配应力的计算方法，用一简单的例题加以说明。

例 2.10　图 2.35(a)所示的杆系结构，三杆材料相同，弹性模量均为 E，横截面面积均为 A。杆 3 较设计长度短了 δ。求装配后：

(1) 三杆内的装配应力。

(2) 如果 $E = 200$ GPa，$\delta = \dfrac{l}{2\,000}$，$\theta = 30^\circ$ 时三杆的装配应力值。

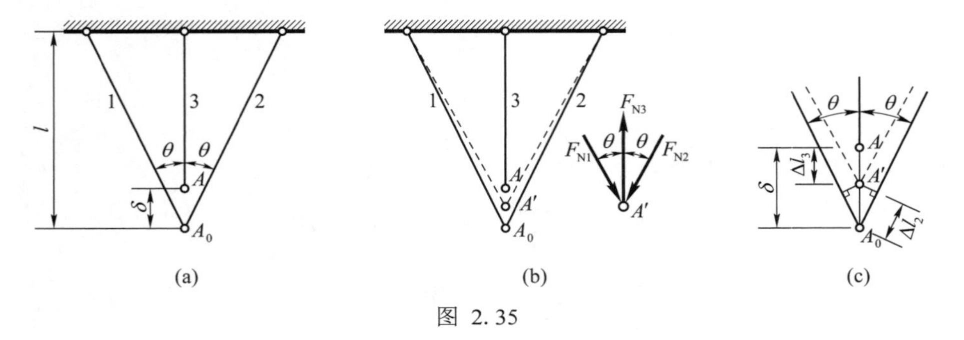

图 2.35

解：(1) 设三杆下端连接后位于 A'点 [图 2.35(b)]。杆 1、2 受压，设压力分别为 F_{N1}和 F_{N2}；杆 3受拉，设拉力为 F_{N3}。由平衡条件可得

$$\left.\begin{aligned} F_{N1} &= F_{N2} \\ F_{N3} &= 2F_{N1}\cos\theta \end{aligned}\right\} \tag{2.26}$$

从图 2.35(c)可见，$\overline{AA'} = \Delta l_3$，$\overline{A_0A'} = \dfrac{\Delta l_2}{\cos\theta}$，$\overline{AA_0} = \delta$，故变形协调条件为

$$\Delta l_3 + \frac{\Delta l_2}{\cos\theta} = \delta \tag{2.27}$$

将胡克定律(注意：杆 3 的长度近似为 l)

$$\Delta l_3 = \frac{F_{N3}l}{EA},\quad \Delta l_2 = \frac{F_{N2}l}{EA\cos\theta}$$

代入变形协调条件(2.27)，便得到补充方程

$$\frac{F_{N3}l}{EA} + \frac{F_{N2}l}{EA\cos^2\theta} = \delta \tag{2.28}$$

联立求解静力平衡方程(2.26)和补充方程(2.28)，得

$$F_{N1} = F_{N2} = \frac{EA\cos^2\theta}{1+2\cos^3\theta}\frac{\delta}{l}\ (\text{压}),\quad F_{N3} = \frac{2EA\cos^3\theta}{1+2\cos^3\theta}\frac{\delta}{l}\ (\text{拉})$$

三杆内的装配应力分别为

$$\sigma_1 = \sigma_2 = \frac{E\cos^2\theta}{1+2\cos^3\theta}\frac{\delta}{l}\ (\text{压}),\quad \sigma_3 = \frac{2E\cos^3\theta}{1+2\cos^3\theta}\frac{\delta}{l}\ (\text{拉}) \tag{2.29}$$

(2) 将 $E=200\ \text{GPa}$, $\delta=\dfrac{l}{2\,000}$, $\theta=30^{\circ}$ 代入式(2.29)得

$$\sigma_1=\sigma_2=32.6\ \text{MPa}\ (压),\quad \sigma_3=56.5\ \text{MPa}\ (拉)$$

2.9　应力集中的概念

等截面直杆受轴向拉压时,横截面的正应力是均匀分布的。由于实际需要,工程中的一些构件带有切口、切槽、油孔、螺纹、轴肩等,以至在这些部位上截面尺寸发生突然变化。试验结果和理论分析表明,在构件尺寸突然发生改变处的横截面上,应力不再是均匀分布的。例如,图 2.36(a) 所示开有圆孔的受拉板条,圆孔处截面 $m-m$ 上的应力分布如图 2.36(b) 所示,在圆孔附近的局部区域内,应力将急剧增大,最大应力 σ_{max} 显著超过该截面上的平均应力。但在离开圆孔稍远处,应力就迅速降低而趋于均匀。因构件外形突然变化而引起的局部应力急剧增大的现象,称为**应力集中**(stress concentration)。

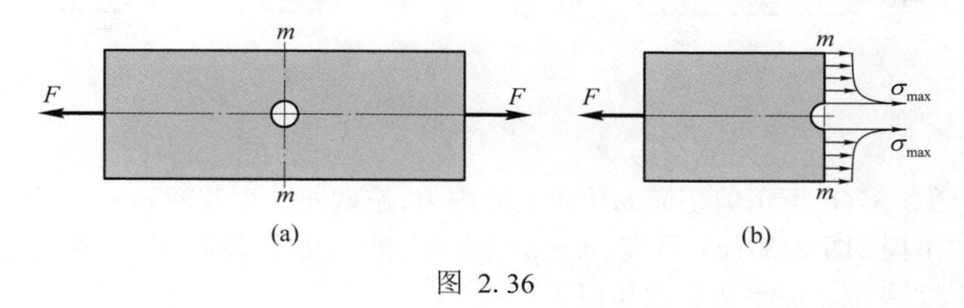

图 2.36

设发生应力集中的截面上的最大应力为 σ_{max},同一截面上按净面积计算出的平均应力为 σ_0, 则比值

$$K=\frac{\sigma_{max}}{\sigma_0} \tag{2.30}$$

称为**理论应力集中因数**,它反映了应力集中的程度,其值大于 1。实验结果表明,截面尺寸改变得越急剧、角越尖、孔越小,应力集中的程度就越严重,理论应力集中因数 K 值就越大。因此,应尽可能地避免带尖角的孔和槽,在尖角处用圆弧过渡,圆弧半径尽可能大一些。对于工程上的大多数典型构件,理论应力集中因数 K 的值可由有关的手册查到。

由塑性材料制成的构件,应力集中处的最大应力 σ_{max} 达到屈服极限 σ_s 时,该处材料可发生流动,变形可以继续增加,而应力却不再增大。如外力继续增加,增加的力就由尚未屈服的材料来承担,以致屈服区域不断扩大,应力分布逐渐趋于均匀化。因此,用塑性材料制成的构件在静载作用下,可以不考虑应力集中的影响。

但脆性材料没有屈服阶段,随着载荷的增加,应力集中处的最大应力 σ_{max} 一直领先,当达到强度极限 σ_b 时,该处首先出现裂纹,随着裂纹的发展,应力集中程度加剧,最终导致构件发生破坏。但是,脆性材料中的铸铁,其内部存在气孔、杂质等引起应力集中的因素,外形骤变引起的应力集中的影响并不明显,可不考虑应力集中的影响。

当构件受周期性变化的载荷或冲击载荷作用时,无论是塑性材料还是脆性材料,都必须考虑应力集中的影响。

2.10 连接件的实用计算法

设两块钢板用螺栓连接后承受拉力 F 作用 [图 2.37(a)],螺栓在两侧面上分别受到大小相等、方向相反、作用线相距很近的两组分布外力系的作用 [图 2.37(b)]。螺栓在 $m-m$ 截面上、下的两部分将沿着力的作用方向发生相对错动 [图 2.37(b)]。当力 F 增加到某一极限值时,螺栓将沿 $m-m$ 被剪断。构件在一对大小相等、方向相反、作用线靠得很近的外力作用下,截面沿着力的作用方向发生相对错动的变形,称为**剪切变形**。产生相对错动的截面 $m-m$ 称为剪切面,它位于方向相反的两个外力作用线之间,且平行于外力作用线。

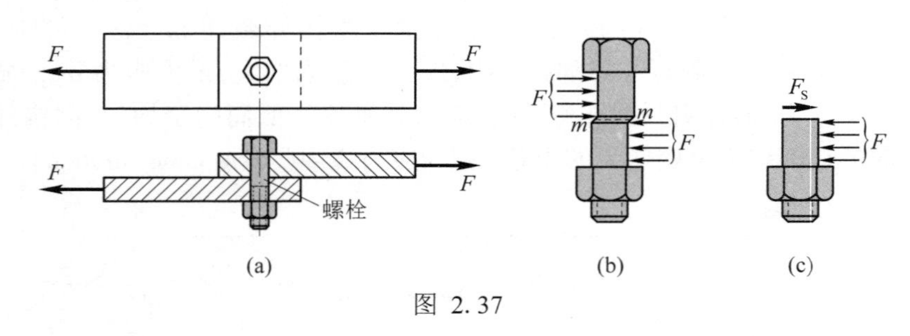

图 2.37

为求图 2.37(b)所示剪切面 $m-m$ 上的内力,按截面法用截面 $m-m$ 假想把螺栓分成两部分,取下段 [图 2.37(c)]研究,$m-m$ 截面上的内力与截面相切,称为**剪力**(shearing force), 用 F_S 表示。由平衡方程易得

$$F_S = F$$

再如,图 2.38(a)所示轴与轮通过键连接,作用于轴和轮上的驱动力偶和阻抗力偶大小相等、方向相反,键的受力如图 2.38(b)所示,作用于键左右两个侧面上的力使键的上下两部分沿 $m-m$ 截面发生左右相对错动。由图 2.38(c)所示部分的静力平衡方程易得,剪切面 $m-m$ 上的剪力 $F_S=F$。

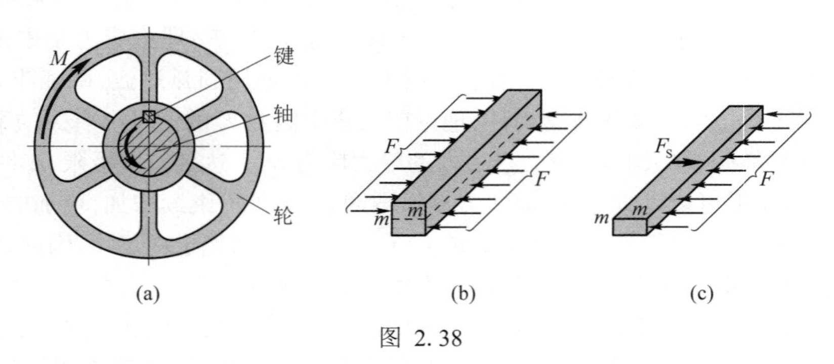

图 2.38

连接件可能发生的破坏形式有两种:一是沿两力间的剪切面被剪断,这种破坏形式称为剪切破坏;二是在连接件与被连接件之间的接触面上因挤压发生显著的塑性变形,这种破坏形式称为挤压破坏。连接件本身尺寸较小,其变形往往较为复杂。在工程设计中为简化计算,通常采用实用计算法。

2.10.1　剪切的实用计算

假设剪切面上的切应力均匀分布,按此假设计算出的平均切应力称为名义切应力,简称切应力,其计算式为

$$\tau = \frac{F_S}{A} \tag{2.31}$$

式中, F_S 为剪切面上的剪力; A 为剪切面面积。

剪切强度条件为

$$\tau = \frac{F_S}{A} \leqslant [\tau] \tag{2.32}$$

根据以上强度条件,便可对连接件进行剪切强度计算。

许用切应力$[\tau]$的值可利用图2.39(a)所示剪切器做材料剪切实验来确定。若剪断试样所施加的最大载荷为F_u,试样受力如图2.39(b)所示,试样有两个剪切面$m-m$和$n-n$,称为双剪切。由图2.39(c)可以看出,剪切面上的剪力$F_S = F_u/2$,用式(2.31)计算出极限切应力,将极限切应力除以大于1的安全因数,得许用切应力$[\tau]$。

许用切应力$[\tau]$的值也可从有关设计手册中查得。

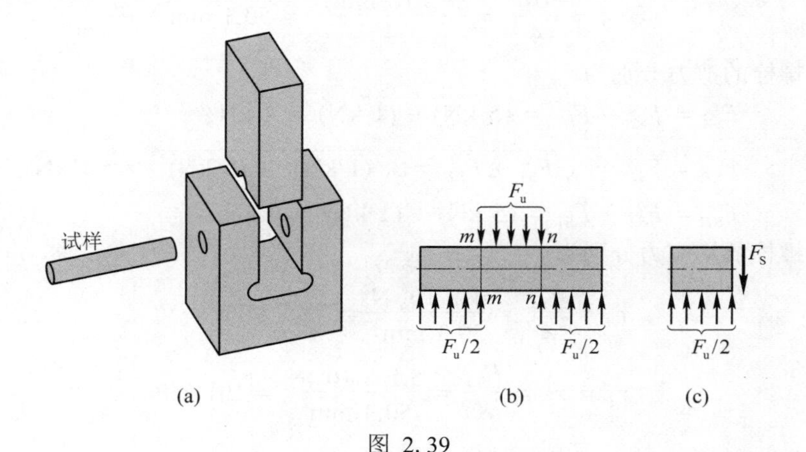

图 2.39

例2.11　图2.40(a)悬臂梁与立柱用A、B、C、D四个螺栓连接。已知螺栓对称分布在直径$d = 200$ mm的圆周上,螺栓直径$d_1 = 8$ mm, $l = 0.5$ m, 载荷$F = 4$ kN与立柱轴线平行。试求A、B、C、D四个螺栓的切应力。

解: 将力F平移到螺栓群的中心O, 得一力F和一力偶M [图2.40(b)]

$$F = 4\ \text{kN}, \quad M = Fl = 2\ \text{kN·m}$$

力F引起的四个螺栓的剪力为

$$F_{S1} = \frac{F}{4} = 1\ \text{kN}$$

力偶M引起的四个螺栓的剪力可由

$$2F_{S2} \cdot d = M$$

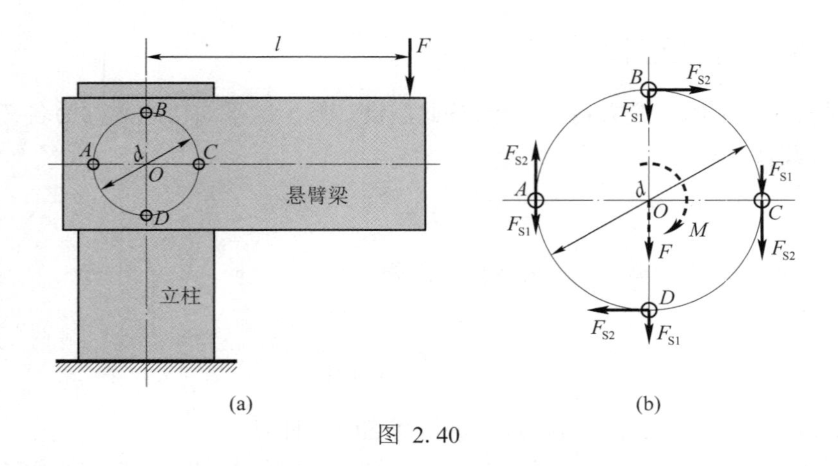

图 2.40

求得

$$F_{S2} = \frac{M}{2d} = \frac{2\ \text{kN·m}}{2 \times (0.2\ \text{m})} = 5\ \text{kN}$$

四个螺栓的截面面积均为

$$A = \frac{\pi d_1^2}{4} = \frac{\pi \times (8\ \text{mm})^2}{4} = 50.3\ \text{mm}^2$$

四个螺栓的剪力分别为

$$F_{SA} = F_{S2} - F_{S1} = (5\ \text{kN}) - (1\ \text{kN}) = 4\ \text{kN}$$

$$F_{SB} = F_{SD} = \sqrt{F_{S1}^2 + F_{S2}^2} = \sqrt{(1\ \text{kN})^2 + (5\ \text{kN})^2} = 5.1\ \text{kN}$$

$$F_{SC} = F_{S2} + F_{S1} = (5\ \text{kN}) + (1\ \text{kN}) = 6\ \text{kN}$$

四个螺栓的切应力分别为

$$\tau_A = \frac{F_{SA}}{A} = \frac{4 \times 10^3\ \text{N}}{50.3\ \text{mm}^2} = 79.5\ \text{MPa}$$

$$\tau_B = \tau_D = \frac{F_{SB}}{A} = \frac{5.1 \times 10^3\ \text{N}}{50.3\ \text{mm}^2} = 101\ \text{MPa}$$

$$\tau_C = \frac{F_{SC}}{A} = \frac{6 \times 10^3\ \text{N}}{50.3\ \text{mm}^2} = 119\ \text{MPa}$$

2.10.2　挤压的实用计算

图 2.37 中,螺栓与钢板之间的相互接触面称为**挤压面**,挤压面上的压力称为**挤压力**(bearing force),用 F_{bs}表示。挤压面上的应力称为**挤压应力**(bearing stress),用 σ_{bs} 表示。如果挤压应力过大,挤压面则产生显著的塑性变形,从而导致连接松动,影响正常工作甚至失效。挤压应力在挤压面上的分布情况也很复杂,实用计算中假定挤压应力在挤压计算面积上均匀分布,则

$$\sigma_{bs} = \frac{F_{bs}}{A_{bs}} \tag{2.33}$$

式中,A_{bs}称为**挤压计算面积**。如果挤压面为平面,例如图 2.38(b)所示键的挤压面,则

A_{bs}就等于此平面的面积；如果挤压面为圆柱面，例如图 2. 37(b) 所示螺栓的挤压面，挤压应力的分布情况大致如图 2. 41(a) 所示，A_{bs} 取为挤压面在直径面上的投影面面积 δd [图 2. 41(b) 中阴影部分的面积]。这样根据式(2. 33) 计算出的挤压应力与实际最大应力接近。

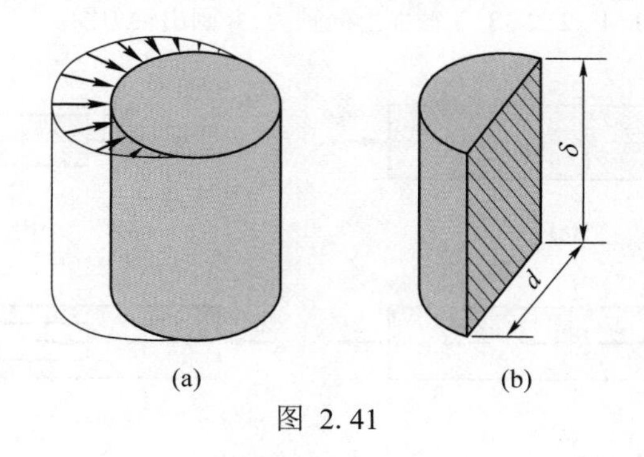

图 2. 41

挤压强度条件为

$$\sigma_{bs} = \frac{F_{bs}}{A_{bs}} \leqslant [\sigma_{bs}] \tag{2. 34}$$

式中，$[\sigma_{bs}]$ 为材料的许用挤压应力，其数值由试验确定，设计时可查有关手册。

例 2. 12 拉杆头部尺寸如图 2. 42(a)所示，已知直径 $D = 40$ mm，$d = 20$ mm，高度 $h = 14$ mm，拉力 $F = 60$ kN，许用切应力$[\tau] = 100$ MPa，许用挤压应力$[\sigma_{bs}] = 100$ MPa。试校核拉杆头部的强度。

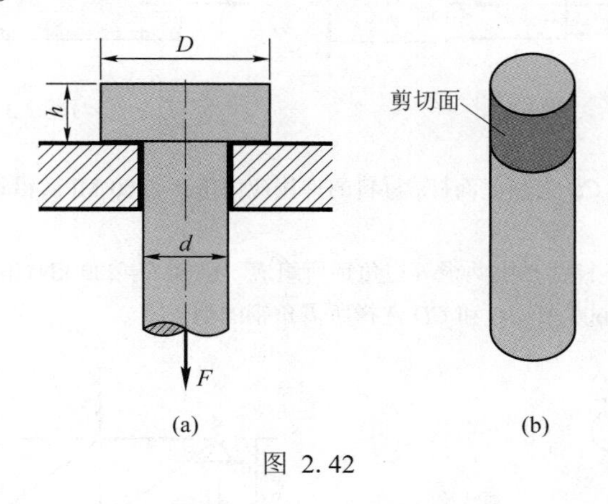

图 2. 42

解： 剪切面是直径为 d，高为 h 的圆柱面 [图 2. 42(b)]，切应力

$$\tau = \frac{F_S}{A} = \frac{F}{\pi dh} = \frac{60 \times 10^3 \text{ N}}{\pi \times 20 \times 14 \text{ mm}^2} = 68.2 \text{ MPa} < [\tau]$$

挤压面是外径为 D，内径为 d 的圆环，挤压应力

$$\sigma_{bs} = \frac{F_{bs}}{A_{bs}} = \frac{F}{\dfrac{\pi(D^2 - d^2)}{4}} = \frac{60 \times 10^3 \text{ N}}{\dfrac{\pi(40^2 - 20^2)}{4} \text{ mm}^2} = 63.7 \text{ MPa} < [\sigma_{bs}]$$

可见，拉杆头部满足剪切强度条件和挤压强度条件，安全。

习 题

2.1 试求图示各杆 1-1、2-2、3-3 截面上的轴力,并画出轴力图。

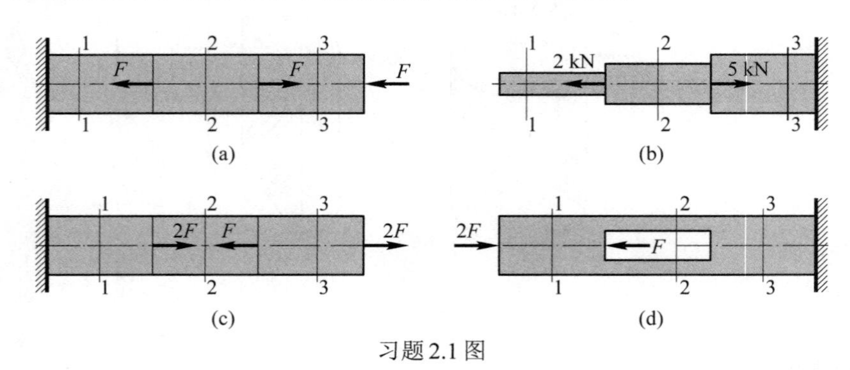

习题 2.1 图

2.2 图示杆的各段横截面面积分别为:$A_1=200\ \text{mm}^2$,$A_2=300\ \text{mm}^2$,$A_3=400\ \text{mm}^2$。试求杆 1-1、2-2、3-3截面上的正应力。

2.3 图示一承受轴向拉力 $F=10$ kN 的等直杆,已知杆的横截面面积 $A=100\ \text{mm}^2$。试求在 $\alpha=0°$、30°、45°、60°、90° 的各斜截面上的正应力和切应力。

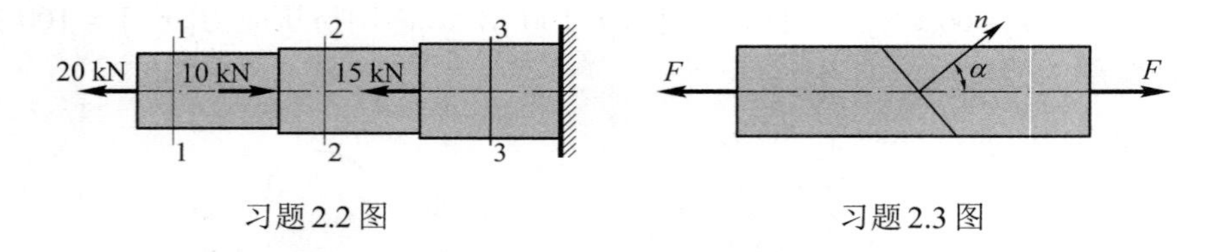

习题 2.2 图　　　　习题 2.3 图

2.4 图示结构中,CD 为圆截面杆,材料的许用应力$[\sigma]=160$ MPa,铅垂载荷 $F=20$ kN,试选择杆 CD 的直径 d。

2.5 图示桁架的各杆都是由两根等边角钢所组成。已知 $F=220$ kN,角钢的材料为 Q235 钢,其许用应力$[\sigma]=170$ MPa。试为杆 AC 和 CD 选择所需角钢的型号。

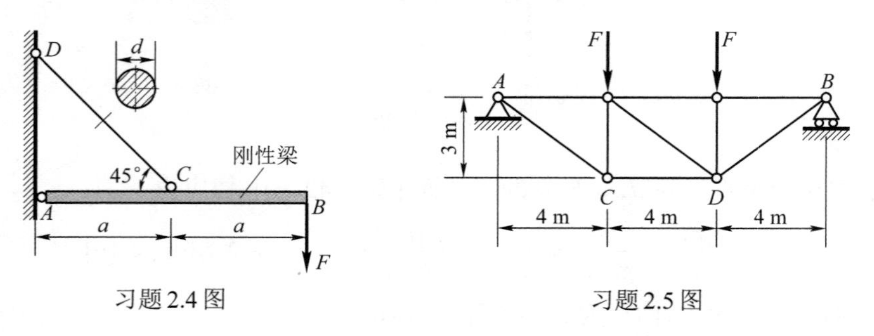

习题 2.4 图　　　　习题 2.5 图

2.6 一桅杆起重机如图所示,起重杆 AB 为一钢管,其外径 $D=20$ mm,内径 $d=18$ mm;钢绳 CB 的横截面面积为 $10\ \text{mm}^2$。已知起吊物重 $P=2$ kN,试计算起重杆和钢丝绳的应力。

2.7 图示起重架,杆 1 为钢杆,直径 $d_1=30$ mm,许用拉应力$[\sigma_t]=150$ MPa;杆 2 为铸铁杆,直径 $d_2=40$ mm,许用压应力$[\sigma_c]=100$ MPa。试求起重架的最大起吊重 P。

2.8 如图所示，用绳索吊运一重 $P=20$ kN 的重物。设绳索的横截面面积 $A=1\ 260\ \text{mm}^2$，许用应力$[\sigma]=10$ MPa，试问：

(1) 当 $\alpha=45^\circ$ 时，绳索强度是否够？

(2) 如改为 $\alpha=60^\circ$，再校核绳索的强度。

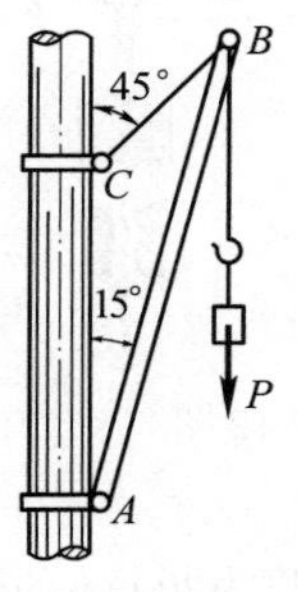

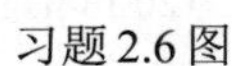
习题 2.6 图

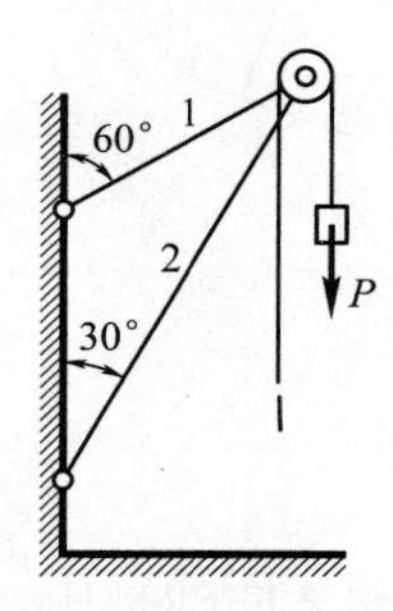

习题 2.7 图

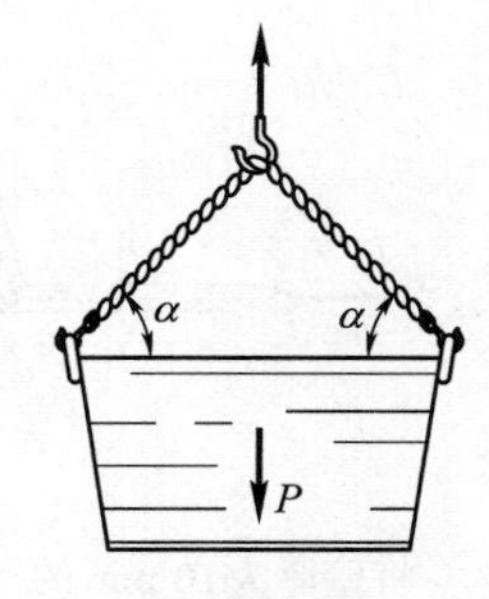

习题 2.8 图

2.9 图示气缸，内径 $D=560$ mm，气缸内的气体压强 $p=2.5$ MPa，活塞杆直径 $d=100$ mm，所用材料的屈服极限 $\sigma_s=300$ MPa。

(1) 试求活塞杆的正应力和工作安全因数；

(2) 若连接气缸与气缸盖的螺栓直径 $d_1=30$ mm，螺栓所用材料的许用应力$[\sigma]=60$ MPa。试求所需的螺栓数。

2.10 在 B 和 C 两点连接绳索 BAC，绳索上悬挂物重 P，如图所示。点 B、C 之间的距离 a 保持不变，绳索的许用拉应力为$[\sigma]$。试求当 θ 角取何值时，绳索的用料最省？

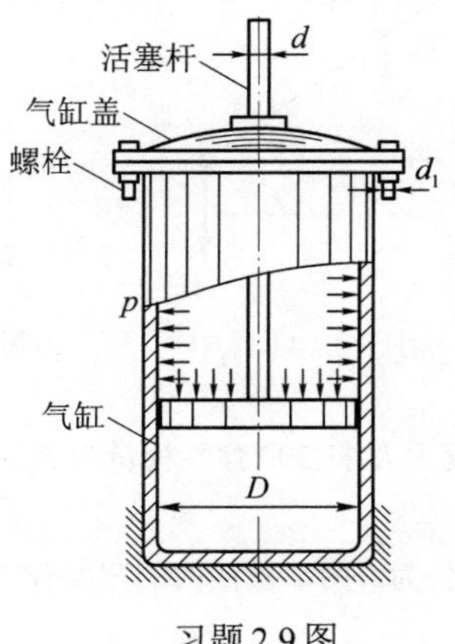

习题 2.9 图

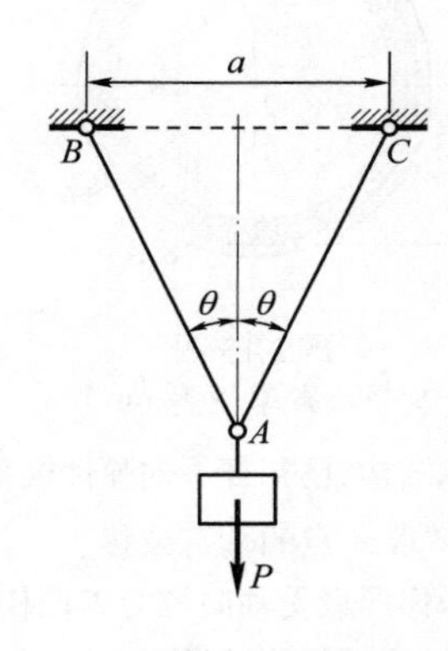

习题 2.10 图

2.11 图示汽车离合器踏板，已知踏板受到的压力 $F_1=400$ N，杠杆臂长分别为 $a=330$ mm，$b=55$ mm。若拉杆 1 的直径 $d=9$ mm，许用应力$[\sigma]=50$ MPa。试校核拉杆 1 的强度。

2.12 某拉伸试验机的结构示意图如图所示。设试验机的杆 CD 与试样 AB 的材料同为低碳钢，其 $\sigma_p=200$ MPa，$\sigma_s=240$ MPa，$\sigma_b=400$ MPa。试验机最大拉力为 100 kN。

(1) 用这一试验机作拉断试验时，试样直径最大可达多大？

(2) 若设计时取试验机的安全因数 $n=2$，则杆 CD 的横截面面积为多大？

(3) 若试样直径 $d=10$ mm，今欲测弹性模量 E，则所加载荷最大不能超过多少？

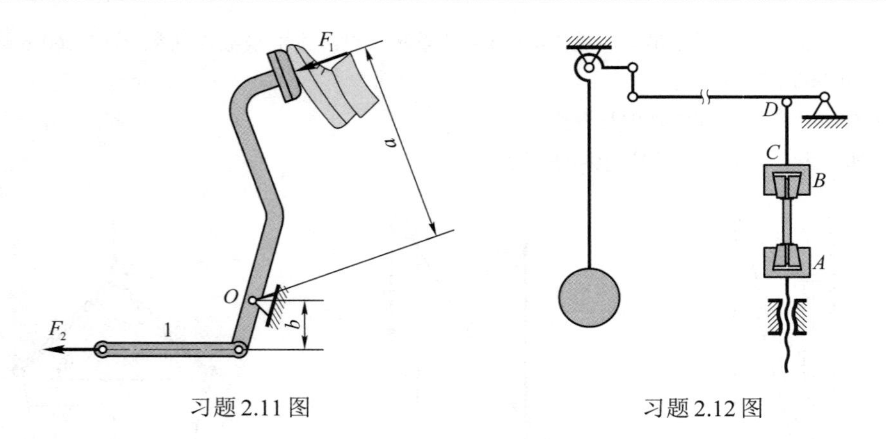

习题 2.11 图　　习题 2.12 图

2.13　将壁厚为 10 mm 的钢箍,在烘热情况下套装到外径为 400 mm、厚度为 20 mm 的铸铁环上,如图所示。当冷却至常温时,在钢箍中产生了 10 MPa 的拉应力。试求:

(1) 在铸铁环中产生的压应力;

(2) 钢箍与铸铁环接触表面上的接触应力。

2.14　图示结构,杆 1 和杆 2 的材料相同,且拉、压许用应力都等于$[\sigma]$,已知载荷 F,杆 1 的长度 l。为使结构的用料最省,试求夹角 α 的最佳值。

2.15　一长为 l,横截面面积为 A 的等截面直杆,质量密度为 ρ,弹性模量为 E,该杆铅垂悬挂。试求由自重引起的最大应力 σ_{max} 以及杆的总伸长 Δl。

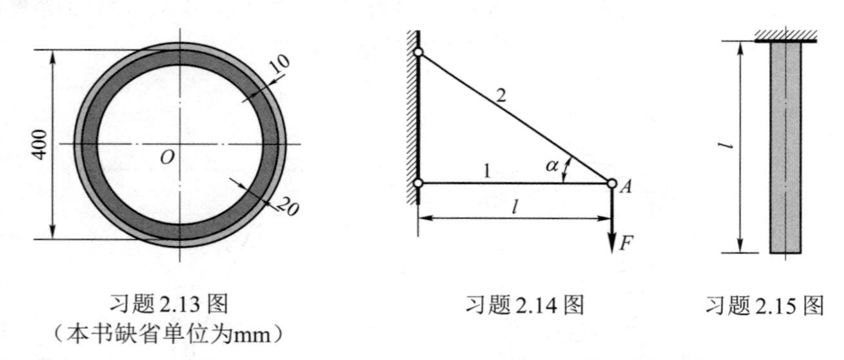

习题 2.13 图
(本书缺省单位为mm)　　习题 2.14 图　　习题 2.15 图

2.16　图示结构,已知杆 1 的弹性模量为 E_1,长度为 l;杆 2 的弹性模量为 E_2,两杆的横截面面积均为 A,$\alpha = 30°$。试求 A 点的垂直位移。

2.17　图示梯形板受轴向拉力 F 的作用,已知板长为 l,两端横截面的宽度分别为 b_1、b_2,厚度为 δ,弹性模量为 E。试求板的伸长量。

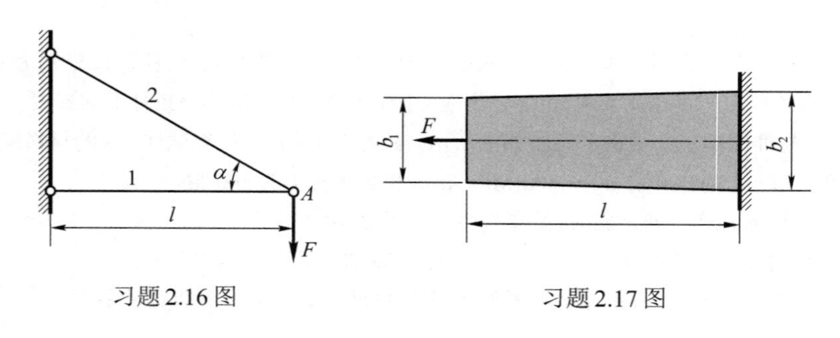

习题 2.16 图　　习题 2.17 图

2.18　图示结构中，横梁 AC 为刚体，在 C 点受铅垂力 F = 10 kN，杆 1 和杆 2 的直径分别为 d_1 = 10 mm，d_2 = 20 mm，两杆的弹性模量均为 E = 210 GPa。试求：

(1) 两杆内横截面上的应力；

(2) C 点的铅垂位移。

2.19　图示三杆材料及尺寸皆相同，容重 γ = 20 kN/m^3，弹性模量 E = 100 GPa，横截面面积 A = 1 m^2，a = 1 m，受集中载荷 F = 100 kN 及自重作用。要求：

(1) 画轴力图；

(2) 求底截面上的正应力 σ_B；

(3) 求总缩短量 Δl_{AB}。

2.20　图示硬铝拉伸试样，截面为矩形，尺寸 h = 2 mm，b = 20 mm，试验段长度 l = 70 mm。在轴向拉力 F = 6 kN 作用下，测得试验段伸长 Δl = 0.15 mm，板宽缩短 Δb = 0.014 mm。试计算硬铝的弹性模量 E 和泊松比 μ。

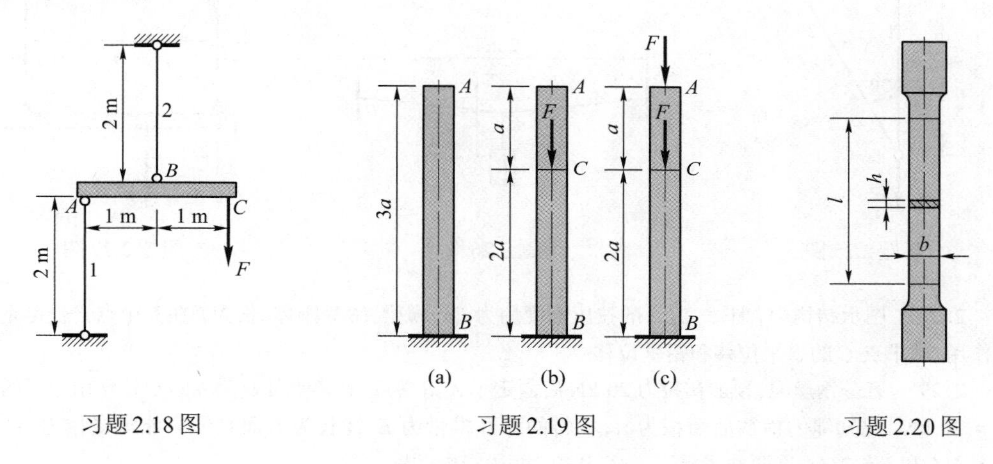

习题 2.18 图　　习题 2.19 图　　习题 2.20 图

2.21　正方形截面拉杆，边长为 $20\sqrt{2}$ mm，弹性模量 E = 200 GPa，泊松比 μ = 0.3。当杆受到轴向拉力作用后，横截面对角线缩短了 0.012 mm，试求该杆的轴向拉力 F 的大小。

2.22　图示水平刚性杆 AB，由直径 d = 20 mm 的钢杆 CD 拉住，钢材的许用应力[σ] = 160 MPa，弹性模量 E = 210 GPa。根据设计要求，B 端的竖直位移不能超过 2 mm。试求最大载荷 F。

2.23　两根粗细相同的钢杆 1、2 上悬挂着一刚性梁 AB，今在刚性梁上加一垂直力 F。若要使 AB 梁保持水平位置(不考虑梁自重)，试求加力位置 x 与 F、l 之间的关系。

2.24　设图示直杆材料为低碳钢，弹性模量 E = 200 GPa，杆的横截面面积为 A = 500 mm^2，杆长 l = 1 m，加轴向拉力 F = 150 kN，测得伸长 Δl = 4 mm。试求卸载后杆的残余变形。

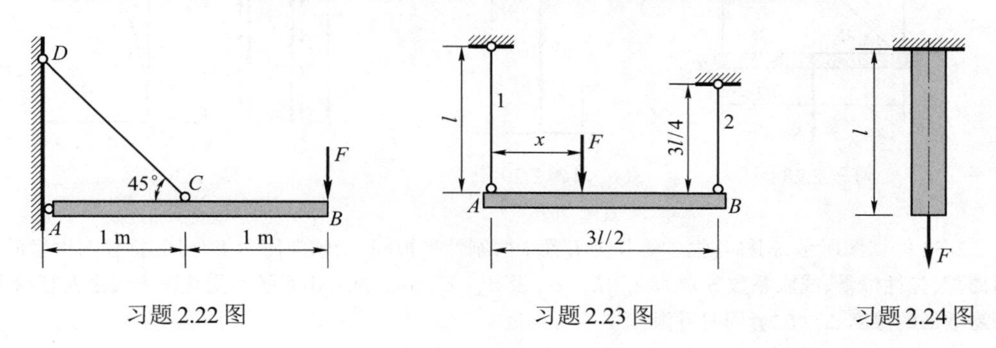

习题 2.22 图　　习题 2.23 图　　习题 2.24 图

2.25　图示结构中,若杆 1、2 的拉压刚度都等于 EA,试求节点 A 的水平位移和铅垂位移。

2.26　图示 A 和 B 两点之间原有水平方向的一根直径 $d = 1$ mm 的钢丝,在钢丝的中点 C 悬挂一重物 P。已知钢丝产生的线应变为 $\varepsilon = 0.001\ 5$,材料的弹性模量 $E = 200$ GPa,不计钢丝自重。试求:

(1) 钢丝横截面上的应力(假设钢丝经过冷拉,在拉断前可认为遵循胡克定律);

(2) 钢丝在 C 点下降的距离 Δ;

(3) 重力 P 的大小。

2.27　图示结构,AB 为刚性梁,杆 1 和杆 2 的横截面面积均为 A,它们的许用应力分别为 $[\sigma]_1$ 和 $[\sigma]_2$,且 $[\sigma]_1 = 2[\sigma]_2$。载荷 F 可沿梁 AB 移动,其移动范围为 $0 \leqslant x \leqslant l$。试求:

(1) 从强度方面考虑,当 x 为何值时,许可载荷 $[F]$ 为最大,其最大值为多少?

(2) 该结构的许可载荷 $[F]$ 多大?

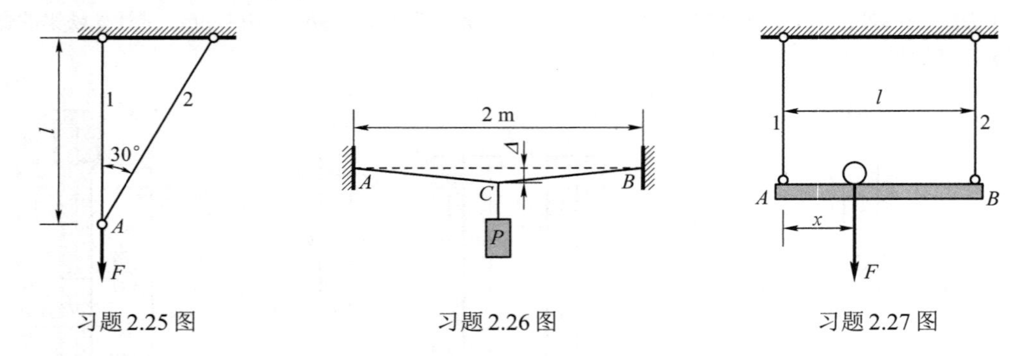

习题 2.25 图　　习题 2.26 图　　习题 2.27 图

2.28　图示结构中,杆 1、2、3 的拉压刚度均为 EA。横梁 AB 为刚体,长为 l,在其中点 C 受铅垂载荷 F 作用。试求点 C 的水平位移和铅垂位移。

2.29　有一钢丝绳,预加初拉力 20 kN 后固定于 A、B 两点。在离点 A 高为 h 的 C 处作用向下的载荷 $F = 30$ kN。已知绳的横截面面积为 A,材料的弹性模量为 E,绳长为 l,而且绳只能承受拉力。试求在 $h = l/4$ 和 $h = 3l/4$ 这两种情况下,AC 和 BC 两段绳内的轴力。

2.30　一等截面摩擦木桩受力如图所示,摩擦力沿杆分布集度为 $f = ky^2$,其中 k 为待定常数。忽略桩身自重。

(1) 写出桩的轴力方程并画出轴力图;

(2) 设 $l = 10$ m, $F = 400$ kN, $A = 7 \times 10^4\ \text{mm}^2$, $E = 10$ GPa,试求桩的缩短量。

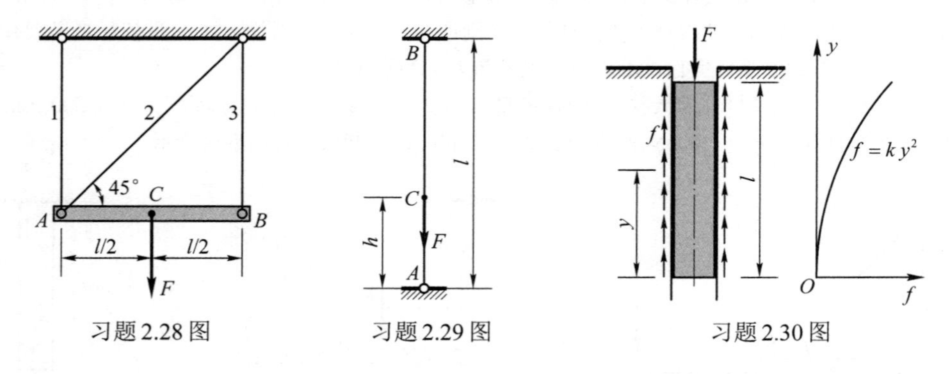

习题 2.28 图　　习题 2.29 图　　习题 2.30 图

2.31　如图所示,钢柱与铜管等长为 l,置于两刚性平板间,受轴向压力 F 作用。钢柱与铜管的横截面面积、弹性模量、线胀系数分别为 A_s、E_s、α_{ls} 及 A_c、E_c、α_{lc}。试导出系统所受载荷 F 仅由铜管承受时,所需增加的温度 ΔT(二者同时升温)。

2.32　图示结构，杆1、2的长均为l，横截面面积均为A，其应力–应变关系曲线可用方程$\sigma^n = B\varepsilon$表示，其中n和B为由实验测定的已知常数。试求节点A的铅垂位移。

2.33　如图所示，钢螺栓1穿过铜套管2。已知钢螺栓1的横截面面积$A_1 = 600\ \text{mm}^2$，弹性模量$E_1 = 200\ \text{GPa}$。铜套管2的横截面面积$A_2 = 1\,200\ \text{mm}^2$，弹性模量$E_2 = 100\ \text{GPa}$，螺栓的螺距$s = 3\ \text{mm}$，$l = 750\ \text{mm}$。试求当螺母拧紧1/4圈时，钢螺栓和铜套管内的应力。

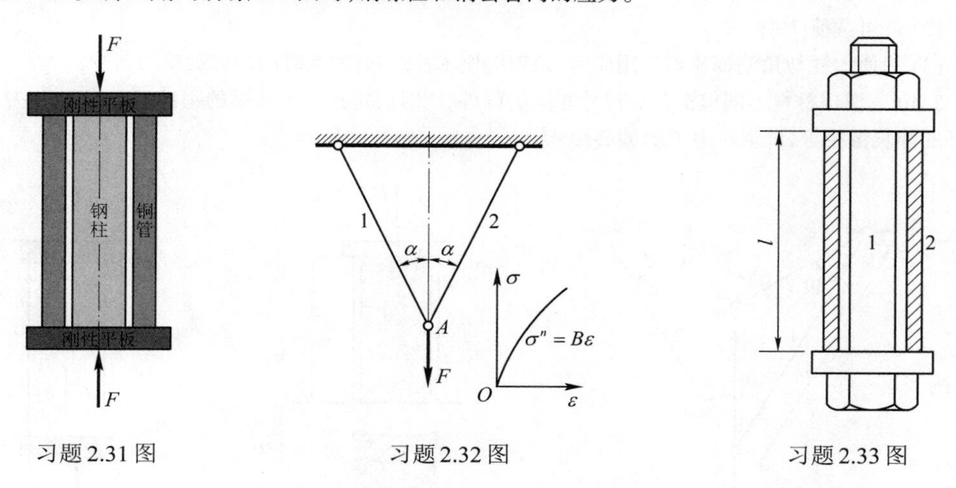

习题2.31图　　习题2.32图　　习题2.33图

2.34　图示两端固定的等直杆，受一对力F作用，试求A、B两端的约束力。

2.35　图示两端固定的等直杆，受轴向载荷$2F$和F作用。试求各段杆中的轴力，并作杆的轴力图。

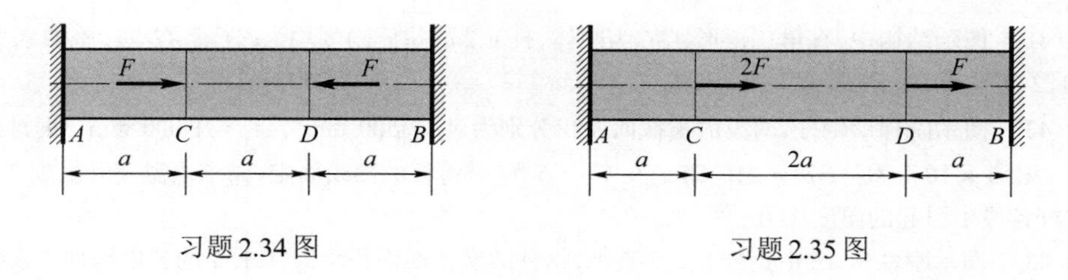

习题2.34图　　习题2.35图

2.36　图示结构中，横梁AB为刚体，杆1、2、3的拉压刚度均为EA。试求三杆的轴力。

2.37　图示结构中，横梁AB为刚体，已知杆1、2、3的横截面面积均为A，弹性模量均为E，许用应力均为$[\sigma]$。杆1、2的长度均为l，杆3的长度为$2l$。试求当在梁AB的中点C作用铅垂方向的力F时，结构的许可载荷$[F]$。

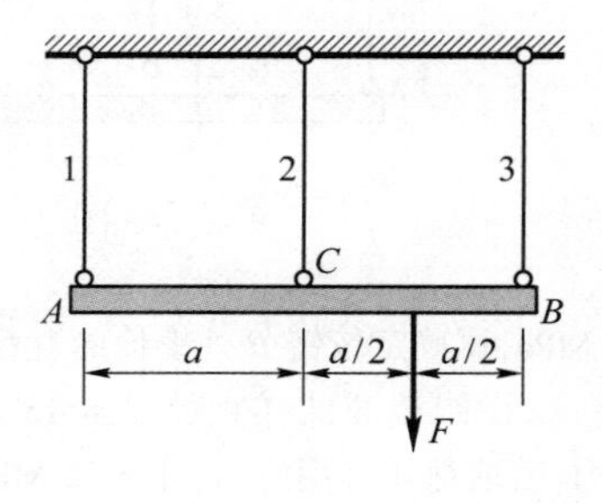

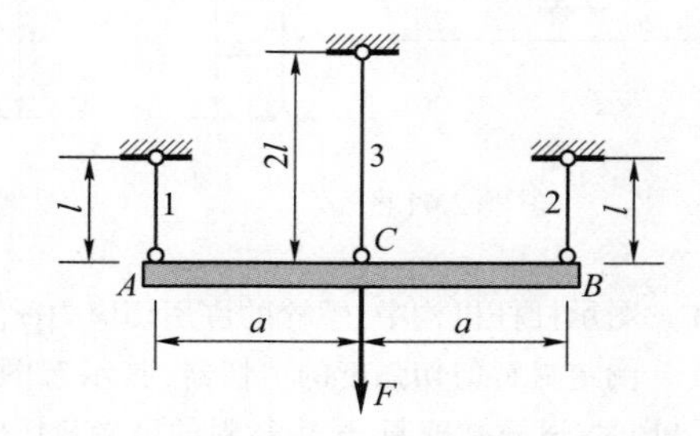

习题2.36图　　习题2.37图

2.38　图示桁架，各杆的拉压刚度均为 EA，试求在载荷 F 作用下各杆的轴力。

2.39　横截面为250 mm × 250 mm的木柱，用四根与木柱同高的角钢(40 mm × 40 mm × 4 mm)在四周给以加固，如图所示。承受着由刚性平板均匀施加的压力 F。已知钢材的弹性模量 $E_{钢}$ = 200 GPa，许用应力$[\sigma]_{钢}$ = 160 MPa；木材的弹性模量 $E_{木}$ = 10 GPa，许用应力$[\sigma]_{木}$ = 12 MPa。试求：

(1) 四根角钢所承受 F 力的百分数；

(2) 许可载荷$[F]$；

(3) 为使木柱与角钢都达到许用应力，角钢应比木柱短多少?此时的许可载荷为多少?

2.40　两根材料不同但横截面尺寸相同的杆件，同时固定连接于两端的刚性板上，且 $E_1 > E_2$。要使两杆的伸长量相等，试求拉力 F 的偏心距 e。

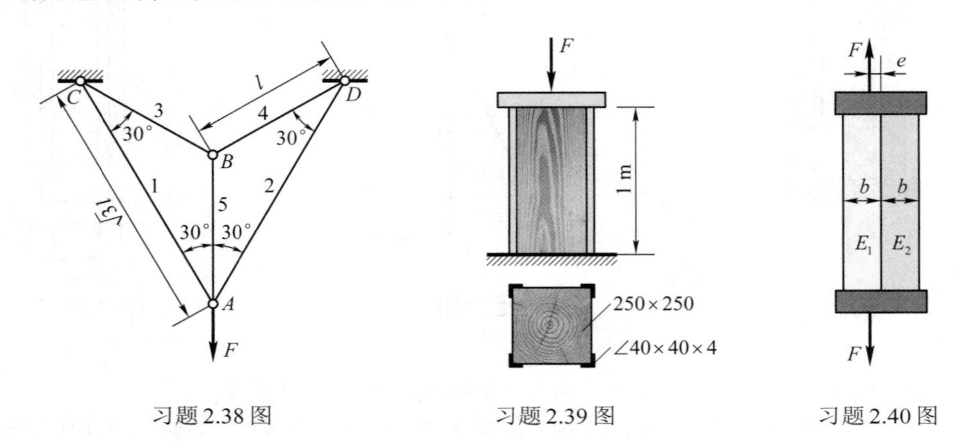

习题 2.38 图　　习题 2.39 图　　习题 2.40 图

2.41　图示结构中，直角三角形 ABC 为刚体，杆 1、2 的拉压刚度均为 EA。若在点 A 施加水平力 F，试求杆 1、2 的轴力 F_{N1} 和 F_{N2}。

2.42　图示阶梯形钢杆，两段的横截面面积分别为 A_1 = 500 mm^2，A_2 = 1 000 mm^2，钢材的线胀系数 $\alpha_l = 12.5 \times 10^{-6}$ ℃$^{-1}$，E = 210 GPa。在 T_1 = 5 ℃ 时将杆的两端固定，试求当温度升高到 T_2 = 25 ℃ 时，在杆各段中引起的温度应力。

2.43　图示刚性梁 AB 由钢杆 1、2、3 支承，钢杆的横截面面积均为 A，杆 2 的长度因加工误差而短了 $\delta = 5l/10^4$。已知钢的弹性模量 E = 210 GPa。试求装配后各杆的应力。

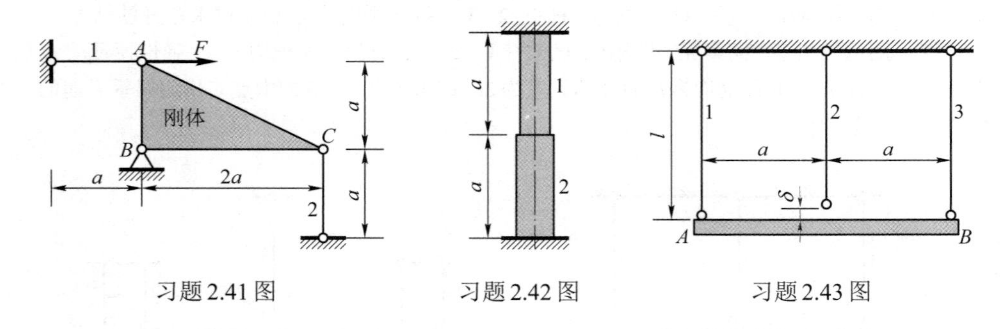

习题 2.41 图　　习题 2.42 图　　习题 2.43 图

2.44　图示杠杆机构中，螺栓的许用切应力$[\tau]$ = 100 MPa，试确定铰链 B 处螺栓的直径。

2.45　测定材料剪切强度的剪切器，其示意图如图所示。设圆截面试样直径 d = 15 mm，当压力 F = 31.5 kN 时，试样被剪断。试求材料的名义剪切极限应力。若取剪切许用应力$[\tau]$ = 70 MPa，试问安全因数等于多少?

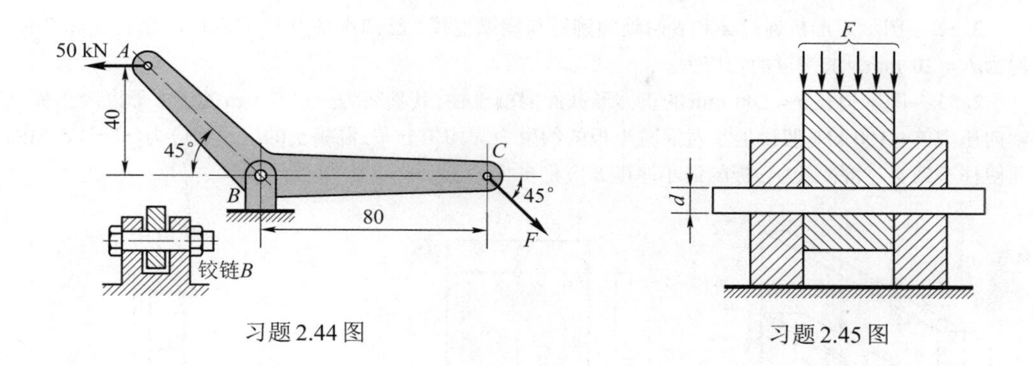

习题2.44图　　习题2.45图

2.46　图示螺钉受轴向拉力 F 作用。已知材料的剪切许用应力$[\tau]$是拉伸许用应力$[\sigma]$的0.6倍。试求螺钉直径 d 与钉头高度 h 的合理比值。

2.47　在厚度 $\delta = 6$ mm 的铝板上，冲出一个形状如图所示的孔，铝板剪断时的剪切极限应力 $\tau_u = 220$ MPa，试求冲床所需的冲力 F。

2.48　图示直径为 d 的圆柱放在直径为 $D = 3d$，厚度为 δ 的圆形基座上，地基对基座的支反力为均匀分布，圆柱承受轴向压力 F。试求基座剪切面的切应力。

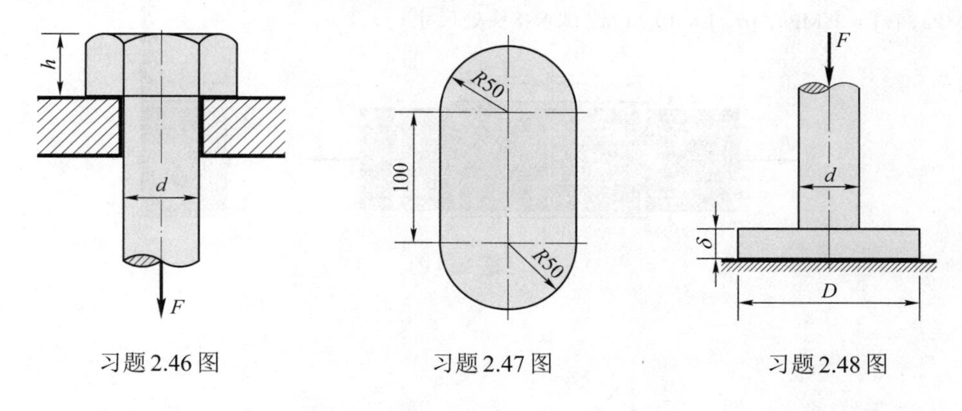

习题2.46图　　习题2.47图　　习题2.48图

2.49　图示联轴器用4个螺栓连接，4个螺栓对称地分布在 $D = 480$ mm 的圆周上，联轴器传递的力偶矩 $M_e = 24$ kN·m，螺栓的剪切许用应力$[\tau] = 80$ MPa。试确定螺栓的直径 d。

2.50　已知拉力 F 及尺寸 a、b、l 的值。试计算图示榫接头的切应力和挤压应力。

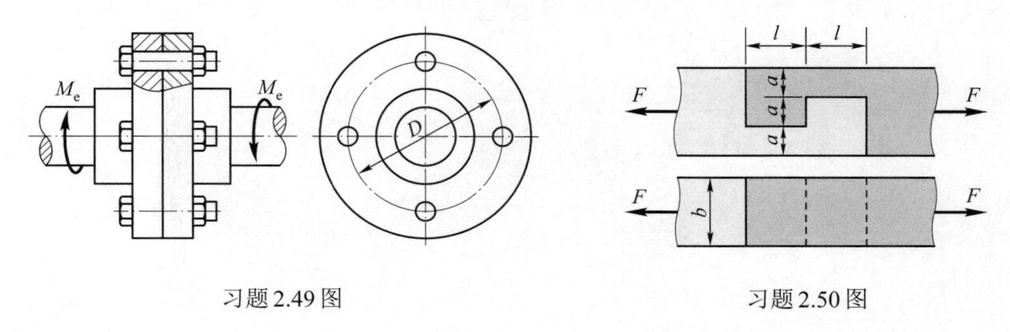

习题2.49图　　习题2.50图

2.51　如图所示，用两个铆钉将140 mm × 140 mm × 12 mm 的等边角钢铆接在立柱上，构成托架。已知 $F = 30$ kN，铆钉直径 $d = 21$ mm，试求铆钉的切应力和挤压应力。

2.52　图示矩形板通过A和B两处的铆钉与横梁连接。已知水平力$F=20$ kN，铆钉A和B的直径均为$d=20$ mm。求铆钉的切应力。

2.53　图示边长$a=200$ mm的正方形截面混凝土柱，其基底为一边长1 m的正方形混凝土板。柱受轴向压力$F=100$ kN。假设地基对混凝土板的约束力为均匀分布，混凝土的许用切应力$[\tau]=1.5$ MPa。试问使柱不致穿过混凝土板，板的最小厚度δ应是多少？

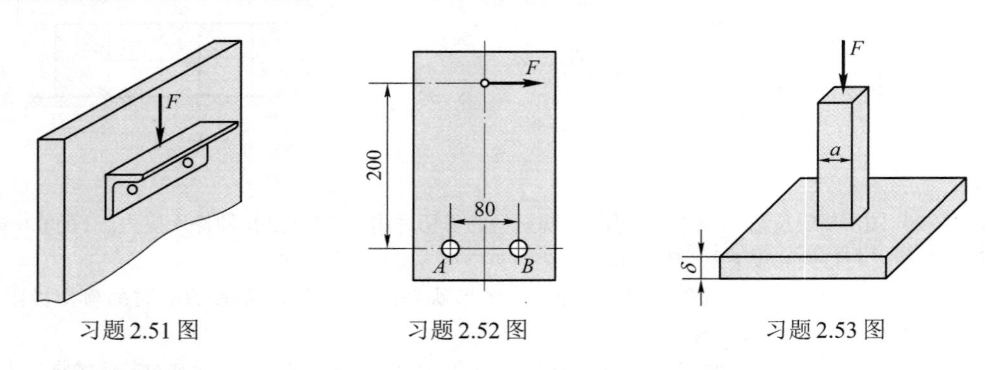

习题2.51图　　习题2.52图　　习题2.53图

2.54　两矩形截面木杆用钢板连接如图所示。已知$F=60$ kN，$b=150$ mm，在顺木纹方向$[\sigma]=10$ MPa，$[\tau]=1$ MPa，$[\sigma_{bs}]=10$ MPa，试求接头处尺寸t、l及h。

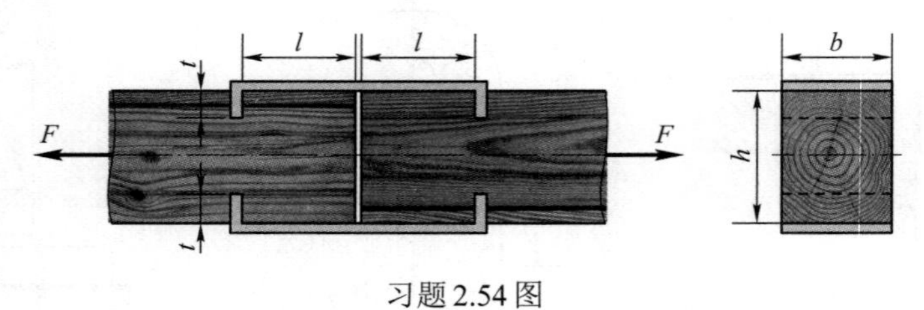

习题2.54图

典型例题

3

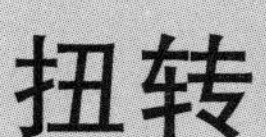

扭转

3.1　扭转的概念和实例

工程实际中,许多构件的主要变形形式是扭转。如汽车的转向操纵杆(图 3.1),其上端由方向盘带动,作用一个力偶,下端受到来自转向器的阻力偶作用。工人师傅在攻丝时(图 3.2),作用在手柄上的两个力 F 构成一个在垂直于丝锥轴线平面内的力偶,而在丝锥下端,工件的阻力则形成阻力偶。用螺丝刀拧螺丝(图 3.3),螺丝刀杆受到来自手和螺丝的一对大小相等、方向相反的力偶的作用。

图 3.1

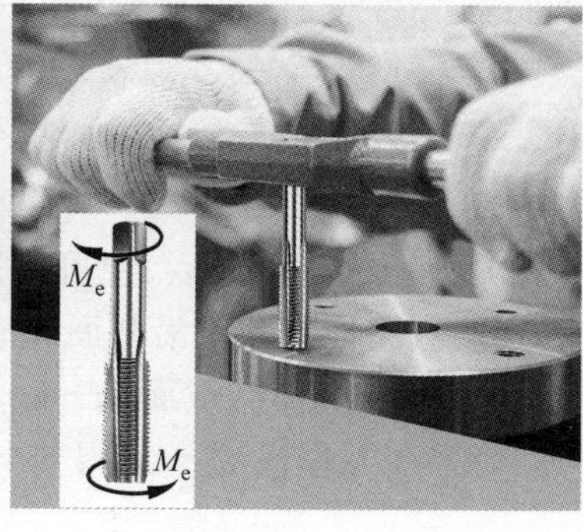

图 3.2

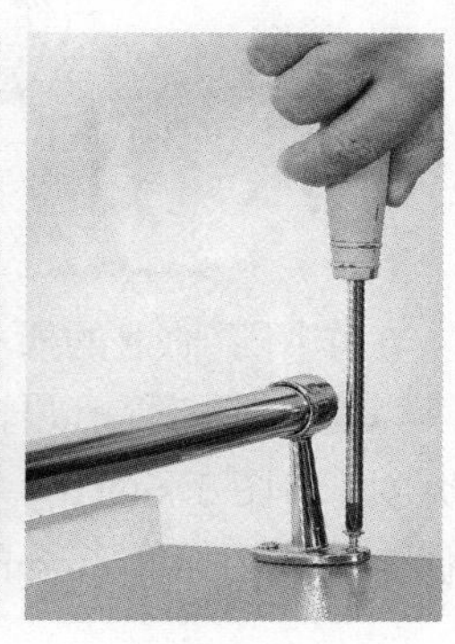

图 3.3

上述构件受力的主要特点是:构件受到垂直于轴线的平面内的平衡力偶系作用。经简化后,可用图 3.4 的计算简图表示。其变形特点是:相邻横截面绕轴线作相对转动,这种变形称为扭转变形。工程中,以扭转为主要变形的直杆常称为**轴**(shaft)。

本章主要研究圆截面杆的扭转,这是工程中最常见的情况。对于非圆截面杆的扭转,仅作简单介绍。

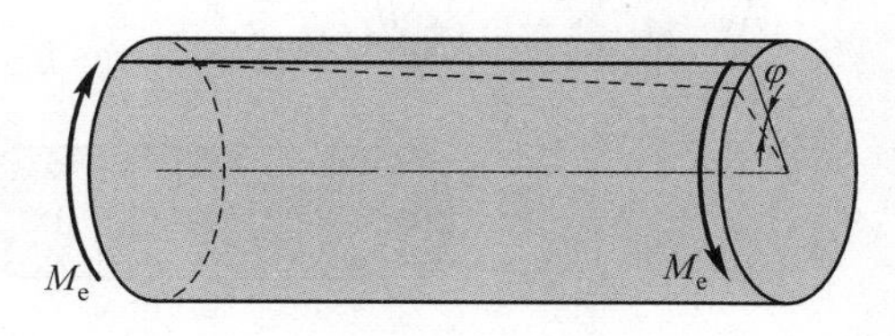

图 3.4

3.2 外力偶矩的计算 扭矩和扭矩图

图 3.5 所示传动轴,转速为 n (单位为 r/min),轴传递的功率由主动轮输入,然后通过从动轮分配出去。设某轮传递的功率为 P (单位为 kW), P kW 的功率相当于每分钟作功

$$W = P \times 1\ 000 \times 60 \tag{3.1}$$

而外力偶矩 M_e 每分钟所作的功为

$$W = M_e \cdot 2\pi n \tag{3.2}$$

式(3.1)和式(3.2)理应相等,由此求得外力偶矩的大小为

$$\{M_e\}_{N\cdot m} = 9\ 549\ \frac{\{P\}_{kW}}{\{n\}_{r/min}} \tag{3.3}$$

如果功率 P 的单位为 PS(公制马力, 1 PS = 735.5 W),则外力偶矩的大小为

$$\{M_e\}_{N\cdot m} = 7\ 024\ \frac{\{P\}_{PS}}{\{n\}_{r/min}} \tag{3.4}$$

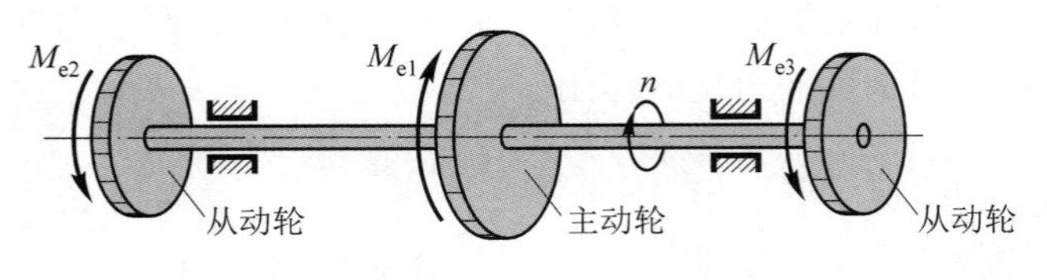

图 3.5

在作用于轴上的所有外力偶矩都求得之后,便可利用截面法求轴任意横截面上的内力。以图 3.6(a)所示圆轴为例,假想地将圆轴沿截面 $m-m$ 分成两部分,取第 I 部分作为研究对象 [图 3.6(b)]。根据平衡条件可知:截面 $m-m$ 上的分布内力只能合成为一个内力偶矩 T。由第 I 部分的静力平衡方程 $\sum M_x = 0$,得

$$T - M_e = 0$$

$$T = M_e$$

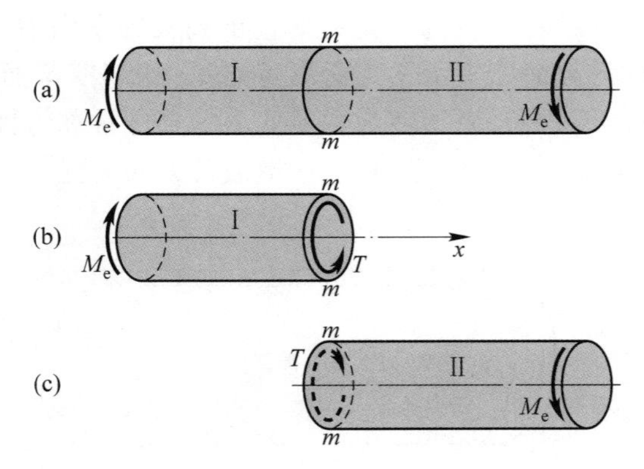

图 3.6

T 称为截面 $m-m$ 上的**扭矩**(torsional moment, torque),它是Ⅰ、Ⅱ两部分在 $m-m$ 截面上相互作用的分布内力系的合力偶矩。

如果取第Ⅱ部分作为研究对象 [图 3.6(c)],也可求得 $m-m$ 截面上的扭矩。此扭矩的数值与上面 [图 3.6(b)]所求得的扭矩的数值相同,转向相反。

为使无论取第Ⅰ部分还是取第Ⅱ部分作为研究对象,所求得的同一截面上的扭矩非但数值相等,而且正负号相同,对扭矩符号作如下规定:按右手螺旋法则,用力偶矩矢表示扭矩,若力偶矩矢指向横截面的外法线方向时,扭矩为正,如图 3.7 所示。反之,扭矩为负。

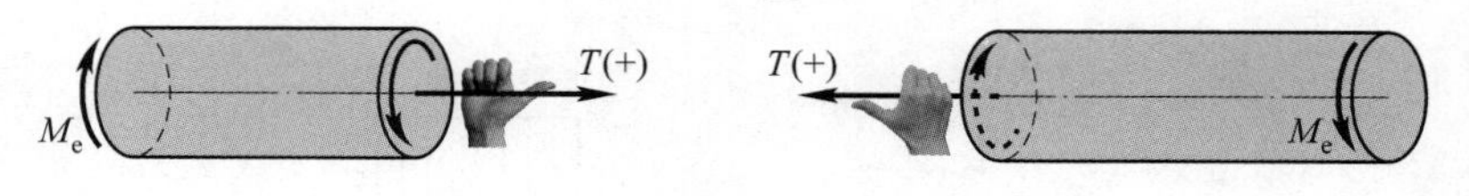

图 3.7

很多情况下,轴上会同时作用几个外力偶,此时需要分段求出各横截面上的扭矩。为了找出危险截面,一般需要确定轴上最大扭矩所在截面。与拉压问题中画轴力图一样,也可用扭矩图来表示各横截面上的扭矩沿轴线变化的情况。图中以横坐标表示横截面的位置,纵坐标表示相应截面上的扭矩,这种图线就是扭矩图。下面用例题来说明扭矩的计算和扭矩图的绘制方法。

例 3.1　传动轴如图 3.8(a)所示。轴的转速 $n=300\ \text{r/min}$,主动轮 A 输入功率 $P_A=40\ \text{kW}$, 三个从动轮输出功率分别为 $P_B=P_C=12\ \text{kW}$, $P_D=16\ \text{kW}$。试画出轴的扭矩图。

解: 作用于各轮上的外力偶矩大小为

$$M_{eA}=9\ 549\frac{P_A}{n}=\left(9\ 549\times\frac{40}{300}\right)\ \text{N·m}=1\ 273\ \text{N·m}$$

$$M_{eB}=M_{eC}=9\ 549\frac{P_B}{n}=\left(9\ 549\times\frac{12}{300}\right)\ \text{N·m}=382\ \text{N·m}$$

$$M_{eD}=9\ 549\frac{P_D}{n}=\left(9\ 549\times\frac{16}{300}\right)\ \text{N·m}=509\ \text{N·m}$$

使用截面法,沿截面 1-1 将轴分成两段,取左段考虑,受力如图 3.8(b)所示, T_1 表示1-1截面上的扭矩。由左段的平衡方程得

$$T_1+M_{eB}=0$$

$$T_1=-M_{eB}=-382\ \text{N·m}$$

沿截面 2-2 将轴分成两段,取左段考虑,受力如图 3.8(c)所示,T_2 表示 2-2 截面上的扭矩。由左段的平衡方程得

$$T_2+M_{eB}+M_{eC}=0$$

$$T_2=-M_{eB}-M_{eC}=-764\ \text{N·m}$$

沿截面 3-3 将轴分成两段,取右段考虑,受力如图 3.8(d)所示,T_3 表示 3-3 截面上的扭矩。由右段的平衡方程得

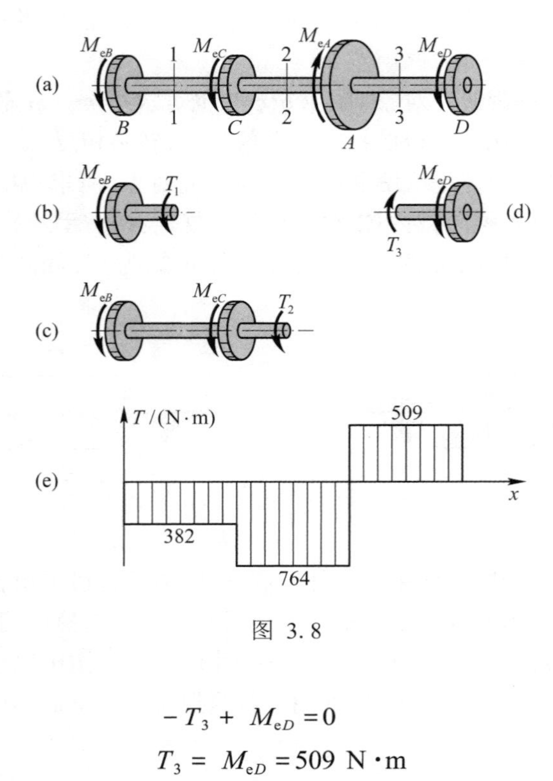

图 3.8

$$-T_3 + M_{eD} = 0$$

$$T_3 = M_{eD} = 509\ \text{N}\cdot\text{m}$$

画出扭矩图,如图 3.8(e)所示。

在图 3.8(b)~(d)中,无论外力偶矩方向如何,扭矩都画成正方向,即按右手螺旋法则指向截面的外法线方向。扭矩图中可以不画阴影线,但如果要画,则要求阴影线与轴线垂直。另外,由图 3.8(e)可见,$|T|_{\max} = 764\ \text{N}\cdot\text{m}$,发生在 CA 段。如果将图3.8(a)中轮 A、B 的位置互换(或将轮 A、D 的位置互换),不难算出,此时 $T_{\max} = 1\ 273\ \text{N}\cdot\text{m}$,比原先大多了,这是不合理的布置方案。最合理的布置方案应使$|T|_{\max}$最小,图3.8(a)则是最合理的布置方案。

3.3 纯 剪 切

为了研究切应力和切应变的规律以及两者之间的关系,先考虑薄壁圆筒的扭转,为后面讨论圆轴扭转时的应力和变形作准备。

图 3.9(a)所示为一等厚度薄壁圆筒,平均半径为 r,壁厚为 δ,$\delta \ll r$。受扭前圆筒的外表面上用圆周线和纵向线画出方格。然后在其两端横截面内施加一对大小相等、转向相反的外力偶 M_e,观察到如下变形现象。

(1) 纵向线倾斜了同一微小角度 γ [图 3.9(b)]。

(2) 圆周线的形状、大小及圆周线之间的距离没有改变,只是绕圆筒的轴线发生了相对转动。

这些现象表明,在圆筒的横截面和包含轴线的纵向截面上都没有正应力,横截面上只

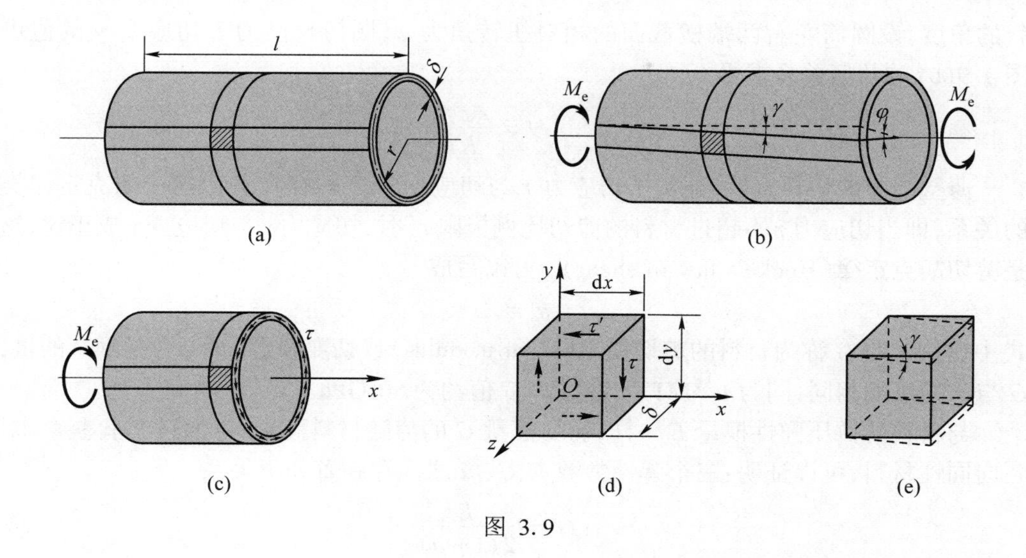

图 3.9

有切应力,且切应力的方向与所在点的半径垂直。由于壁厚 δ 很小,可以认为沿筒壁厚度切应力不变。又因在同一圆周上各点情况完全相同,亦即属于轴对称问题,所以沿着圆周方向切应力不变。因此,薄壁圆筒扭转时,横截面上的切应力近似均匀分布 [图 3.9(c)]。横截面上所有切应力组成的内力系对 x 轴之矩就是该截面上的扭矩 T, 即

$$T = M_e = \int_A r\tau \mathrm{d}A = r\tau\int_A \mathrm{d}A = r\tau A = r\tau 2\pi r\delta = 2\pi r^2\delta\tau$$

由此求得薄壁圆筒扭转时的切应力公式

$$\tau = \frac{M_e}{2\pi r^2\delta} \tag{3.5}$$

用相邻的两个横截面和两个过轴线的纵向面,从薄壁圆筒中截出边长分别为 $\mathrm{d}x$、$\mathrm{d}y$ 和 δ 的单元体,放大后如图 3.9(d) 所示。单元体的左、右侧面是横截面的一部分,其上无正应力,只有切应力,切应力大小按式(3.5) 计算。单元体左、右面上的切应力大小相等但方向相反,于是左、右面上切向内力组成一个矩为 $(\tau\delta\mathrm{d}y)\mathrm{d}x$ 的力偶。为保持平衡,在单元体的上、下面上一定有切应力。由 $\sum F_x = 0$ 知,上、下面上的切应力须大小相等而方向相反,所合成的力偶与左、右面所合成的力偶相平衡。设上、下面上的切应力为 τ', 由 $\sum M = 0$ 可得

$$(\tau\delta\mathrm{d}y)\mathrm{d}x = (\tau'\delta\mathrm{d}x)\mathrm{d}y$$
$$\tau = \tau'$$

上式表明,在单元体互相垂直的两个平面上,切应力必然成对存在,且数值相等;两者都垂直于两个平面的交线,方向共同指向或共同背离两平面的交线。这就是**切应力互等定理**(theorem of conjugate stearing stress)。

图 3.9(d)所示单元体,前后两个面上没有应力,左右和上下四个面上只有切应力而无正应力,这种状态称为**纯剪切应力状态**(shearing state of stresses)。纯剪切单元体的相对两侧面将发生微小相对错动 [图 3.9(e)], 使原来相互垂直的两个棱边的夹角改变了一个微量 γ,这个直角的改变量就是切应变。从图 3.9(b) 可以看出,γ 也就是圆筒表面纵向线倾

斜的角度。设圆筒左右两端横截面的相对扭转角为 φ,圆筒长度为 l,切应变 γ 的值可由图 3. 9(b) 的几何关系求得

$$\gamma = \frac{r\varphi}{l}$$

薄壁圆筒的扭转实验,证实了切应力 τ 与切应变 γ 之间存在着像拉压胡克定律类似的关系,即当切应力 τ 不超过材料的剪切比例极限 τ_p 时,切应力 τ 与切应变 γ 成正比,这就是**剪切胡克定律**(Hooke's law in shear),可以写成

$$\tau = G\gamma \tag{3.6}$$

式中比例常数 G 称为材料的**剪切模量**(shear modulus)或**切变模量**。因 γ 为量纲一的量,故 G 与 τ 的量纲相同,同为 $L^{-1}MT^{-2}$。钢材的 G 值约为 80 GPa。

与材料的拉压弹性模量 E 一样,切变模量 G 的值随材料而异,可通过实验获得。对于各向同性材料,可以证明:三个弹性常数 E、G、μ 之间存在着如下关系

$$G = \frac{E}{2(1+\mu)} \tag{3.7}$$

所以,三个弹性常数中,只要知道其中任意两个,另一个即可确定。

3.4 圆轴扭转时的应力

圆筒的壁厚很小时,可以认为其横截面上的切应力沿壁厚近似于均匀分布,仅通过静力关系就可以获得切应力的计算公式。但对于圆轴,横截面上的应力分布规律尚不清楚,必须综合考虑几何关系、物理关系和静力学关系。

1. 几何关系 为观察圆轴扭转时的变形,如前述薄壁圆筒受扭一样,在圆轴表面画平行于轴线的纵向线和圆周线 [图 3. 10(a)]。然后在其两端横截面内施加一对大小相等、转向相反的外力偶 M_e,观察到与薄壁圆筒受扭时相似的变形现象。

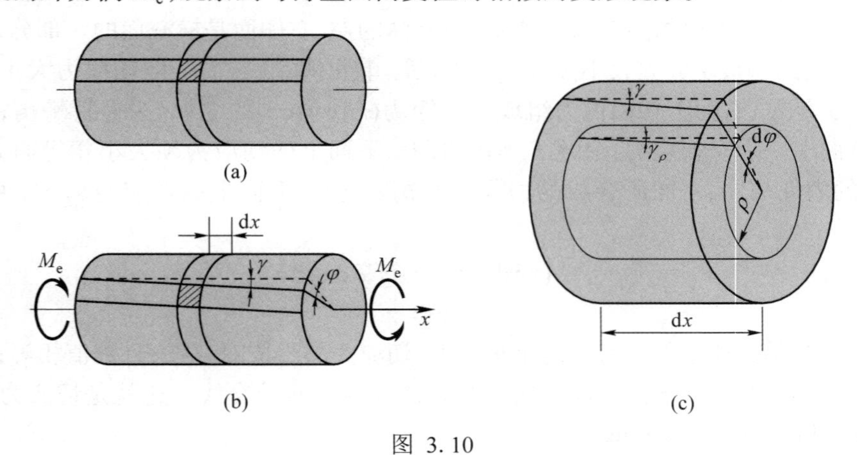

图 3. 10

(1) 各圆周线的形状、大小以及任意两圆周线之间的距离不变,各圆周线只是绕轴线相对地旋转了一个角度,左右两端面的相对扭转角为 φ [图 3. 10(b)]。

(2) 纵向线仍近似为直线,但都倾斜了同一角度 γ。

上述现象是圆轴扭转变形在其外部的表现。可以这样推想,圆轴的扭转是由无数层薄壁圆筒扭转的组合,其内部存在着同样的变形规律。由此作出假设:圆轴变形前原为平面的横截面,变形后仍保持为平面,形状和大小不变,半径仍保持为直线。这就是圆轴扭转的**平面假设**。根据这一假设可以推断:圆轴扭转时,各横截面如同刚性平面一样绕轴线转动。以平面假设为基础导出的应力和变形计算公式,被试验结果所证实,因而该假设是成立的。

沿圆轴的轴线方向,截取长为 $\mathrm{d}x$ 的微段 [图 3.10(b)],放大后如图 3.10(c) 所示。图 3.10(c) 中,右截面相对于左截面的扭转角为 $\mathrm{d}\varphi$,距圆心为 ρ 处的切应变为 γ_ρ,从图中可见

$$\gamma_\rho \cdot \mathrm{d}x = \rho \cdot \mathrm{d}\varphi$$

$$\gamma_\rho = \rho \frac{\mathrm{d}\varphi}{\mathrm{d}x} \tag{3.8}$$

式中,$\frac{\mathrm{d}\varphi}{\mathrm{d}x}$ 是扭转角 φ 沿 x 轴的变化率,亦即单位长度轴的扭转角。对一个给定的截面,它是常量。故式(3.8) 表明,横截面上任意点的切应变 γ_ρ 与该点到圆心的距离 ρ 成正比。

2. 物理关系 以 τ_ρ 表示横截面上距圆心为 ρ 处的切应力,由剪切胡克定律(3.6),并注意到式(3.8),得

$$\tau_\rho = G\gamma_\rho = G\rho \frac{\mathrm{d}\varphi}{\mathrm{d}x} \tag{3.9}$$

可见,横截面上任意一点的切应力 τ_ρ 与该点到圆心的距离 ρ 成正比。由于 γ_ρ 发生在垂直于半径的平面内,故 τ_ρ 的方向也与半径垂直。再注意到切应力互等定理,则在横截面和纵向截面上,切应力沿半径方向的分布如图 3.11 所示。

3. 静力学关系 在距圆心为 ρ 处,取一微面积 $\mathrm{d}A$,如图3.12所示,该微面积上的内力为 $\tau_\rho \mathrm{d}A$,它对圆心 O 的力矩为 $\rho \cdot \tau_\rho \mathrm{d}A$,在整个横截面上积分得横截面上的内力系对圆心之矩,而这就是横截面上的扭矩,即

$$T = \int_A \rho \cdot \tau_\rho \mathrm{d}A$$

将式(3.9)代入,并注意到在给定的横截面上 $\frac{\mathrm{d}\varphi}{\mathrm{d}x}$ 为常量,得

$$T = \int_A \rho \cdot G\rho \frac{\mathrm{d}\varphi}{\mathrm{d}x} \mathrm{d}A = G\frac{\mathrm{d}\varphi}{\mathrm{d}x}\int_A \rho^2 \mathrm{d}A \tag{3.10}$$

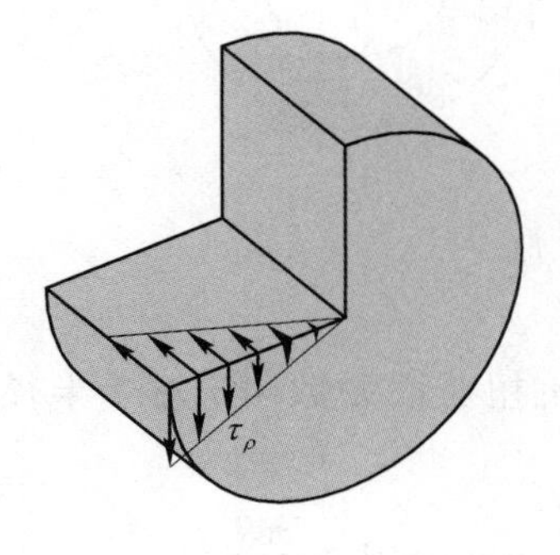

图 3.11

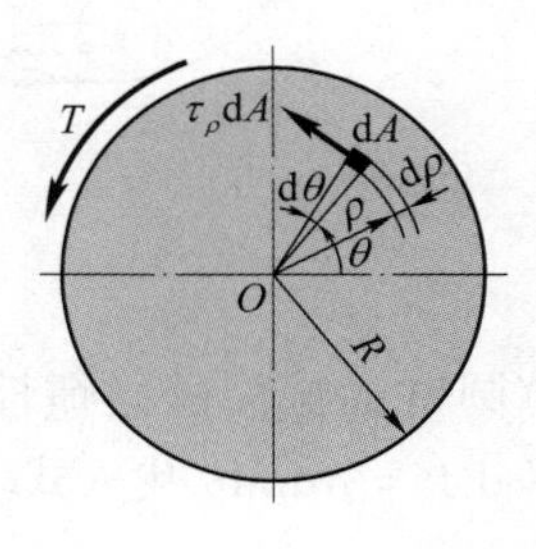

图 3.12

令

$$I_p = \int_A \rho^2 \mathrm{d}A \tag{3.11}$$

I_p 称为横截面对圆心 O 的**极惯性矩**(polar moment of inertia of an area),是一个只与横截面形状和尺寸有关的纯几何量,其量纲为 L^4。这样由式(3.10)便可求得

$$\frac{\mathrm{d}\varphi}{\mathrm{d}x} = \frac{T}{GI_p} \tag{3.12}$$

将式(3.12)代入式(3.9),便得

$$\tau_\rho = \frac{T\rho}{I_p} \tag{3.13}$$

利用此式便可以计算横截面上距圆心为 ρ 的任意点的切应力。在圆截面边缘上,ρ 值最大,切应力也最大,其值

$$\tau_{max} = \frac{TR}{I_p} \tag{3.14}$$

令

$$W_t = \frac{I_p}{R} \tag{3.15}$$

W_t 称为**抗扭截面系数**或**扭转截面系数**(section modulus of torsion),量纲为 L^3。于是式(3.14)可写成

$$\tau_{max} = \frac{T}{W_t} \tag{3.16}$$

以上公式是以平面假设为基础导出的。试验结果表明,只有对等直圆轴,平面假设才成立,所以这些公式只适用于等直圆轴。对于小锥度圆锥轴,也可以近似地应用这些公式。另外,在公式推导过程中,使用了剪切胡克定律,因此只适用于 τ_{max} 低于剪切比例极限 τ_p 的情况。

实心圆轴和空心圆轴横截面上的切应力分布图如图 3.13 所示。

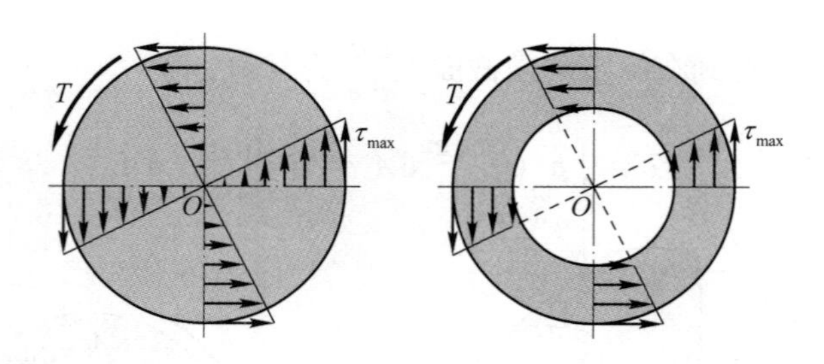

图 3.13

下面计算圆轴横截面的极惯性矩 I_p 和抗扭截面系数 W_t。对于半径为 R 的实心轴(图 3.12),以 $\mathrm{d}A = \rho\mathrm{d}\rho\mathrm{d}\theta$ 代入式(3.11),得

$$I_p = \int_A \rho^2 \mathrm{d}A = \int_0^{2\pi}\int_0^R \rho^2 \rho \mathrm{d}\rho\mathrm{d}\theta = \frac{\pi R^4}{2} \tag{3.17}$$

将式(3.17)代入式(3.15),求得抗扭截面系数为

$$W_t = \frac{I_p}{R} = \frac{\pi R^3}{2} \tag{3.18}$$

工程中一般是给定圆轴的直径,式(3.17)、式(3.18)改用直径 d 表示则为

$$I_p = \frac{\pi d^4}{32} \tag{3.19}$$

$$W_t = \frac{\pi d^3}{16} \tag{3.20}$$

对于外径为 D,内径为 d 的空心轴,仅需将式(3.17)中的$\int_0^R$改为$\int_{d/2}^{D/2}$,则有

$$I_p = \frac{\pi}{32}(D^4 - d^4) = \frac{\pi D^4}{32}(1 - \alpha^4) \tag{3.21}$$

式中 $\alpha = \frac{d}{D}$,表示空心圆截面的内外径之比。而 $W_t = \frac{I_p}{D/2}$,即

$$W_t = \frac{\pi D^3}{16}(1 - \alpha^4) \tag{3.22}$$

下面考虑圆轴扭转的强度条件。根据扭矩图求出最大扭矩 T_{max}。对于等截面轴,最大扭矩所在截面为危险截面。最大切应力 τ_{max} 发生在危险截面的外边缘,强度条件为

$$\tau_{max} = \frac{T_{max}}{W_t} \leqslant [\tau] \tag{3.23}$$

式中,许用切应力$[\tau]$等于极限切应力除以大于1的安全因素,即

$$[\tau] = \frac{\tau_u}{n}$$

某一低碳钢试样($d=10$ mm)的扭转曲线和断口如图3.14(a)所示。低碳钢试样在扭转外力偶作用下,先出现屈服,最后沿横截面被剪断。

某一铸铁试样($d=10$ mm)的扭转曲线和断口如图3.14(b)所示。铸铁试样受扭时变形很小,最后沿与轴线成45°的螺旋面断裂。

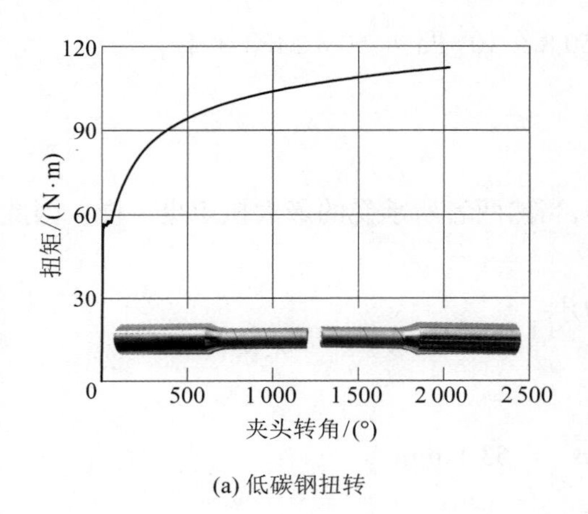

(a) 低碳钢扭转

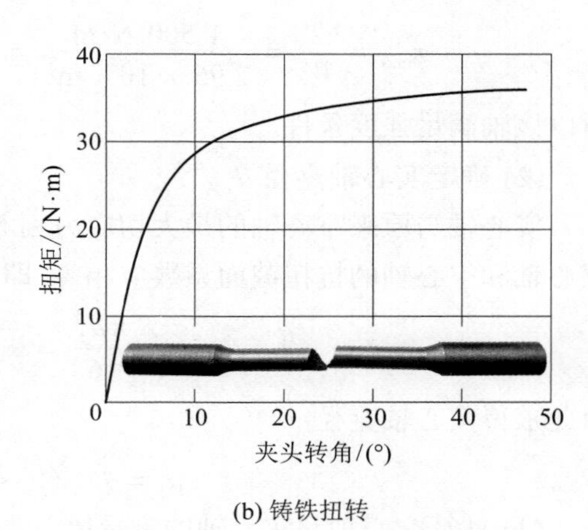

(b) 铸铁扭转

图 3.14

通常把塑性材料扭转屈服时横截面上的最大切应力作为极限切应力,而把脆性材料扭转断裂时横截面上的最大切应力作为极限切应力。

对于变截面轴,如阶梯轴,W_t 不是常量,τ_{max} 不一定发生在 T_{max} 所在的截面上,需要综合考虑 T 和 W_t 以寻求 $\tau = \dfrac{T}{W_t}$ 的极值。

例 3.2 汽车发动机将功率通过传动轴 AB 传递给驱动桥(图 3.15),驱动车轮行驶。汽车传动轴由无缝钢管制成,钢管外径 $D = 90$ mm,壁厚 $\delta = 2.5$ mm,材料的许用切应力 $[\tau] = 60$ MPa,工作时的最大扭矩为 $T = 1.5$ kN·m。试:

(1) 校核传动轴的强度;

(2) 若改用实心轴,要求它与原来的空心轴强度相同,试确定实心轴的直径;

(3) 确定空心轴与实心轴的重量比。

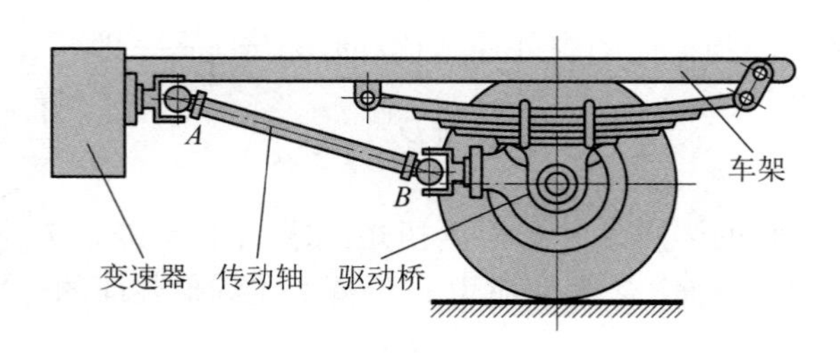

图 3.15

解: (1) 校核空心轴的强度。

传动轴的内外径之比及抗扭截面系数分别为

$$\alpha = \frac{d}{D} = \frac{D - 2\delta}{D} = \frac{90 - 2 \times 2.5}{90} = 0.944$$

$$W_t = \frac{\pi D^3}{16}(1 - \alpha^4) = \frac{\pi(0.09\ \text{m})^3}{16}(1 - 0.944^4) = 2.95 \times 10^{-5}\ \text{m}^3$$

轴的最大切应力为

$$\tau_{max} = \frac{T}{W_t} = \frac{1\ 500\ \text{N·m}}{2.95 \times 10^{-5}\ \text{m}^3} = 50.8 \times 10^6\ \text{Pa} = 50.8\ \text{MPa} < [\tau]$$

所以该轴满足强度条件。

(2) 确定实心轴直径 d_1。

实心轴与原来空心轴的最大切应力相等,当然两者所承受的最大扭矩也一样。因此,实心轴和空心轴的抗扭截面系数应相等,即

$$\frac{\pi d_1^3}{16} = \frac{\pi D^3}{16}(1 - \alpha^4)$$

由此求得实心轴直径

$$d_1 = D\sqrt[3]{1 - \alpha^4} = 53.1\ \text{mm}$$

(3) 计算空心轴与实心轴的重量比。

在两者长度相等、材料相同的前提下,重量之比即为横截面面积之比,即

$$\frac{A_{空}}{A_{实}}=\frac{\frac{\pi}{4}(D^2-d^2)}{\frac{\pi}{4}d_1^2}=\frac{D^2-d^2}{d_1^2}=\frac{90^2-85^2}{53.1^2}=0.31$$

由此可见,空心轴的用料仅为实心轴的31%,其节约材料、减轻自重的效果是非常明显的。

3.5 圆轴扭转时的变形

轴的扭转变形,用两个横截面间绕轴线的相对转角即扭转角 φ 来表示。由式(3.12)得,相距为 dx 的两个横截面之间的扭转角为

$$d\varphi=\frac{T}{GI_p}dx$$

对上式积分,即得相距为 l 的两横截面之间的扭转角

$$\varphi=\int_l\frac{T}{GI_p}dx \tag{3.24}$$

上式适用于等截面圆轴。对截面变化不大的圆锥截面轴也可近似应用,但 $I_p=I_p(x)$。

对等截面圆轴,若在相距为 l 的两横截面之间的扭矩 T 为常量,则式(3.24)简化为

$$\varphi=\frac{Tl}{GI_p} \tag{3.25}$$

上式表明,GI_p 越大,扭转角 φ 则越小,故 GI_p 称为圆轴的抗扭刚度。

在工程实际中,许多情况下不仅对受扭圆轴的强度有所要求,而且对变形也有要求,即要满足扭转刚度条件。实际中的轴长度不同,为消除长度的影响,用 φ 对 x 的变化率$\frac{d\varphi}{dx}$来表示扭转变形的程度。今后用 φ' 表示变化率$\frac{d\varphi}{dx}$,由式(3.12)

$$\varphi'=\frac{d\varphi}{dx}=\frac{T}{GI_p} \tag{3.26}$$

变化率 φ' 就是单位长度轴的扭转角,单位是 rad/m。扭转的刚度条件就是限定 φ' 的最大值不得超过规定的允许值$[\varphi']$,即

$$\varphi'_{max}=\frac{T_{max}}{GI_p}\leqslant[\varphi'] \tag{3.27}$$

工程中,$[\varphi']$ 的单位常用(°)/m,此时刚度条件式(3.27)改写成

$$\varphi'_{max}=\frac{T_{max}}{GI_p}\times\frac{180^\circ}{\pi}\leqslant[\varphi'] \tag{3.28}$$

各种轴类零件的 $[\varphi']$ 值可从有关规范和设计手册中查到。

例 3.3 某钢轴转速 $n=240$ r/min,传递的功率 $P=60$ kW,材料的切变模量 $G=80$ GPa,许用切应力$[\tau]=50$ MPa,允许的单位长度轴的扭转角$[\varphi']=0.6^\circ/\mathrm{m}$。试设计轴的直径 d。

解: 圆轴承受的扭矩等于外力偶矩大小

$$T = M_e = 9\ 549\ \frac{P}{n} = \left(9\ 549 \times \frac{60}{240}\right)\ \text{N·m} = 2\ 387\ \text{N·m}$$

由强度条件

$$\tau_{\max} = \frac{T}{W_t} = \frac{16T}{\pi d^3} \leqslant [\tau]$$

得

$$d \geqslant \sqrt[3]{\frac{16T}{\pi[\tau]}} = \sqrt[3]{\frac{16 \times 2\ 387\ \text{N·m}}{\pi \times 50 \times 10^6\ \text{N/m}^2}} = 62.4\ \text{mm}$$

由刚度条件

$$\varphi' = \frac{T}{GI_p} \times \frac{180^\circ}{\pi} = \frac{32T}{G\pi d^4} \times \frac{180^\circ}{\pi} \leqslant [\varphi']$$

得

$$d \geqslant \sqrt[4]{\frac{32T}{G\pi[\varphi']} \times \frac{180^\circ}{\pi}} = 73.4\ \text{mm}$$

根据以上计算结果,为了同时满足强度和刚度条件,可选轴的直径 $d = 73.4$ mm。

例 3.4 图 3.16(a) 所示两端固定的圆轴 AB,在截面 C 上受矩为 M_e 的扭转力偶的作用。试求两固定端的约束力偶之矩 M_A 和 M_B。

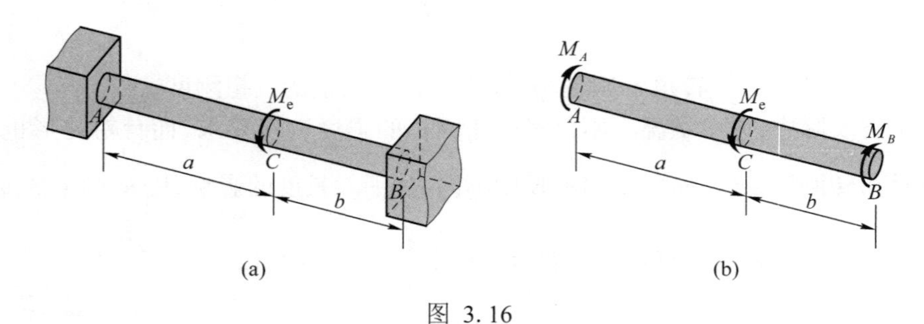

图 3.16

解: 圆轴 AB 受力如图 3.16(b) 所示,静力平衡方程为

$$M_A + M_B - M_e = 0 \tag{3.29}$$

上面只有一个平衡方程,却有两个未知数,属于一次超静定。横截面 A、B 为固定端,A、B 两截面的相对扭转角 φ_{AB} 应为零,故变形协调条件为

$$\varphi_{AB} = \varphi_{AC} + \varphi_{CB} = 0 \tag{3.30}$$

将物理方程

$$\varphi_{AC} = \frac{T_{AC}l_{AC}}{GI_p} = -\frac{M_A a}{GI_p}$$

$$\varphi_{CB} = \frac{T_{CB}l_{CB}}{GI_p} = \frac{M_B b}{GI_p}$$

代入式(3.30),得补充方程

$$-M_A a + M_B b = 0 \tag{3.31}$$

联立求解式(3. 29)、式(3. 31),得

$$M_A = \frac{M_e b}{a + b}, \quad M_B = \frac{M_e a}{a + b}$$

3. 6 非圆截面杆扭转的概念

前面讨论的圆轴扭转时的应力和变形,均建立在平面假设的基础上。对于非圆截面杆,受扭时横截面不再保持为平面。如图 3. 17(a)所示的矩形截面杆,受扭前在其表面划上代表横截面的周线,受扭后,可观察到这些周线变成了如图 3. 17(b)所示曲线。因而可以推想杆的横截面已由原来的平面变成了曲面。这一现象称为**截面翘曲**。横截面发生翘曲是非圆截面杆扭转变形的重要特征。由此,圆轴扭转时的应力、变形公式对非圆截面杆均不适用。

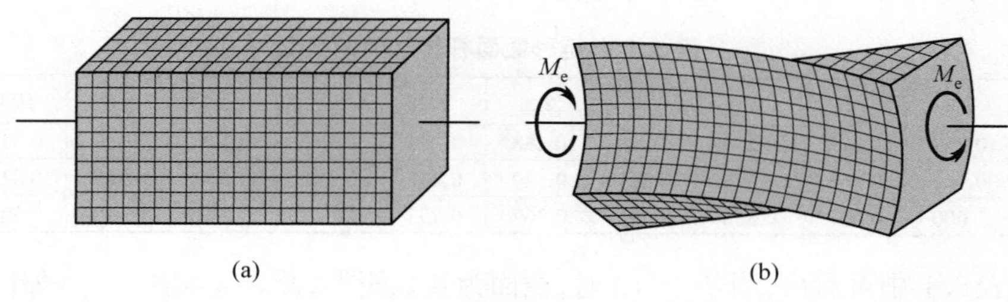

图 3. 17

非圆截面杆在扭转时有两种情形:第一种情形是在扭转过程中,杆的各横截面的翘曲不受任何约束,任意两相邻横截面的翘曲程度相同,此时横截面上只有切应力而没有正应力,这种情况称为**自由扭转**(free torsion),图 3. 18(a)所示情况就是自由扭转。另一种情形,则因扭转时,由于杆端部支座的约束,使杆件截面翘曲受到一定限制,而引起任意两相邻横截面的翘曲程度不同,将在横截面上产生正应力,这种情况称为**约束扭转**(constrained torsion),图 3. 18(b)所示情况就是约束扭转。

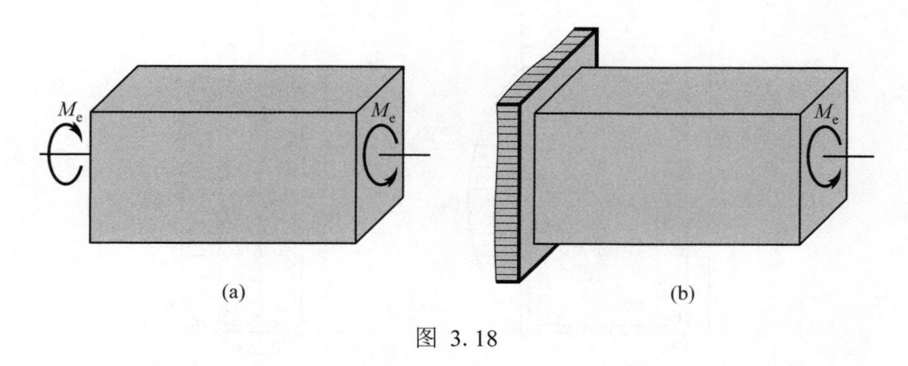

图 3. 18

对于矩形和椭圆形的实体截面杆,由于约束扭转产生的附加正应力很小,一般可以忽略。但对于薄壁截面杆来说,这种附加的正应力是不能忽略的。

根据弹性力学的研究结果,矩形截面杆在扭转时,横截面上切应力分布规律如图3.19(a)所示。横截面边缘上各点的切应力均与周边平行,且截面四个角点上切应力均为零,这些特点可以用切应力互等定理来证明。最大切应力发生在长边中点处,其值为

$$\tau_{max}=\frac{T}{\alpha hb^2} \tag{3.32}$$

短边中点的切应力是短边上的最大切应力,其值为

$$\tau_1=\gamma\tau_{max} \tag{3.33}$$

式中,τ_{max} 是长边中点的切应力 。杆件两端相对扭转角为

$$\varphi=\frac{Tl}{G\beta hb^3} \tag{3.34}$$

式(3.32)~式(3.34)中,h 为截面长边长度,b 为短边长度,α、β、γ 是与比值$\frac{h}{b}$有关的系数(列于表3.1中),G 为材料的切变模量。

表3.1 矩形截面杆扭转时的系数

h/b	1.0	1.2	1.5	2.0	2.5	3.0	4.0	6.0	8.0	10.0	∞
α	0.208	0.219	0.231	0.246	0.258	0.267	0.282	0.299	0.307	0.313	0.333
β	0.141	0.166	0.196	0.229	0.249	0.263	0.281	0.299	0.307	0.313	0.333
γ	1.000	0.930	0.858	0.796	0.767	0.753	0.745	0.743	0.743	0.743	0.743

从表3.1中可看出,当$\frac{h}{b}>10$时,截面为狭长矩形,此时$\alpha=\beta\approx\frac{1}{3}$。如以$\delta$表示狭长矩形短边的长度,则式(3.32)和式(3.34)变为

$$\tau_{max}=\frac{T}{\frac{1}{3}h\delta^2} \tag{3.35}$$

$$\varphi=\frac{Tl}{G\frac{1}{3}h\delta^3} \tag{3.36}$$

其应力分布规律如图3.19(b)所示。

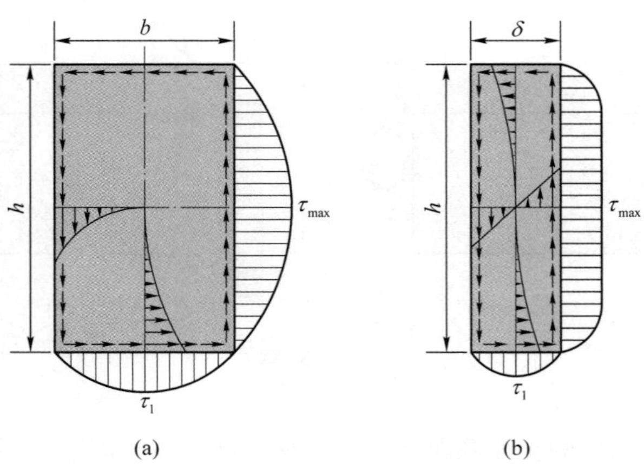

图 3.19

习 题

3.1 作图示各轴的扭矩图。

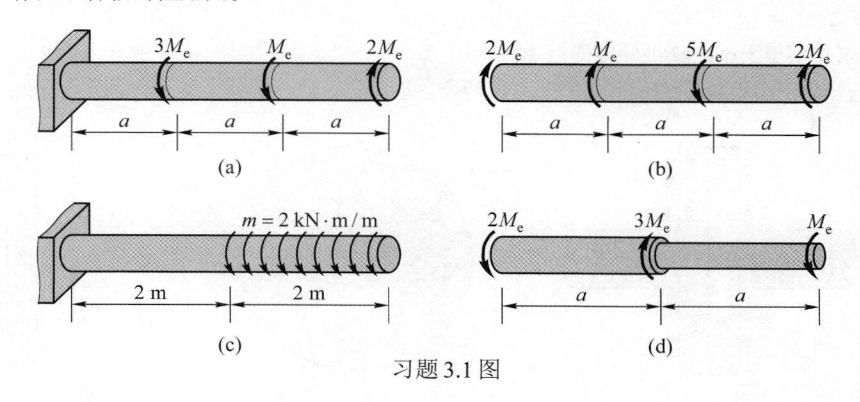

习题 3.1 图

3.2 图示传动轴,转速 $n=250$ r/min ,主动轮 A 输入功率 $P_A=7$ kW,从动轮 B、C、D 输出功率分别为 $P_B=3$ kW、$P_C=2.5$ kW、$P_D=1.5$ kW。画出该轴的扭矩图,并分析若将轮 A 与 B 互换位置是否合理?

3.3 图示传动轴,轴的直径 $d=50$ mm,试计算:

(1) 轴的最大切应力;

(2) 截面 1-1 上距轴心 20 mm 处的切应力;

(3) 从强度观点看,三个轮子如何布置比较合理。

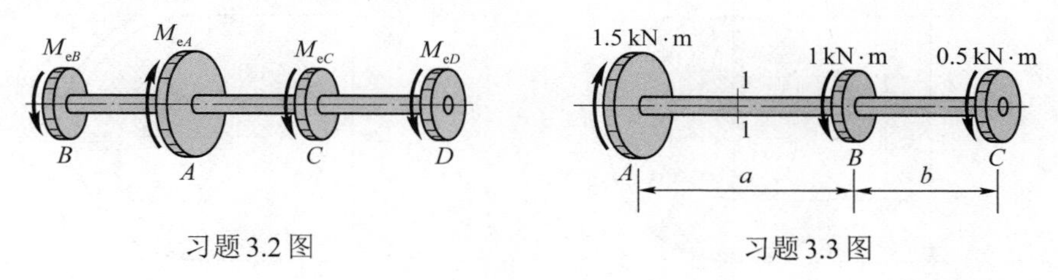

习题 3.2 图　　　　习题 3.3 图

3.4 对题 3.3 的传动轴,如已知 $a=1.2$ m, $b=0.8$ m,材料的切变模量 $G=80$ GPa,试计算轴两端的相对扭转角。若三个轮子按强度的合理要求重新布置后,轴两端的相对扭转角又为多少?

3.5 空心圆轴受扭矩 $T=5$ kN·m 作用,内、外径之比 $\alpha=0.7$,许用切应力$[\tau]=60$ MPa,试求其直径,并将其自重与同一强度的实心圆轴对比。

3.6 画出图示三种横截面上扭转切应力沿半径的分布规律。T 为横截面上的扭矩。

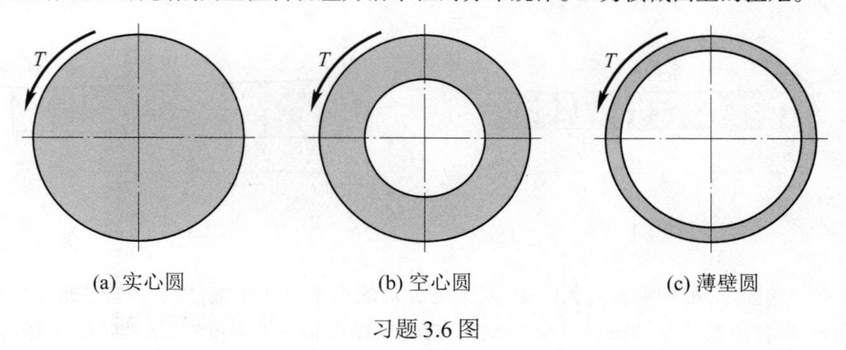

(a) 实心圆　　(b) 空心圆　　(c) 薄壁圆

习题 3.6 图

3.7　两段同样直径的实心钢轴，由法兰盘通过六只螺栓连接。传递功率 $P = 80\ \text{kW}$，轴的转速 $n = 240\ \text{r/min}$。轴的许用切应力$[\tau]_1 = 80\ \text{MPa}$，螺栓的许用切应力$[\tau]_2 = 60\ \text{MPa}$。试校核轴的强度，并设计螺栓直径。

3.8　钻头横截面直径 $d = 20\ \text{mm}$，在顶部受到均匀的阻抗扭矩 m（单位为N·m/m）的作用，材料的许用切应力$[\tau] = 70\ \text{MPa}$。

(1) 求作用于上端的许可外力偶矩 M_e；

(2) 若 $G = 80\ \text{GPa}$，求上、下端的相对扭转角。

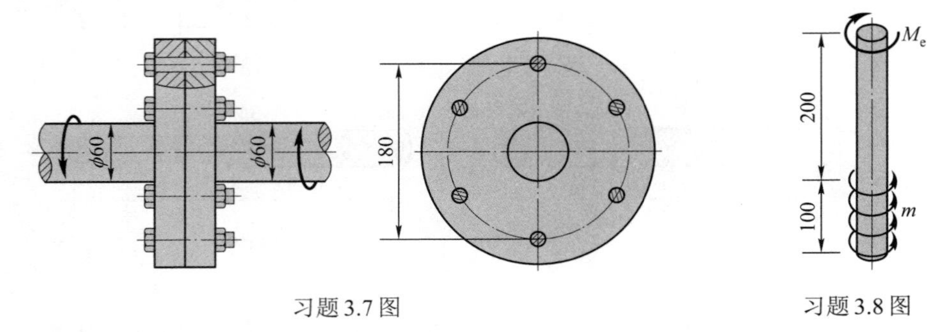

习题 3.7 图　　习题 3.8 图

3.9　图示受扭矩 T 作用的实心圆轴的横截面，直径为 d，该截面上的最大扭转切应力小于扭转比例极限。试求图示直径为 $d/2$ 的阴影区域所承担的扭矩。

3.10　图示圆轴横截面上的扭矩为 T，直径为 d，试求1/4截面上扭转切应力的合力大小、方向及作用点。

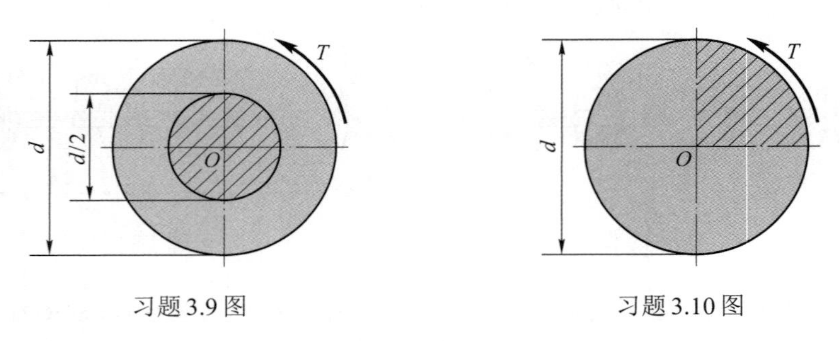

习题 3.9 图　　习题 3.10 图

3.11　图示圆截面杆 AB，左端固定，承受集度为 m 的均布外力偶矩作用。已知抗扭刚度 GI_p，试求 B 端的扭转角。

3.12　图示长为 l 的圆锥台形杆，两端的直径分别为 d_1、d_2，受外力偶矩 M_e 的作用。试求此杆的总扭转角。

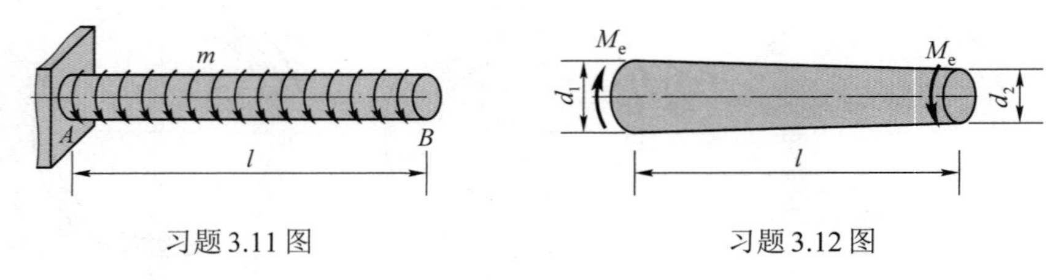

习题 3.11 图　　习题 3.12 图

3.13　一端固定、另一端自由的圆轴，受集度为 m 的均布力偶作用，发生扭转变形，已知材料的许用切应力为$[\tau]$。取自由端为 x 轴原点，x 轴沿轴线方向。若要求轴为等强度轴，试确定轴直径沿轴向变化的表达式$d(x)$。

提示:等强度轴的意思是,轴的任意横截面上的最大切应力都等于许用切应力$[\tau]$。

3.14　在强度相同的条件下，用内、外径之比$\alpha = 0.8$的空心圆轴取代实心圆轴，可节省材料的百分比为多少?

3.15　图(a)所示半径为R的受扭圆杆,截取一长度为a的隔离体,据横截面上切应力分布规律和切应力互等定理,可得隔离体各截面上的切应力分布如图(b)所示。试证:

(1) 纵截面$ABCD$上切应力所构成的合力偶矩大小为$\frac{4M_e a}{3\pi R}$;

(2) 图(b)的隔离体满足平衡条件$\sum M_z = 0$。

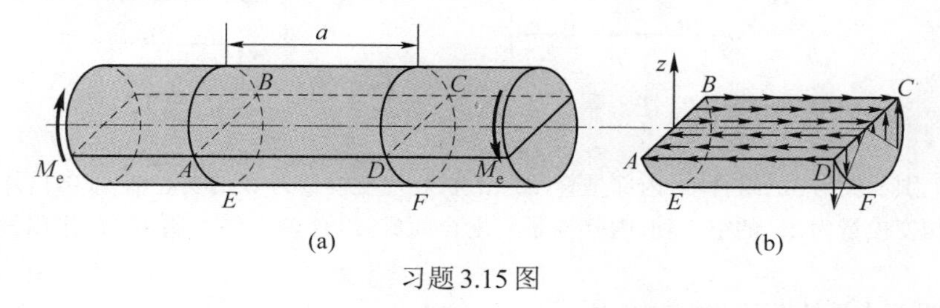

习题3.15图

3.16　图示两端固定的圆轴AB,在AC段承受集度为m的均布外力偶矩作用。试求两固定端的约束力偶矩M_A和M_B。

3.17　图示两端固定的阶梯形圆轴,在截面C受扭转力偶矩M_e作用,已知轴的许用切应力为$[\tau]$,为使轴的重量最轻,试确定轴径d_1与d_2。

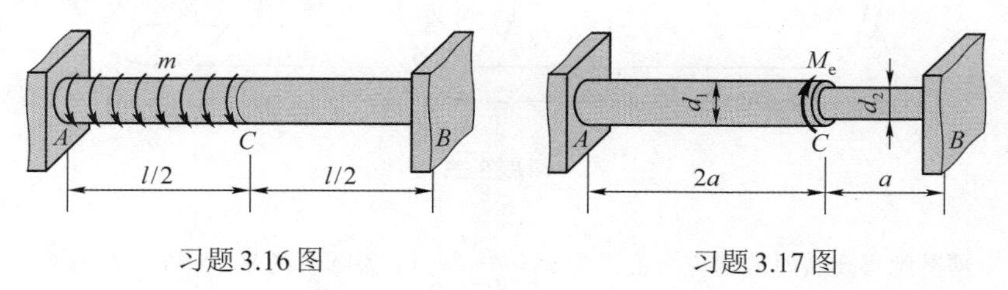

习题3.16图　　　　习题3.17图

3.18　如图所示,圆管A套在圆杆B上,将二者焊在一起,它们的切变模量分别为G_A和G_B,当管两端作用外力偶矩M_e时,欲使管A和杆B的τ_{max}相等,试求直径的比值d_B/d_A。

3.19　由厚度$\delta = 8$ mm的钢板卷制而成的圆筒,平均直径$D = 200$ mm,接缝处用铆钉铆接,如图所示。铆钉直径$d = 20$ mm,许用切应力$[\tau] = 60$ MPa,许用挤压应力$[\sigma]_{bs} = 160$ MPa,圆筒两端承受扭转力偶矩$M_e = 30$ kN·m作用,试求铆钉的间距a。

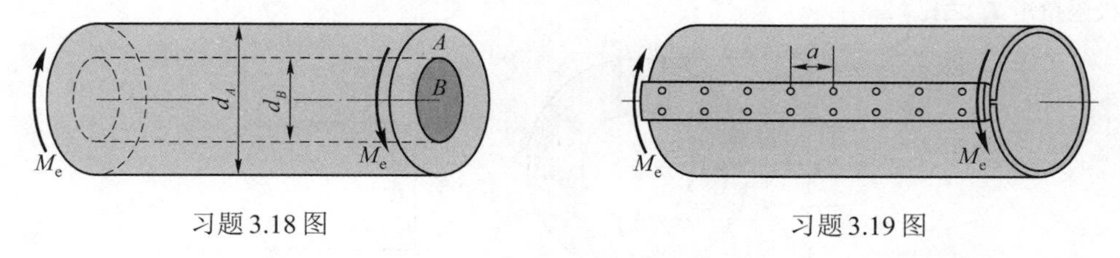

习题3.18图　　　　习题3.19图

3.20　直径$d = 25$ mm的钢圆杆,受轴向拉力60 kN作用时,在标距200 mm的长度内伸长了0.113 mm;受扭转力偶矩150 N·m作用时,相距200 mm的两截面相对扭转角为0.55°。试求钢材的弹性模量E、切变模量G和泊松比μ。

3.21　图示钢圆杆 AB 和铝圆杆 CD 的尺寸相同,切变模量之比 $G_{AB} : G_{CD} = 3 : 1$。杆 BH 和 DE 为刚性杆。试求 CD 杆的 E 处所受的约束力。

3.22　一圆钢管套在一实心圆钢轴上,之间为动配合,长度均为 l,先在实心圆轴两端加外力偶矩 M_e,使轴受扭后,在两端把管与轴焊起来,去掉外力偶矩。试求此时外管与内轴的最大切应力。

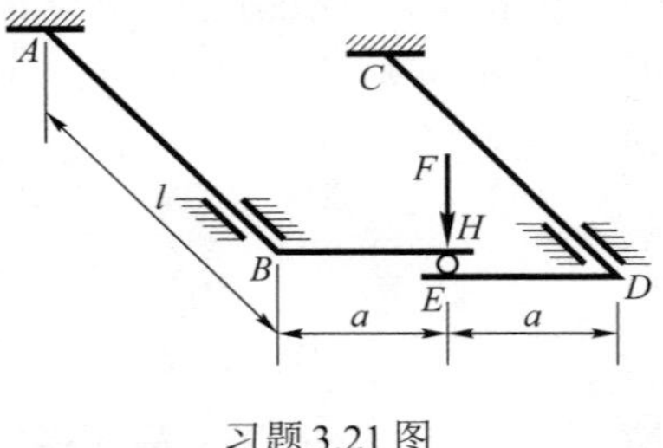

习题3.21图

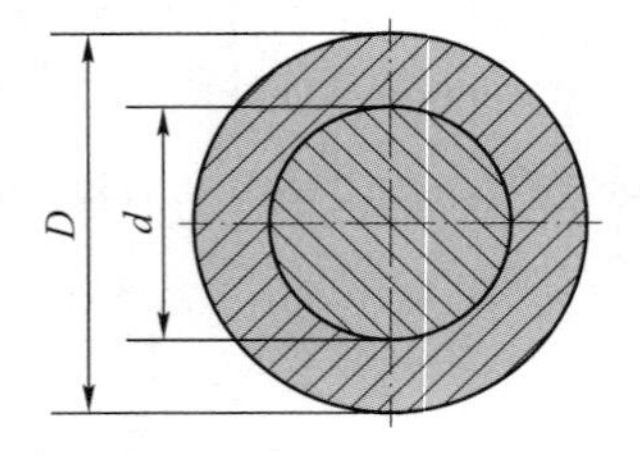

习题3.22图

3.23　图示长为 l 的组合轴,内部是直径为 d、材料切变模量为 G 的实心轴,外部是外径为 $2d$、内径为 d、材料切变模量为 $2G$ 的空心轴,内外轴紧密配合而成。组合轴受外力偶矩 M_e 作用发生扭转变形。试求:

(1) 横截面上最外表面的切应力;

(2) 组合轴两端的相对扭转角。

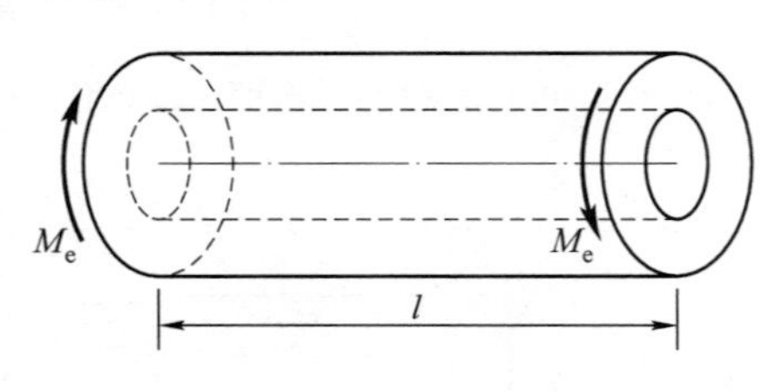

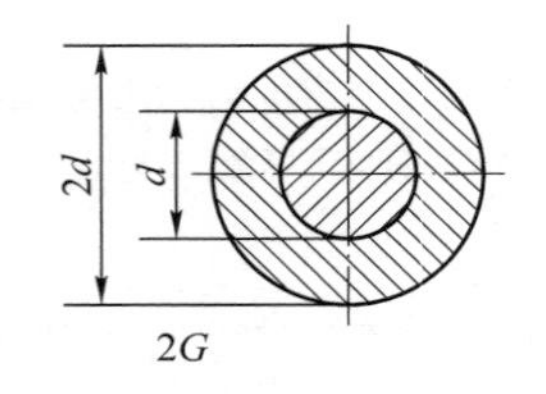

习题3.23图

3.24　薄壁圆管扭转时的切应力公式为 $\tau = \dfrac{M_e}{2\pi r^2 \delta}$($r$ 为圆管的平均半径, δ 为壁厚),试证明:当 $r \geqslant 10\delta$ 时,该公式的最大误差不超过 4.52%。

3.25　三根杆的横截面面积相等,它们的截面分别是圆形、正方形和矩形,矩形的长边为短边的两倍。若扭矩相同,试计算它们最大切应力的比值。

3.26　内外径之比 $d/D = 0.5$ 的空心圆截面杆,材料为理想弹塑性,应力 - 应变关系及截面尺寸如图所示,材料的剪切屈服极限为 τ_s。试求此圆截面杆外表面处开始屈服时的扭矩 T_s 与整个截面屈服时的极限扭矩 T_u 之比。

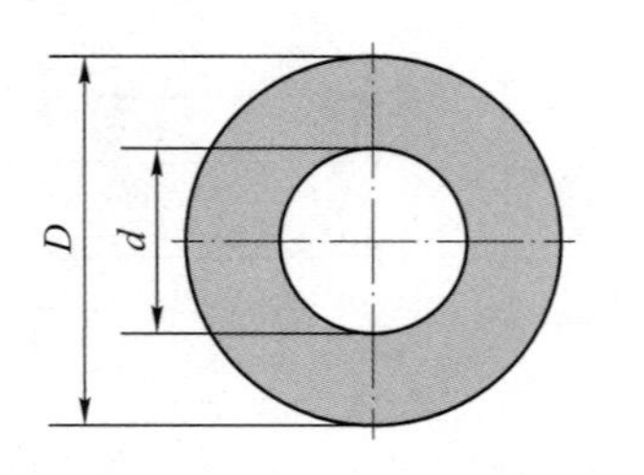

习题3.26图

4 弯曲内力

4.1 弯曲的概念和实例

工程中,经常遇到像图 4.1 所示火车轮轴之类的杆件。作用在杆件上的外力垂直于杆件的轴线,杆件的轴线因变形由直线变成了曲线,这种变形称为弯曲变形。工程中以弯曲为主要变形的杆件习惯上称为**梁**(beam)。

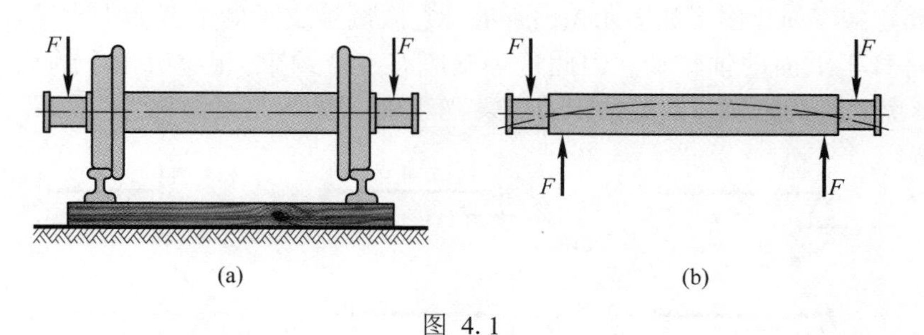

图 4.1

工程结构中,绝大部分梁的横截面至少有一根对称轴。梁的轴线与横截面的对称轴所构成的平面,称为梁的纵向对称面(图 4.2)。当作用在梁上的所有外力(主动力和约束力)均位于纵向对称面内时,梁的轴线由直线弯成一条位于纵向对称面内的平面曲线,这种弯曲称为**对称弯曲**(symmetric benging),它是弯曲问题中最简单和最常见的情况。

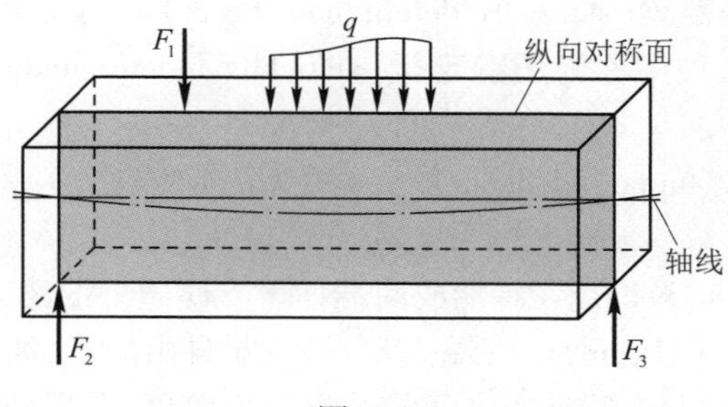

图 4.2

本章讨论受弯杆件横截面上的内力,关于弯曲应力和弯曲变形内容将在后面两章中讨论。

4.2 梁的计算简图

工程实际中梁的几何形状、受载方式和约束情况都比较复杂,为了便于受力分析和计算,往往需要对梁加以简化,用计算简图来代替实际的梁。处于对称弯曲下的等截面直梁,由于其外力为作用在纵向对称面内的平面力系,因此,梁的计算简图可用梁的轴线来表示。梁的支座按其对梁在载荷平面内的约束情况,一般可以简化为三种基本形式。

1. 可动铰支座 简化形式如图 4.3(a)所示。它只能限制支承处的横截面沿支承面法线方向移动。因此这种支座只有一个约束,相应地也只有一个约束力 F_{Ay}。例如滑动轴承、桥梁下的滚轴支座等均可简化为可动铰支座。

2. 固定铰支座 简化图形如图 4.3(b)所示。它限制被支承的横截面沿水平和垂直方向移动。因此这种支座有两个约束,相应地有两个约束力 F_{Ax}、F_{Ay}。例如止推轴承、圆锥滚子轴承、桥梁下固定支座等均可简化为固定铰支座。但本章只考虑梁的弯曲,作用在梁上的外力垂直于梁的轴线,故 $F_{Ax}=0$。如果 $F_{Ax}\neq 0$,则梁除弯曲之外,还将有拉伸或压缩,这将在后面组合变形中讨论。

3. 固定端 简化图形如图 4.3(c)所示。它限制被支承的横截面沿水平、垂直方向移动和绕垂直于纸面的轴转动。因此这种支座有三个约束,相应有三个约束力 F_{Ax}、F_{Ay}、M_A,在本章 $F_{Ax}=0$。例如摇臂钻床的横梁、车床的刀架等均可简化为固定端。

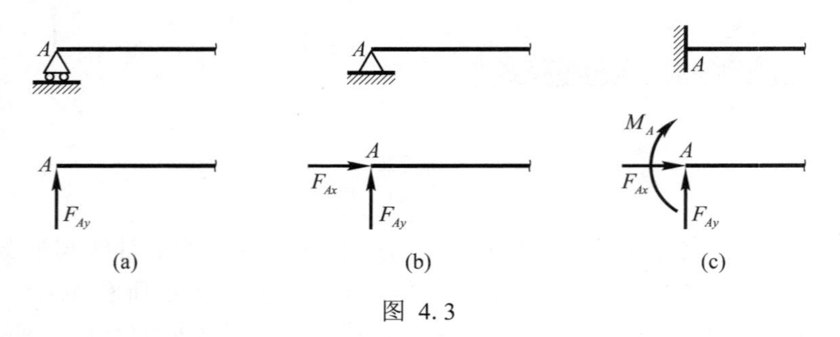

图 4.3

梁在载荷与支座约束力作用下处于平衡。当支座约束力数目与静力平衡方程式数目相等时,这种梁称为**静定梁**(statically determinate beam)。当支座约束力的数目大于静力平衡方程式数目时,这种梁称为**超静定梁**(statically indeterminate beam)。最常见的静定梁有以下三种基本形式。

1. 简支梁(simply supported beam) 一端为固定铰支,另一端为可动铰支的梁,如图 4.4(a)所示。

2. 外伸梁(overhang beam) 一端或两端伸出支座之外的梁,如图 4.4(b)所示。

3. 悬臂梁(cantilever beam) 一端固定、另一端自由的梁,如图 4.4(c)所示。

简支梁或外伸梁的两个铰支座之间的距离称为跨度,悬臂梁的跨度是指固定端到自由端的距离。

图 4.4(a)中的简支梁或图 4.4(b)中的外伸梁,支座约束力 $F_{Ax}=0$,有两个未知的支座约束力 F_{Ay} 和 F_{By},通过静力平衡方程 $\sum M_B=0$ 可求出 F_{Ay},通过静力平衡方程 $\sum M_A=0$ 可

求出 F_{By}，通过静力平衡方程 $\sum F_y = 0$ 可校核所求支座约束力的正确性。图 4.4(c)中的悬臂梁，支座约束力 $F_{Ax}=0$，有两个未知的支座约束力 F_{Ay} 和 M_A，通过静力平衡方程 $\sum F_y = 0$ 可求出 F_{Ay}，通过静力平衡方程 $\sum M_A = 0$ 可求出 M_A。

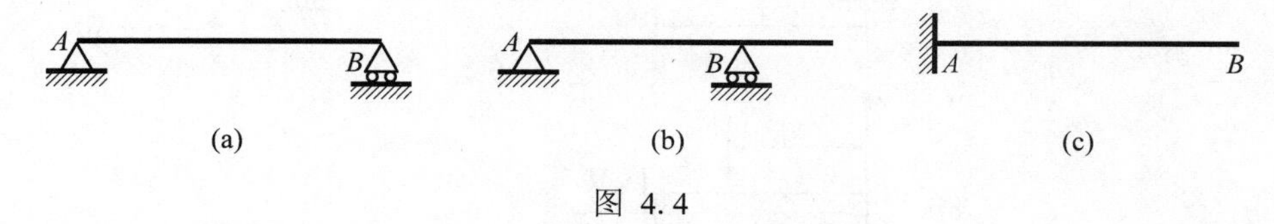

图 4.4

作用于梁上的载荷，可分为以下三类。

1. 集中力 当载荷作用范围远小于杆件轴向尺寸时，可认为它集中作用在一点。图 4.1中火车车厢对轮轴的压力，可以简化成集中力。

2. 分布载荷 沿轴向连续作用在杆件上的载荷称为分布载荷，常用单位长度载荷 $q(x)$表示，称为载荷集度，量纲为 MT^{-2}。当 $q(x)$为常量时，称为均布载荷；当 $q(x)$为 x 的线性函数时，称为线性分布载荷；其他为一般分布载荷。

3. 集中力偶 图 4.5(a)所示梁 AB 受一对方向相反的水平力 F 作用，则梁 AB 的计算简图如图 4.5(b)所示，该简支梁受一集中力偶 $M_e = 2Fa$ 作用。力偶的常用单位为 kN·m 或 N·m。

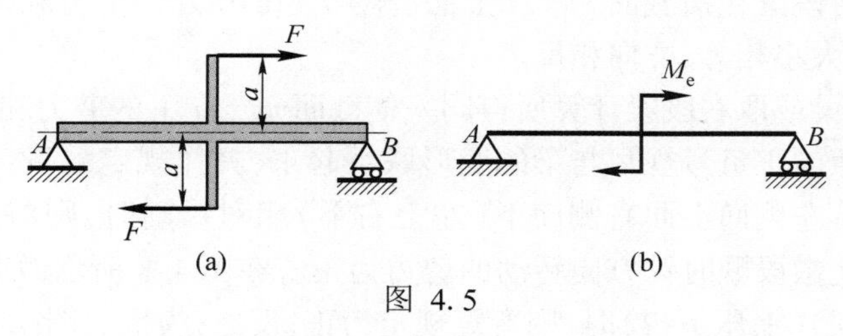

图 4.5

4.3 剪力和弯矩

图 4.6(a)所示简支梁，F_1、F_2 和 F_3 为作用于梁上的载荷，根据静力平衡方程可求出梁的支座约束力，于是作用于梁上的外力皆为已知量。现应用截面法求梁横截面 $m-m$ 上的内力。

利用截面法在截面 $m-m$ 处假想地将梁截成左、右两段，取左段为研究对象，如图 4.6(b)所示。为了维持其平衡，横截面上必有一个与横截面相切的内力，此为**剪力**，用 F_S 表示。由平衡方程

$$\sum F_y = 0, \quad F_{Ay} - F_1 - F_S = 0$$

$$F_S = F_{Ay} - F_1$$

若将左段上的所有力对截面 $m-m$ 的形心 C 取矩，必须满足平衡方程 $\sum M_C = 0$，就发现在截面 $m-m$ 上存在一个内力偶，称为**弯矩**(bending moment)，用 M 表示。由平衡方程

$$\sum M_C = 0, \quad M + F_1(x-a) - F_{Ay}x = 0$$

$$M = F_{Ay}x - F_1(x-a)$$

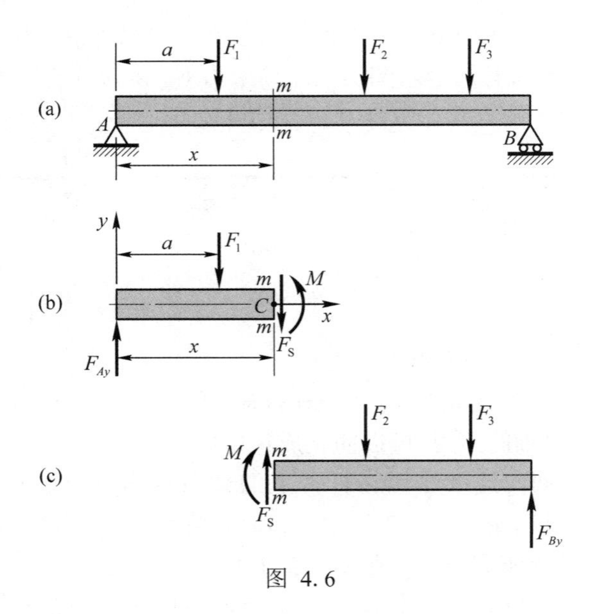

图 4.6

左段梁横截面 $m-m$ 上的剪力和弯矩,实际上是右段梁对左段梁的作用。根据作用与反作用定律,右段梁在横截面 $m-m$ 上必有图 4.6(c)所示的剪力和弯矩,与图 4.6(b)所示剪力和弯矩的大小相等,方向相反。

为使取左段梁或取右段梁计算所得同一横截面 $m-m$ 上的剪力和弯矩在正负号上相同,把剪力和弯矩的正负号规写与梁的变形联系起来,具体规定如下:在图 4.7 所示微段的变形情况下,若左侧向上而右侧向下(左上右下)相对错动时,则剪力规定为正;反之,为负。或者说,使微段顺时针方向转动的剪力为正。在图 4.8 所示微段的变形情况下,若弯曲变形上凹下凸(上压下拉)时,则弯矩规定为正;反之,为负。图 4.6(b)和(c)中所示的横截面 $m-m$ 上的剪力和弯矩均为正号。

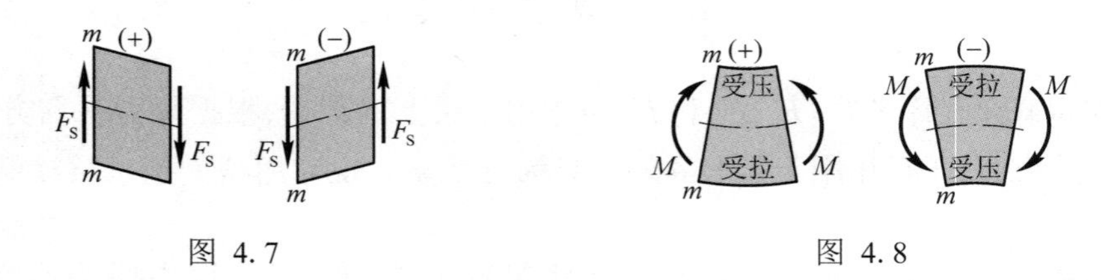

图 4.7　　　　图 4.8

例 4.1　试求图 4.9(a)所示外伸梁截面 1−1、2−2、3−3、4−4 上的剪力和弯矩。其中截面 1−1、2−2 位于支座 A 的左、右两侧但无限接近支座 A;截面 3−3、4−4 位于集中力偶的左、右两侧但无限接近集中力偶作用点 D。

解: 以整体为研究对象,由静力平衡方程

$$\sum M_B = 0, \quad -F_{Ay}\cdot 2a + qa\cdot\frac{5a}{2} - qa^2 = 0$$

$$\sum M_A = 0, \quad F_{By}\cdot 2a + qa\cdot\frac{a}{2} - qa^2 = 0$$

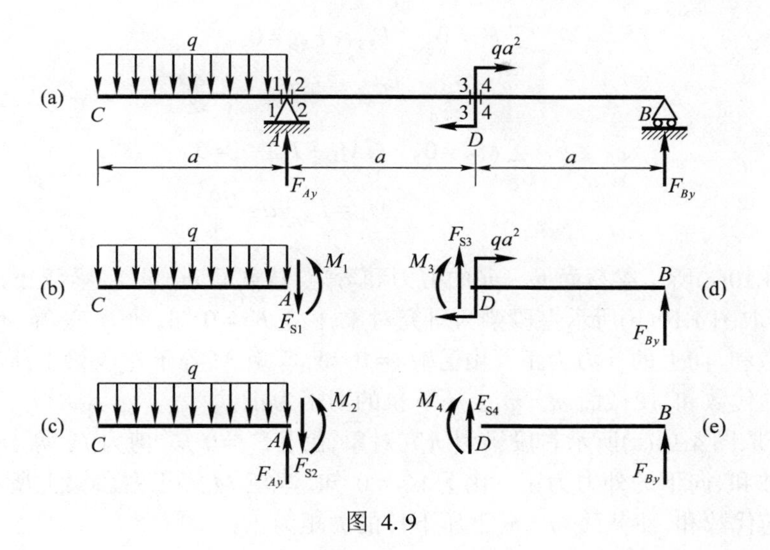

图 4.9

求得支座约束力

$$F_{Ay} = \frac{3qa}{4}, \quad F_{By} = \frac{qa}{4}$$

沿截面1-1假想地将梁截开,取左段为研究对象,如图4.9(b)所示。由平衡方程

$$\sum F_y = 0, \quad -F_{S1} - qa = 0$$

$$F_{S1} = -qa$$

$$\sum M_A = 0, \quad M_1 + qa \cdot \frac{a}{2} = 0$$

$$M_1 = -\frac{qa^2}{2}$$

沿截面2-2假想地将梁截开,取左段为研究对象,如图4.9(c)所示。由平衡方程

$$\sum F_y = 0, \quad -F_{S2} - qa + F_{Ay} = 0$$

$$F_{S2} = F_{Ay} - qa = -\frac{qa}{4}$$

$$\sum M_A = 0, \quad M_2 + qa \cdot \frac{a}{2} = 0$$

$$M_2 = -\frac{qa^2}{2}$$

沿截面3-3假想地将梁截开,取右段为研究对象,如图4.9(d)所示。由平衡方程

$$\sum F_y = 0, \quad F_{S3} + F_{By} = 0$$

$$F_{S3} = -F_{By} = -\frac{qa}{4}$$

$$\sum M_D = 0, \quad -M_3 - qa^2 + F_{By} \cdot a = 0$$

$$M_3 = F_{By} \cdot a - qa^2 = -\frac{3qa^2}{4}$$

沿截面4-4假想地将梁截开,取右段为研究对象,如图4.9(e)所示。由平衡方程

$$\sum F_y = 0,\quad F_{S4} + F_{By} = 0$$

$$F_{S4} = -F_{By} = -\frac{qa}{4}$$

$$\sum M_D = 0,\quad -M_4 + F_{By} \cdot a = 0$$

$$M_4 = F_{By} \cdot a = \frac{qa^2}{4}$$

求图4.10(a)所示梁截面 $m-m$ 的剪力和弯矩,从截面 $m-m$ 将梁截开。

(1) 若取图4.10(b)所示左段梁为研究对象,由 $\sum F_y = 0$ 知,剪力 F_S 等于左段梁上所有外力的代数和,向上的外力为正。由 $\sum M_C = 0$ 知,弯矩 M 等于左段梁上所有外力对形心 C 的力矩的代数和,使截面 $m-m$ 上压下拉的力矩为正。

(2) 若取图4.10(c)所示右段梁为研究对象,由 $\sum F_y = 0$ 知,剪力 F_S 等于右段梁上所有外力的代数和,向下的外力为正。由 $\sum M_C = 0$ 知,弯矩 M 等于右段梁上所有外力对形心 C 的力矩的代数和,使截面 $m-m$ 上压下拉的力矩为正。

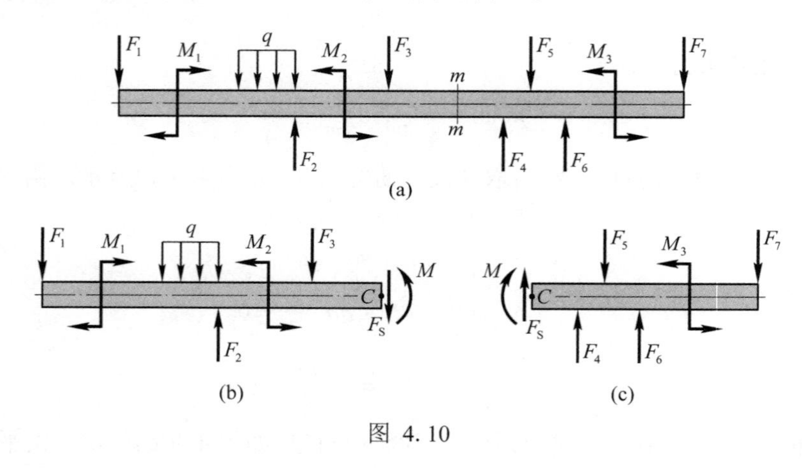

图 4.10

4.4 剪力方程和弯矩方程 剪力图和弯矩图

一般情况下,梁横截面上的剪力和弯矩随横截面的位置不同而变化。因此有必要了解剪力和弯矩沿梁轴线变化的规律,从而分别确定最大剪力和最大弯矩所在截面的位置及数值,为梁的强度计算提供条件。

若以梁轴线坐标 x 表示横截面位置,各横截面上的剪力和弯矩可以分别表示为坐标 x 的函数,即

$$F_S = F_S(x)$$

$$M = M(x)$$

上面的函数表达式分别称为**剪力方程**(equation of shearing force)和**弯矩方程**(equation of bending moment)。

若以 x 为横坐标,以剪力 F_S 或弯矩 M 为纵坐标,分别绘制剪力与弯矩沿梁轴变化的图线。这种图线称为**剪力图**(shearing force diagram)或**弯矩图**(bending moment diagram)。

例 4.2 图 4.11(a)所示简支梁，受均布载荷 q 作用，试建立梁的剪力方程和弯矩方程，并绘制剪力图和弯矩图。

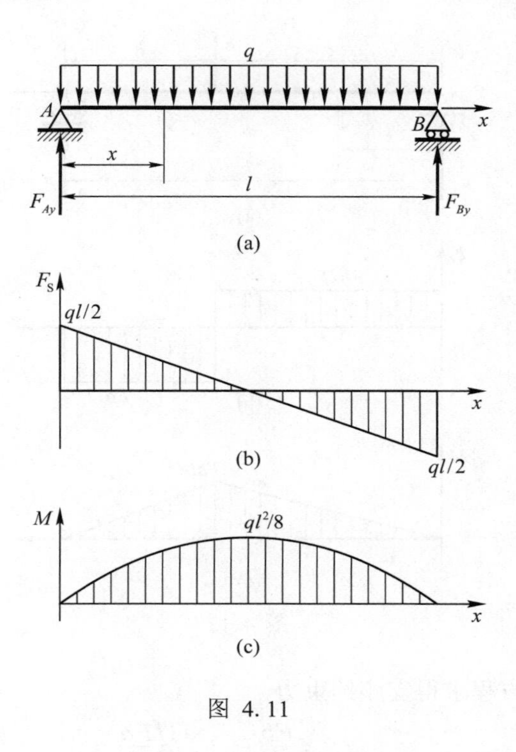

图 4.11

解： 由对称性知，支座约束力

$$F_{Ay}=F_{By}=\frac{ql}{2}$$

建立如图 4.11(a)所示坐标系。距原点为 x 的任意截面上的剪力和弯矩分别为

$$F_S(x)=F_{Ay}-qx=\frac{ql}{2}-qx \qquad (0<x<l) \qquad (4.1)$$

$$M(x)=F_{Ay}x-qx\cdot\frac{x}{2}=\frac{ql}{2}\cdot x-\frac{1}{2}qx^2=-\frac{q}{2}\left(x-\frac{l}{2}\right)^2+\frac{ql^2}{8} \qquad (0\leqslant x\leqslant l) \qquad (4.2)$$

由式(4.1)看出，剪力图为斜直线，只要确定两点就可定出这一斜直线。剪切图如图 4.11(b)所示，$F_{S\max}=\dfrac{ql}{2}$。

由式(4.2)看出，弯矩图为二次抛物线，抛物线顶点在 $x=l/2$ 处。根据三点

$$x=0,\quad M(0)=0$$

$$x=l,\quad M(l)=0$$

$$x=\frac{l}{2},\quad M\left(\frac{l}{2}\right)=\frac{ql^2}{8}$$

就可以画出弯矩图如图 4.11(c)所示，$M_{\max}=\dfrac{ql^2}{8}$。

例 4.3　图 4.12(a)所示简支梁,在梁的 C 截面受集中力 F 作用,试建立梁的剪力方程和弯矩方程,并绘制剪力图和弯矩图。

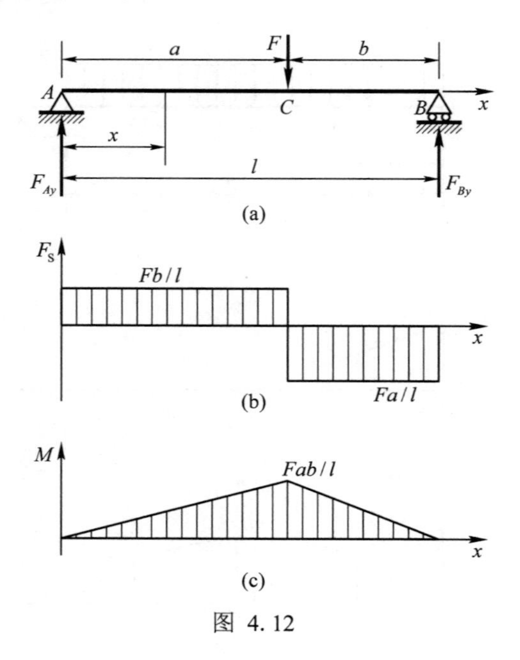

图 4.12

解: 由静力平衡方程求得支座约束力

$$F_{Ay}=\frac{Fb}{l},\quad F_{By}=\frac{Fa}{l}$$

以 A 点为坐标原点,建立如图 4.12(a)所示坐标系。以集中力 F 的作用点 C 为分界点,将梁分为 AC 和 CB 两段,分别建立剪力方程和弯矩方程。

AC 段的剪力方程和弯矩方程分别为

$$F_S(x)=F_{Ay}=\frac{Fb}{l}\qquad(0<x<a)\tag{4.3}$$

$$M(x)=F_{Ay}x=\frac{Fb}{l}x\quad(0\leqslant x\leqslant a)\tag{4.4}$$

CB 段的剪力方程和弯矩方程分别为

$$F_S(x)=-F_{By}=-\frac{Fa}{l}\qquad(a<x<l)\tag{4.5}$$

$$M(x)=F_{By}(l-x)=\frac{Fa}{l}(l-x)\quad(a\leqslant x\leqslant l)\tag{4.6}$$

根据式(4.3)和式(4.5)画剪力图如图 4.12(b)所示,当 $a>b$ 时,$|F_S|_{max}=\frac{Fa}{l}$ 。

根据式(4.4)和式(4.6)画弯矩图如图 4.12(c)所示,$M_{max}=\frac{Fab}{l}$ 。

由剪力图和弯矩图可见,在集中力作用点处,弯矩连续,但剪力发生突变(跳跃),突变量等于该集中力的大小。

例 4.4　图 4.13(a)所示简支梁，在梁的 C 截面受集中力偶 M_e 作用，试建立梁的剪力方程和弯矩方程，并绘制剪力图和弯矩图。

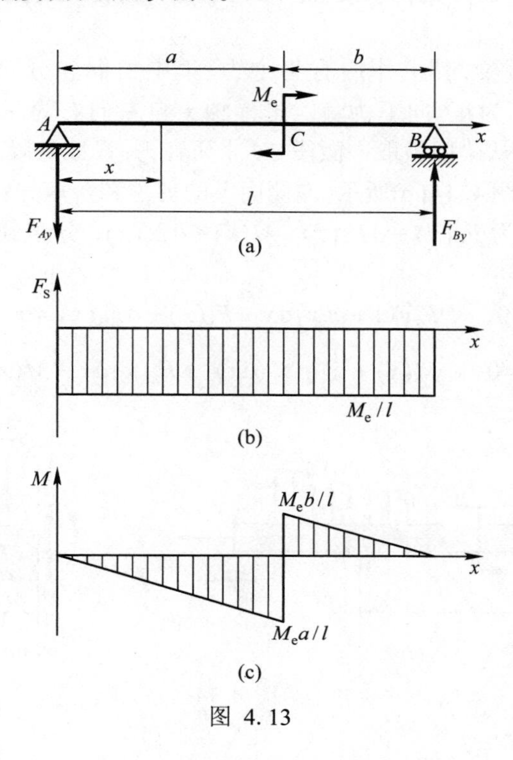

图 4.13

解：由于梁上作用的是一个集中力偶，因此约束力 F_{Ay}、F_{By} 一定组成一个力偶与之平衡，所以

$$F_{Ay}=\frac{M_e}{l}\ (\downarrow),\quad F_{By}=\frac{M_e}{l}\ (\uparrow)$$

以 A 点为坐标原点，建立如图 4.13(a)所示坐标系。剪力方程为

$$F_S(x)=-\frac{M_e}{l}\qquad (0<x<l) \tag{4.7}$$

AC、CB 段的弯矩方程分别为

$$M(x)=-F_{Ay}x=-\frac{M_e}{l}x\qquad (0\leqslant x<a) \tag{4.8}$$

$$M(x)=F_{By}(l-x)=\frac{M_e}{l}(l-x)\qquad (a<x\leqslant l) \tag{4.9}$$

根据式(4.7)画剪力图如图 4.13(b)所示，$|F_S|_{max}=\dfrac{M_e}{l}$。

根据式(4.8)和式(4.9)画弯矩图如图 4.13(c)所示，当 $a>b$ 时，$|M|_{max}=\dfrac{M_ea}{l}$。

由剪力图和弯矩图可见，在集中力偶作用点处，剪力无变化，但弯矩发生突变（跳跃），突变量等于该集中力偶的大小。

4.5　载荷集度、剪力和弯矩间的关系

图4.14(a)所示直梁,其上作用有集中力、集中力偶和分布载荷,分布载荷集度为$q(x)$,并规定$q(x)$向上为正、向下为负。坐标轴x自左向右为正向。用坐标分别为x和$x+\mathrm{d}x$的两个横截面,从梁中截取一微段$\mathrm{d}x$来研究,并设该微段上无集中力和集中力偶。微段梁的受力情况如图4.14(b)所示,左侧面上的剪力和弯矩分别为$F_S(x)$、$M(x)$,右侧面上的剪力和弯矩分别为$F_S(x)+\mathrm{d}F_S(x)$、$M(x)+\mathrm{d}M(x)$,分布载荷可视为均匀的。由微段梁的平衡方程

$$\sum F_y=0,\quad F_S(x)+q(x)\mathrm{d}x-F_S(x)-\mathrm{d}F_S(x)=0 \tag{4.10}$$

$$\sum M_C=0,\quad M(x)+\frac{1}{2}q(x)(\mathrm{d}x)^2+F_S(x)\mathrm{d}x-M(x)-\mathrm{d}M(x)=0 \tag{4.11}$$

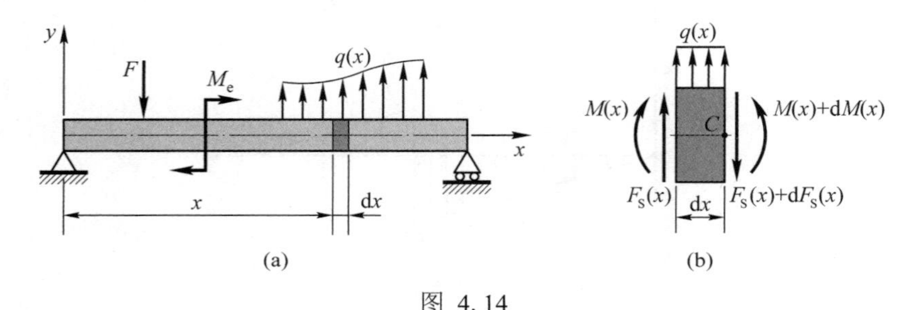

图 4.14

略去式(4.11)中的高阶微量$\frac{1}{2}q(x)(\mathrm{d}x)^2$,整理后式(4.10)和式(4.11)变为

$$\frac{\mathrm{d}F_S(x)}{\mathrm{d}x}=q(x) \tag{4.12}$$

$$\frac{\mathrm{d}M(x)}{\mathrm{d}x}=F_S(x) \tag{4.13}$$

将式(4.13)对x再求导,并将式(4.12)代入,便得

$$\frac{\mathrm{d}^2M(x)}{\mathrm{d}x^2}=\frac{\mathrm{d}F_S(x)}{\mathrm{d}x}=q(x) \tag{4.14}$$

式(4.12)~式(4.14)表示了直梁的载荷集度$q(x)$,剪力$F_S(x)$和弯矩$M(x)$之间的微分关系,或称为导数关系。它表明:剪力图在某点处的切线斜率,等于该处分布载荷集度;弯矩图在某点处的切线斜率,等于该处剪力;弯矩图在某点处的二阶导数,等于该处分布载荷集度。注意,在集中力及集中力偶作用处微分关系不成立。

对于几种常见载荷,对应的剪力图与弯矩图的形状及特征如下(表4.1):

(1) 在梁的某一段内,若无载荷作用,即$q(x)=0$,由$\frac{\mathrm{d}F_S(x)}{\mathrm{d}x}=q(x)=0$可知,在这一段梁内$F_S(x)=$常量,剪力图为水平直线,$F_S$的数值可能为正、零、负值。由$\frac{\mathrm{d}M(x)}{\mathrm{d}x}=F_S(x)$知,对应的弯矩图为向上倾斜、水平、向下倾斜的直线。

表 4.1 几种常见载荷对应的剪力图与弯矩图的形状

载荷情况	剪力图形状	弯矩图形状
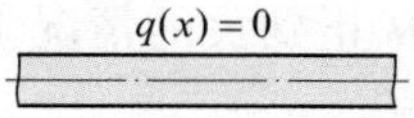 $q(x)=0$	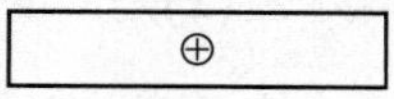 ⊕	
	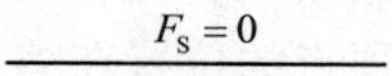 $F_S=0$	
	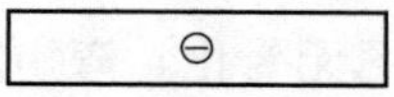 ⊖	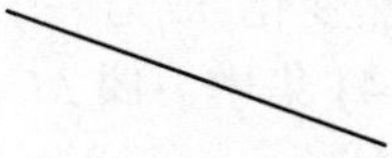
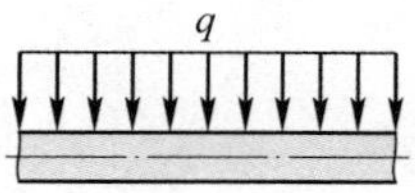 q	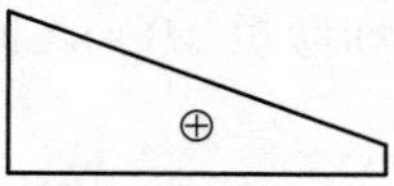 ⊕	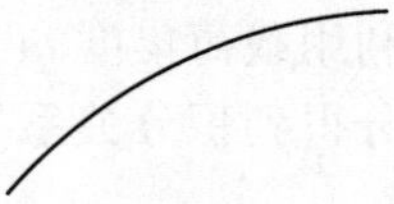
	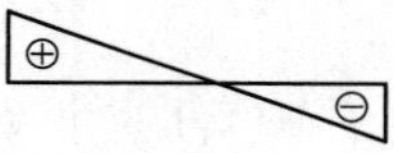 ⊕ ⊖	
	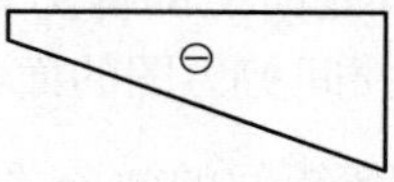 ⊖	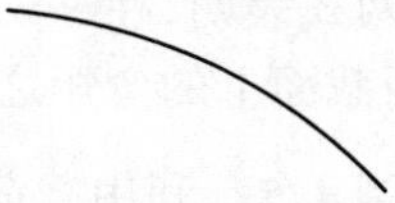
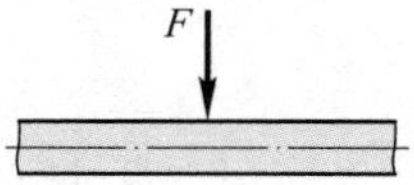 F	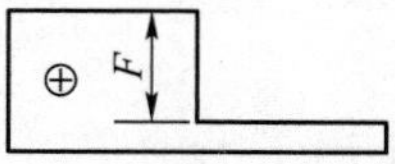 ⊕ F	
	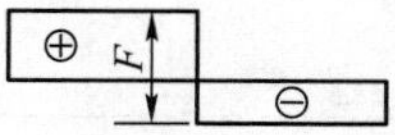 ⊕ F ⊖	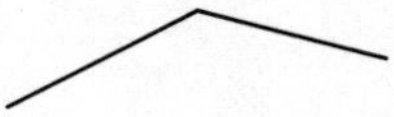
	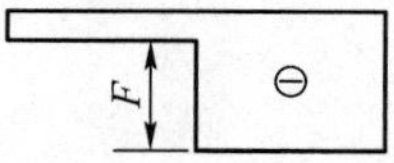 F ⊖	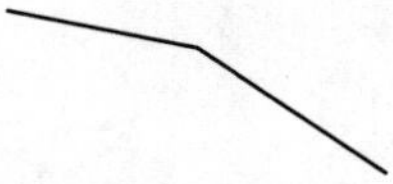
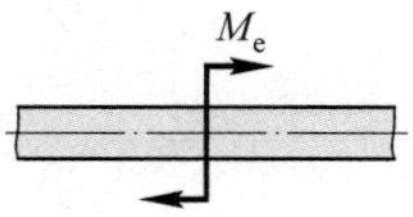 M_e	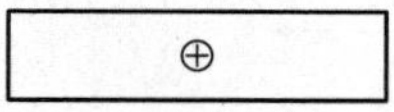 ⊕	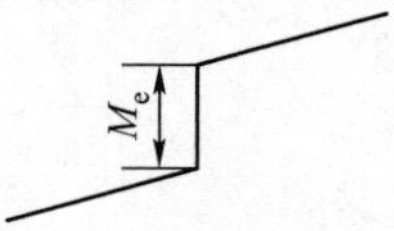 M_e
	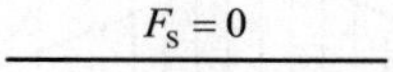 $F_S=0$	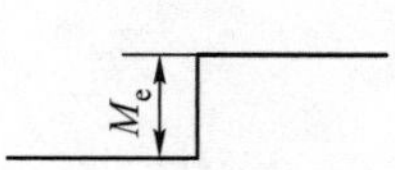 M_e
	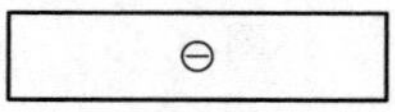 ⊖	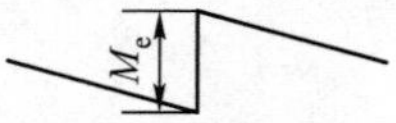 M_e

(2) 在梁的某一段内,若作用方向向下的均布载荷,即 $q(x)$ = 常数 <0,则$\frac{\mathrm{d}^2 M(x)}{\mathrm{d}x^2}=\frac{\mathrm{d}F_S(x)}{\mathrm{d}x}=q(x)$ = 常数 <0,在这一段梁内 $F_S(x)$是 x 的一次函数,$M(x)$是 x 的二次函数。剪力图为斜直线(斜率 <0), 弯矩图为开口向下的二次抛物线。剪力的值可能恒为正、从正到负、恒为负等三种情况,对应的弯矩图也有三种情况。在剪力从正到负的情况下,在剪力等于零处,弯矩取极大值,抛物线顶点的位置在剪力等于零的截面。

(3) 集中力 F 作用处,剪力图发生突变,突变值等于集中力的数值。弯矩图的斜率发生突然变化,成为一个转折点或尖角。

(4) 集中力偶 M_e 作用处,剪力图无变化。弯矩图发生突变,突变值等于集中力偶矩的大小。

利用载荷集度 $q(x)$、剪力 $F_S(x)$和弯矩 $M(x)$之间的微分关系式(4.12)和式(4.13),经过积分得到积分关系

$$F_S(x_2)-F_S(x_1)=\int_{x_1}^{x_2} q(x)\,\mathrm{d}x \tag{4.15}$$

$$M(x_2)-M(x_1)=\int_{x_1}^{x_2} F_S(x)\,\mathrm{d}x \tag{4.16}$$

上面两式表明,在 $x=x_2$ 和 $x=x_1$ 两截面上的剪力之差,等于两截面间分布载荷图的面积;两截面上的弯矩之差,等于两截面间剪力图的面积。

例 4.5 利用载荷集度、剪力和弯矩间的微分关系,绘制图 4.15(a)所示简支梁的剪力图和弯矩图。

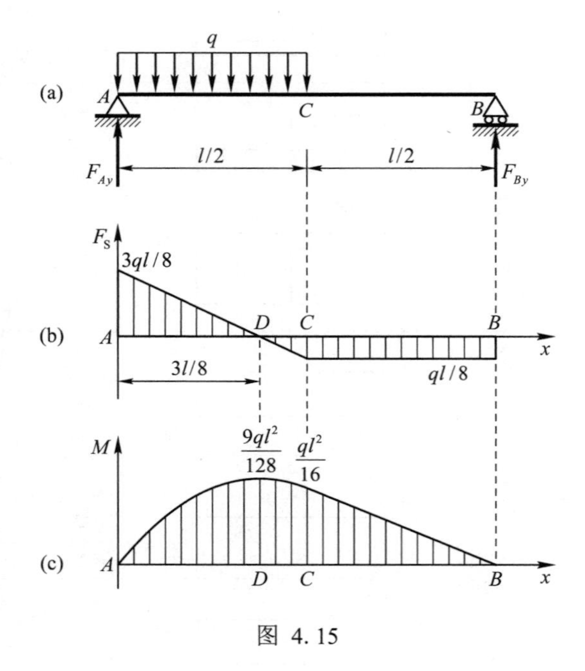

图 4.15

解: 由静力平衡方程求得支座约束力

$$F_{Ay} = \frac{3ql}{8}, \quad F_{By} = \frac{ql}{8}$$

将梁分为 AC 和 CB 两段。AC 段受均布载荷作用，剪力图为斜直线，根据斜直线左、右两端的值（由截面法求得）

$$F_{SA右} = F_{Ay} = \frac{3ql}{8}, \quad F_{SC} = -F_{By} = -\frac{ql}{8}$$

就可画出斜直线。CB 段无载荷作用，剪力图为水平直线，根据截面 C 的剪力值就可画出水平直线。剪力图如图 4.15(b)所示，最大剪力为 $F_{S\max} = \dfrac{3ql}{8}$。

AC 段弯矩图为抛物线，抛物线顶点位于截面 D（该截面剪力为零）。利用积分关系式(4.16)求截面 D 的弯矩 M_D 比截面法更方便：截面 D 的弯矩减去截面 A 的弯矩，等于截面 A、D 之间剪力图的面积，即

$$M_D - M_A = \frac{1}{2} \times \frac{3l}{8} \times \frac{3ql}{8} = \frac{9ql^2}{128}$$

而 $M_A = 0$，因此 $M_D = \dfrac{9ql^2}{128}$。再利用截面法求得 $M_C = \dfrac{ql^2}{16}$。根据截面 A、C、D 的弯矩值就可画出抛物线。

CB 段弯矩图为斜直线，根据 $M_C = \dfrac{ql^2}{16}$ 及 $M_B = 0$ 就可画出斜直线。梁的弯矩图如图 4.15(c)所示。

例 4.6 利用载荷集度、剪力和弯矩间的微分关系，绘制图 4.16(a)所示梁的剪力图和弯矩图。

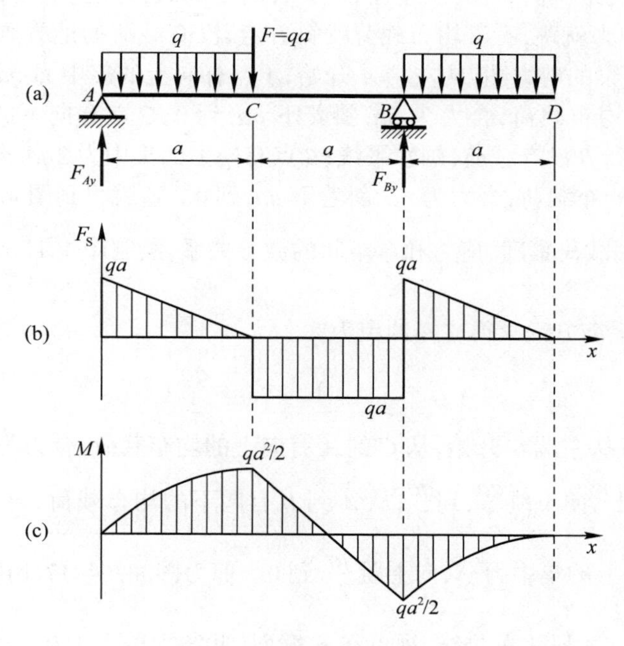

图 4.16

解: 由静力平衡方程

$$\sum M_B = 0, \quad -F_{Ay} \cdot 2a + qa\frac{3a}{2} + qa \cdot a - qa\frac{a}{2} = 0$$

$$\sum M_A = 0, \quad F_{By} \cdot 2a - qa\frac{a}{2} - qa \cdot a - qa\frac{5a}{2} = 0$$

求得支座约束力

$$F_{Ay} = qa\ (\uparrow), \quad F_{By} = 2qa\ (\uparrow)$$

将梁分为 AC、CB、BD 三段,剪力图分别为斜直线、水平直线、斜直线。只要确定斜直线左右两端的值就可画出斜直线。根据截面法可求得

$$F_{\mathrm{S}A右} = qa, \quad F_{\mathrm{S}C左} = 0$$

$$F_{\mathrm{S}C右} = F_{\mathrm{S}B左} = -qa$$

$$F_{\mathrm{S}B右} = qa, \quad F_{\mathrm{S}D} = 0$$

根据上面六个特殊截面的剪力值可画出剪力图上的三条直线,剪力图如图 4. 16(b)所示。

AC 段弯矩图为抛物线,抛物线顶点位于 C 截面(此处剪力为零)。再求得

$$M_A = 0, \quad M_C = qa^2/2$$

根据 A、C 两点的弯矩值及顶点位置就可画出抛物线。

BD 段弯矩图为抛物线,抛物线顶点位于 D 截面(此处剪力为零)。再求得

$$M_B = -qa^2/2, \quad M_D = 0$$

根据 B、D 两点的弯矩值及顶点位置就可画出抛物线。

CB 段弯矩图为斜直线,在 C、B 两截面弯矩图连续,直接连上就可。

弯矩图如图 4. 16(c)所示。

可以这样简便地画剪力图:从左往右,看着向上的载荷就向上走,看着向下的载荷就向下走,看着集中力就跳,看着均布载荷就斜着走,没有载荷的地方画水平线。按此方法画图 4. 16(a)所示梁的剪力图,从左端 A 开始,A 点有向上的集中力 qa,从 0 向上跳 qa;从 A 到 C 有向下的均布载荷,合力为 qa,斜着下 qa,到 0;C 点有向下的集中力 qa,向下跳 qa,到 $-qa$;从 C 到 B 没有载荷,画水平线;B 点有向上的集中力 $2qa$,向上跳 $2qa$,到 qa;从 B 到 D 有向下的均布载荷,合力为 qa,斜着下 qa,到 0。这就得到图 4. 16(b)所示剪力图。

例 4. 7 利用载荷集度、剪力和弯矩间的微分关系,绘制图 4. 17(a)所示梁的剪力图和弯矩图。

解: 由静力平衡方程求得支座约束力

$$F_{Ay} = \frac{qa}{2}\ (\downarrow), \quad F_{By} = \frac{qa}{2}\ (\uparrow)$$

先画剪力图:从左端 C 开始,从 C 到 A 有向上的均布载荷,合力为 qa,斜着上 qa;A 点有向下的集中力$\frac{qa}{2}$,向下跳$\frac{qa}{2}$,到$\frac{qa}{2}$;从 A 到 B 有向下的均布载荷,合力为 qa,斜着下 qa,到 $-\frac{qa}{2}$;B 点有向上的集中力$\frac{qa}{2}$,向上跳$\frac{qa}{2}$,到 0。剪力图如图4. 17(b)所示。

再画弯矩图:CA 段为抛物线,顶点在 C 截面(此截面剪力为 0),$M_C = 0$,$M_{A左} = \frac{qa^2}{2}$;

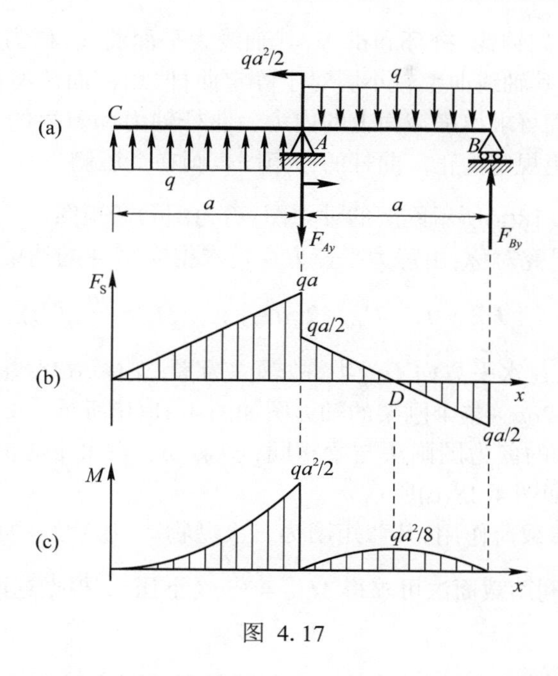

图 4.17

AB 段为抛物线,顶点在 AB 的正中间 D 截面(此截面剪力为0),$M_{A右}=0$,$M_B=0$,可利用积分关系式(4.16)计算抛物线顶点的值,D 截面弯矩减 $A_{右}$ 截面弯矩应等于 AD 间剪力图的面积,求得 $M_D=\dfrac{qa^2}{8}$。弯矩图如图4.17(c)所示。

如果梁上压下拉,则弯矩为正,而正的弯矩图画在梁的上侧,即受压侧;如果梁上拉下压,则弯矩为负,而负的弯矩图画在梁的下侧,即受压侧。可见,无论弯矩的正负,弯矩图都画在梁的受压侧。结构力学及一些土建类专业材料力学教科书约定,将弯矩图画在受拉侧,这只要将本书所画弯矩图画在对应部位的另一侧即可实现。对于梁,只要将弯矩图中纵坐标轴 M 的正向朝下,其余(包括轴 x 的正向、剪力图等)不变,即可实现。

4.6 平面刚架和曲杆的内力分析

平面**刚架**(frame)是由在同一平面内、不同取向的杆件,通过杆端相互刚性连接而成的结构。当杆件变形时,二杆连接处保持刚性,即在连接处二杆轴线的夹角保持不变。刚架中的横杆称为横梁,竖杆称为立柱,二者连接处称为刚结点或刚性接头。

在刚架平面内载荷作用下,刚架横截面内的内力一般有轴力、剪力和弯矩,其中弯矩最为重要。刚架中轴力的符号规定与拉压杆相同。剪力的符号规定与梁相同,在图4.7所示微段的变形情况下,使微段顺时针方向转动的剪力为正。画刚架的轴力图时,横梁上正的轴力画上侧,立柱上正的轴力画左侧或右侧都可以,但要求在轴力图上标上轴力的正负号。画刚架剪力图的方法与轴力图相同。刚架弯矩图不分正负(写弯矩方程时设某转向为正),弯矩图画在受压侧。

还有一些构件,如钓钩、链环和拱等,其轴线为平面曲线,称为**曲杆**(curved bar)。本书只讨论小曲率杆,其轴线曲率较小。对于静定曲杆,用截面法将曲杆截成两部分,通过任一部分的平衡方程可求出横截面上的内力。曲杆轴力和剪力的正负号与刚架相同,使曲杆曲率增大的弯矩规定为正。曲杆的弯矩图也画在受压侧。

例 4.8 作图 4.18(a)所示刚架的轴力图、剪力图和弯矩图。

解: 取整体为研究对称,由静力平衡方程可求得支座 A 的约束力

$$F_{Ax}=0,\quad F_{Ay}=2qa\,(\uparrow),\quad M_A=\frac{qa^2}{2}\,(\circlearrowright)$$

横梁 BC 和 CD 在水平方向不受力,故轴力为零;立柱 AC 受轴向压力 F_{Ay} 作用,故轴力 $F_{NAC}=-F_{Ay}=-2qa$。整个刚架的轴力图如图 4.18(b)所示。

横梁 BC 和 CD 的剪力图画法与梁相同;立柱 AC 在水平方向不受力,故剪力为零。整个刚架的剪力图如图 4.18(c)所示。

横梁 BC 受均布载荷作用,其弯矩图为二次抛物线,抛物线的顶点在 B 点(此截面剪力为零)。$M_B=0$,利用截面法可求得 $M_{C左}=\frac{qa^2}{2}$(下压),根据这两截面的弯矩值可画出抛物线。

横梁 CD 的弯矩图为斜直线,$M_D=0$,利用截面法可求得 $M_{C右}=qa^2$(下压),根据这两截面的弯矩值可画出斜直线。

立柱 AC 的弯矩值为常量(因为剪力为零),从任意截面截开,取下面部分为研究对象,发现其弯矩值等于 M_A,且右侧受压,故弯矩图画在右侧(受压侧)。

整个刚架的弯矩图如图 4.18(d)所示。

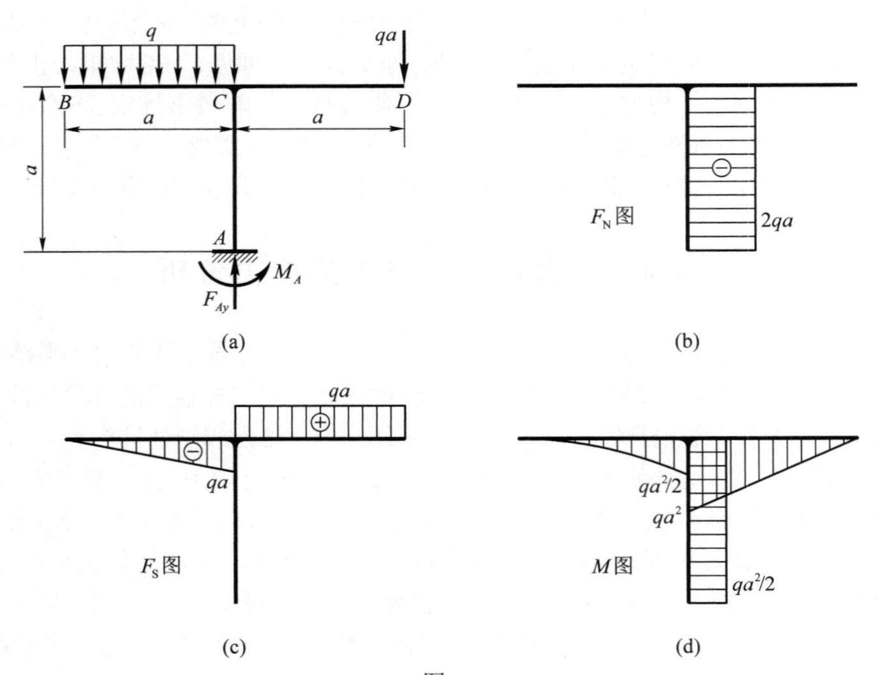

图 4.18

例 4.9 作图 4.19(a)所示刚架的弯矩图。

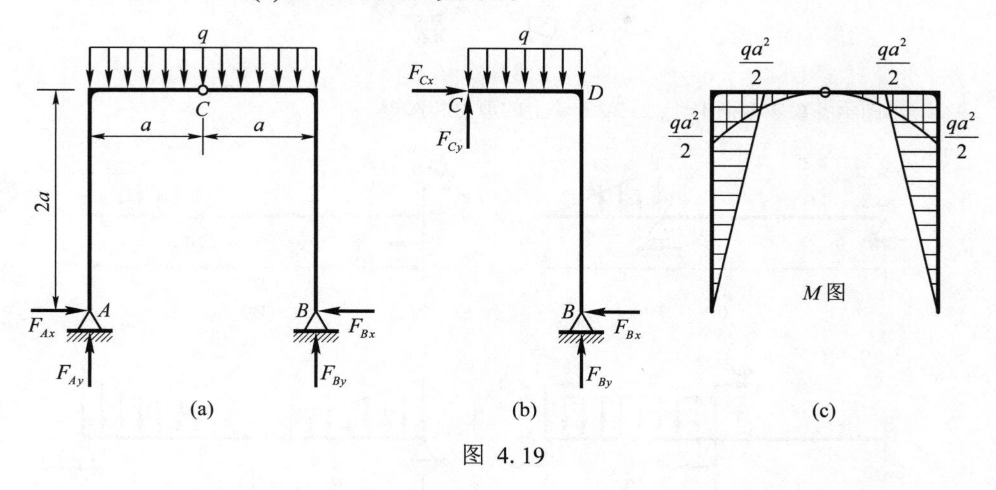

图 4.19

解: 该刚架左右对称,支座约束力也是左右对称的, $F_{Ay}=F_{By}=qa$。

取 BC 段为研究对象,受力如图 4.19(b)所示,由平衡方程

$$\sum M_C=0,\quad F_{By}\cdot a-F_{Bx}\cdot 2a-qa\cdot\frac{a}{2}=0$$

$$F_{Bx}=\frac{qa}{4}$$

CD 段弯矩图为二次抛物线,顶点在 C 点(该处剪力等于零),由 $M_C=0$, $M_D=\frac{qa^2}{2}$(下压)可画出抛物线; BD 段弯矩图为斜直线,由 $M_B=0$, $M_D=\frac{qa^2}{2}$(左压)可画出斜直线。整个刚架的弯矩图如图 4.19(c)所示。

例 4.10 试写出图 4.20(a)所示曲杆的轴力、剪力和弯矩方程。

解: 用截面法从任意截面截开,取右段研究,如图 4.20(b)所示,轴力 F_N、剪力 F_S 和弯矩 M 都画成正方向。列三个平衡方程: F_N 方向合力等于 0、F_S 方向合力等于 0, 以及对截面的形心取矩等于 0, 求得轴力、剪力和弯矩方程分别为

$$F_N(\varphi)=2F\sin\varphi-F\cos\varphi=F(2\sin\varphi-\cos\varphi)$$

$$F_S(\varphi)=-2F\cos\varphi-F\sin\varphi=-F(2\cos\varphi+\sin\varphi)$$

$$M(\varphi)=-2FR\sin\varphi-FR(1-\cos\varphi)=FR(\cos\varphi-2\sin\varphi-1)$$

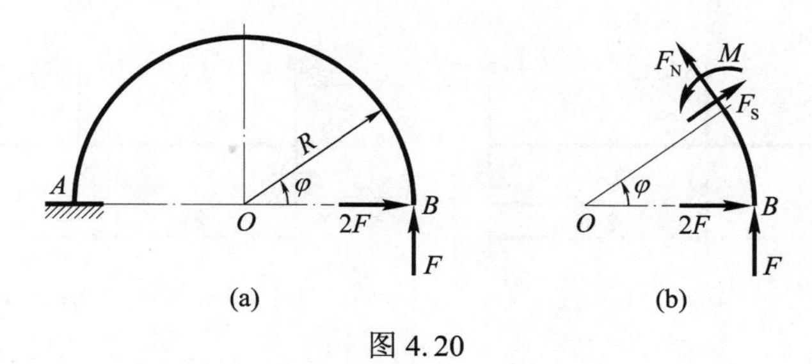

图 4.20

习　题

4.1　求图示各梁中截面1-1、2-2、3-3上的剪力和弯矩。

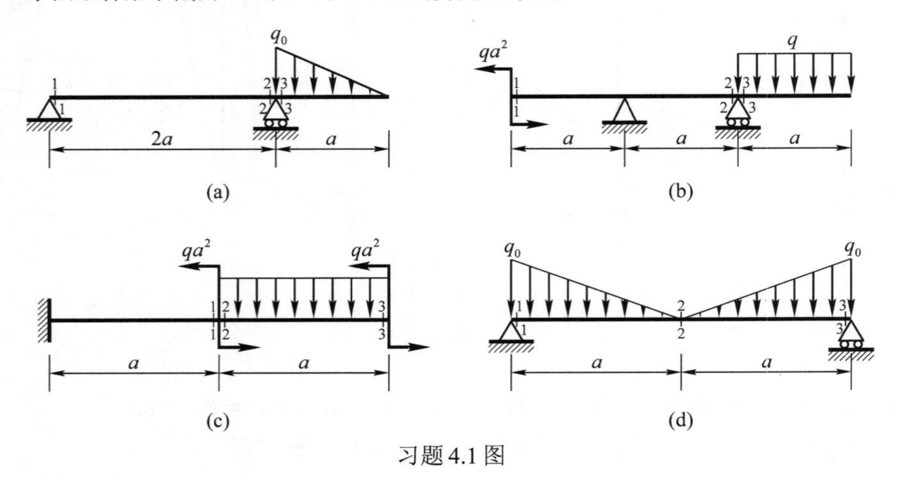

习题4.1图

4.2　写出图示各梁的剪力方程和弯矩方程,并作剪力图和弯矩图。

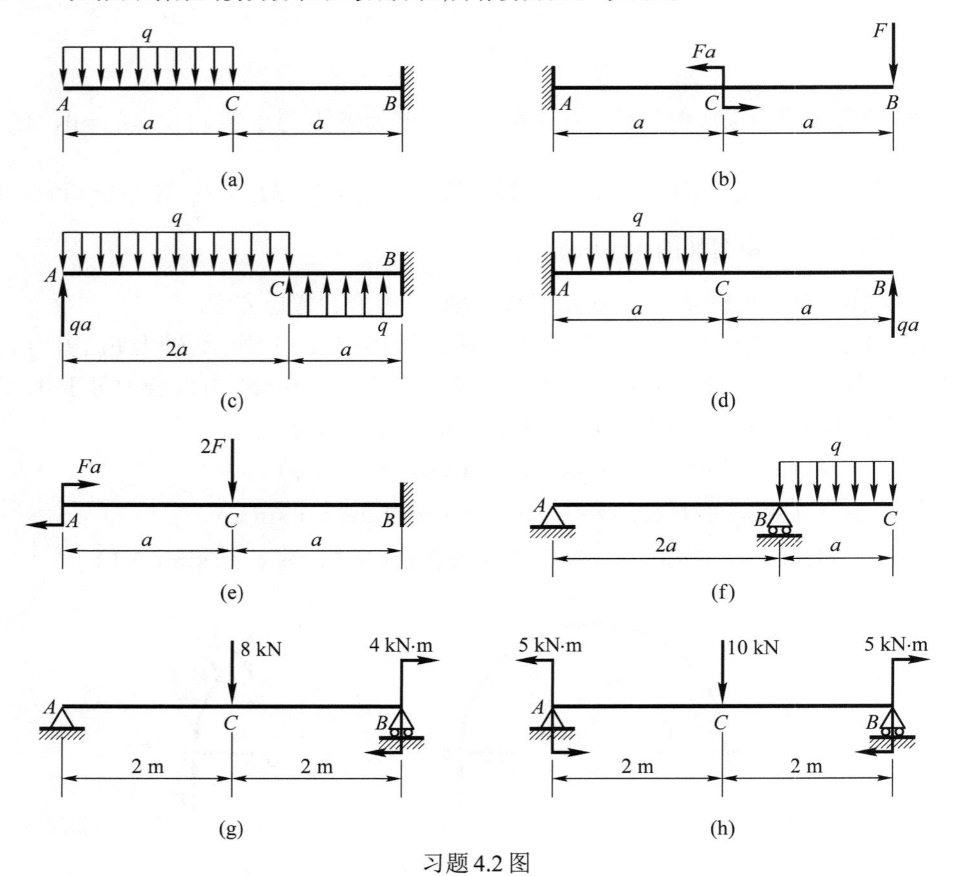

习题4.2图

4.3 利用载荷集度、剪力和弯矩间的微分关系作图示各梁的剪力图和弯矩图。

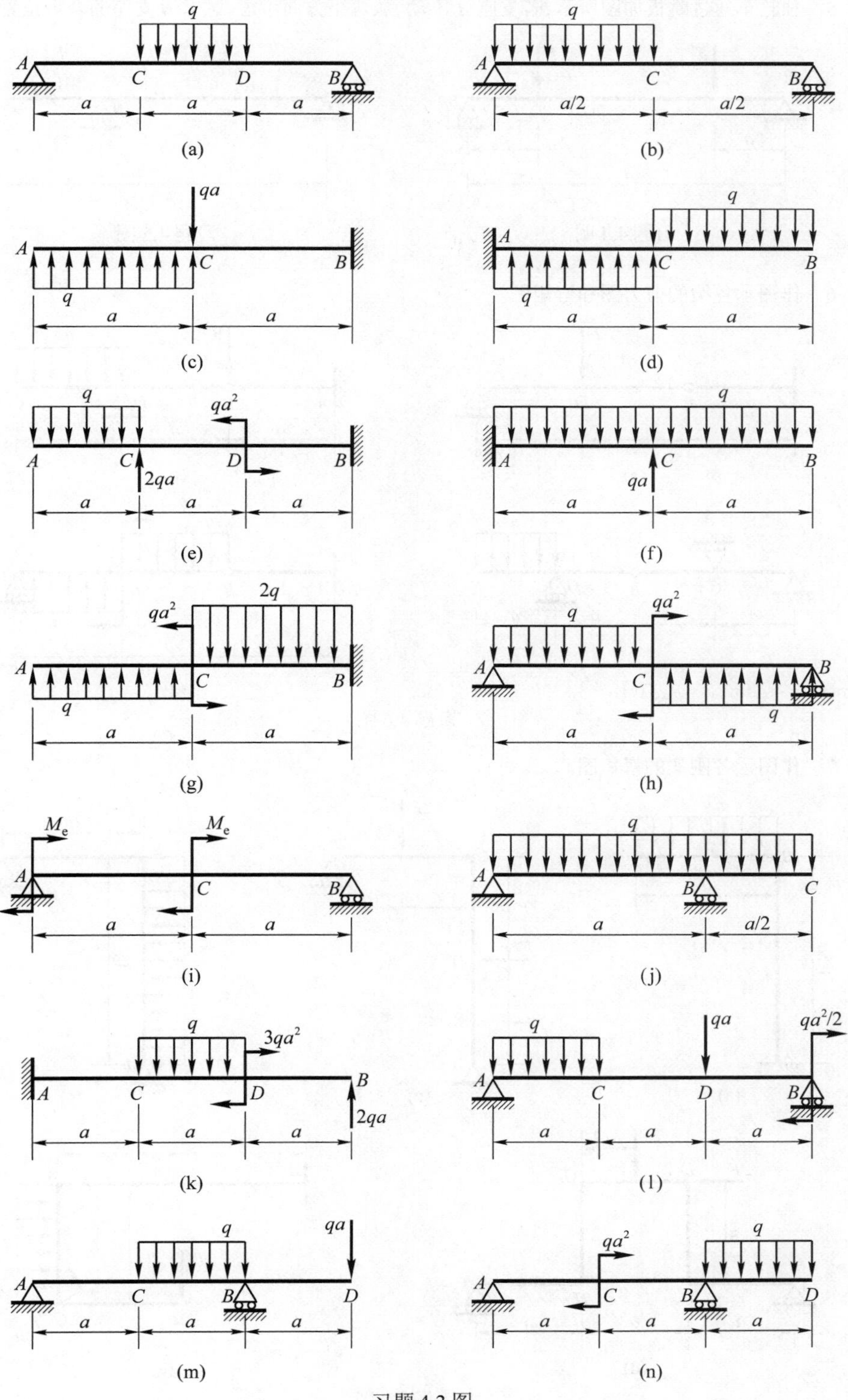

习题4.3图

4.4 作图示梁的剪力图和弯矩图。梁在 CD 段的变形称为纯弯曲，试问 CD 段的内力有何特点？

4.5 独轮车通过跳板如图所示，若支座 A 不动，从弯矩方面考虑，试求 B 支座的合理位置 x 值。

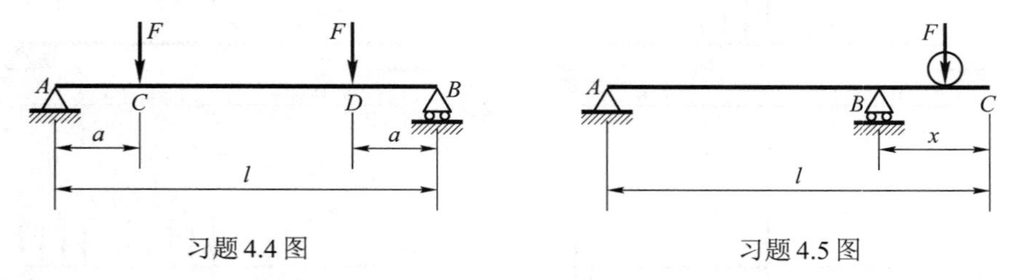

习题 4.4 图　　习题 4.5 图

4.6 作图示各梁的剪力图和弯矩图。

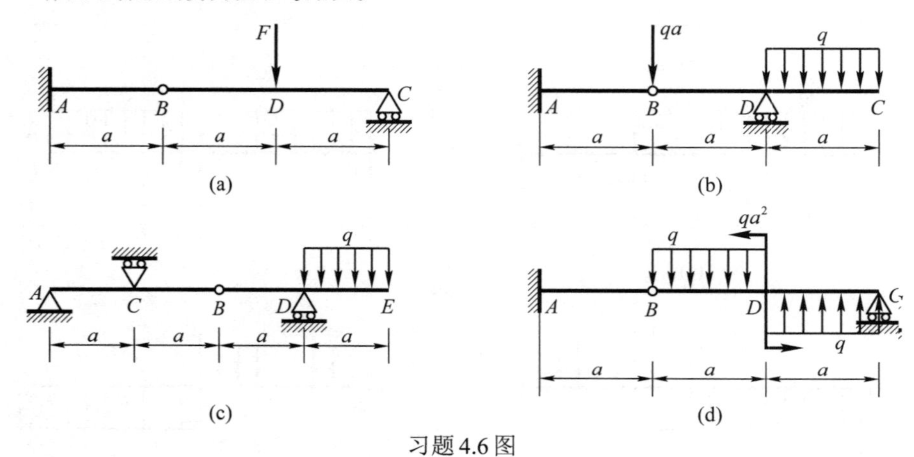

习题 4.6 图

4.7 作图示各刚架的弯矩图。

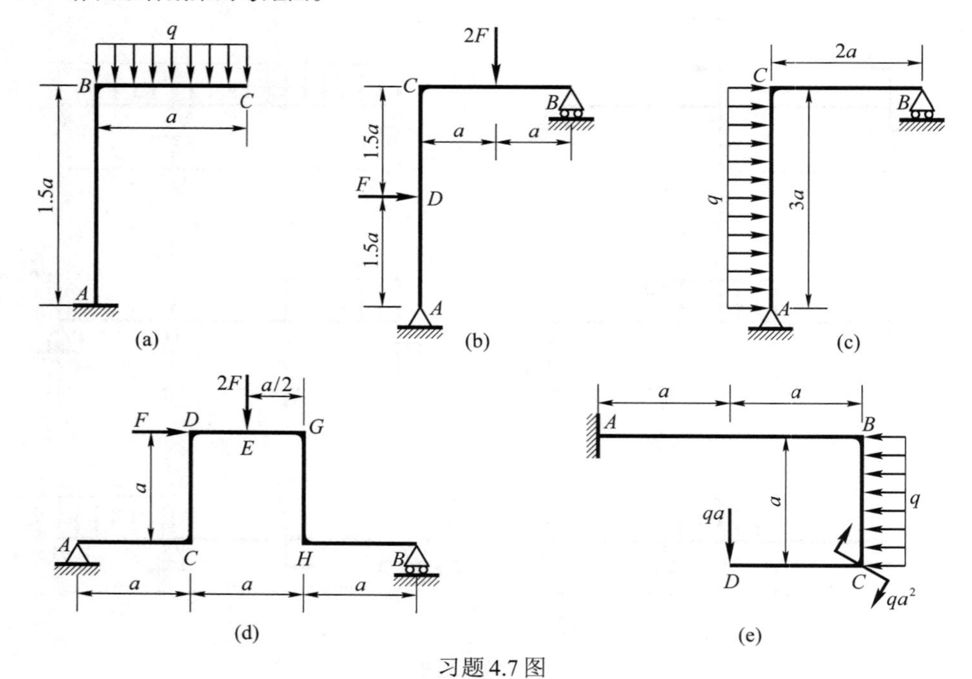

习题 4.7 图

4.8 设梁的剪力图如图所示，试作弯矩图及载荷图。已知梁上没有作用集中力偶。

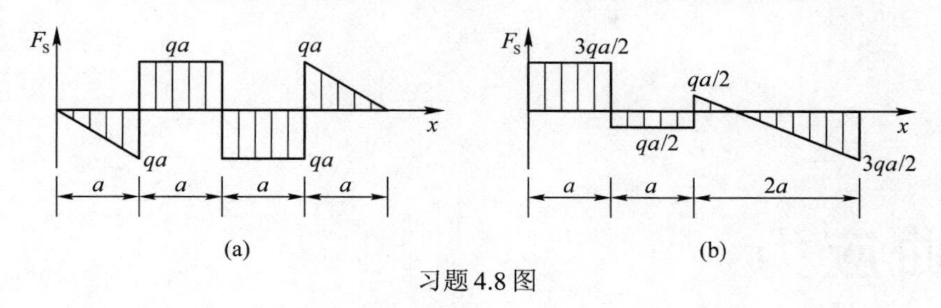

习题 4.8 图

4.9 设梁的弯矩图如图所示，试作载荷图及剪力图。

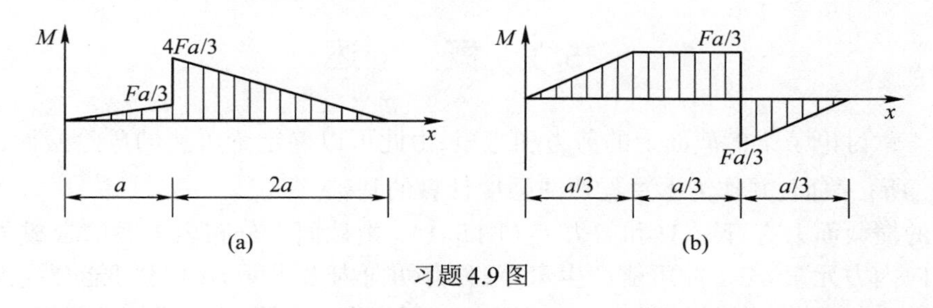

习题 4.9 图

4.10 写出图示各曲杆的轴力、剪力和弯矩方程，并作弯矩图。设曲杆的轴线皆为半圆形。

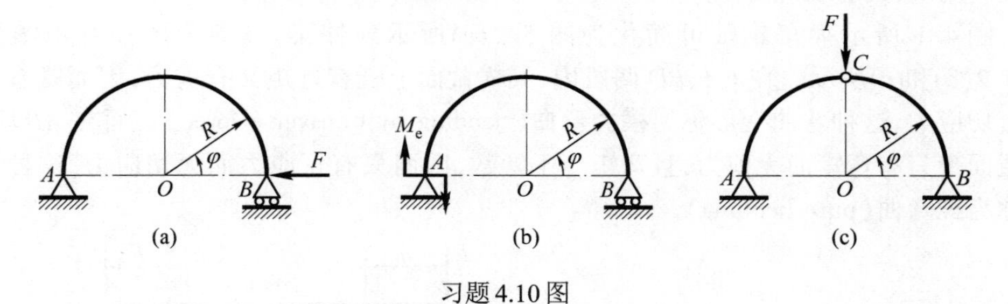

习题 4.10 图

4.11 作图示各梁的剪力图和弯矩图。

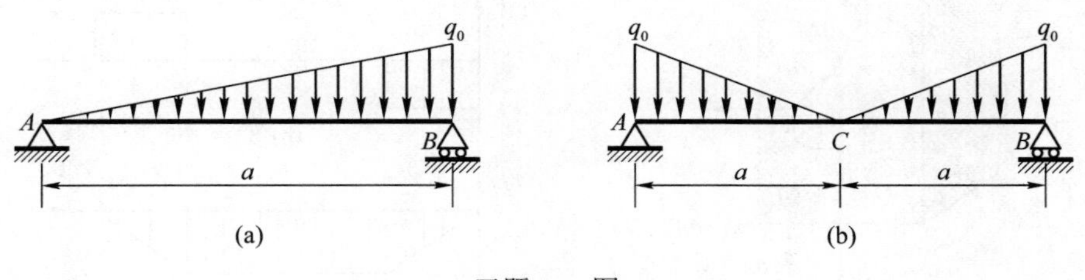

习题 4.11 图

5 弯曲应力

5.1 概　　述

第4章讨论了梁横截面上的剪力和弯矩，由此可以确定梁可能的危险截面，即$|F_S|_{max}$和$|M|_{max}$所在截面，并作为本章梁弯曲强度计算的基础。

梁的横截面上有弯矩M和剪力F_S（图5.1）。由截面上分布内力系的合成关系可知，只有法向内力元素σdA才可能产生弯矩，只有切向内力元素τdA才可能合成为剪力，即弯矩M只与正应力σ相关，而剪力F_S只与切应力τ相关。所以，在梁的横截面上一般是既有正应力σ，又有切应力τ。

图4.1所示火车轮轴可简化为图5.2(a)所示外伸梁，其剪力图和弯矩图分别如图5.2(b)和(c)所示。在CA、BD两段内，梁横截面上既有弯矩又有剪力，因而既有正应力又有切应力，这种弯曲变形称为**横力弯曲**（bending by transverse force）。而在AB段，梁的横截面上只有弯矩而无剪力，且弯矩等于常数，因而只有正应力而无切应力，这种弯曲变形称为**纯弯曲**（pure bending）。

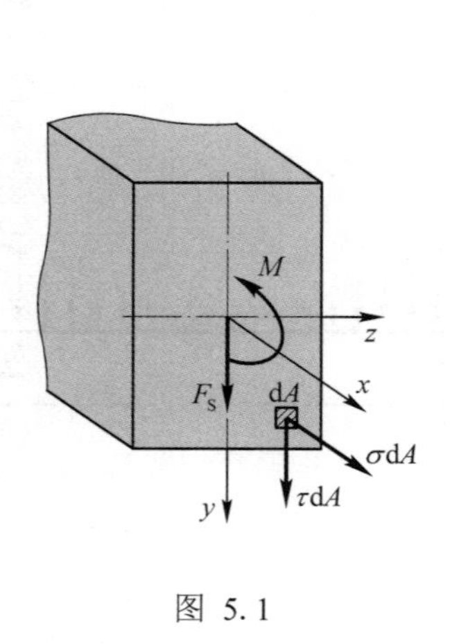

图 5.1

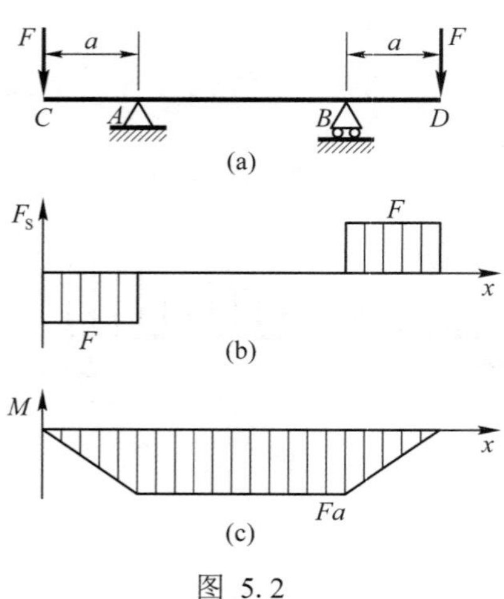

图 5.2

本章研究对称弯曲，亦即作用在梁上的所有外力（主动力和约束力）均位于纵向对称面内，首先推导对称弯曲中的纯弯曲梁横截面上的正应力计算公式，然后推广到横力弯曲的情况，最后再研究弯曲切应力。

5.2 纯弯曲时梁横截面上的正应力

用较易变形的材料制成矩形截面等直梁作纯弯曲试验。变形前，先在梁的侧面画上表示横截面的横向线 mm 和 nn，以及垂直于横向线的纵向线 aa 和 bb，如图 5.3(a)所示，aa位于中间偏上些，bb 位于中间偏下些。然后在梁两端施加一对大小相等方向相反的力偶 M_e，使梁发生纯弯曲变形，如图 5.3(b)所示。通过实验，观察到以下变形现象：

(1) 纵向线 aa 和 bb 均弯成了圆弧曲线，且 aa 缩短而 bb 伸长了。

(2) 横向线 mm 和 nn 变形后仍保持为直线，它们相对旋转一个角度后，仍垂直于弧线 $\widehat{aa}$ 和 $\widehat{bb}$ 。

(3) 矩形横截面的宽度变形后上宽下窄。

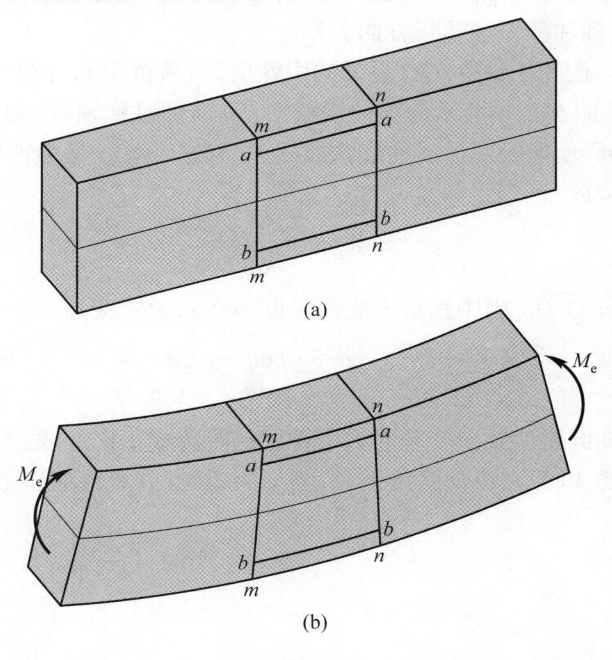

图 5.3

根据实验现象，可以作出假设：梁的各个横截面在变形后仍保持为平面，并仍垂直于变形后的梁轴线。这就是梁在纯弯曲时的**平面假设**。

另外，再作**单向受力假设**：认为各纵向纤维之间互不挤压。于是各纵向纤维均处于单向受拉或受压的状态。

由上面两个假设得出的理论结果，经实验和工程实践证明符合实际情况，而且与弹性力学的结果也是一致的。

梁在弯曲变形时，上面部分纵向纤维缩短，下面部分纵向纤维伸长，根据平面假设和变形的连续性，纵向纤维在由缩短区过渡到伸长区之间，必有一层纵向纤维既不伸长也不缩短，保持原来的长度，这一纵向纤维层称为**中性层**(neutral surface)，如图 5.4 所示。中性层与横截面的交线称为**中性轴**(neutral axis)。中性层将梁分成压缩和拉伸两个区域。

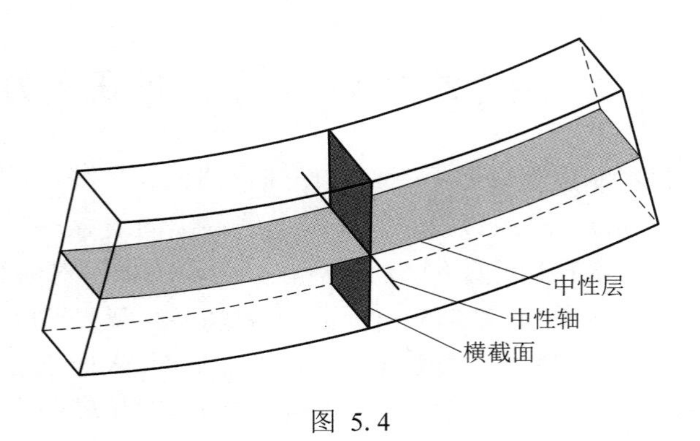

图 5.4

在研究梁纯弯曲时横截面上的正应力时,与研究圆轴扭转时横截面上切应力一样,需综合考虑几何、物理和静力学等三方面关系。

1. 几何关系 图 5.5(a)中,OO 是梁的中性层(位置待定),x 轴经过中性层,ee 距中性层的距离为 y。图 5.5(b)所示为梁的横截面,y 轴是对称轴,z 轴是中性轴(位置同样待定)。图 5.5(a)所示梁段变形后的形状如图 5.5(c)所示,ρ 是中性层的曲率半径。纵向纤维 ee 的线应变为

$$\varepsilon = \frac{\widehat{e'e'} - \overline{ee}}{\overline{ee}}$$

式中,$\overline{ee} = \overline{OO} = \widehat{O'O'}$(因中性层内线段长度不变),上式变为

$$\varepsilon = \frac{\widehat{e'e'} - \widehat{O'O'}}{\widehat{O'O'}} = \frac{(\rho + y)\,\mathrm{d}\theta - \rho\,\mathrm{d}\theta}{\rho\,\mathrm{d}\theta} = \frac{y}{\rho} \tag{5.1}$$

式(5.1)表明,纵向纤维的线应变与它到中性层的距离成正比。在图 5.5 所示坐标系中,当 y 为正时(在中性层以下),纵向纤维受拉;当 y 为负时(在中性层以上),纵向纤维受压。

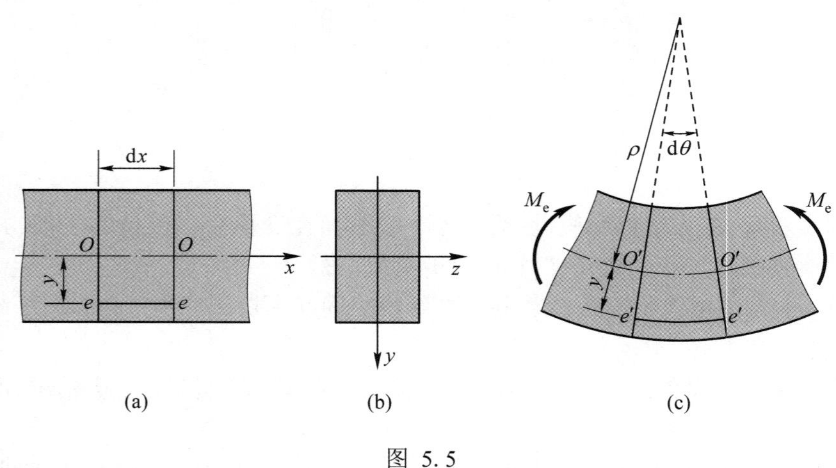

图 5.5

2. 物理关系 根据单向受力假设,各纵向纤维都是单向拉伸或压缩。因此当应力不超过材料的比例极限时,正应力与线应变之间服从胡克定律,将式(5.1)代入胡克定律

$$\sigma = E\varepsilon = E\frac{y}{\rho} \tag{5.2}$$

上式表明,弯曲时任意纵向纤维的正应力与它到中性层的距离成正比,即横截面上任意点的正应力与该点到中性轴的距离成正比。

3. 静力学关系 虽然得到了式(5.2),但还不能用它来计算弯曲正应力,原因是中性轴(或中性层)的位置尚未确定(y无法计算),中性层的曲率半径ρ也未求得。因此必须用静力关系确定中性轴的位置和中性层的曲率半径。

如图5.6所示,在横截面内任意一点(y,z)处取微面积$\mathrm{d}A$,其上作用着法向内力元素$\sigma\,\mathrm{d}A$。整个横截面上的法向内力元素$\sigma\mathrm{d}A$组成平行于x轴的空间平行力系,此平行力系只可能简化成三个内力分量:平行于x轴的轴力F_N,绕y轴转动的弯矩M_y,绕z轴转动的弯矩M_z,它们分别为

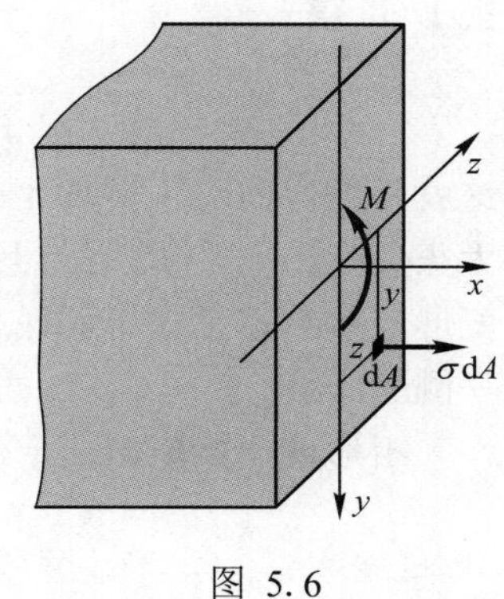

图 5.6

$$\left.\begin{aligned} F_N &= \int_A \sigma\,\mathrm{d}A \\ M_y &= \int_A z\sigma\,\mathrm{d}A \\ M_z &= \int_A y\sigma\,\mathrm{d}A \end{aligned}\right\} \tag{5.3}$$

由于此处所研究的是纯弯曲梁,因此横截面上的轴力$F_N=0$,绕y轴转动的弯矩$M_y=0$,绕z轴转动的弯矩$M_z=M$,所以上面三式可以改写为

$$F_N = \int_A \sigma\,\mathrm{d}A = 0 \tag{5.4a}$$

$$M_y = \int_A z\sigma\,\mathrm{d}A = 0 \tag{5.4b}$$

$$M_z = \int_A y\sigma\,\mathrm{d}A = M \tag{5.4c}$$

将式(5.2)代入式(5.4a),得

$$\int_A \sigma\,\mathrm{d}A = \int_A E\frac{y}{\rho}\,\mathrm{d}A = \frac{E}{\rho}\int_A y\,\mathrm{d}A = \frac{E}{\rho}S_z = 0 \tag{5.5}$$

因为$\dfrac{E}{\rho}\neq 0$,所以$S_z=0$,即横截面对中性轴的静矩等于零(参见附录A.1),这说明中性轴一定通过横截面形心,这就确定了中性轴的位置。而中性轴是中性层与横截面的交线,所以梁所有横截面形心的连线,即轴线,也在中性层内,变形后其长度不变。

将式(5.2)代入式(5.4b),得

$$\int_A z\,\sigma\mathrm{d}A = \frac{E}{\rho}\int_A yz\,\mathrm{d}A = \frac{E}{\rho}I_{yz} = 0$$

式中,I_{yz}是横截面对y和z轴的惯性积。由于y轴是横截面的对称轴,必然有$I_{yz}=0$,所以上式自然满足。如果y轴不是对称性,从上面的分析可以看出,y和z轴必须是形心主惯性轴(参见附录A.2),式(5.4a)和式(5.4b)才能满足。

将式(5.2)代入式(5.4c),得

$$M = \int_A y\sigma \mathrm{d}A = \frac{E}{\rho}\int_A y^2 \mathrm{d}A = \frac{E}{\rho}I_z$$

式中 I_z 是横截面对 z 轴(中性轴)的惯性矩。由上式可得中性层的曲率(也是梁轴线变弯后的曲率)

$$\frac{1}{\rho} = \frac{M}{EI_z} \tag{5.6}$$

上式表明,EI_z 越大,曲率 $1/\rho$ 则越小,故 EI_z 称为梁的抗弯刚度。从式(5.6)和式(5.2)中消去 $1/\rho$,得

$$\sigma = \frac{My}{I_z} \tag{5.7}$$

这就是纯弯曲时横截面上任一点的正应力计算公式。对于图 5.5 所选坐标系,在弯矩 M 为正(上压下拉)的情况下,y 为正时 σ 为拉应力;y 为负时 σ 为压应力。也可以通过弯曲变形直接判定正应力到底是拉应力还是压应力:以中性层为界,凸出的一侧受拉,凹入的一侧受压。

矩形截面梁横截面上的正应力分布如图 5.7 所示。

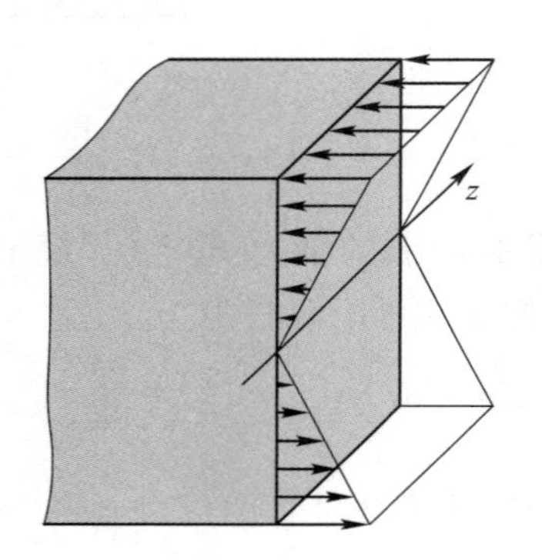

(a) $M>0$时的正应力分布图

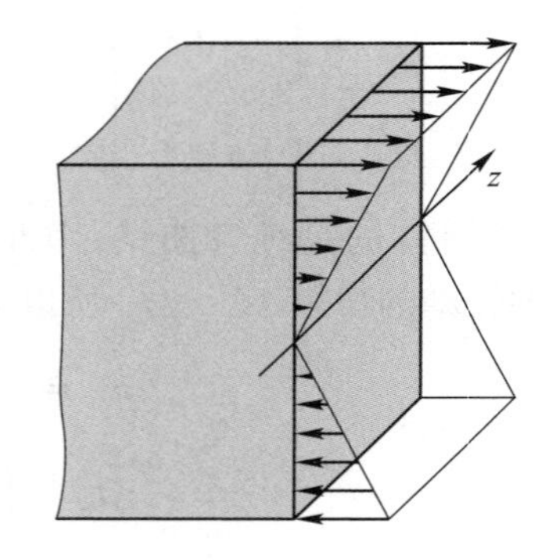

(b) $M<0$时的正应力分布图

图 5.7

推导公式(5.6)和式(5.7)时,只是为了方便而将梁的横截面画成矩形。其实,只要梁有一个纵向对称面,且载荷作用在此纵向对称面内,亦即只要是对称弯曲,公式就适用。

建立梁横截面上正应力分布规律的关键步骤是采用平面假设。这一假设是伯努利于1694 年在《弹性梁弯曲》中提出的,看似简单,却是弹性梁弯曲理论的核心。但伯努利并没有正确给出中性轴的位置,这一位置由法国力学家纳维于 1826 年得出。纳维的结论是:中性层通过截面形心。从提出平面假设算起,这一成果的发展历经一百多年。梁的弹性弯曲理论研究史表明,解决新的工程力学问题,往往需要多种思维方式的综合运用,而创新思维发挥了比逻辑思维更为重要的作用。

现考虑横截面上的最大正应力。由式(5.7)可见,σ 与 y 成正比,因此横截面上的最大正应力发生在截面上、下边缘点处。对于图5.8 所示 T 字形截面梁,中性轴 z 过截面形心 C,中性轴显然不是对称轴,此时最大拉应力 σ_t 和最大压应力 σ_c 的计算需考虑弯矩 M 的正负号。

$$M > 0 \text{时}, \quad \sigma_t = \frac{My_1}{I_z}, \quad \sigma_c = \frac{My_2}{I_z}$$

$$M < 0 \text{时}, \quad \sigma_t = \frac{|M|\ y_2}{I_z}, \quad \sigma_c = \frac{|M|\ y_1}{I_z}$$

其正应力分布图如图 5.8 所示。

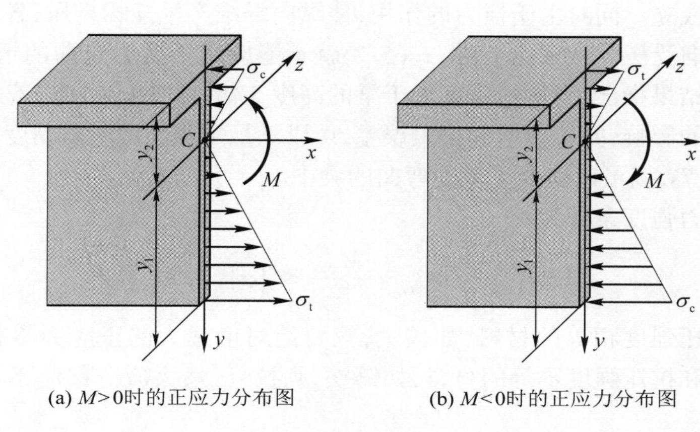

(a) $M>0$时的正应力分布图　　(b) $M<0$时的正应力分布图

图 5.8

如果中性轴为横截面的对称轴,如矩形、圆形等截面,此时 $\sigma_t = \sigma_c = \sigma_{max}$

$$\sigma_{max} = \frac{My_{max}}{I_z} \tag{5.8}$$

令

$$W_z = \frac{I_z}{y_{max}} \tag{5.9}$$

则式(5.8)变为

$$\sigma_{max} = \frac{M}{W_z} \tag{5.10}$$

这就是横截面上最大正应力计算公式。式中 W_z称为**抗弯截面系数**(section modulus in bending),有时简写成 W。

对于宽为 b、高为 h 的矩形截面(参见附录 A.2)

$$I_z = \frac{bh^3}{12}, \quad W_z = \frac{bh^2}{6} \tag{5.11}$$

对于实心圆截面,设直径为 d,则

$$I_z = \frac{\pi d^4}{64}, \quad W_z = \frac{\pi d^3}{32} \tag{5.12}$$

对于空心圆截面,设外径为 D,内径为 d, $\alpha = d/D$, 则

$$I_z = \frac{\pi D^4}{64}(1-\alpha^4), \quad W_z = \frac{\pi D^3}{32}(1-\alpha^4) \tag{5.13}$$

对于工字形等型钢, I_z 和 W_z的值可从附录 B 中查得。

5.3 横力弯曲时的正应力 正应力强度计算

式(5.7)是在平面假设和单向受力假设的基础上推导的,实验证明在纯弯曲情况下这是正确的。但对于横力弯曲,由于剪力的存在,横截面产生剪切变形,使横截面发生翘曲,平面假设不再成立。同时由于横力的作用,使纵向纤维产生互相挤压,各纵向纤维不再是单向受拉或单向受压。从理论上讲,式(5.7)就不能应用于横力弯曲的情况。但是,弹性力学精确分析结果指出:当梁的跨度大于梁的高度5倍(即 $l>5h$)时,若忽略剪切和挤压对弯曲正应力的影响,并不会引起很大误差,可以满足工程问题所需精度。因此由纯弯曲梁导出的式(5.7),仍可以应用于横力弯曲的梁中。

梁的正应力强度条件为

$$\sigma_{\max}=\frac{M_{\max}}{W_z}\leqslant[\sigma] \tag{5.14}$$

对于抗拉和抗压强度相等的材料,如碳钢,只要绝对值最大的正应力不超过许用应力即可。对于抗拉和抗压强度不等的材料,如铸铁,则拉、压最大应力都应不超过各自的许用应力。

例 5.1 图 5.9(a)所示矩形截面简支梁,已知 $F=6\ \text{kN}$,$l=600\ \text{mm}$,$b=30\ \text{mm}$,$h=60\ \text{mm}$,试求梁如图 5.9(b)所示竖放和如图 5.9(c)所示横放时梁内的最大弯曲正应力,并分别画出应力沿截面高度的分布图。

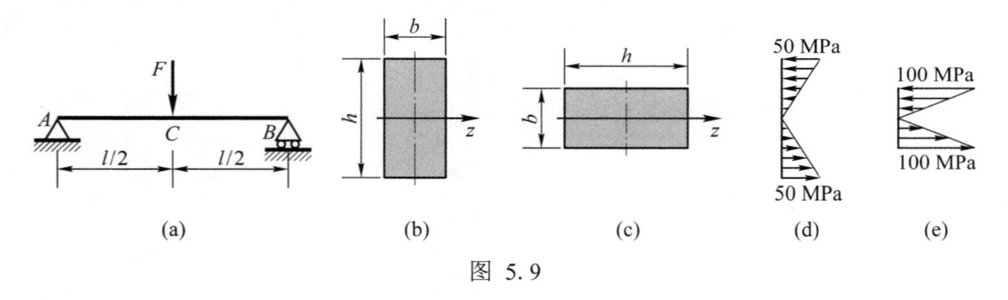

图 5.9

解: 最大弯矩发生在梁跨正中 C 截面,其值

$$M_{\max}=\frac{Fl}{4}=\frac{(6\ 000\ \text{N})\times(0.6\ \text{m})}{4}=900\ \text{N}\cdot\text{m}$$

竖放时梁内的最大弯曲正应力

$$\sigma_{\max}=\frac{M_{\max}}{W_z}=\frac{M_{\max}}{\dfrac{bh^2}{6}}=\frac{900\ \text{N}\cdot\text{m}}{\dfrac{0.03\times0.06^2\ \text{m}^3}{6}}=50\times10^6\ \text{Pa}=50\ \text{MPa}$$

横放时梁内的最大弯曲正应力

$$\sigma_{\max}=\frac{M_{\max}}{W_z}=\frac{M_{\max}}{\dfrac{hb^2}{6}}=\frac{900\ \text{N}\cdot\text{m}}{\dfrac{0.06\times0.03^2\ \text{m}^3}{6}}=100\times10^6\ \text{Pa}=100\ \text{MPa}$$

竖放和横放时应力沿截面高度的分布图分别如图 5.9(d)、(e)所示。

例 5.2 T 形截面铸铁梁如图 5.10(a)所示，铸铁的抗拉许用应力$[\sigma_t]=30$ MPa，抗压许用应力$[\sigma_c]=90$ MPa。试校核梁的强度。

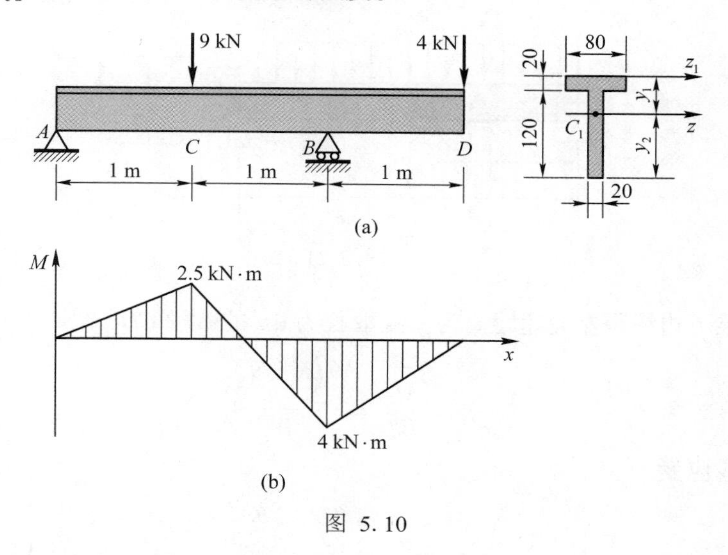

图 5.10

解：T 形截面形心 C_1 的位置

$$y_1=\frac{S_{z_1}}{A}=\frac{(80\times20\times10+120\times20\times80)\text{mm}^3}{(80\times20+120\times20)\text{mm}^2}=52\text{ mm}$$

$$y_2=140\text{ mm}-y_1=88\text{ mm}$$

截面对中性轴 z 的惯性矩

$$I_z=\left(\frac{80\times20^3}{12}+80\times20\times42^2+\frac{20\times120^3}{12}+120\times20\times28^2\right)\text{mm}^4=7.637\times10^6\text{ mm}^4$$

由静力平衡方程求得支座约束力

$$F_{Ay}=2.5\text{ kN }(\uparrow),\qquad F_{By}=10.5\text{ kN }(\uparrow)$$

画弯矩图如图 5.10(b)所示。最大正弯矩发生在截面 C，$M_C=2.5$ kN·m。最大负弯矩发生在截面 B，$M_B=-4$ kN·m。

在截面 B 上，弯矩为负值，上拉下压，最大拉、压应力分别发生于上、下边缘各点，且

$$\sigma_t=\frac{|M_B|y_1}{I_z}=\frac{(4\times10^3\text{ N}\cdot\text{m})\times(0.052\text{ m})}{7.637\times10^{-6}\text{ m}^4}=27.2\times10^6\text{ Pa}=27.2\text{ MPa}$$

$$\sigma_c=\frac{|M_B|y_2}{I_z}=\frac{(4\times10^3\text{ N}\cdot\text{m})\times(0.088\text{ m})}{7.637\times10^{-6}\text{ m}^4}=46.1\times10^6\text{ Pa}=46.1\text{ MPa}$$

在截面 C 上，虽然弯矩 M_C 小于 M_B 的绝对值，但 M_C 是正弯矩，下拉上压，最大拉应力发生于下边缘各点，这些点到中性轴的距离却比较远，因而有可能产生比截面 B 还要大的拉应力。截面 C 上最大拉应力为

$$\sigma_t=\frac{M_C y_2}{I_z}=\frac{(2.5\times10^3\text{ N}\cdot\text{m})\times(0.088\text{ m})}{7.637\times10^{-6}\text{ m}^4}=28.8\times10^6\text{ Pa}=28.8\text{ MPa}$$

可见，最大拉应力发生于截面 C 的下边缘各点处，最大压应力发生于截面 B 的下边缘各点处。但最大拉、压应力都未超过各自的许用应力，满足强度条件。

例 5.3 图 5.11 所示矩形截面简支梁受均布载荷作用，已知 q、l、b、h 以及材料的弹性模量 E，试求梁下边缘的纵向总伸长量。

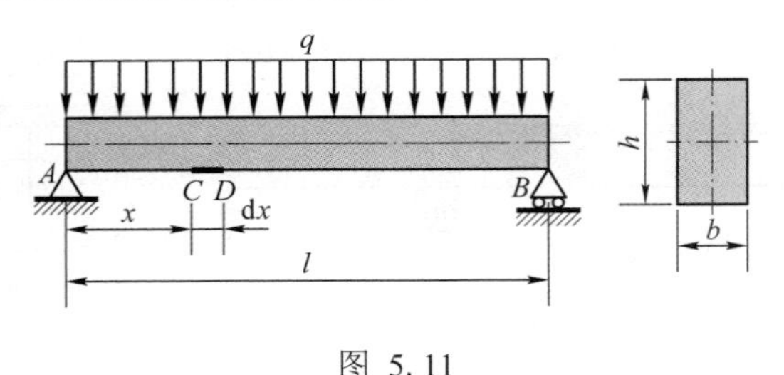

图 5.11

解： 在梁下边缘距左支座距离为 x 处取长为 $\mathrm{d}x$ 的微段 CD，截面 C 下边缘处的应力

$$\sigma = \frac{M_C}{W_z} = \frac{\dfrac{qlx}{2} - \dfrac{qx^2}{2}}{W_z}$$

微段 CD 的线应变

$$\varepsilon = \frac{\sigma}{E} = \frac{\dfrac{qlx}{2} - \dfrac{qx^2}{2}}{EW_z}$$

则梁下边缘的纵向总伸长量

$$\Delta = \int_0^l \varepsilon \mathrm{d}x = \int_0^l \frac{\dfrac{qlx}{2} - \dfrac{qx^2}{2}}{EW_z} \mathrm{d}x = \frac{ql^3}{2Ebh^2}$$

例 5.4 我国《营造法式》①中，对矩形截面梁给出的尺寸比例是 $h : b = 3 : 2$，如图 5.12 所示。试用弯曲正应力强度证明：从圆木锯出的矩形截面梁，上述尺寸比例接近最佳比值。

解： 从 $\sigma_{\max} = \dfrac{M}{W_z}$ 可见，W_z 取极大值时，梁的强度最高。

设圆木直径为 D，显然有

$$b^2 + h^2 = D^2$$

抗弯截面系数为

$$W_z = \frac{bh^2}{6} = \frac{b(D^2 - b^2)}{6}$$

将上式对 b 求导数（D 是常量），并令其等于零

$$\frac{\mathrm{d}W_z}{\mathrm{d}b} = \frac{D^2}{6} - \frac{b^2}{2} = 0$$

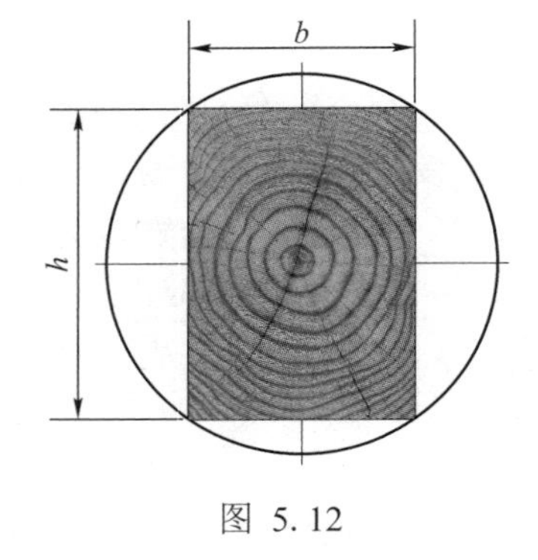

图 5.12

由此求得

① 《营造法式》是北宋建筑学家李诫编修，北宋官方颁布的一部建筑设计、施工的规范书，于崇宁二年（公元 1103 年）刊行。全书有“总释”二卷、“制度”十三卷、“功限”十卷、“料例”三卷、“图样”六卷、“目录”和“看详”（补遗卷）各一卷，共计三十六卷。这部中国古籍中最完整、最具有理论体系的建筑设计学经典，融人文与技术为一体，不仅标志着我国古代建筑技术已经发展到了一个新的水平，同时也是中国古代设计思想理论发展的重要界碑。

$$b = \frac{D}{\sqrt{3}}, \quad h = \sqrt{D^2 - b^2} = \frac{\sqrt{2}\,D}{\sqrt{3}}$$

从上面两式可看出，$h : b = \sqrt{2}$ 时梁的强度最高。

如果要使梁的弯曲刚度最高(第6章讲弯曲变形)，即要使抗弯刚度 EI_z 最大，亦即要使 $I_z = bh^3/12$ 取极大值，用相同的推导方法，可求得 $h : b = \sqrt{3}$。梁的强度是首先要考虑的主要因素，同时又要兼顾到刚度这一次要因素，因此取 $h : b = 3 : 2$ 是非常合理的。

5.4 弯曲切应力和强度校核

横力弯曲时，梁的横截面上既有弯矩又有剪力，所以既有正应力又有切应力。弯曲正应力是引起梁破坏的主要因素，切应力是次要因素。但是在某些情况下，如跨度短、截面高的梁，腹板较薄的工字梁，其横截面上的切应力有可能很大，因此有必要对梁进行切应力校核。本节介绍几种常见截面梁的切应力计算。

5.4.1 矩形截面梁的弯曲切应力

以横截面 $m-m$ 和 $n-n$ 从图5.13(a)所示梁中截出长为 dx 的微段，该微段放大后如图5.13(b)所示。

图5.13(b)中，截面 $n-n$ 上线段 AB 距中性轴的距离为 y。根据切应力互等定理可知，横截面上 A 点只有上下方向的切应力，没有前后方向的切应力，因为在梁前面的自由表面上没有切应力。所以，横截面上 A 点的切应力方向平行于剪力。同理，横截面上 B 点的切应力方向也平行于剪力。另外，线段 AB 的中点 C 位于对称轴 y 上，由对称性知该点切应力方向也平行于剪力。由线段 AB 上 A、B、C 三点的切应力方向，可以设想线段 AB 上所有点的切应力方向都平行于剪力。又因梁横截面的高度大于宽度，切应力沿宽度方向变化不大，可以认为是均匀分布的。基于上述分析，可以作出如下两个假设：

(1) 横截面上任一点处的切应力方向平行于剪力 F_S；

(2) 切应力沿截面宽度均匀分布，即距中性轴等远各点处的切应力大小相同。

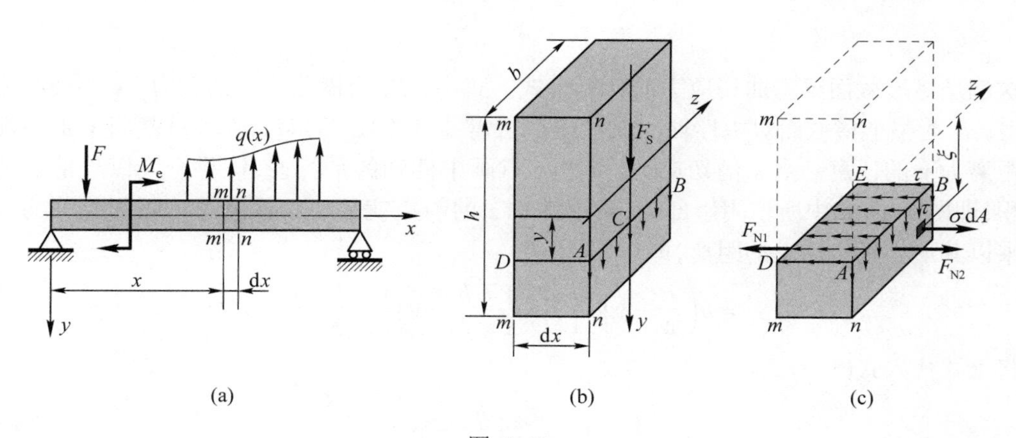

图 5.13

在上述假设的基础上导出的切应力计算公式与弹性力学得到的解很接近,说明导出的公式是足够精确的。

用过线段 AB 的纵截面截出图 5.13(b)所示微段梁的下面部分作为研究对象,如图5.13(c)所示。图 5.13(c)中,横截面的 AB 线段上有向下的均匀分布的切应力 τ。根据切应力互等定理,上面纵截面 $ABDE$ 上就有向左的切应力,前后沿宽度 b 切应力均匀分布,左右沿长度 $\mathrm{d}x$ 切应力也是均布分布的。所以,在上面纵截面 $ABDE$ 上,切应力是均匀分布的,大小等于 τ,切应力的合力等于 $\tau b\mathrm{d}x$。

下面考虑图 5.13(c) 所示部分在 x 方向的平衡条件:上面 $ABDE$ 面上作用着切应力的合力 $\tau b\mathrm{d}x$,方向向左;前、后、下都是自由表面,没有应力;左、右面上的弯矩分别为 M 和 $M+\mathrm{d}M$,左、右面上弯矩引起的正应力的合力分别为 F_{N1} 和 F_{N2},其值为

$$F_{\mathrm{N2}} = \int_{A^*} \sigma \mathrm{d}A$$

式中,A^* 是图 5.13(c)所示部分右侧面的面积。正应力 σ 按式(5.7) 计算,于是

$$F_{\mathrm{N2}} = \int_{A^*} \sigma \mathrm{d}A = \int_{A^*} \frac{(M+\mathrm{d}M)\xi}{I_z}\mathrm{d}A = \frac{M+\mathrm{d}M}{I_z}\int_{A^*}\xi \mathrm{d}A = \frac{M+\mathrm{d}M}{I_z}S_z^*$$

式中,$S_z^* = \int_{A^*}\xi \mathrm{d}A$ 是图 5.13(c) 所示部分右侧面的面积对中性轴 z 的静矩,也即距中性轴距离为 y 的横线 AB 以外部分的面积对中性轴的静矩。同样可求得

$$F_{\mathrm{N1}} = \frac{M}{I_z}S_z^*$$

由图 5.13(c)所示部分的平衡方程 $\sum F_x = 0$,得

$$F_{\mathrm{N2}} - F_{\mathrm{N1}} - \tau b\mathrm{d}x = 0$$

$$\frac{M+\mathrm{d}M}{I_z}S_z^* - \frac{M}{I_z}S_z^* - \tau b\mathrm{d}x = 0$$

$$\tau = \frac{\mathrm{d}M}{\mathrm{d}x}\cdot\frac{S_z^*}{I_z b}$$

由式(4.13)知,$\dfrac{\mathrm{d}M}{\mathrm{d}x} = F_{\mathrm{S}}$,于是上式变为

$$\tau = \frac{F_{\mathrm{S}}S_z^*}{I_z b} \tag{5.15}$$

这就是矩形截面梁弯曲切应力的计算公式。式中,F_{S} 为横截面上的剪力,b 为横截面宽度,I_z 为整个横截面对中性轴的惯性矩。若需要计算图 5.14(a)所示横截面上距中性轴距离为 y 的任意一点 k 的切应力,则过 k 点画中性轴的平行线,该平行线以外部分的面积,即图 5.14(a)中所示阴影部分,对中性轴 z 的静矩就是 S_z^*,其值等于阴影部分的面积乘以其形心到中性轴的距离,即

$$S_z^* = b\left(\frac{h}{2}-y\right)\cdot\left[y+\frac{1}{2}\left(\frac{h}{2}-y\right)\right] = \frac{b}{2}\left(\frac{h^2}{4}-y^2\right)$$

将上式代入式(5.9),得

$$\tau = \frac{F_{\mathrm{S}}}{2I_z}\left(\frac{h^2}{4}-y^2\right) \tag{5.16}$$

从上式可见,切应力沿截面高度按图5.14(b)所示抛物线规律变化。当 $y = \pm h/2$ 时, $\tau = 0$,这表明在截面上、下边缘各点处切应力等于零,这由切应力互等定理也很容易证明。当 $y = 0$ 时, τ 取最大值,即最大切应力发生在中性轴上,以 $y = 0$ 和 $I_z = \dfrac{bh^3}{12}$ 代入式(5.16),得

$$\tau_{\max} = \frac{3}{2}\frac{F_S}{bh} = \frac{3}{2}\frac{F_S}{A} \tag{5.17}$$

式中, $A = bh$ 就是横截面的面积。

图5.14(c)画出了切应力的方向和分布规律:横截面上切应力的方向平行于剪力 F_S,切应力 τ 沿宽度 b 均匀分布,沿高度 h 按抛物线规律分布,最大切应力发生在中性轴上。

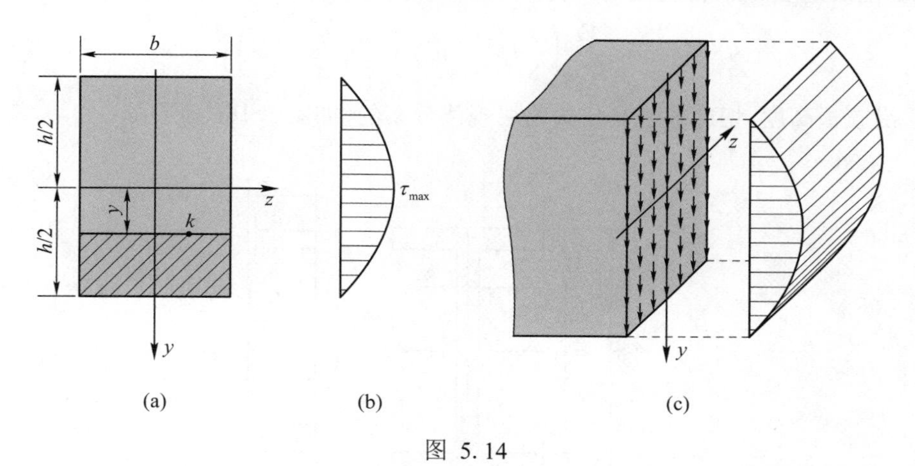

图 5.14

与中性层平行的纵截面上切应力的存在可通过实验证明:选用两根材料、尺寸相同的梁,作两种试验。第一种试验是将两根梁自由叠放在一起,施加力 F 后梁产生弯曲变形,如图5.15(a)所示,观测出上梁的下边缘伸长,下梁的上边缘缩短,这表明了在两梁的接触面上有相对滑动。第二种试验是将两根梁胶合在一起成为一整梁,施加力 F 后梁产生弯曲变形,如图5.15(b)所示,在两梁的接触面上无相对滑动,表明在胶合面上一定有阻碍相对滑动的分布内力,这个分布内力就是切应力。由此可以推断,梁在横力弯曲变形时,各个与中性层平行的纵截面上一定存在切应力。

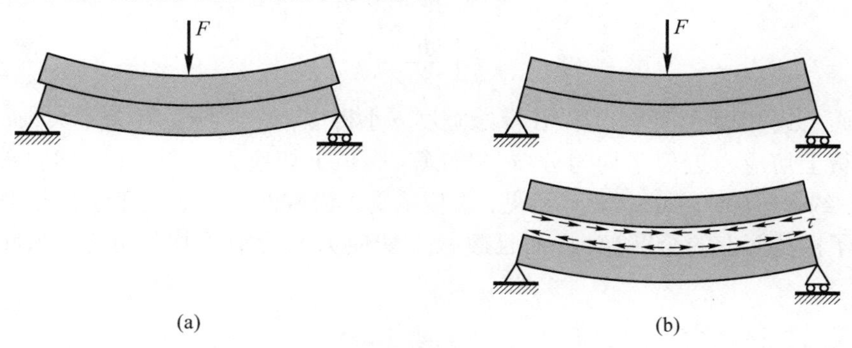

图 5.15

5.4.2　工字形截面梁的弯曲切应力

图 5.16(a)所示工字形截面,可看成由中间一个矩形和上、下两个矩形组成,中间的矩形部分称为腹板,上、下的两个矩形部分称为翼缘。

首先研究腹板上任一点的切应力。由于腹板是一个狭长矩形,所以对于矩形截面梁所作的两个假设仍然可以使用,于是式(5.15)可用于计算腹板内的切应力,即

$$\tau = \frac{F_S S_z^*}{I_z b_0} \tag{5.18}$$

式中,b_0 为腹板厚度,S_z^* 为图 5.16(a)所示阴影部分的面积对中性轴 z 的静矩,求出 S_z^* 的值后代入式(5.18),得腹板切应力

$$\tau = \frac{F_S}{I_z b_0}\left[\frac{b}{8}(h^2 - h_0^2) + \frac{b_0}{2}\left(\frac{h_0^2}{4} - y^2\right)\right] \tag{5.19}$$

可见,沿腹板高度,切应力也是按抛物线规律分布的,如图 5.16(b)所示。

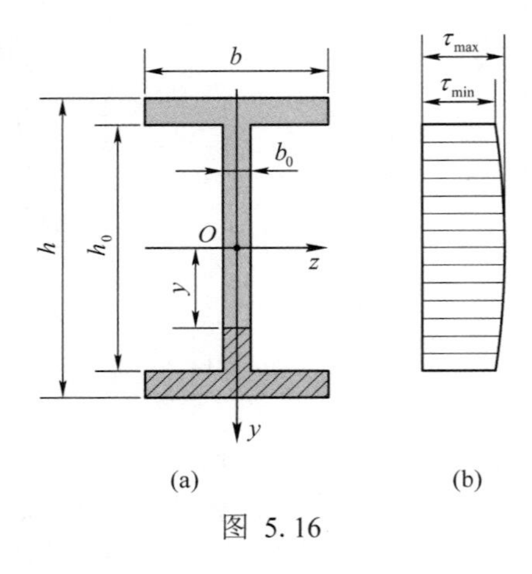

图 5.16

以 $y=0$ 和 $y=\pm\frac{h_0}{2}$ 代入式(5.19),得腹板上的最大和最小切应力分别为

$$\tau_{\max} = \frac{F_S}{I_z b_0}\left[\frac{bh^2}{8} - (b - b_0)\frac{h_0^2}{8}\right]$$

$$\tau_{\min} = \frac{F_S}{I_z b_0}\left[\frac{bh^2}{8} - b\frac{h_0^2}{8}\right]$$

比较上面两式,因为腹板宽度 b_0 比翼缘宽度 b 小得多,$\tau_{\max}$ 与 $\tau_{\min}$ 相差不大,所以,可以认为在腹板上切应力近似于均匀分布。经计算,腹板上切应力的合力(亦即腹板上的总剪力)F_{S1},约等于$(0.95\sim0.97)F_S$。可见,腹板承受了横截面上的绝大部分剪力。既然腹板几乎承受了横截面上的全部剪力,而且腹板上切应力又近似于均匀分布,则腹板上的切应力

$$\tau \approx \frac{F_S}{b_0 h_0} \tag{5.20}$$

在翼缘上,有平行于 F_S 的切应力分量,其分布情况比较复杂,但其数值很小,并无实际意义,可忽略不计。另外,在翼缘上,还有垂直于 F_S 的切应力分量,它与腹板上的切应力相比,一般来说也是次要的。

翼缘的全部面积都离中性轴较远,每一点的正应力都比较大。所以翼缘承担了截面上的大部分弯矩,而腹板则承担了截面上的绝大部分剪力。

5.4.3 圆截面梁的弯曲切应力

当梁的横截面为圆形时,由切应力互等定理可以证明,截面边缘上各点的切应力必与圆周相切。

在图 5.17(a)所示水平弦 AB 上,两个端点 A、B 的切应力与圆周相切并交于 y 轴上的 p 点。由于对称,AB 弦中点 C 的切应力必然是铅直向下,也通过 p 点。由此可以假设 AB 弦上各点的切应力作用线都通过 p 点。再假设 AB 弦上各点切应力的垂直分量 τ_y 相等,亦即假设 τ_y 沿 AB 弦均匀分布。因而,对于 τ_y 来说,就与对矩形截面所作的假设完全相同,可以用式(5.15)来计算,即

$$\tau_y = \frac{F_S S_z^*}{I_z b} \tag{5.21}$$

式中,b 为弦 AB 的长度;S_z^* 为图 5.17(b)中画阴影线的面积对中性轴 z 的静矩。

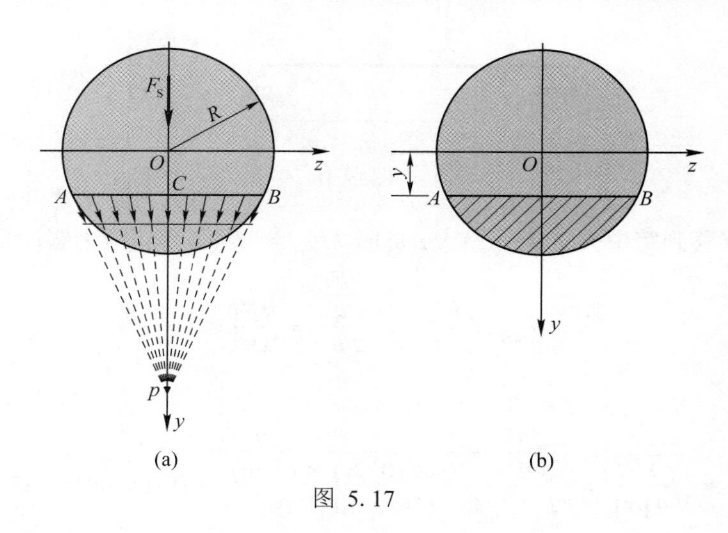

图 5.17

在中性轴上,切应力为最大值,且各点的切应力都平行于剪力 F_S,τ_y 就等于该点的总切应力。对于中性轴上的点,有

$$b = 2R, \quad S_z^* = \frac{\pi R^2}{2} \frac{4R}{3\pi}$$

代入式(5.21),并注意到 $I_z = \dfrac{\pi R^4}{4}$,最后得

$$\tau_{\max} = \frac{4}{3} \frac{F_S}{\pi R^2} = \frac{4}{3} \frac{F_S}{A} \tag{5.22}$$

5.4.4 弯曲切应力强度校核

一般来说,在最大剪力 $F_{S\max}$所在截面的中性轴上,有最大弯曲切应力

$$\tau_{\max} = \frac{F_{S\max} S_{z\max}^*}{I_z b}$$

式中, $S_{z\max}^*$为中性轴以下(或以上)部分截面对中性轴的静矩。中性轴上各点的正应力等于零,所以应力状态是纯剪切。弯曲切应力强度条件为

$$\tau_{\max} = \frac{F_{S\max} S_{z\max}^*}{I_z b} \leqslant [\tau] \tag{5.23}$$

梁的强度一般由正应力控制,并不需要再按切应力进行强度校核。但是对于以下几种情况,还需校核梁的切应力:①梁的最大弯矩较小而最大剪力却很大;②腹板较薄的梁,如焊接的工字形截面梁,腹板的厚度较薄,而高度较大;③焊接或胶合而成的组合截面梁,其焊缝或胶合缝需要校核;④木梁,由于木梁在其顺纹方向抗剪能力弱,也需校核。

例 5.5 图 5.18 所示矩形截面木梁受一移动载荷 $F = 20$ kN 作用。材料的许用正应力$[\sigma] = 10$ MPa, 许用切应力$[\tau] = 3$ MPa,梁长 $l = 1$ m,横截面高宽比 $h : b = 3 : 2$。试确定截面尺寸。

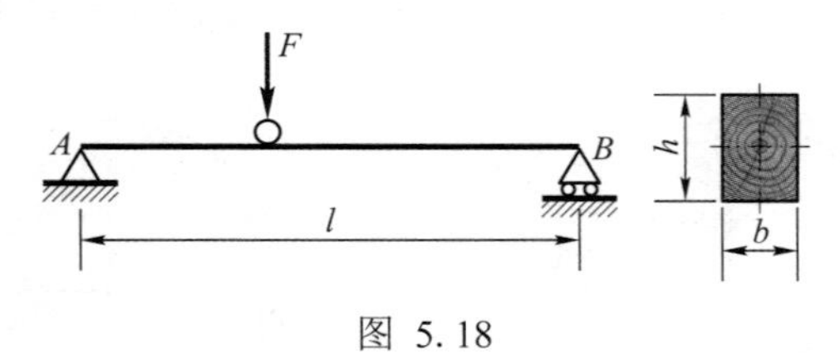

图 5.18

解: 当 F 移到跨中央时 $M_{\max}$最大, 此时 $M_{\max} = Fl/4$。由正应力强度条件

$$\sigma_{\max} = \frac{M_{\max}}{W_z} = \frac{\frac{Fl}{4}}{\frac{bh^2}{6}} = \frac{9Fl}{4h^3} \leqslant [\sigma]$$

得

$$h \geqslant \sqrt[3]{\frac{9Fl}{4[\sigma]}} = \sqrt[3]{\frac{9 \times (20 \times 10^3 \text{ N}) \times (1 \text{ m})}{4 \times (10 \times 10^6 \text{ Pa})}} = 0.165 \text{ m} = 165 \text{ mm}$$

当 F 移到支座附近时 $F_{S\max}$最大, 此时 $F_{S\max} = F$。由切应力强度条件

$$\tau_{\max} = \frac{3}{2}\frac{F_{S\max}}{bh} = \frac{9F}{4h^2} \leqslant [\tau]$$

得

$$h \geqslant \sqrt{\frac{9F}{4[\tau]}} = \sqrt{\frac{9 \times (20 \times 10^3 \text{ N})}{4 \times (3 \times 10^6 \text{ Pa})}} = 0.122 \text{ m} = 122 \text{ mm}$$

根据以上计算结果,为了同时满足正应力和切应力强度条件,选取 $h = 165$ mm, 而

$$b = \frac{2h}{3} = 110 \text{ mm}$$

5.5 提高梁强度的主要措施

控制梁弯曲强度的主要因素是弯曲正应力,即以正应力强度条件

$$\sigma_{\max}=\frac{M_{\max}}{W_z}\leqslant[\sigma] \tag{5.24}$$

作为梁设计的主要依据。从式(5.24)可见,要提高梁的承载能力,应从两方面考虑:一方面是改善梁的受力状况,以降低 $M_{\max}$的值;另一方面则是采用合理的截面形状,以提高W_z的值。

1. 合理安排梁的受力情况 合理布置支座的位置或载荷,以减小 $M_{\max}$。例如,图5.19(a)所示简支梁在跨中受集中载荷作用,如果在梁 AB 的上方设置一根辅梁 CD,如图5.19(b)所示,辅梁的材料和截面与主梁相同,最大弯矩由原先的 $Fl/4$ 减小为 $Fl/8$。

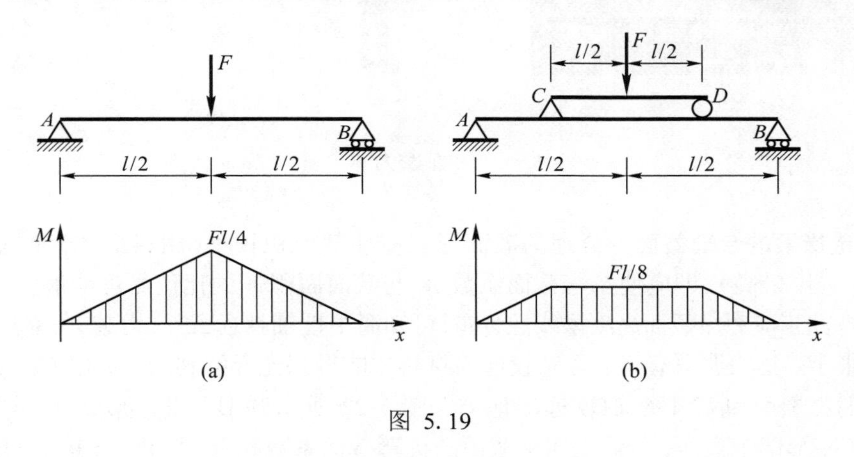

图 5.19

图5.20(a)所示受均布载荷作用的简支梁,其最大弯矩 $M_{\max}=ql^2/8=0.125ql^2$。如果将支座 A、B 向中间移动一些而变为图5.20(b)所示的外伸梁,支座的合理位置可由 A 点(或 B 点)与 C 点的弯矩绝对值相等确定,即

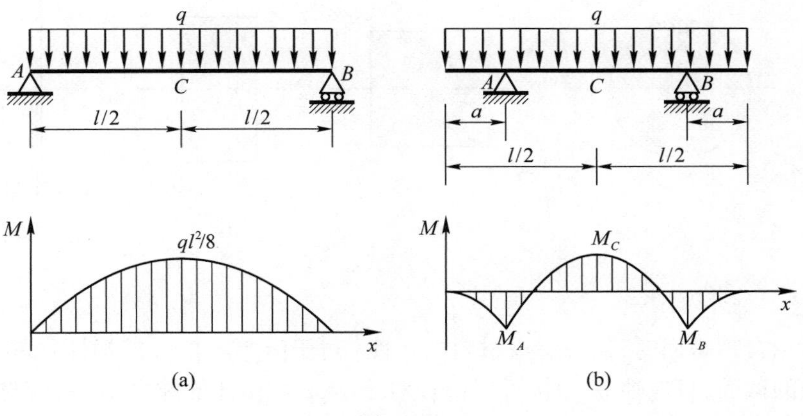

图 5.20

$$\frac{1}{2}qa^2=\frac{ql}{2}\left(\frac{l}{2}-a\right)-\frac{1}{2}q\left(\frac{l}{2}\right)^2$$

由此得

$$a=\frac{\sqrt{2}-1}{2}l=0.207l$$

这样最大弯矩就由原先的 $0.125ql^2$ 减小为 $0.021\,4ql^2$，仅为原先的 17.1%。

图 5.21(a)所示高压氧仓、图 5.21(b)所示门式起重机的大梁等，其支撑点略向中间移动，都可以降低 $M_{\max}$ 的值。

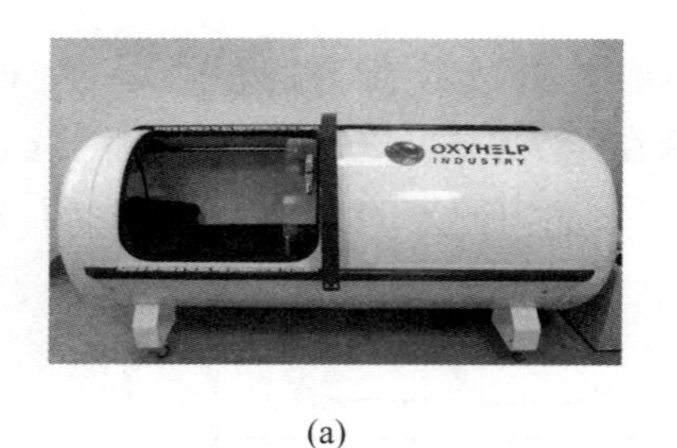

(a)

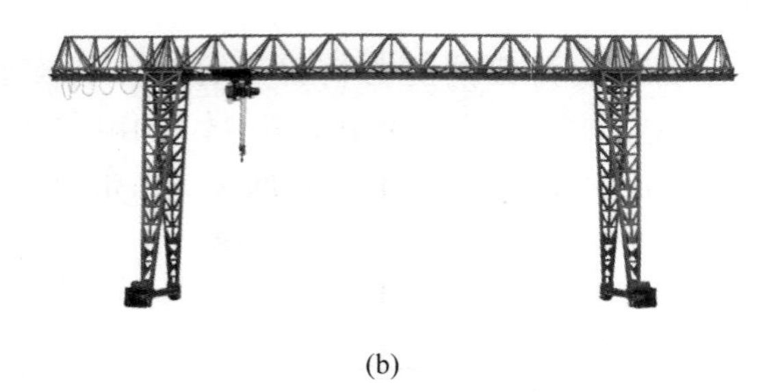

(b)

图 5.21

2. 选择梁的合理截面 合理的截面形状应使截面积较小(用料最省)而抗弯截面系数较大(强度最高)，即应使抗弯截面系数 W_z 与截面面积 A 的比值尽可能地大。

因弯曲正应力沿截面高度呈线性分布，可知离中性轴越远，正应力越大，靠近中性轴处正应力很小。这表明只有离中性轴较远的材料才能得到充分的利用，为此应尽可能将中性轴附近的材料移到离中性轴较远的地方。图 5.22 所示圆形、正方形、$h/b=2$ 的矩形、No.20a工字形四个截面，若假定四个截面的抗弯截面系数相等，即 $W_{z1}=W_{z2}=W_{z3}=W_{z4}$，则四个截面的面积之比

$$A_1:A_2:A_3:A_4=3.97:3.55:2.82:1$$

可见，圆形截面最费料，工字钢最省料最合理。

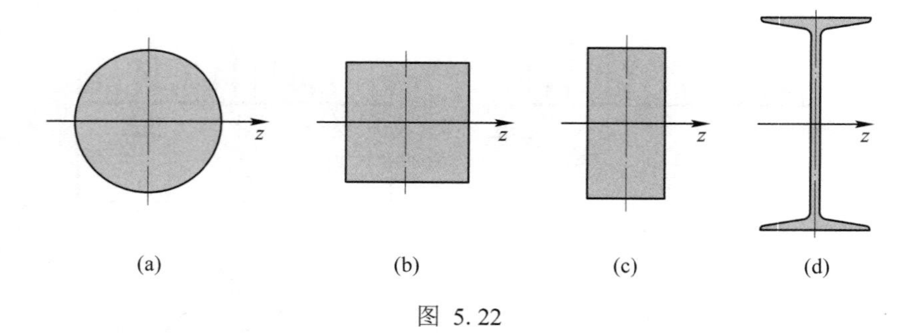

(a) (b) (c) (d)

图 5.22

在讨论合理截面时，还应考虑材料的特性。对于 $[\sigma_t]=[\sigma_c]$ 的塑性材料，应选用对称于中性轴的截面，且应使 $\sigma_{\max}$ 接近于 $[\sigma]$；对于 $[\sigma_c]>[\sigma_t]$ 的脆性材料，应选用非对称截面，且中性轴应偏向受拉的一侧，如图 5.23 所示的一些截面，并应满足

$$\frac{\sigma_t}{\sigma_c}=\frac{\dfrac{M_{max}y_1}{I_z}}{\dfrac{M_{max}y_2}{I_z}}=\frac{y_1}{y_2}=\frac{[\sigma_t]}{[\sigma_c]}$$

这样,最大拉应力和最大压应力分别达到许用拉应力和许用压应力。

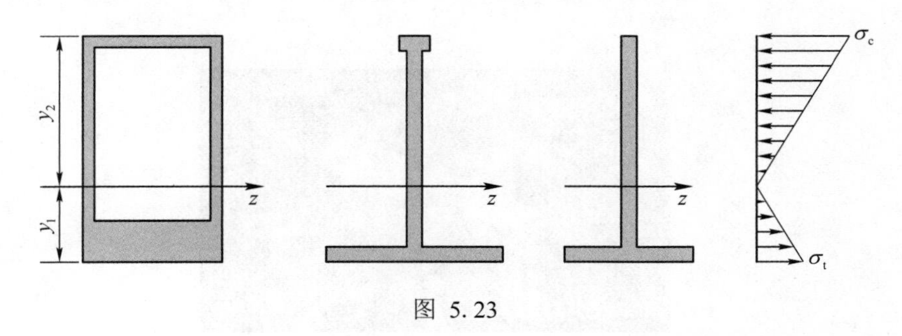

图 5.23

3. 采用变截面梁　等直梁的截面尺寸是根据危险截面上的最大弯矩值设计的,而其他各截面上的弯矩值都小于最大弯矩。因此除危险截面外,其余各截面的材料均未得到充分利用。为了节省材料,减轻自重,从强度观点考虑,可以在弯矩较大的地方采用较大的截面尺寸,在弯矩较小的地方采用较小的截面尺寸,将梁设计成变截面梁。当梁的各横截面上的最大正应力都等于材料的许用应力时,称为**等强度梁**(beam of constant strength)。

例如,若将图 5.24(a)所示简支梁设计成等强度梁,截面为矩形,且设截面宽度 b 为常数,高度 h 为 x 的函数,即 $h=h(x)$ $(0\leqslant x\leqslant l/2)$。根据等强度梁的要求,应有

$$\sigma_{max}=\frac{M(x)}{W(x)}=\frac{\dfrac{F}{2}x}{\dfrac{bh^2(x)}{6}}=[\sigma]$$

由此求得

$$h(x)=\sqrt{\frac{3Fx}{b[\sigma]}} \tag{5.25}$$

根据上式画出的曲线,如图 5.24(b) 中虚线所示,在 $x=0$ 处, $h(x)=0$,这显然不能满足切应力强度要求。在靠近支座处,根据切应力强度条件

$$\tau_{max}=\frac{3}{2}\frac{F_{S\,max}}{A}=\frac{3}{2}\frac{\dfrac{F}{2}}{bh_{min}}=[\tau]$$

由此求得

$$h_{min}=\frac{3F}{4b[\tau]} \tag{5.26}$$

按式(5.25) 和式(5.26) 确定梁的外形,再考虑到外形美观和使用方便,就是厂房建筑中常见的如图 5.24(c) 所示的鱼腹梁。

若上述矩形截面等强度梁的截面高度 h 为常数, 宽度 b 为 x 的函数, 即 $b=b(x)$

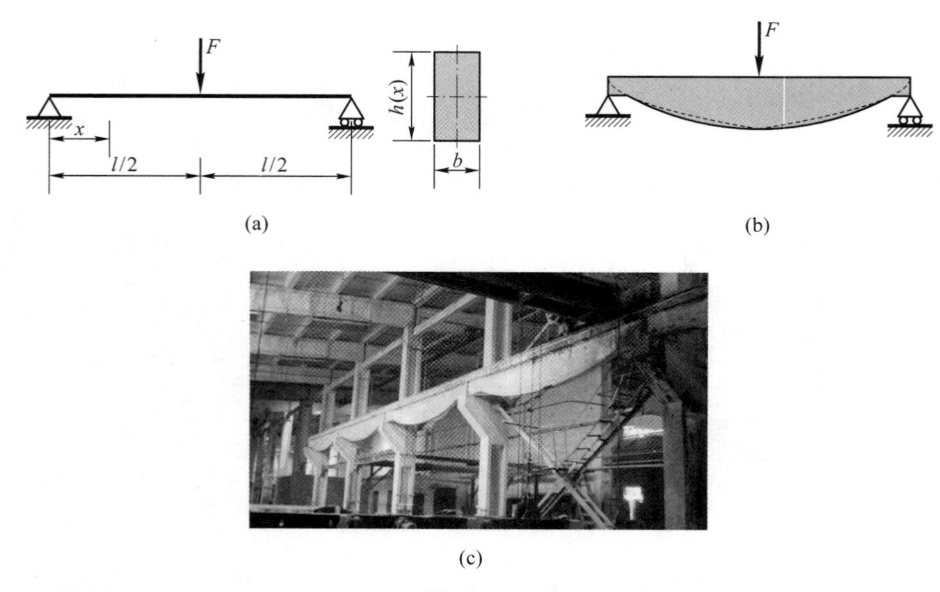

(a) (b)

(c)

图 5.24

$(0 \leqslant x \leqslant l/2)$，用完全相同的办法可以求得

$$b(x) = \frac{3Fx}{h^2[\sigma]}$$

$$b_{\min} = \frac{3F}{4h[\tau]}$$

将上述高度不变,宽度变化的矩形截面简支梁[图 5.25(b)] 沿宽度切割下来若干狭长条,然后叠合并使其略微拱起,叠合的板条之间应保持能相对滑动,以保证每一板条的独立作用。这就是车辆上常用的叠板弹簧[图 5.25(c)]。

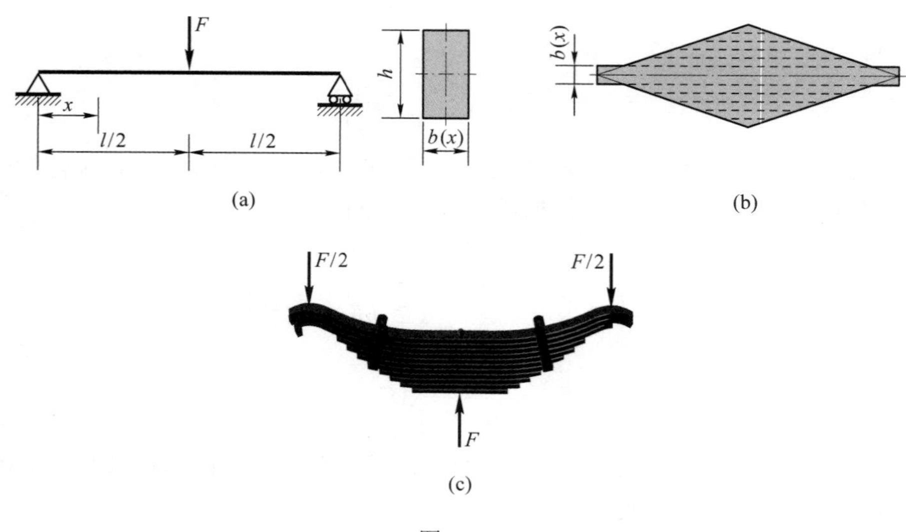

(a) (b)

(c)

图 5.25

习　　题

5.1　把直径 $d=1$ mm 的钢丝绕在直径 $D=2$ m 的圆柱上，已知钢丝的弹性模量 $E=200$ GPa。试计算该钢丝中产生的最大弯曲正应力。

5.2　图示圆轴的外伸部分系空心圆截面。试作该轴的弯矩图，并求轴内的最大弯曲正应力。

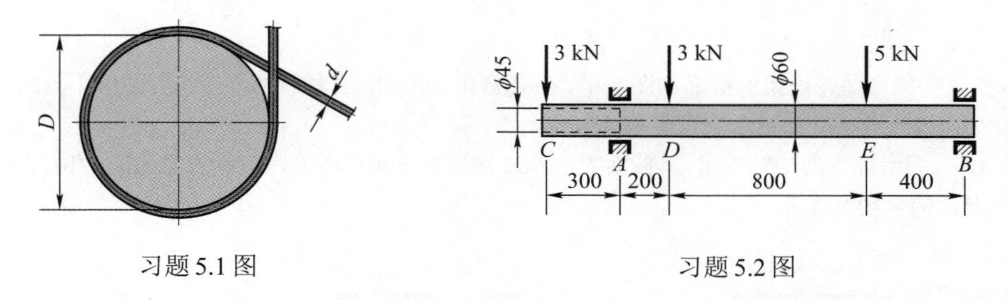

习题 5.1 图　　习题 5.2 图

5.3　图示简支梁受均布载荷 $q=1.5$ kN/m 的作用，$l=2$ m。若分别采用截面面积相等的实心和空心圆截面，已知实心圆截面的直径 $D_1=40$ mm，空心圆截面的内外径之比 $d_2/D_2=0.6$，试分别计算它们的最大正应力，并问空心圆截面比实心圆截面的最大正应力减小了百分之几。

5.4　图示简支梁，$F=20$ kN，$l=4$ m，$[\sigma]=160$ MPa。试分别设计圆截面的直径、$h=2b$ 的矩形截面尺寸、选择工字钢型号，并说明哪种截面最省材料。

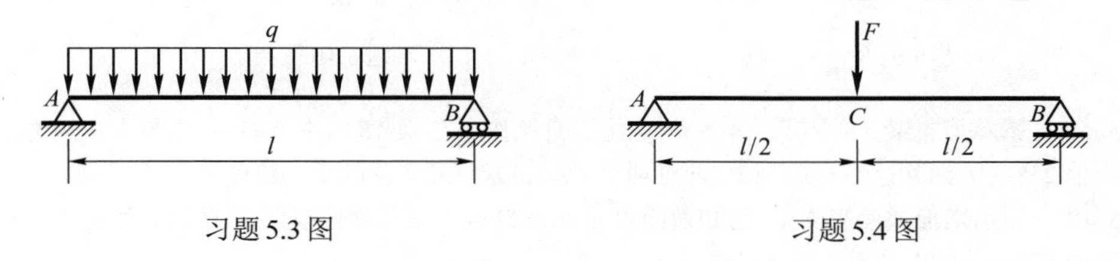

习题 5.3 图　　习题 5.4 图

5.5　T 字形截面铸铁梁的尺寸与受载情况如图所示，已知 $q=20$ kN/m，$F=60$ kN。试求梁上的最大拉应力和最大压应力。

5.6　一外径为 250 mm，壁厚为 10 mm，长度 $l=10$ m 的铸铁水管，两端搁在支座上，管中充满水，如图所示。铸铁的密度 $\rho_1=7\,860$ kg/m^3，水的密度 $\rho_2=1\,000$ kg/m^3。试求管内最大正应力。

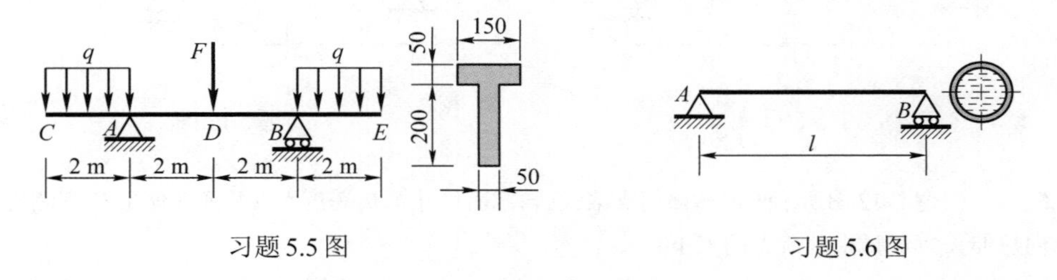

习题 5.5 图　　习题 5.6 图

5.7　图示悬臂梁，已知 $q=8$ kN/m，$l=2$ m。试求：

(1) 1-1 截面上 a 点的正应力和切应力；

(2) 1-1 截面上的最大正应力和最大切应力；

(3) 危险截面上的最大正应力和最大切应力。

5.8　正方形截面梁按图示两种方式放置。试问哪种方式比较合理?

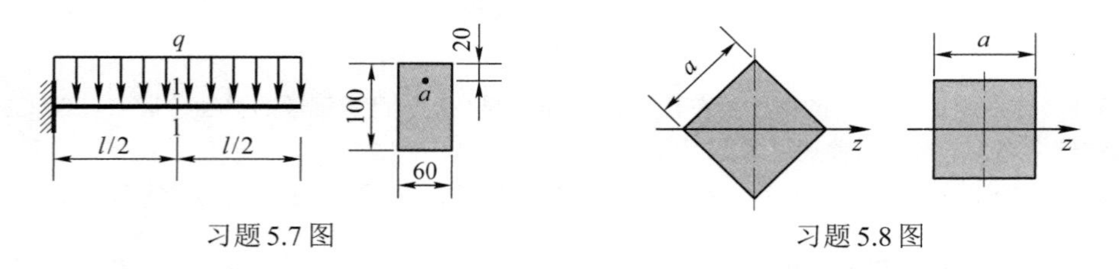

习题5.7图　　习题5.8图

5.9　一纯弯曲铸铁梁的截面如图所示，受正弯矩 M 作用。若材料的许用拉应力$[\sigma_t]$ = 20 MPa，许用压应力$[\sigma_c]$ = 80 MPa,试求许可弯矩$[M]$。

5.10　图示纯弯曲的铸铁梁,其截面为 ⊥ 形,材料的拉伸和压缩许用应力之比$[\sigma_t]/[\sigma_c]$ = 1/3。试求水平翼板的合理宽度 b。

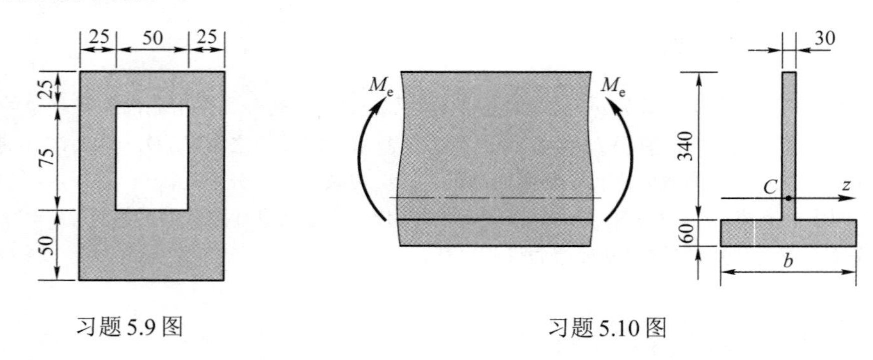

习题5.9图　　习题5.10图

5.11　图示简支梁AB，跨度l = 6 m。当力F直接作用在梁AB的中点时,梁内最大正应力超过许用正应力值25%,为消除这一过载现象,配置辅梁CD,试求辅梁CD的最小跨度a。

5.12　图示矩形截面简支梁,已知截面尺寸b,h,跨度l,以及弹性模量E。现测得梁跨中下边缘处的纵向线应变为ε，试求载荷F的大小。

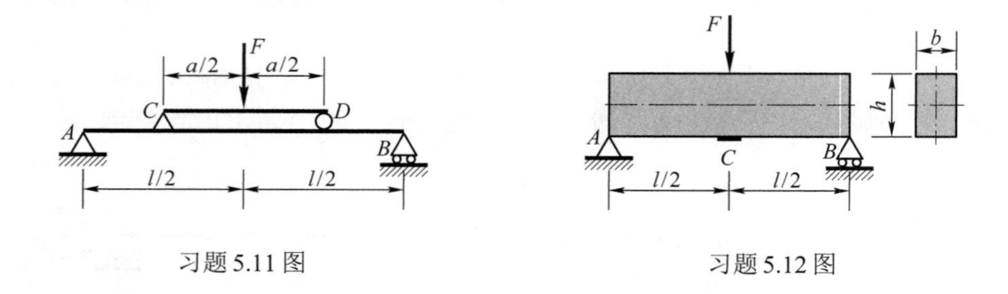

习题5.11图　　习题5.12图

5.13　习题5.12图所示矩形截面简支梁,已知截面尺寸b,h,跨度l,以及弹性模量E。现测得梁下边缘纵向总伸长为δ。试求载荷F的大小。

5.14　矩形截面外伸梁由圆木锯成,已知F = 5 kN,a = 1 m,许用应力$[\sigma]$ = 10 MPa。试确定抗弯截面系数为最大时矩形截面的高宽比,以及梁所需木料的最小直径d。

5.15　图示 ⊥ 形截面外伸梁,中性轴z的位置如图所示。已知截面对中性轴z的惯性矩I_z = 6 × 10^{-6} m^4，$[\sigma_t]$ = 30 MPa，$[\sigma_c]$ = 120 MPa,试校核梁的强度。若将 ⊥ 形截面倒置变成 ⊤ 形截面,是否合理?倒置后梁是否满足强度条件?

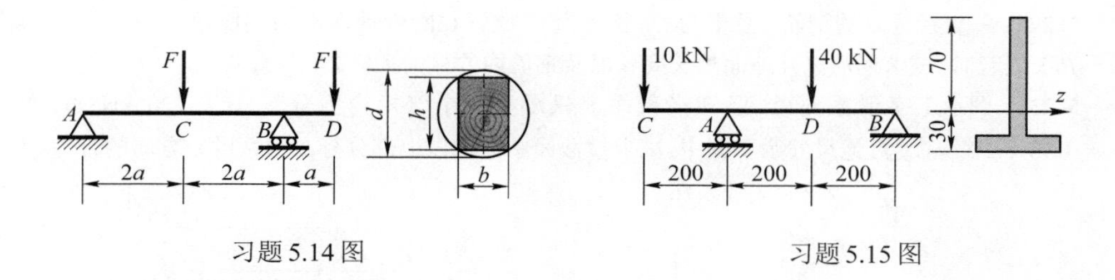

习题 5.14 图　　习题 5.15 图

5.16　直径 $d = 20$ mm 的圆截面钢梁受力如图，已知弹性模量 $E = 200$ GPa，$a = 0.2$ m，欲将其中段 AB 弯成 $\rho = 16$ m 的圆弧，试求所需载荷 F 的大小，并计算最大弯曲正应力。

5.17　小锥度变截面悬臂梁如图所示，直径 $d_B = 2d_A$，试求最大正应力的位置及大小。

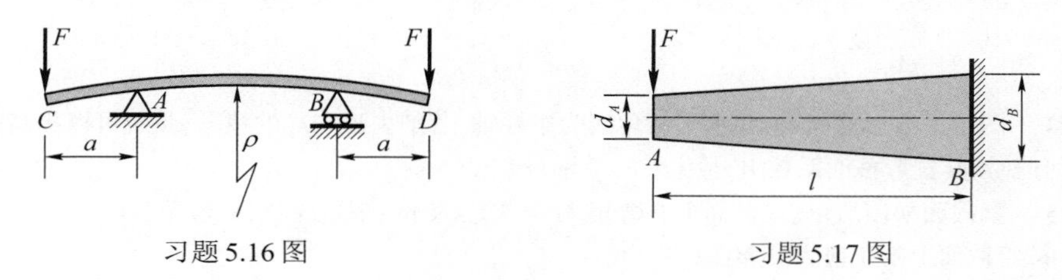

习题 5.16 图　　习题 5.17 图

5.18　图示 No.18 工字钢梁上作用着可移动的载荷 F，设梁的许用应力 $[\sigma] = 160$ MPa。为提高梁的承载能力，试确定 a 和 b 的最佳长度以及相应的许可载荷。

5.19　矩形截面梁 AB 以铰链支座 A 及直径 $d = 10$ mm 的拉杆 CD 支承，有关尺寸如图所示。设拉杆及横梁的许用应力 $[\sigma] = 140$ MPa。试求作用于梁 B 端的许可载荷 $[F]$。

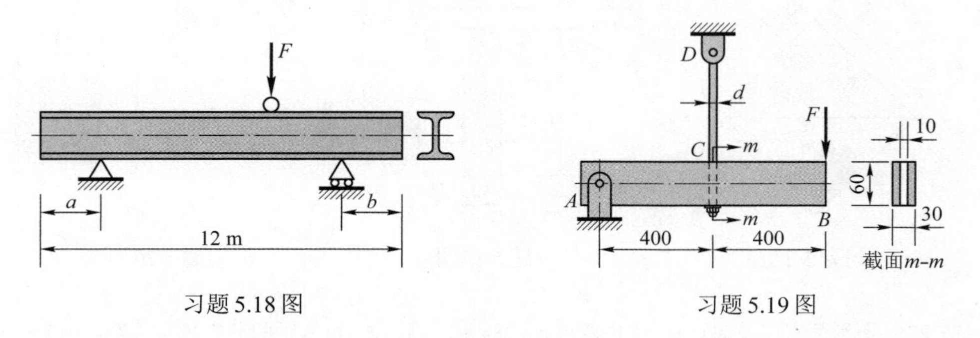

习题 5.18 图　　习题 5.19 图

5.20　图示木梁受一可移动的载荷 $F = 40$ kN 作用。已知许用弯曲正应力 $[\sigma] = 10$ MPa，许用切应力 $[\tau] = 3$ MPa。木梁的横截面为矩形，其高宽比 $\dfrac{h}{b} = \dfrac{3}{2}$。试选择梁的截面尺寸。

5.21　图示薄壁圆环，平均半径为 R，壁厚为 δ，剪力为 F_S，试求最大切应力。

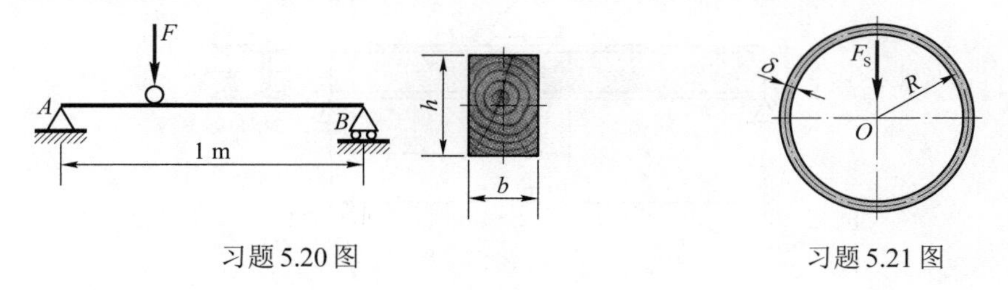

习题 5.20 图　　习题 5.21 图

5.22　一直径为 d 的钢筋，总重为 P，长度为 l，放置在刚性地面上如图所示。当在钢筋一端用力 $F = P/3$ 提起时,试求钢筋离开地面的长度 a 以及钢筋内的最大正应力。

5.23　图示工字形截面梁,已知横截面上只承受一个弯矩内力分量 $M_z = 20\ \text{kN·m}$，惯性矩 $I_z = 1.13 \times 10^{-5}\text{m}^4$，其他尺寸示于图中。试求横截面中性轴以上部分分布力系沿 x 方向的合力。

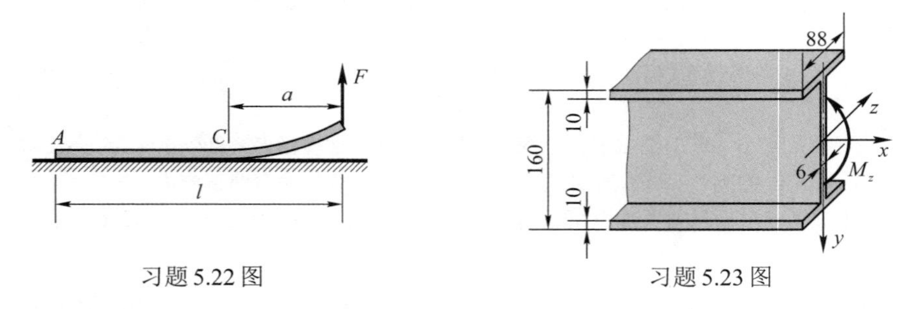

习题 5.22 图　　习题 5.23 图

5.24　图示正方形截面梁,其水平对角线为中性轴,若削去顶和底的棱角,是否可以提高梁的强度?当 n 为何值时,其抗弯截面系数 W_z 最大?

5.25　梁截面如图所示。该截面上有弯矩 $M = 3.1\ \text{kN·m}$ (下边受拉,上边受压)。

(1) 试绘截面上的正应力分布图;

(2) 试求该截面上拉应力的合成结果和压应力的合成结果;

(3) 试证明截面上正应力的合成结果:合力为零,合力矩等于截面上的弯矩 (3.1 kN·m)。

5.26　由三根木条胶合而成的悬臂梁截面尺寸如图所示,跨度 $l = 1$ m。胶合面的许用切应力$[\tau_1] = 0.34$ MPa,木材的许用弯曲正应力$[\sigma] = 10$ MPa,木材的许用切应力$[\tau] = 1$ MPa。试求许可载荷$[F]$。

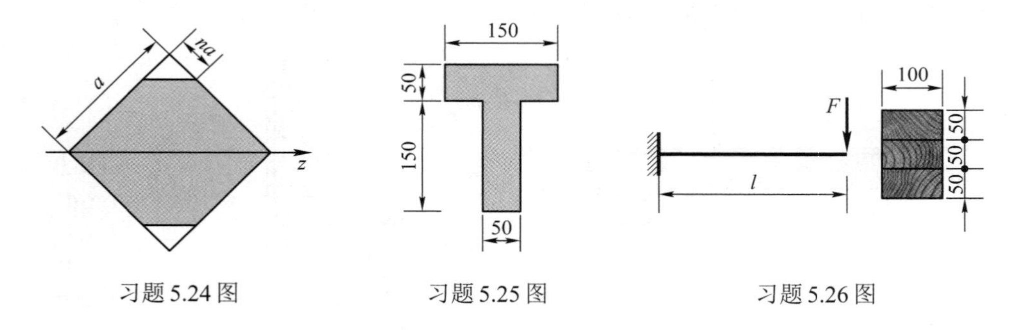

习题 5.24 图　　习题 5.25 图　　习题 5.26 图

5.27　图示简支梁及起重机,梁由两根No.28a工字钢组成,可移动的起重机自重$P = 50$ kN,起重机起吊重$F = 10$ kN 的物体,梁的许用应力$[\sigma] = 160$ MPa, $[\tau] = 100$ MPa,试校核梁的强度。

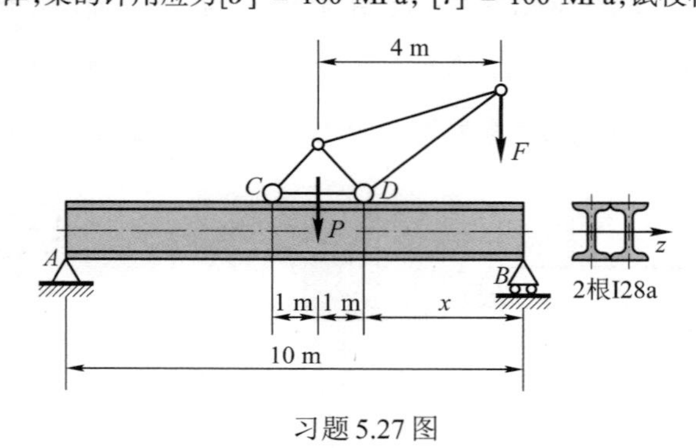

习题 5.27 图

5.28 图示工字梁由钢板焊接而成。若横截面上剪力 $F_S = 180$ kN，试求每单位长度焊缝所必须传递的力的大小。

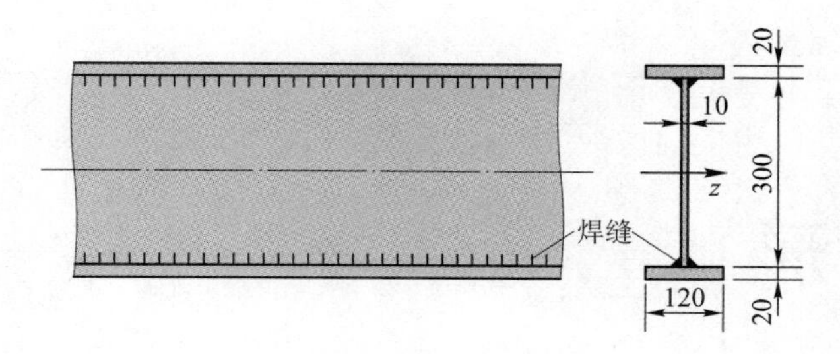

习题 5.28 图

5.29 矩形截面悬臂梁如图所示，假想沿中性层截开，列出梁下半部分的平衡条件，并画出其受力图。

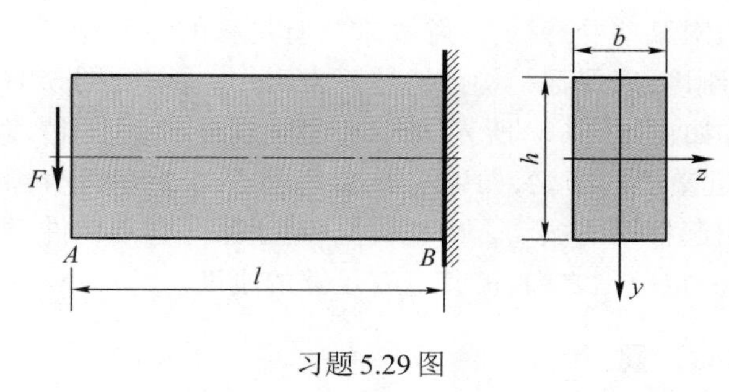

习题 5.29 图

5.30 No.20a 工字钢梁受移动载荷 $F = 50$ kN 的作用，梁的跨度 $l = 5$ m，其中段用两块截面为 100 mm × 10 mm、长为 2.2 m 的钢板加强，如图所示。已知$[\sigma] = 150$ MPa，$[\tau] = 95$ MPa。

(1) 求此梁在加盖板后 C、D 两处的正应力；

(2) 校核此梁的弯曲切应力强度；

(3) 试确定盖板必需的最小长度 a。

5.31 图示矩形截面梁，$b = 100$ mm，$h = 200$ mm，在纵向对称面内承受弯矩 $M = 10$ kN·m 作用。梁材料的拉伸弹性模量 $E_t = 9$ GPa，压缩弹性模量 $E_c = 25$ GPa，若平面假设成立，试求中性轴位置及梁内的最大拉应力和最大压应力。

提示：由于拉、压弹性模量不等，中性轴 z 将不通过截面形心，设中性轴距截面上、下边缘的距离分别为 h_c 和 h_t。

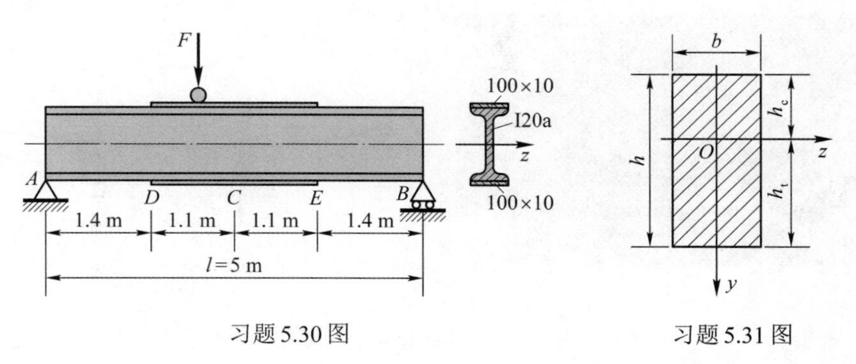

习题 5.30 图

习题 5.31 图

6 弯曲变形

6.1 概　　述

在工程设计中，对某些受弯构件，除要求具有足够的强度外，还要求变形不能过大，即要求构件有足够的刚度，以保证结构或机器正常工作。例如，图 6.1(a)所示摇臂钻床的摇臂，如果变形过大，如图 6.1(b)所示，就会影响零件的加工精度，甚至会出现废品；图 6.2(a)所示桥式起重机的横梁，如果变形过大，如图 6.2(b)所示，则会使小车行走困难，出现爬坡现象，并引起横梁的振动。由此可见，对于某些弯曲构件，根据正常工作的需要，其变形必须限制在一定范围之内，使其具有足够的刚度。

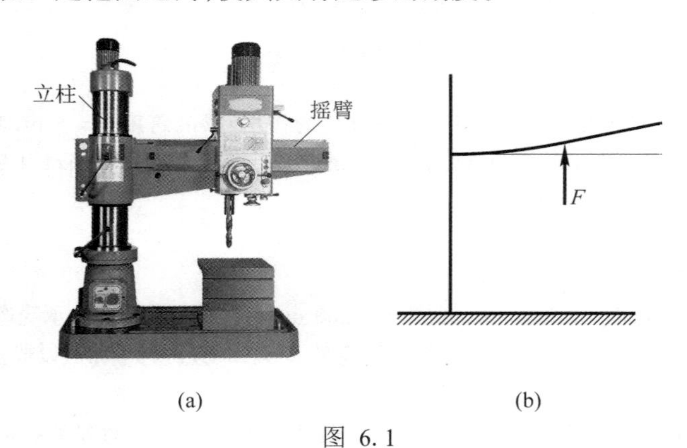

(a)　　(b)

图 6.1

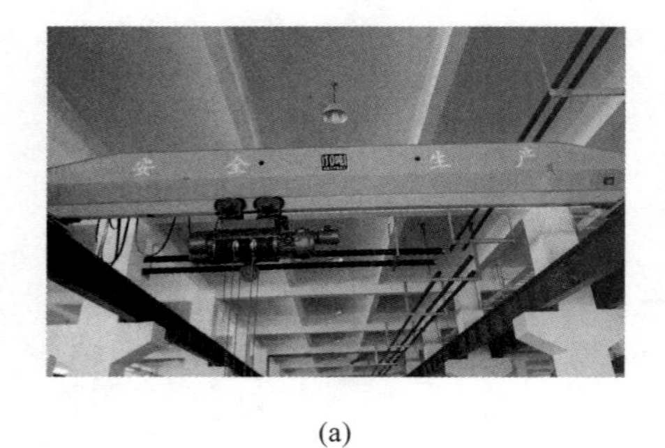

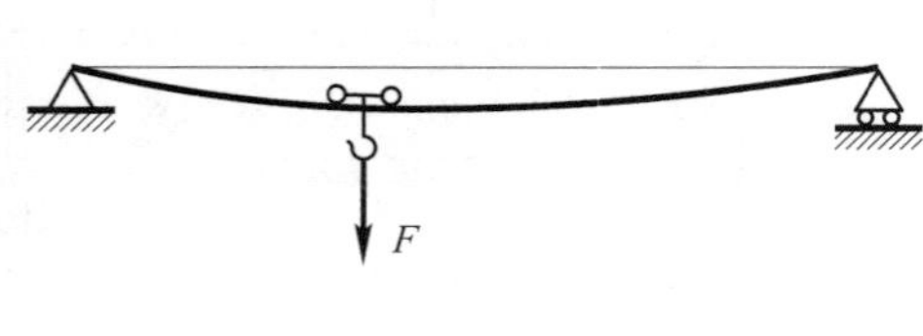

(a)　　(b)

图 6.2

但在另外一些情况下，有时却要求构件具有较大的弹性变形，以满足特定的工作需要。例如，汽车钢板弹簧（图6.3），要求有足够大的变形，以缓解车辆受到的冲击和振动作用。扭力扳手（图6.4）的扭杆需有明显的弯曲变形，才能精确测量力矩的大小。

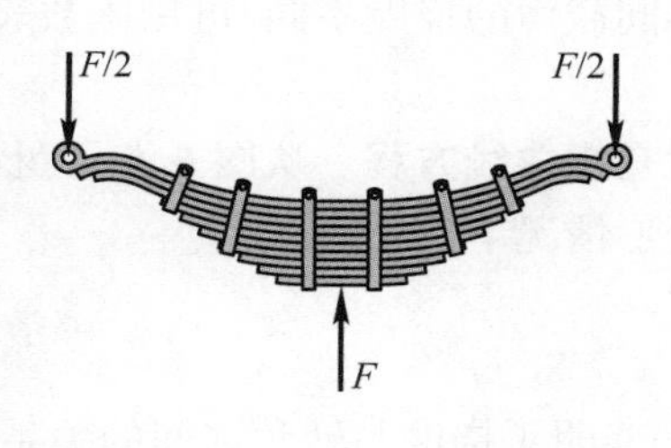

图 6.3

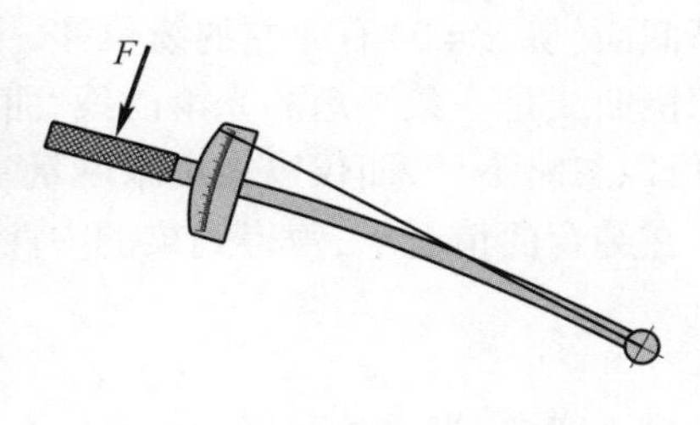

图 6.4

研究梁变形的主要目的，是对梁进行刚度计算和求解超静定梁，也为研究压杆稳定问题提供计算基础。

6.2 梁挠曲线的近似微分方程

以图6.5所示简支梁为例。为了表示梁的变形情况，取直角坐标系xOy，x轴沿梁变形前的轴线方向，向右为正，y轴向上为正。

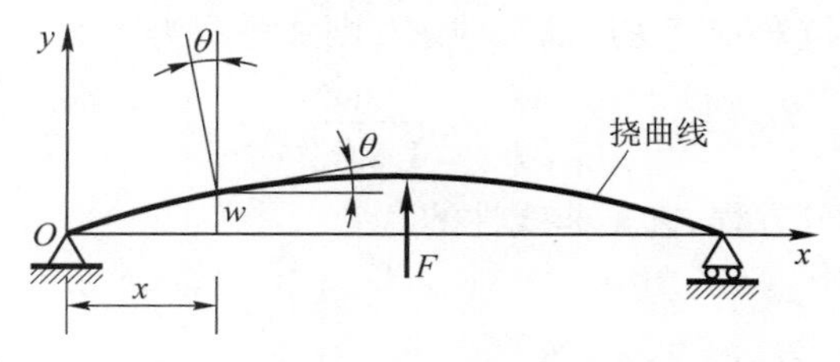

图 6.5

设xy面为梁的纵向对称面，作用于梁上的所有外力都在此纵向对称面内。在对称弯曲的情况下，梁的轴线将弯成一条位于xy平面内的曲线，该曲线称为**挠曲线**（deflection curve）。横截面形心在y方向的位移称为**挠度**（deflection），用w表示。横截面旋转的角度称为**转角**(slope rotation angle),用 θ 表示。根据平面假设,变形后的横截面仍垂直于挠曲线,所以转角 θ 就是挠曲线的法线与 y 轴的夹角。规定向上的挠度和逆时针的转角为正,挠度和转角是度量梁变形的两个基本量。

不同截面的挠度不同,可用函数表示为

$$w = f(x)$$

上式就是**挠曲线方程**。从图 6.5 可见,横截面转角也等于挠曲线的切线与 x 轴的夹角。在小变形情况下,有

$$\theta \approx \tan\theta = \frac{\mathrm{d}w}{\mathrm{d}x} \tag{6.1}$$

式(6.1)表明了挠度与转角之间的关系,即挠曲线上任一点处切线的斜率等于该点处横截面的转角。

一般来说,梁的横截面形心,不仅有垂直于轴线方向的线位移(即挠度),而且还有沿轴线方向的线位移。例如在图 6.5 中,因为挠曲线位于中性层上,其长度保持不变,显然各横截面(除 $x=0$)有向左的线位移,可动铰支座一定会向左移动。但在小变形情况下,梁的挠曲线是一条平坦的光滑曲线,曲率很小,沿轴线方向的位移与挠度相比属于高阶微量,可以忽略不计,而仅以挠度来度量弯曲变形的线位移大小。

在纯弯曲情况下,曾得到梁的中性层的(也是挠曲线的)曲率公式(5.6),即

$$\frac{1}{\rho} = \frac{M}{EI_z} \tag{6.2}$$

对于横力弯曲,当梁的跨度 l 大于 5 倍的高度 h 时,则剪力 F_S 对弯曲变形的影响很小,可以忽略不计。这样,横力弯曲时梁挠曲线上各点的曲率仍用式(6.2)计算,但曲率和弯矩一样都是横截面位置坐标 x 的函数。

由高等数学知,挠曲线 $w=f(x)$上任一点的曲率为

$$\frac{1}{\rho} = \pm\frac{w''}{(1+w'^2)^{3/2}} \tag{6.3}$$

式(6.2)和式(6.3)都是挠曲线的曲率,应相等,即

$$\frac{M}{EI_z} = \pm\frac{w''}{(1+w'^2)^{3/2}}$$

按照弯矩的符号规定,以及本章关于挠度的符号规定,参看图 6.6,发现 M 的符号和 w''的符号是一致的。再将抗弯刚度 EI_z 简写成 EI,则式可写为

$$\frac{M}{EI} = \frac{w''}{(1+w'^2)^{3/2}} \tag{6.4}$$

这就是梁的挠曲线微分方程,它是非线性的。

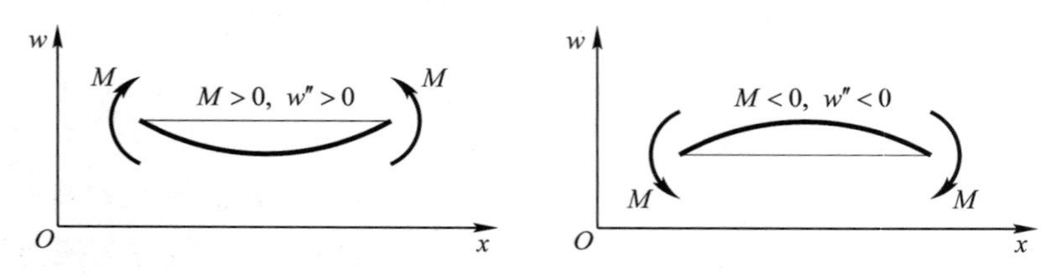

图 6.6

在小变形条件下，$\theta = w'$ 很小，式(6.4) 中的 $1 + w'^2 \approx 1$，式(6.4)简化为

$$w'' = \frac{M}{EI} \tag{6.5}$$

此即**梁的挠曲线近似微分方程**。其近似性表现在：①只考虑了弯矩而略去了剪力对弯曲变形的影响；②在小变形的情况下，认为 $1 + w'^2 \approx 1$。

6.3 用积分法求弯曲变形

将梁的挠曲线近似微分方程(6.5)的两边乘以 $\mathrm{d}x$，积分一次得转角方程

$$\theta = w' = \int \frac{M}{EI}\mathrm{d}x + C$$

再积分一次得挠曲线方程

$$w = \iint\left(\frac{M}{EI}\mathrm{d}x\right)\mathrm{d}x + Cx + D$$

式中，C、D 为积分常数。对于等截面梁，EI 为常量，可提到积分号外。

在挠曲线的某些点上，挠度或转角是已知的。例如，在梁的固定端，横截面不能移动也不能转动，挠度和转角都等于零；在铰支座上，挠度等于零。这类条件称为**边界条件**。在弯曲变形的对称点上，转角应等于零，这可称为**对称条件**。另外，挠曲线应该是一条连续且光滑的曲线，亦即在任意截面处 w 及其一阶导数 w' 应该是连续的，这就是**连续条件**。根据边界条件、对称条件及连续条件，就可确定积分常数。

求得了梁的转角方程和挠曲线方程后，便可求得最大挠度 $w_{\max}$ 及最大转角 $\theta_{\max}$，进而通过刚度条件进行刚度计算，即

$$\left.\begin{aligned} w_{\max} &\leqslant [w] \\ \theta_{\max} &\leqslant [\theta] \end{aligned}\right\} \tag{6.6}$$

式中，$[w]$ 和 $[\theta]$ 为规定的许可挠度和转角。

例 6.1 图 6.7 所示简支梁，受均布载荷 q 作用，梁的抗弯刚度为 EI。试求梁的转角方程和挠曲线方程，并求最大转角 $\theta_{\max}$ 和最大挠度 $w_{\max}$。

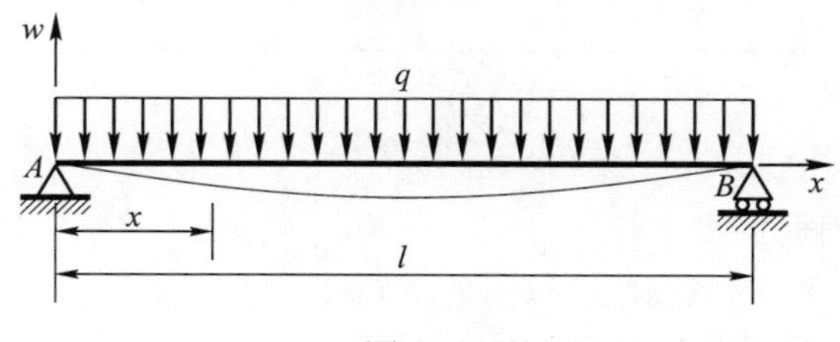

图 6.7

解： 梁的弯矩方程为

$$M(x) = \frac{ql}{2}x - \frac{q}{2}x^2$$

将其代入梁的挠曲线近似微分方程，得

$$EIw'' = \frac{ql}{2}x - \frac{q}{2}x^2$$

积分得

$$EIw' = \frac{ql}{4}x^2 - \frac{q}{6}x^3 + C \tag{6.7}$$

$$EIw = \frac{ql}{12}x^3 - \frac{q}{24}x^4 + Cx + D \tag{6.8}$$

在铰支座 A、B 上的挠度均为零,即

$$x = 0 \text{ 时}, \quad w = 0$$
$$x = l \text{ 时}, \quad w = 0$$

将上述边界条件代入式(6.8),求得

$$C = -\frac{ql^3}{24}, \quad D = 0$$

再将所得积分常数 C、D 代回式(6.7)和式(6.8),得转角方程和挠曲线方程分别为

$$\theta = \frac{q}{24EI}(6lx^2 - 4x^3 - l^3)$$

$$w = \frac{qx}{24EI}(2lx^2 - x^3 - l^3)$$

显然,最大转角发生在左支座 A 或右支座 B 处,最大挠度发生在梁的正中间截面,分别为

$$\theta_{\max} = -\theta_A = \theta_B = -\theta|_{x=0} = \frac{ql^3}{24EI}$$

$$w_{\max} = w\Big|_{x=l/2} = -\frac{5ql^4}{384EI}$$

截面 A 转角为顺时针,截面 B 转角为逆时针。挠度为负,说明挠度向下。

例 6.2 图 6.8 所示悬臂梁,在自由端受集中载荷 F 作用,梁的抗弯刚度为 EI。试求梁的转角方程和挠曲线方程,并求最大转角 $\theta_{\max}$ 和最大挠度 $w_{\max}$。

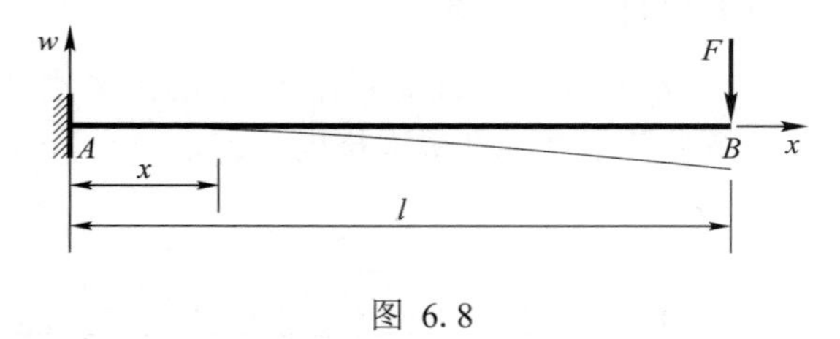

图 6.8

解: 梁的弯矩方程为

$$M(x) = -F(l - x) = Fx - Fl$$

将其代入梁的挠曲线近似微分方程,得

$$EIw'' = Fx - Fl$$

积分得

$$EIw' = \frac{F}{2}x^2 - Flx + C \tag{6.9}$$

$$EIw = \frac{F}{6}x^3 - \frac{Fl}{2}x^2 + Cx + D \tag{6.10}$$

在固定端 A，转角和挠度均为零，即

$$x=0 \text{ 时}, \ \theta=w'=0, \ w=0$$

将上述边界条件分别代入式(6.9)和式(6.10)，得

$$C=0, \quad D=0$$

再将所得积分常数 C、D 代回式(6.9)和式(6.10)，得转角方程和挠曲线方程分别为

$$\theta=\frac{Fx}{2EI}(x-2l)$$

$$w=\frac{Fx^2}{6EI}(x-3l)$$

最大转角和最大挠度显然都发生在梁的自由端 B

$$\theta_{\max}=\theta|_{x=l}=-\frac{Fl^2}{2EI}, \quad w_{\max}=w|_{x=l}=-\frac{Fl^3}{3EI}$$

转角为负，说明转角是顺时针的。挠度为负，说明挠度向下。

例 6.3 图 6.9 所示简支梁，抗弯刚度为 EI，在跨中 C 受集中载荷 F 作用。试求梁的转角方程和挠曲线方程，并求最大转角 $\theta_{\max}$ 和最大挠度 $w_{\max}$。

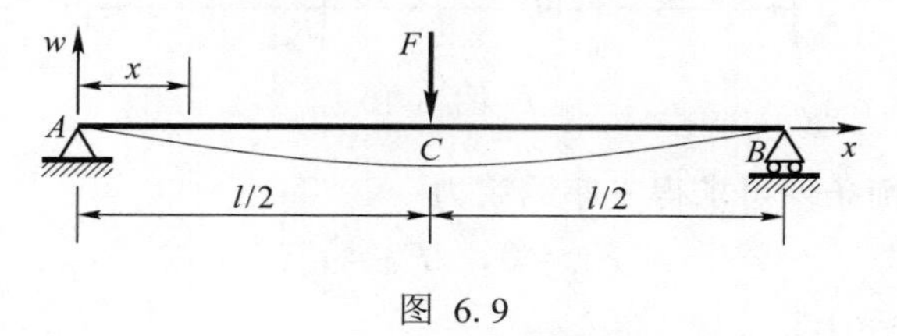

图 6.9

解：此梁左右对称，只需考虑半跨梁。AC 段梁的弯矩方程为

$$M(x)=\frac{F}{2}x$$

将其代入梁的挠曲线近似微分方程，得

$$EIw''=\frac{F}{2}x$$

积分得

$$EIw'=\frac{F}{4}x^2+C \tag{6.11}$$

$$EIw=\frac{F}{12}x^3+Cx+D \tag{6.12}$$

边界条件为

$$x=0 \text{ 时}, \ w=0$$

将其代入式(6.12)，得 $D=0$。

对称条件为

$$x=\frac{l}{2} \text{ 时}, \ \theta=0$$

将其代入式(6.11)，得 $C=-\frac{Fl^2}{16}$。

将所得积分常数 C、D 代回式(6. 11)、式(6. 12),得 AC 段梁转角方程和挠曲线方程分别为

$$\theta = \frac{F}{16EI}(4x^2 - l^2)$$

$$w = \frac{Fx}{48EI}(4x^2 - 3l^2)$$

最大转角发生在支座 A 处,最大挠度发生在截面 C 处,分别为

$$\theta_{\max} = \theta\big|_{x=0} = -\frac{Fl^2}{16EI},\quad w_{\max} = w\Big|_{x=\frac{l}{2}} = -\frac{Fl^3}{48EI}$$

例 6. 4 图 6. 10 所示外伸梁,抗弯刚度为 EI。试求梁的转角方程和挠曲线方程,并求截面 C、D 的转角及挠度,再大致画出梁的挠曲线形状。

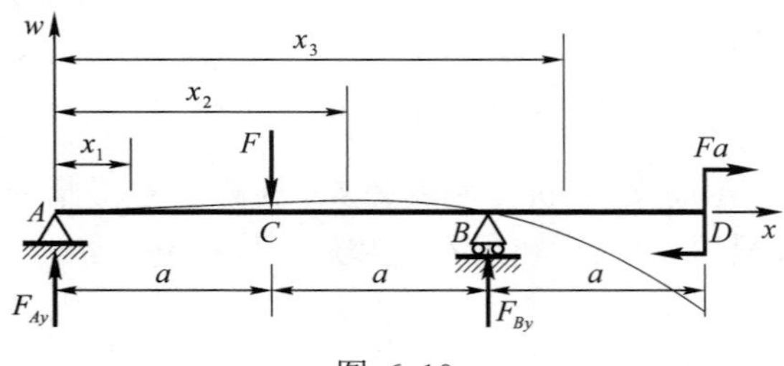

图 6. 10

解: 由静力平衡条件可求得支座约束力

$$F_{Ay} = 0,\quad F_{By} = F\,(\uparrow)$$

AC 段 $(0 \leqslant x_1 \leqslant a)$:

$$EIw_1'' = 0$$

$$EIw_1' = C_1 \tag{6. 13}$$

$$EIw_1 = C_1 x_1 + D_1 \tag{6. 14}$$

CB 段 $(a \leqslant x_2 \leqslant 2a)$:

$$EIw_2'' = -F(x_2 - a)$$

$$EIw_2' = -\frac{F}{2}(x_2 - a)^2 + C_2 \tag{6. 15}$$

$$EIw_2 = -\frac{F}{6}(x_2 - a)^3 + C_2 x_2 + D_2 \tag{6. 16}$$

BD 段 $(2a \leqslant x_2 \leqslant 3a)$:

$$EIw_3'' = -F(x_3 - a) + F(x_3 - 2a)$$

$$EIw_3' = -\frac{F}{2}(x_3 - a)^2 + \frac{F}{2}(x_3 - 2a)^2 + C_3 \tag{6. 17}$$

$$EIw_3 = -\frac{F}{6}(x_3 - a)^3 + \frac{F}{6}(x_3 - 2a)^3 + C_3 x_3 + D_3 \tag{6. 18}$$

由于挠曲线应该是一条连续且光滑的曲线,故有连续条件

$$x_1 = x_2 = a\text{ 时},\quad w_1' = w_2',\ w_1 = w_2$$

$$x_2 = x_3 = 2a\text{ 时},\quad w_2' = w_3',\ w_2 = w_3$$

将其代入式(6. 13) ~ 式(6. 18),得

$$C_1 = C_2 = C_3,\quad D_1 = D_2 = D_3$$

边界条件为

$$x_1 = 0\text{ 时},\quad w_1 = 0$$
$$x_2 = 2a\text{ 时},\quad w_2 = 0$$

将其代入式(6. 14)和式(6. 16),得

$$D_1 = 0,\quad C_2 = \frac{Fa^2}{12}$$

将求得的 6 个积分常数代回式(6. 13) ~ 式(6. 18),得梁的转角方程和挠曲线方程为

AC 段 $(0 \leqslant x_1 \leqslant a)$:

$$\left.\begin{aligned} EIw_1' &= \frac{Fa^2}{12} \\ EIw_1 &= \frac{Fa^2}{12}x_1 \end{aligned}\right\}$$

CB 段 $(a \leqslant x_2 \leqslant 2a)$:

$$\left.\begin{aligned} EIw_2' &= -\frac{F}{2}(x_2 - a)^2 + \frac{Fa^2}{12} \\ EIw_2 &= -\frac{F}{6}(x_2 - a)^3 + \frac{Fa^2}{12}x_2 \end{aligned}\right\}$$

BD 段 $(2a \leqslant x_2 \leqslant 3a)$:

$$\left.\begin{aligned} EIw_3' &= -\frac{F}{2}(x_3 - a)^2 + \frac{F}{2}(x_3 - 2a)^2 + \frac{Fa^2}{12} = \frac{F}{12}(-12ax_3 + 19a^2) \\ EIw_3 &= -\frac{F}{6}(x_3 - a)^3 + \frac{F}{6}(x_3 - 2a)^3 + \frac{Fa^2}{12}x_3 = \frac{F}{12}(-6ax_3^2 + 19a^2x_3 - 14a^3) \end{aligned}\right\}$$

截面 C、D 的转角及挠度分别为

$$\theta_C = w_1'|_{x_1=a} = \frac{Fa^2}{12EI},\qquad w_C = w_1|_{x_1=a} = \frac{Fa^3}{12EI}$$

$$\theta_D = w_3'|_{x_3=3a} = -\frac{17Fa^2}{12EI},\qquad w_D = w_3|_{x_3=3a} = -\frac{11Fa^3}{12EI}$$

梁的挠曲线形状见图 6. 10 中细线,其中 AC 段是一条斜直线。

由上例看出,梁上载荷愈复杂,写弯矩方程时分段数愈多,积分常数也愈多,确定积分常数的运算将特别繁琐。在例 6. 4 中,采取了一些措施:将坐标 x_1、x_2、x_3 选择同起点、同方向;写弯矩方程时注意取截面左边部分梁考虑;对含有$(x_2 - a)$、$(x_3 - 2a)$的项,积分时不要拆开。这样可使确定积分常数的运算得到简化。

6. 4 用叠加法求弯曲变形

用积分法可以求出梁的转角方程和挠曲线方程,从而可求出梁上任意截面的转角和挠度。但如果梁上载荷比较复杂,积分法则显得过于繁冗。特别是在只需求出梁上某些特定截面的挠度和转角时,积分法尤其显得麻烦。为此,将等截面直梁在简单载荷作用下

的挠曲线方程、特殊截面的转角和挠度列于表 6.1 中,在下面用叠加法求弯曲变形时可直接查用。

表 6.1 梁在简单载荷作用下的变形

序号	梁的简图	挠曲线方程	转角	挠度
1	w F A B x l	$w=-\frac{Fx^2}{6EI}(3l-x)$	$\theta_B=-\frac{Fl^2}{2EI}$	$w_B=-\frac{Fl^3}{3EI}$
2	w M_e A B x l	$w=-\frac{M_e x^2}{2EI}$	$\theta_B=-\frac{M_e l}{EI}$	$w_B=-\frac{M_e l^2}{2EI}$
3	w q A B x l	$w=-\frac{qx^2}{24EI}(x^2-4lx+6l^2)$	$\theta_B=-\frac{ql^3}{6EI}$	$w_B=-\frac{ql^4}{8EI}$
4	w F A C B x l/2 l/2	$w=-\frac{Fx}{48EI}(3l^2-4x^2)$ $\left(0\leqslant x\leqslant\frac{l}{2}\right)$	$\theta_A=-\frac{Fl^2}{16EI}$ $\theta_B=\frac{Fl^2}{16EI}$	$w_C=-\frac{Fl^3}{48EI}$
5	w M_e A C B x l/2 l/2	$w=-\frac{M_e x}{6EIl}(l^2-x^2)$	$\theta_A=-\frac{M_e l}{6EI}$ $\theta_B=\frac{M_e l}{3EI}$	在 $x=\frac{l}{\sqrt{3}}$处, $w_{\max}=-\frac{M_e l^2}{9\sqrt{3}EI}$ $w\big\vert_{x=\frac{l}{2}}=-\frac{M_e l^2}{16EI}$
6	w q A C B x l/2 l/2	$w=-\frac{qx}{24EI}(l^3-2lx^2+x^3)$	$\theta_A=-\frac{ql^3}{24EI}$ $\theta_B=\frac{ql^3}{24EI}$	$w_C=-\frac{5ql^4}{384EI}$
7	w F A C B x a b l	$w=-\frac{Fbx}{6EIl}(l^2-x^2-b^2)$ $(0\leqslant x\leqslant a)$ $w=-\frac{Fb}{6EIl}\left[\frac{l}{b}(x-a)^3+(l^2-b^2)x-x^3\right]$ $(a\leqslant x\leqslant l)$	$\theta_A=-\frac{Fab\,(l+b)}{6EIl}$ $\theta_B=\frac{Fab\,(l+a)}{6EIl}$	设 $a>b$,在 $x=\sqrt{\frac{l^2-b^2}{3}}$处, $w_{\max}=-\frac{Fb\,(l^2-b^2)^{3/2}}{9\sqrt{3}EIl}$ $w\big\vert_{x=\frac{l}{2}}=-\frac{Fb\,(3l^2-4b^2)}{48EI}$
8	w M_e A C B x a b l	$w=\frac{M_e x}{6EIl}(l^2-3b^2-x^2)$ $(0\leqslant x\leqslant a)$ $w=\frac{M_e}{6EIl}[-x^3+3l(x-a)^2+(l^2-3b^2)x]$ $(a\leqslant x\leqslant l)$	$\theta_A=-\frac{M_e}{6EIl}(l^2-3b^2)$ $\theta_B=\frac{M_e}{6EIl}(l^2-3a^2)$	

在线弹性、小变形的前提下，各种载荷与它所引起的变形成线性关系。也就是说，当梁上同时作用几个载荷时，各个载荷所引起的变形是各自独立的，互不影响。若计算几个载荷共同作用下在某截面上引起的变形，则可分别计算各个载荷单独作用下在同一截面上引起的变形，然后叠加而得。

例 6.5 图 6.11(a)所示桥式起重机大梁为 32a 工字钢，弹性模量 $E=200$ GPa，跨度 $l=8$ m，自重为均布载荷，作用于梁上的最大吊重 $F=25$ kN。规定$[w]=l/500$。试校核大梁的刚度。

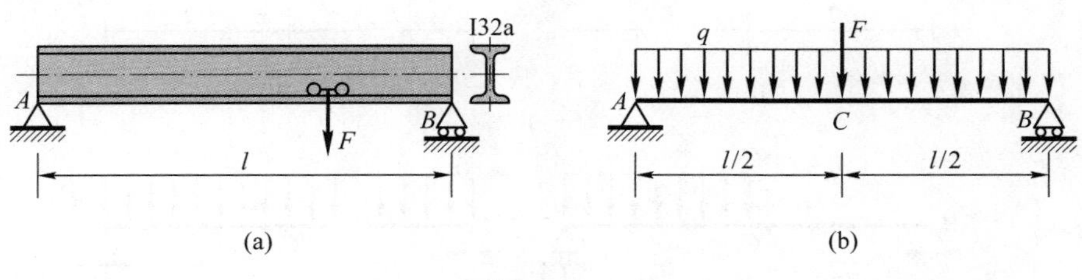

图 6.11

解： 显然，当吊车移动到梁跨度中点 C 时[图 6.11(b)]，梁的 w_{max} 最大。

查型钢表知：$I=11\ 100\ \text{cm}^4=1.11\times10^{-4}\ \text{m}^4$，$q=516.5$ N/m。

由表 6.1 查得，简支梁在均布载荷 q 和集中力 F 单独作用下，梁跨中点 C 的挠度分别为

$$(w_C)_q=\frac{5ql^4}{384EI}=\frac{5\times516.5\times8^4}{384\times200\times10^9\times1.11\times10^{-4}}\ \text{m}\approx1.24\ \text{mm}\quad(\downarrow)$$

$$(w_C)_F=\frac{Fl^3}{48EI}=\frac{25\times10^3\times8^3}{48\times200\times10^9\times1.11\times10^{-4}}\ \text{m}\approx12.01\ \text{mm}\quad(\downarrow)$$

应用叠加法，求得在均布载荷和集中力共同作用下，梁跨中点 C 的挠度为

$$w_C=(w_C)_q+(w_C)_F=13.2\ \text{mm}<[w]=16\ \text{mm}$$

可见，大梁满足刚度要求。

例 6.6 图 6.12(a)所示简支梁，在其半跨 AC 段受均布载荷 q 作用。若已知 q、EI 和 l，试求截面 A、B 的转角和截面 C 的挠度。

解： 图 6.12(a)所示载荷可看成图 6.12(b)所示正对称载荷和图 6.12(c)所示反对称载荷的叠加。

在图 6.12(b)所示正对称载荷作用下，由表 6.1 查得

$$\theta_{A1}=\frac{ql^3}{48EI}\ (\curvearrowright),\quad \theta_{B1}=\frac{ql^3}{48EI}\ (\curvearrowleft),\quad w_{C1}=\frac{5ql^4}{768EI}\ (\downarrow)$$

在图 6.12(c)所示反对称载荷作用下，截面 C 的挠度和弯矩都为零，C 点是挠曲线的拐点，AC、CB 段的挠曲线与简支梁（跨度为 $l/2$）满跨作用均布载荷 $q/2$ 时一样，由表 6.1查得

$$\theta_{A2}=\frac{\frac{q}{2}\left(\frac{l}{2}\right)^3}{24EI}=\frac{ql^3}{384EI}\ (\curvearrowright),\quad \theta_{B2}=\frac{ql^3}{384EI}\ (\curvearrowright),\quad w_{C2}=0$$

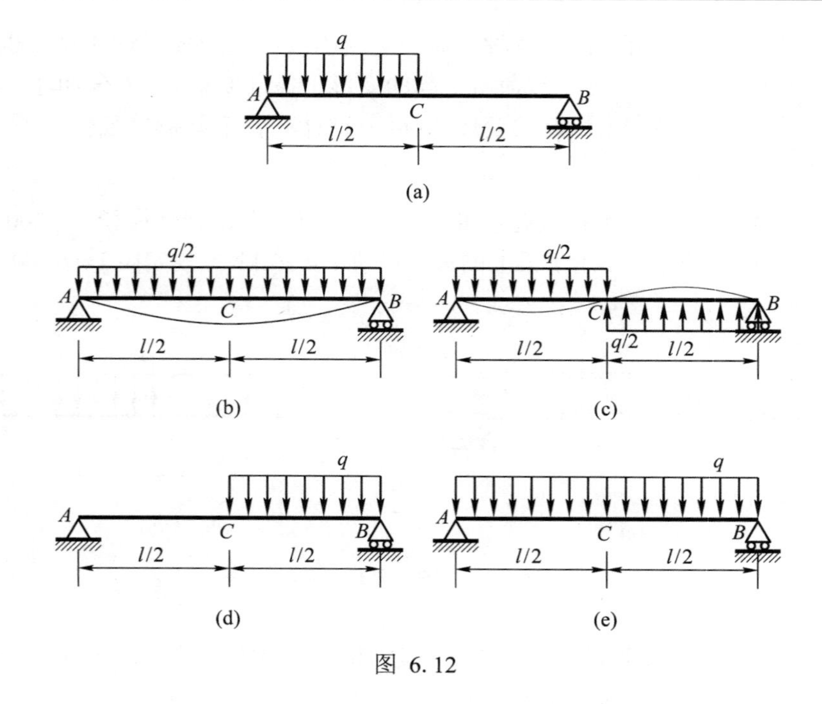

图 6.12

应用叠加法,得

$$\theta_A = \theta_{A1} + \theta_{A2} = \frac{ql^3}{48EI} + \frac{ql^3}{384EI} = \frac{3ql^3}{128EI} \quad (\circlearrowright)$$

$$\theta_B = \theta_{B1} + \theta_{B2} = \frac{ql^3}{48EI} - \frac{ql^3}{384EI} = \frac{7ql^3}{384EI} \quad (\circlearrowleft)$$

$$w_C = w_{C1} + w_{C2} = \frac{5ql^4}{768EI} \quad (\downarrow)$$

亦可以用下面叠加方法求挠度 w_C。

图 6.12(a)所示左半跨均布载荷叠加上图 6.12(d)所示右半跨均布载荷,就是图 6.12(e)所示简支梁满跨作用均布载荷。图 6.12(a)和(d)所示两梁的 w_C 相等,都等于图 6.12(e)所示梁 w_C 的一半。

例 6.7 图 6.13(a)所示悬臂梁受线性分布载荷作用。若已知 q_0、抗弯刚度 EI、跨度 l, 试求梁自由端 B 截面的转角和挠度。

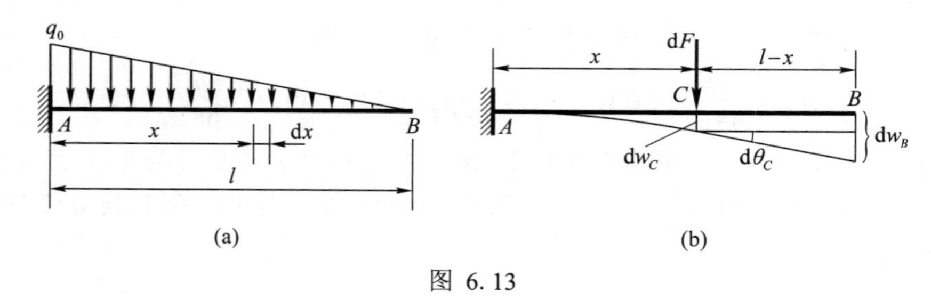

图 6.13

解: 线性分布载荷集度

$$q(x) = q_0\left(1-\frac{x}{l}\right)$$

在任意截面 x 处取微段梁 $\mathrm{d}x$ [图 6.13(a)],其上载荷

$$\mathrm{d}F = q(x)\,\mathrm{d}x = q_0\left(1-\frac{x}{l}\right)\mathrm{d}x$$

图 6.13(b) 中由 $\mathrm{d}F$ 引起的 B 截面的转角和挠度分别为

$$\mathrm{d}\theta_B = \mathrm{d}\theta_C = \frac{\mathrm{d}F\cdot x^2}{2EI} = \frac{q_0(l-x)x^2}{2EIl}\mathrm{d}x \quad (\curvearrowright)$$

$$\begin{aligned}\mathrm{d}w_B &= \mathrm{d}w_C + \mathrm{d}\theta_C\cdot(l-x)\\ &= \frac{\mathrm{d}F\cdot x^3}{3EI} + \frac{q_0(l-x)^2x^2}{2EIl}\mathrm{d}x\\ &= \frac{q_0(3l^2-4lx+x^2)x^2}{6EIl}\mathrm{d}x \quad (\downarrow)\end{aligned}$$

应用叠加法,得

$$\theta_B = \int_0^l \frac{q_0(l-x)x^2}{2EIl}\mathrm{d}x = \frac{q_0l^3}{24EI} \quad (\curvearrowright)$$

$$w_B = \int_0^l \frac{q_0(3l^2-4lx+x^2)x^2}{6EIl}\mathrm{d}x = \frac{q_0l^4}{30EI} \quad (\downarrow)$$

例 6.8 求图 6.14(a)所示变截面梁 B、C 截面的挠度 w_B、w_C。

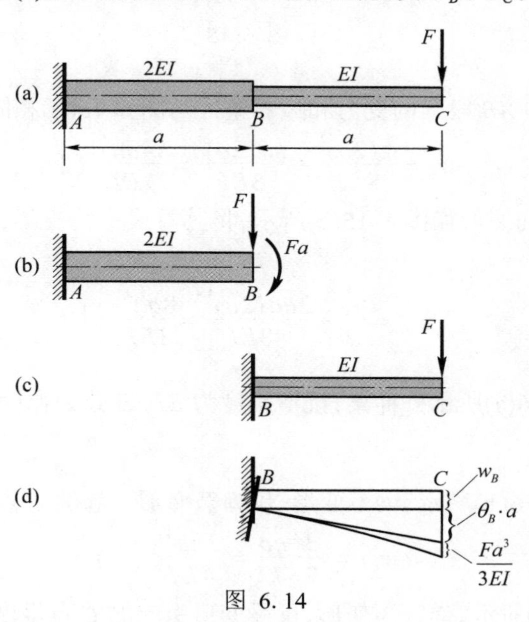

图 6.14

解: 图 6.14(a)和(b)中 AB 段梁的受力一样,边界条件也一样,故挠曲线完全相同。所以

$$w_B = \frac{Fa^3}{3\times(2EI)} + \frac{Fa\cdot a^2}{2\times(2EI)} = \frac{5Fa^3}{12EI} \quad (\downarrow)$$

$$\theta_B = \frac{Fa^2}{2\times(2EI)} + \frac{Fa\cdot a}{2EI} = \frac{3Fa^3}{4EI} \quad (\circlearrowright)$$

图 6.14(a)和(c)中 BC 段梁的受力一样,但边界条件不一样。可将图 6.14(c)中的 BC 梁先向下平移 w_B,再绕 B 点转动 θ_B[图 6.14(c)],这样边界条件就一样了。再叠加上 BC 段本身的弯曲变形,就得

$$w_C = w_B + \theta_B\cdot a + \frac{Fa^3}{3EI} = \frac{3Fa^3}{2EI} \quad (\downarrow)$$

例 6.9 图 6.15(a)所示梁的抗弯刚度为 EI。试求截面 B、D 的挠度。

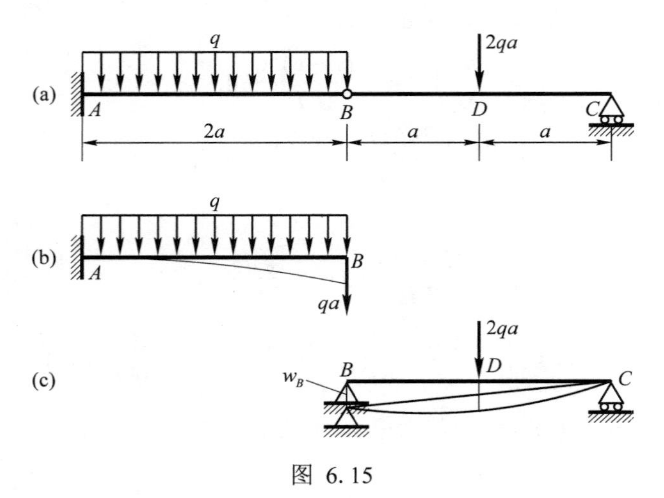

图 6.15

解: 图 6.15(a)中 AB 段梁的受力和边界条件与图 6.15(b)相同,故挠曲线完全相同。

$$w_B = \frac{q(2a)^4}{8EI} + \frac{qa(2a)^3}{3EI} = \frac{14qa^4}{3EI} \quad (\downarrow)$$

BC 段梁的受力和变形如图 6.15(c)所示,将其看成一简支梁,但支座 B 有一沉陷 w_B。于是

$$w_D = \frac{w_B}{2} + \frac{2qa(2a)^3}{48EI} = \frac{8qa^4}{3EI} \quad (\downarrow)$$

例 6.10 图 6.16(a)所示外伸梁,抗弯刚度为 EI,B 处为弹性支座,弹簧刚度 $k = \frac{2EI}{a^3}$。求自由端 C 的挠度 w_C。

解: (1) 如图 6.16(b)所示,梁不变形,仅弹簧变形引起的 C 点挠度为

$$w_{C1} = \frac{3}{2}\frac{qa}{k} = \frac{3qa^4}{4EI} \quad (\downarrow)$$

(2) 如图 6.16(c)所示,弹簧不变形,仅梁变形引起的 C 点挠度为

$$w_{C2} = \frac{q(2a)^3}{24EI}\cdot a = \frac{qa^4}{3EI} \quad (\uparrow)$$

(3) 由叠加法,得 C 点总挠度为

$$w_C = w_{C1} - w_{C2} = \frac{3qa^4}{4EI} - \frac{qa^4}{3EI} = \frac{5qa^4}{12EI} \quad (\downarrow)$$

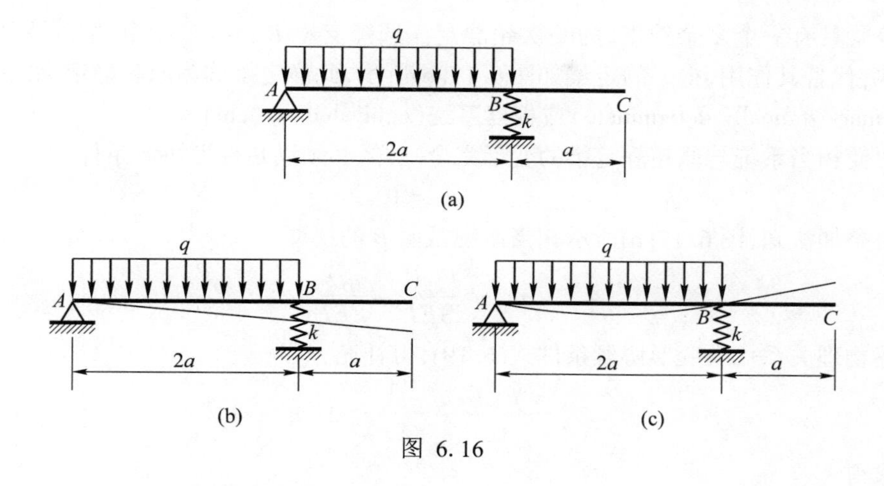

图 6.16

6.5 简单超静定梁

前面所研究的梁，其支座约束力通过静力平衡方程即可求得，所以都是静定梁。在工程实际中，有时为了提高梁的强度、刚度，或因构造的需要，除了维持平衡所必需的约束外，还需要再增加约束。这时梁的未知约束力的数目将多于静力平衡方程式的数目，这种梁称为**超静定梁**(statically indeterminate beam)。

例如，承受均布载荷的悬臂梁，为了减小梁的变形，在其自由端增加一个可动铰支座，就变成了图 6.17(a)所示的超静定梁。

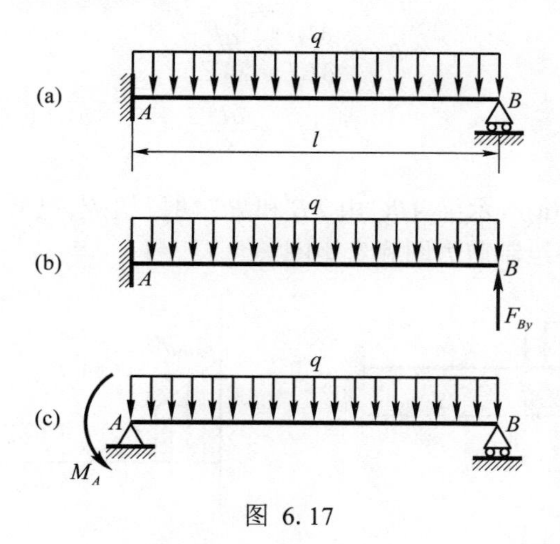

图 6.17

在超静定梁中，凡是多于维持平衡所必需的约束称为**多余约束**(redundant constraint)，与其相对应的约束力称为**多余约束力**(redundant constraint force)。应该指出，“多余”二字是对维持梁的平衡而言的，但从梁的强度、刚度或构造而言，它们并不是多余的，甚至是必需的。

现以图 6.17(a)所示超静定梁为例，说明超静定梁的求解方法。

该梁具有一个多余约束,为一次超静定。选择支座 B 为多余约束,解除支座 B,以约束力 F_{By} 代替其作用,得一静定梁如图 6. 17(b)所示,此静定梁称为原超静定梁的**基本静定系**(primary statically determinate)或**相当系统**(equivalent system)。

要使相当系统与原超静定梁的变形完全一样,必须满足变形协调条件

$$w_B = 0 \tag{6.19}$$

由叠加法知,图 6. 17(b)所示相当系统截面 B 的挠度

$$w_B = \frac{F_{By}l^3}{3EI} - \frac{ql^4}{8EI}$$

将上述物理关系代入变形协调条件式(6. 19),得补充方程

$$\frac{F_{By}l^3}{3EI} - \frac{ql^4}{8EI} = 0$$

由此求得

$$F_{By} = \frac{3ql}{8}$$

求得多余约束力 F_{By} 后,其余约束力通过静力平衡方程即可求得。进一步可作弯矩图,进行强度计算等。

需要注意的是,超静定结构的相当系统通常不止一个。例如,可将图 6. 17(a)中固定端 A 限制转动的约束看成多余约束,将其解除,也就是将固定端变成固定铰支座,相当系统如图 6. 17(c)所示。变形协调条件为

$$\theta_A = 0$$

由叠加法得图 6. 17(c)所示相当系统截面 A 的转角

$$\theta_A = \frac{M_A l}{3EI} - \frac{ql^3}{24EI} = 0$$

$$M_A = \frac{ql^2}{8}$$

例 6. 11 图 6.18(a)所示梁 ABC 由 AB 和 BC 两段组成,已知两段梁的抗弯刚度均为 EI。求支座约束力,并绘制剪力图和弯矩图。

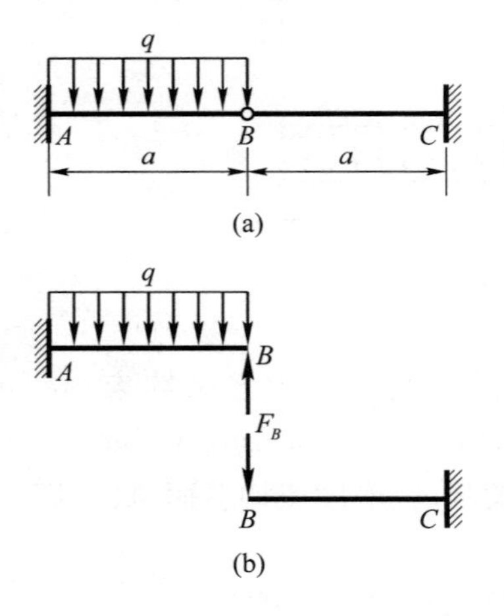

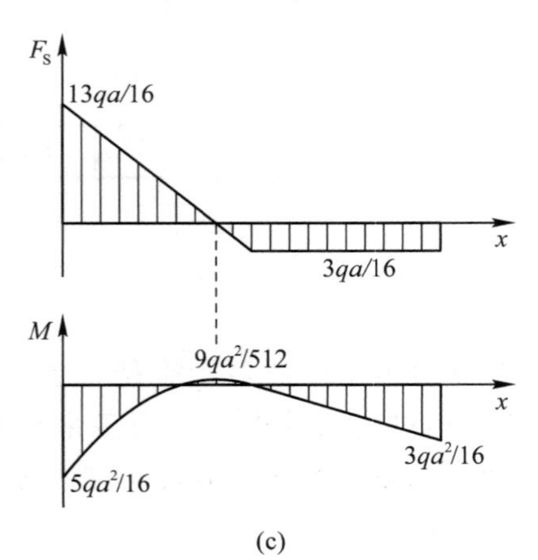

图 6. 18

解：将原梁拆成图6.18(b)所示两个悬臂梁，变形协调条件为悬臂梁 AB 和 BC 在 B 点的挠度相等，即

$$w_{ABB} = w_{BCB}$$

通过查表6.1，可得悬臂梁 AB 和 BC 在 B 点的挠度，代入上式，得

$$\frac{qa^4}{8EI} - \frac{F_B a^3}{3EI} = \frac{F_B a^3}{3EI}$$

由此求得

$$F_B = \frac{3qa}{16}$$

再由静力平衡方程求得各支座约束力分别为

$$F_{Ay} = \frac{13qa}{16}(\uparrow),\quad M_A = \frac{5qa^2}{16}(\circlearrowleft),\quad F_{Cy} = \frac{3qa}{16}(\uparrow),\quad M_C = \frac{3qa^2}{16}(\circlearrowright)$$

梁的剪力图和弯矩图如图6.18(c)所示。

6.6 提高弯曲刚度的一些措施

从梁的挠曲线近似微分方程及其积分方法可以看出，弯曲变形与弯矩、跨度、支承情况、截面惯性矩及材料弹性模量有关。要减小弯曲变形以提高弯曲刚度，就应从上述各种因素入手。

1. 增大梁的抗弯刚度 *EI* 抗弯刚度 EI 越大，弯曲变形越小。抗弯刚度包含弹性模量 E 和截面惯性矩 I 两个因素。因为各类钢材弹性模量 E 的数值相差很小，故采用高强度钢虽然可以提高梁的强度，但却不能有效地提高梁的刚度。因此，主要应设法增大截面的惯性矩 I。在截面面积不变的情况下，增大 I 的方法与增大抗弯截面系数 W_z 的方法相似。一般说来，增大惯性矩 I 的数值，往往也同时提高了梁的强度。在工程上常采用工字形、箱形、槽形、空心圆等截面，这些截面都比面积相等的圆形或矩形截面有更大的惯性矩。起重机大梁一般采用工字形或箱形截面。

在例5.4中曾提出，从圆木锯出的矩形截面梁，当 $\frac{h}{b} = \sqrt{3}$ 时，惯性矩 $I_z = \frac{bh^3}{12}$ 取极大值，此时梁的弯曲刚度最大。

2. 减小跨度或增加支承 梁在集中力作用下，挠度与跨度 l 的三次方成正比。如果跨度缩短一半，则梁的挠度减至原来的1/8。可见，若减小梁的跨度，则变形的减小则非常显著。增加支承，也是提高弯曲刚度的好方法。例如，在车床上用卡盘平夹住工件进行切削时［图6.19(a)］，工件由于切削力而引起的弯曲变形使得吃刀深度沿梁的轴线变化，而出现锥度；若在工件的自由端加装尾架顶针［图6.19(b)］，则锥度显著减小；若再安装中心架［图6.19(c)］，就可大大减小弯曲变形，从而提高了工件的加工精度。这些措施，实际上就是通过增加支座，减小跨度，来提高工件的弯曲刚度。

应该指出，为提高构件的弯曲刚度而增加支承，将使原来的静定梁［图6.19(a)］变为超静定梁［图6.19(b)、(c)］。

3. 改变加载方式和支座位置 弯矩是引起弯曲变形的重要因素，减小弯矩值也就减

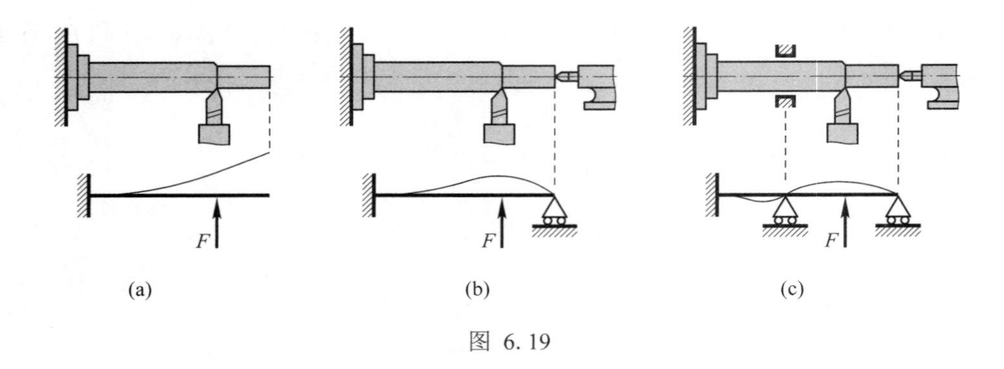

图 6.19

小了弯曲变形。在设计时也可以从结构上合理安排载荷作用点,降低最大弯矩值。

皮带轮采用卸荷装置后(图6.20),皮带拉力经滚动轴承传给箱体,它对传动轴不再引起弯曲变形,从而消除了它对传动轴弯曲变形的影响。

在结构允许的条件下,应使轴上的齿轮、皮带轮等尽可能地靠近支座。图6.21中应尽可能减小 a、b 的长度,以减小传动力对传动轴弯曲变形的影响。

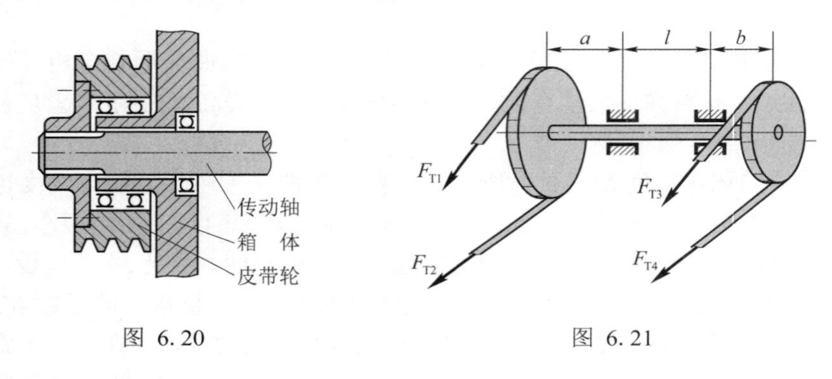

图 6.20　　图 6.21

将图6.22(a)所示简支梁中点的集中力 F 改为对称作用在梁上的两个分力 $F/2$ [图6.22(b)],或改为均布载荷作用在全梁上 [图6.22(c)],均可减小梁的弯曲变形。

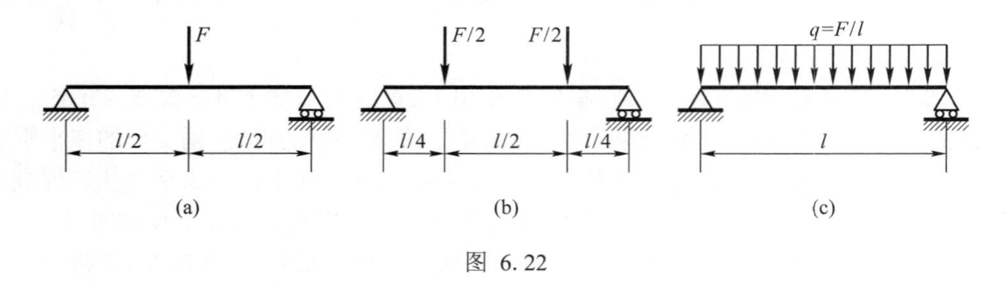

图 6.22

桥式起重机主梁制作时要设置上拱度,用以补偿主梁自重引起的挠度,以减小小车运行阻力。《通用桥式起重机》(GB/T 14405－2011)规定,起重机静载试验后主梁的上拱度不应小于 $0.7L/1\ 000$。在制造桥式起重机主梁时,跨中上拱度为 $0.9L/1\ 000 \sim 1.4L/1\ 000$,与吊运时产生的弯曲变形相反,从而改善了工作条件。

习 题

6.1 已知直梁的挠曲线方程为

$$w=-\frac{q_0x}{360EIl}(3x^4-10l^2x^2+7l^4)$$

试求梁的弯矩方程及剪力方程,并确定最大弯矩值。

6.2 根据弯矩图和支座情况,大致画出图示梁的挠曲线形状。

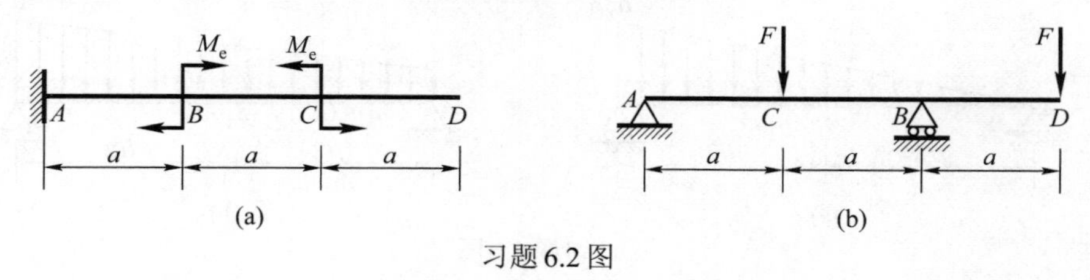

习题6.2图

6.3 试用积分法求图示各梁的转角方程、挠曲线方程,并求指定截面的挠度和转角。已知梁的抗弯刚度 EI 为常量。

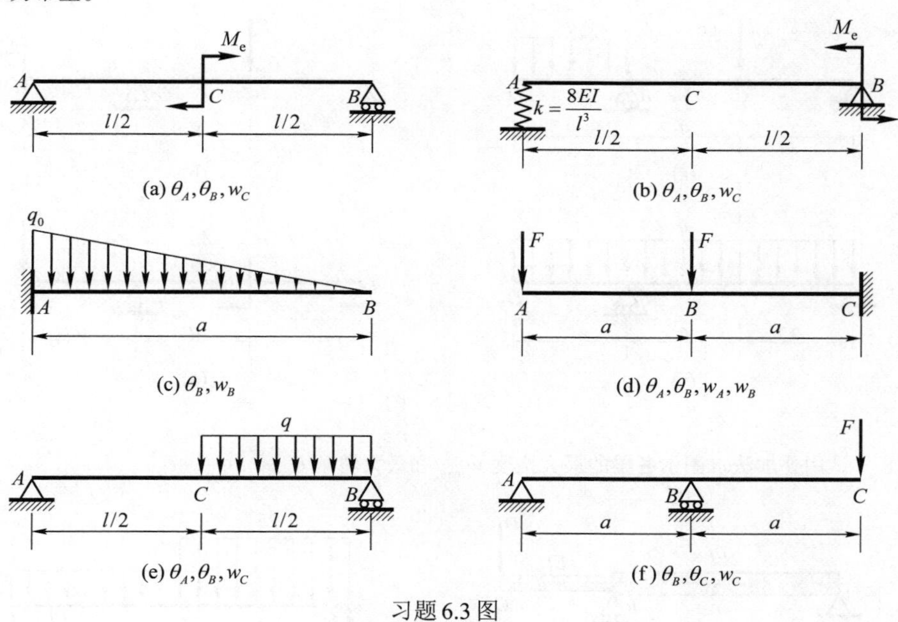

习题6.3图

6.4 图示悬臂梁横截面上剪力等于零,弯矩为常量,属于纯弯曲,由公式$\frac{1}{\rho}=\frac{M_e}{EI_z}$知$\rho=$常量,挠曲线应为圆弧。但由梁的挠曲线近似微分方程积分得到 $w=\frac{M_ex^2}{2EI}$,这表明挠曲线是一抛物线。为何产生这种差别?试求按两种结果所得最大挠度的相对误差。

6.5 图示弯曲刚度为 EI 的两端固定梁,其挠曲线方程为

$$EIw=-\frac{q}{24}x^4+Ax^3+Bx^2+Cx+D$$

试根据边界条件确定常数 A、B、C、D,并绘制梁的剪力图和弯矩图。

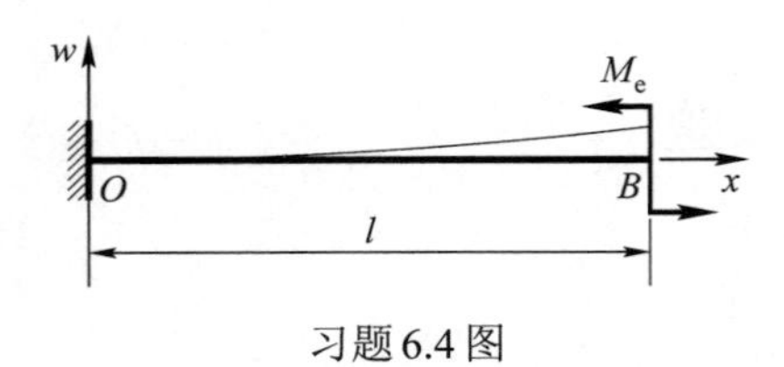

习题 6.4 图

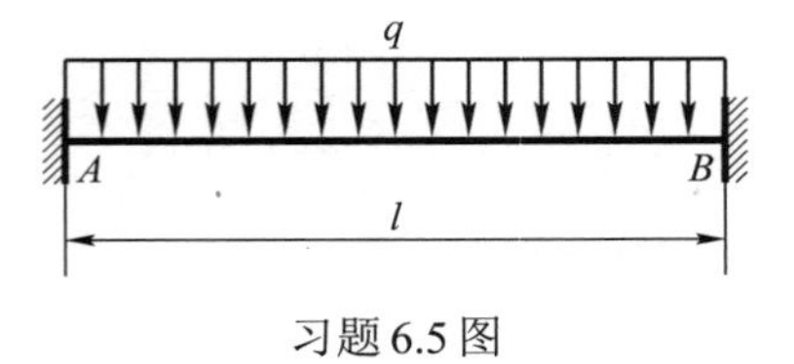

习题 6.5 图

6.6　试用叠加法求图示简支梁跨度中点 C 的挠度。已知梁的抗弯刚度 EI 为常量。

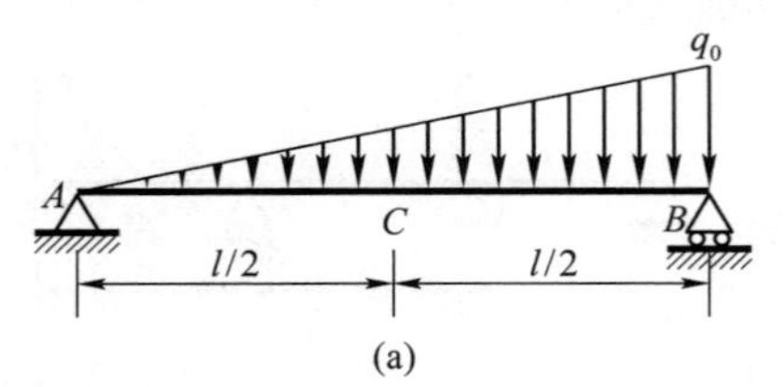

(a)

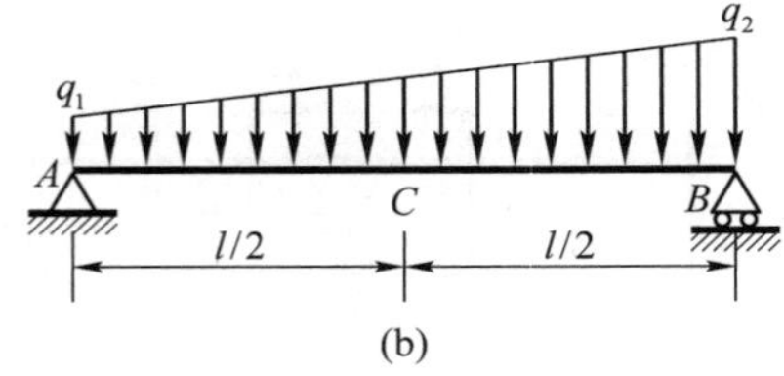

(b)

习题 6.6 图

6.7　试用叠加法求图示各梁截面 C 的挠度 w_C、截面 D 的转角 θ_D 和挠度 w_D。梁的抗弯刚度 EI 为常量。

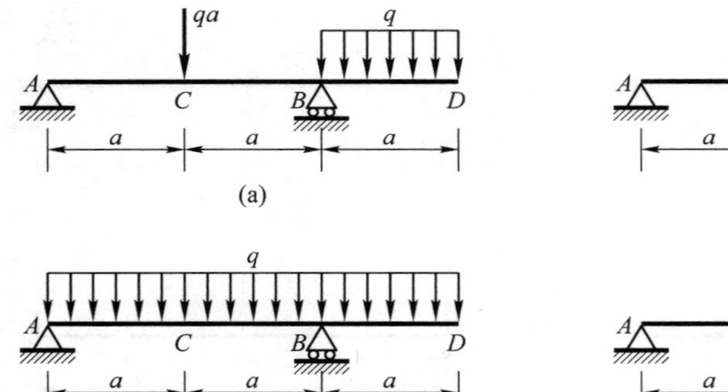

(b)

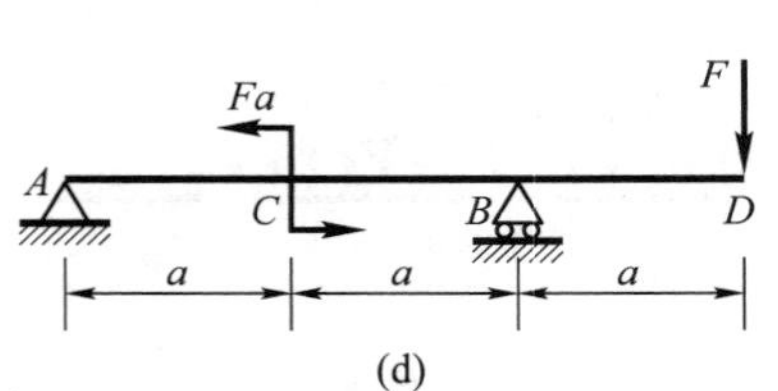

(d)

习题 6.7 图

6.8　试用叠加法求图示各梁的最大挠度 w_{max} 和最大转角 θ_{max}。

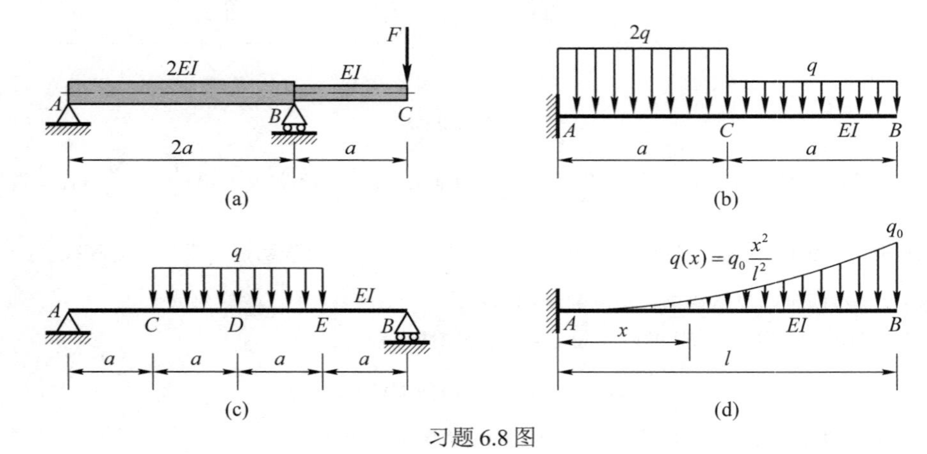

习题 6.8 图

6.9 图示简支梁的抗弯刚度 EI 为常数，今欲使梁的挠曲线在 $x = l/3$ 处出现一拐点，试求 M_{e1} 与 M_{e2} 间的关系。

6.10 图示梁的抗弯刚度为 EI，弹簧刚度 $k = \frac{EI}{a^3}$。求自由端 D、E 的挠度 w_D、w_E。

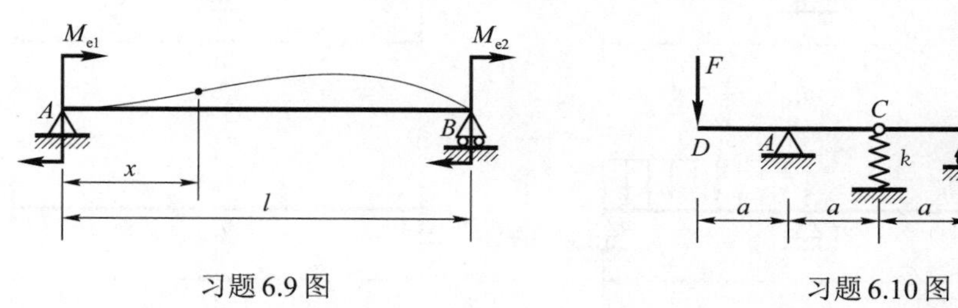

习题6.9图　　　　习题6.10图

6.11 试用叠加法求图示各梁截面 C、D 的挠度 w_C、w_D。已知梁的抗弯刚度 EI 为常量。

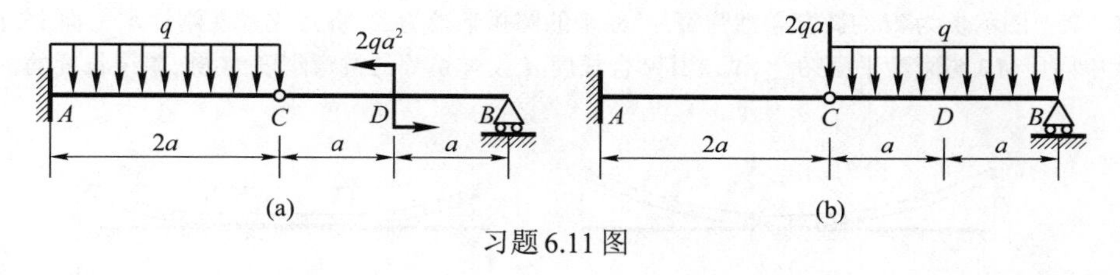

习题6.11图

6.12 等截面悬臂梁抗弯刚度 EI 为已知，梁下有一曲面，方程为 $y = -Ax^3$。欲使梁变形后与该曲面密合，且曲面不受压力。试求在梁上应施加的载荷大小和方向。

6.13 图示总重为 P、长为 $3a$ 的钢筋，对称地放置在宽度为 a 的刚性平台上。试问：在 AB 之间，钢筋与平台间的间隙在何处最大？最大间隙为多少？设 EI 为常量。

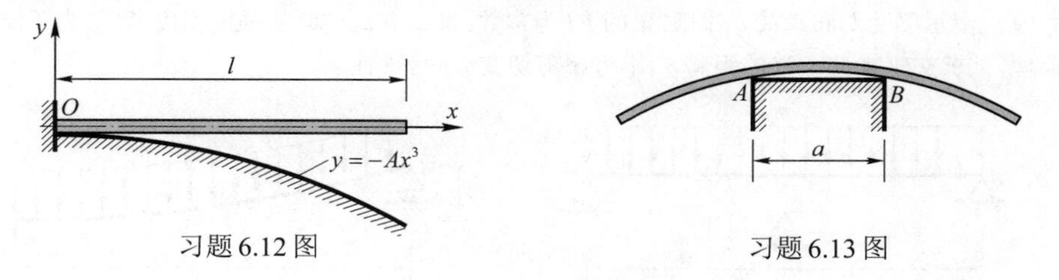

习题6.12图　　　　习题6.13图

6.14 梁的受力情况如图所示，$q = 10$ kN/m，$a = 2$ m，$E = 210$ GPa，$[\sigma] = 100$ MPa，外伸端的许可挠度 $[w] = 0.004a$。试选择梁的工字钢型号。

6.15 直角拐由 AB 与 BC 杆刚性连接而成，B 处为轴承，允许 AB 轴的端截面在轴承内自由转动，但不能上下移动，已知 $F = 60$ N，$E = 200$ GPa，$G = 80$ GPa，试求截面 C 的垂直位移。

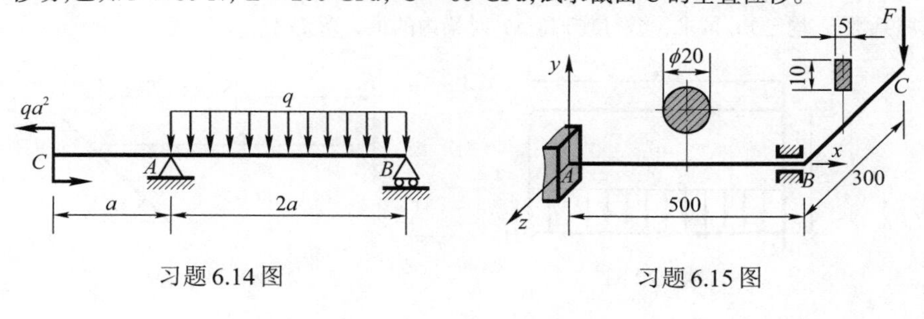

习题6.14图　　　　习题6.15图

6.16 试求图示超静定梁支座约束力值。设 EI 为常量。

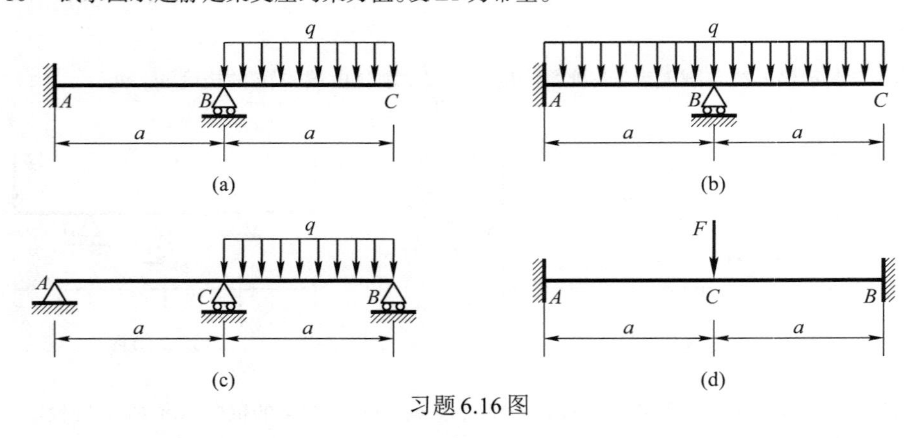

习题 6.16 图

6.17 图示长为 $2l$ 的微弯柔性弹簧片,原来的圆弧半径为 R,将其放置在刚性水平面上,在自重作用下,中间段 AB 与刚性平面贴合,试求其贴合长度 a。设弹簧片的抗弯刚度为 EI,单位长度的重量为 q。

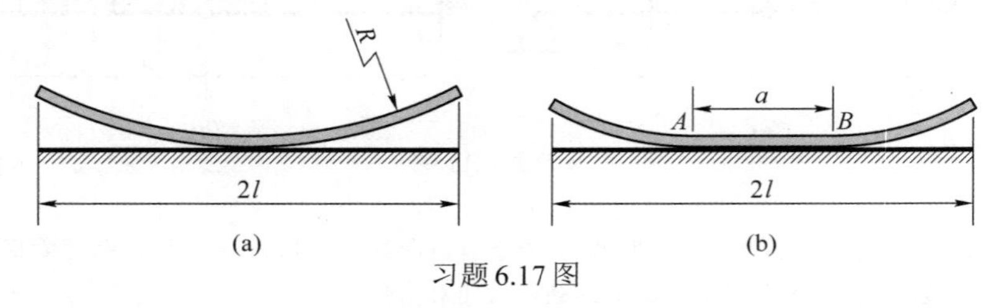

习题 6.17 图

6.18 图示弯曲刚度为 EI 的双跨梁受载荷前支承于支座 AB 上,梁与支座 C 间有一微小间隙。当均布载荷作用于梁上时,间隙密合,三支座均产生约束力。为使三支座约束力相等,试求间隙 δ 值。

6.19 图示梁受均布载荷 q 作用,梁的 EI 为常数,且 q 与 l 已知。从强度角度考虑,为了能使梁的受力最合理,试求支座 A 应上移的距离 δ (不考虑剪切变形的影响)。

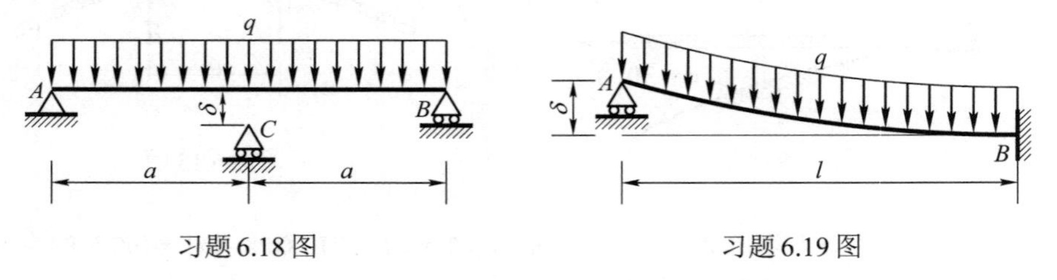

习题 6.18 图 习题 6.19 图

6.20 图示结构,已知 AB、CD 两梁的抗弯刚度 EI, BD 杆的抗拉刚度 EA。试求 BD 杆的拉力。

6.21 图示悬臂梁自由端 B 处与 45° 光滑斜面接触,设梁材料弹性模量 E、横截面面积 A、惯性矩 I 及线膨胀系数 α_l 均已知。试求,当温度升高 ΔT 时梁内的最大弯矩 $M_{\max}$。

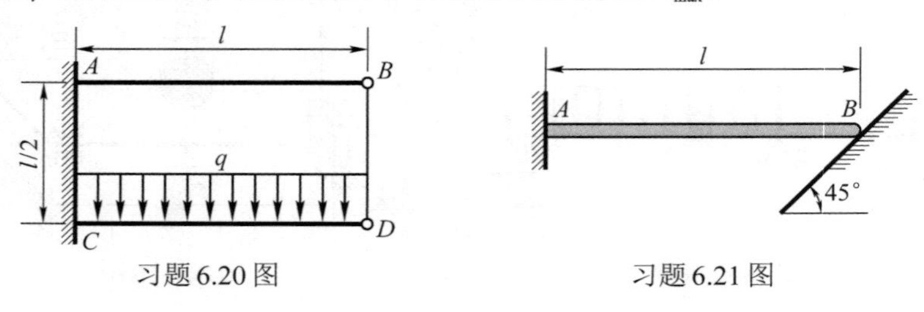

习题 6.20 图 习题 6.21 图

7 应力状态分析与强度理论

7.1 应力状态的概念

构件内不同位置的点一般具有不同的应力,同一点的不同截面上的应力一般来说也不相同。所以,提及应力,必须说明清楚是哪一点的及哪个面上的应力。所谓一点的应力状态,就是指通过一点各个不同方位的截面上的应力情况,亦称一点的应力全貌。

图 7.1(a)所示直杆受轴向拉力 F 作用,假想以围绕 A 点的纵横六个截面,从杆内截取一个体积趋于零的单元体,放大后如图 7.1(b)所示。单元体的左、右面是杆横截面的一部分,其上有正应力 $\sigma = F/A$,单元体的上、下、前、后四个面都没有应力。从前往后看图 7.1(b),其平面图形表示为图 7.1(c)。如在 A 点周围按图 7.1(d) 的方式截取单元体,使其四个侧面与纸面垂直,但与杆件轴线即不平行又不垂直,成为斜截面,则在这四个侧面上既有正应力又有切应力。所以,单元体各面上的应力随所选取方位的不同而发生变化。

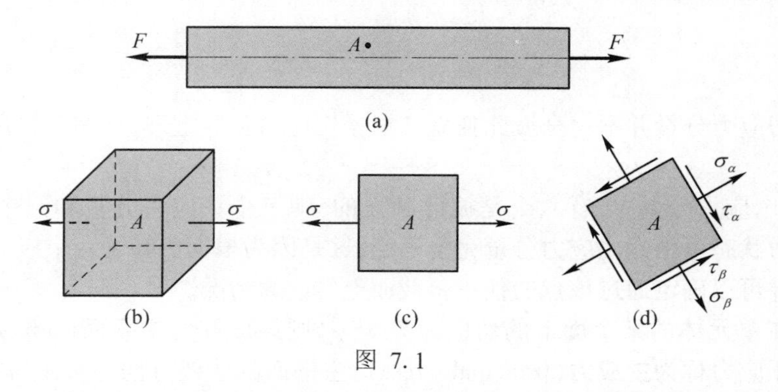

图 7.1

图 7.2(a) 所示圆截面杆,直径为 d,受扭转和轴向拉伸共同作用。在 A 点截取单元体,如图 7.2(b) 所示。单元体的左、右面上有拉伸正应力 σ 和扭转切应力 τ, 即

$$\sigma = \frac{F}{A} = \frac{4F}{\pi d^2}$$

$$\tau = \frac{M_e}{W_t} = \frac{16M_e}{\pi d^3}$$

根据切应力互等定理,单元体的上、下面上存在切应力。单元体的前、后面上没有应力。从前往后看图 7.2(b),简化用平面图形表示为图 7.2(c)。

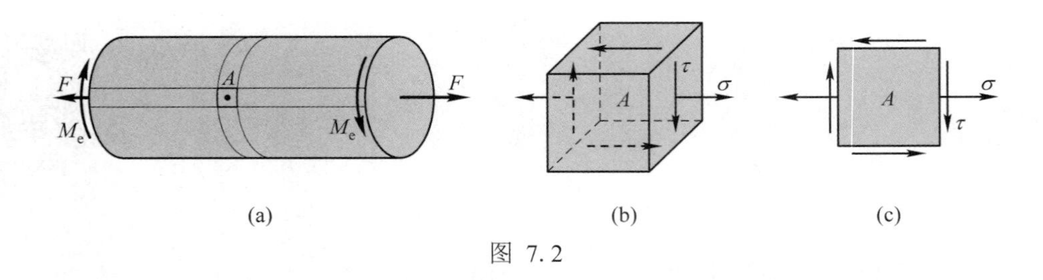

图 7.2

围绕一点取出的单元体，在三个方向的尺寸均为无穷小。因此可以认为，在单元体的每个面上的应力都是均匀分布的，在互相平行的截面上应力是相等的。

图 7.3 所示单元体,左、右面的法线方向为 x 方向,左、右面可称为 x 面,而上、下面称为 y 面,前、后面称为 z 面。一般情况下,单元体的各平面上共有九个不同的应力分量,即三个正应力分量 σ_x、σ_y、σ_z,以及六个切应力分量 τ_{xy}、τ_{xz}、τ_{yx}、τ_{yz}、τ_{zx} 与 τ_{zy}。其中 τ_{xy} 代表 x 面上沿 y 方向的切应力,其余切应力的下标类推。

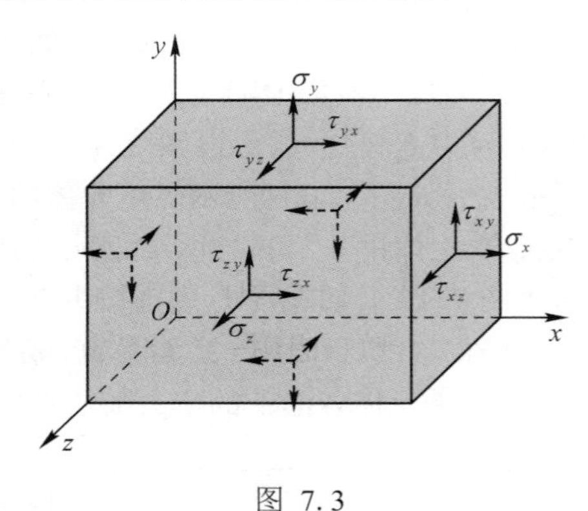

图 7.3

六个切应力分量并不完全彼此独立。根据切应力互等定理,有如下关系

$$\tau_{xy} = \tau_{yx}, \quad \tau_{yz} = \tau_{zy}, \quad \tau_{zx} = \tau_{xz}$$

因此,在九个应力分量中,有六个是彼此独立的,即三个正应力分量和三个切应力分量。一点的应力状态可由六个应力分量完全确定,这是因为根据已知的六个应力分量,应用静力平衡条件可以确定通过该点的任一斜截面上的应力情况。

如果在单元体的某个面上的切应力等于零,则该面称为**主平面**(principal plane),主平面上的正应力称为**主应力**(principal stress),主平面的法线方向称为**主方向**。弹性力学可以证明:通过受力构件的任意点,一定存在着三个互相垂直的主平面。因而每一点都有三个主应力,三个主应力依次用 σ_1、σ_2、σ_3 表示,且按代数值大小排序,即 $\sigma_1 \geqslant \sigma_2 \geqslant \sigma_3$。

若三个主应力中只有一个不等于零,则称为**单向应力状态**;若三个主应力中有两个不等于零,则称为**平面应力状态**或**二向应力状态**;若三个主应力都不等于零,则称为**空间应力状态**或**三向应力状态**。单向应力状态也称为**简单应力状态**,而二向和三向应力状态统称为**复杂应力状态**。

本章先讨论受力构件内一点处的应力状态,然后研究关于材料破坏规律的强度理论,从而为在各种应力状态下的强度计算提供必要的基础。

例 7.1　图 7.4(a)所示圆筒形薄壁容器，内径为 D，壁厚为 δ（$\delta < D/20$）。容器内充满压强为 p 的气体。计算筒壁上任意点 A 处的三个主应力。

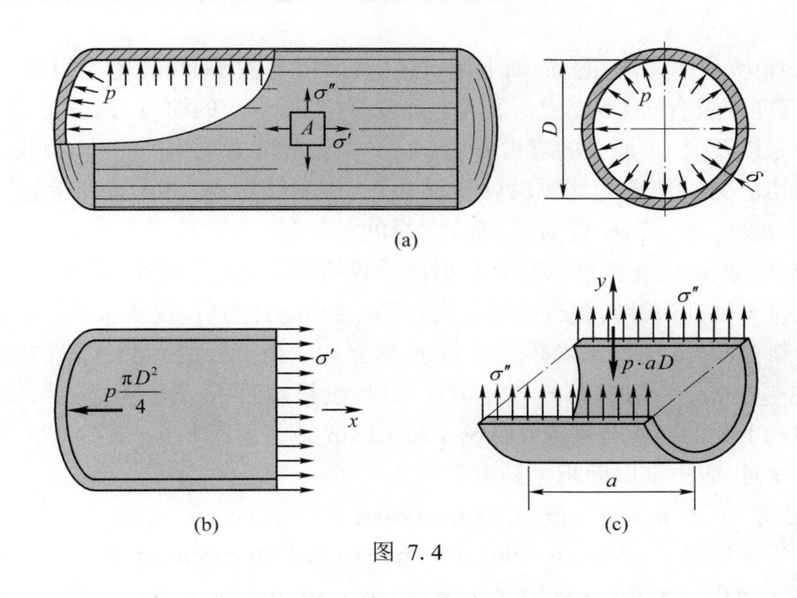

图 7.4

解： 容器因内压力作用而向外扩张。纵向扩张相当于轴向拉伸，横截面上只有正应力 σ' 而无切应力。又因内压力是轴对称载荷，故纵向截面上亦只有正应力 σ'' 而无切应力。

为了求容器横截面上的正应力 σ'，假想用一个横截面将容器截开，取左边部分研究，如图 7.4(b) 所示。由平衡方程 $\sum F_x = 0$，可得

$$\sigma' \cdot \pi D\delta - p \cdot \frac{\pi}{4} D^2 = 0$$

由此求得

$$\sigma' = \frac{pD}{4\delta} \tag{7.1}$$

再求容器纵截面上的正应力 σ''。假想在离容器两端稍远处，用两个相距为 a 的横截面从容器中截出一个圆筒，再用包含直径的纵截面将筒截开，取下部来研究，如图 7.4(c) 所示。当圆筒的壁厚 δ 远小于圆筒直径 D 时，可认为壁内应力沿壁厚均匀分布。由平衡方程 $\sum F_y = 0$，得

$$\sigma'' \cdot 2a\delta - p \cdot aD = 0$$

由此求得

$$\sigma'' = \frac{pD}{2\delta} \tag{7.2}$$

在图 7.4(a)中单元体的前后方向上，有作用于内壁的内压强 p 或作用于外壁的大气压强，它们都远小于 σ' 和 σ''，可以认为近似等于零。因此，单元体的三个主应力为

$$\sigma_1 = \frac{pD}{2\delta}, \quad \sigma_2 = \frac{pD}{4\delta}, \quad \sigma_3 = 0 \tag{7.3}$$

其中的两个主应力不等于零，属于平面应力状态。

7.2 平面应力状态分析

图 7.5(a)所示单元体，前、后面上没有应力，所以是主平面，其主应力等于零。根据切应力互等定理，左、右面上以及上、下面上都没有前、后方向的切应力。设左、右面上的应力分量 σ_x、τ_{xy} 以及上、下面上的应力分量 σ_y、τ_{yx} 皆已知，并规定：正应力以拉应力为正，压应力为负；切应力以使单元体顺时针转动为正，逆时针转动为负。按照上述正负号规定，图 7.5(a) 中的 σ_x、τ_{xy}、σ_y 皆为正，而 τ_{yx} 为负。

图 7.5(b) 是(a) 的正投影。取与前、后面垂直的斜截面 ab，其外法线 n 与 x 轴的夹角为 α，并规定：从 x 轴逆时针转到外法线 n 时 α 为正，顺时针为负。现要求解斜截面 ab 上的应力，为此沿斜截面 ab 把单元体截成两部分，研究左下角部分的平衡，如图 7.5(c) 所示。斜截面上的正应力 σ_α 和切应力 τ_α 按正方向假设。设斜截面 ab 的面积为 $\mathrm{d}A$，如图 7.5(d) 所示，则左侧和下侧的面积分别为 $\mathrm{d}A\cos\alpha$ 和 $\mathrm{d}A\sin\alpha$。考虑图7.5(c) 所示微元体在 n 和 t 方向的平衡。注意，应力乘以面积才是力。

$$\sum F_n = 0, \quad \sigma_\alpha \mathrm{d}A + (\tau_{xy}\mathrm{d}A\cos\alpha)\sin\alpha - (\sigma_x \mathrm{d}A\cos\alpha)\cos\alpha + (\tau_{yx}\mathrm{d}A\sin\alpha)\cos\alpha - (\sigma_y\mathrm{d}A\sin\alpha)\sin\alpha = 0$$

$$\sum F_t = 0, \quad \tau_\alpha \mathrm{d}A - (\tau_{xy}\mathrm{d}A\cos\alpha)\cos\alpha - (\sigma_x \mathrm{d}A\cos\alpha)\sin\alpha + (\tau_{yx}\mathrm{d}A\sin\alpha)\sin\alpha + (\sigma_y\mathrm{d}A\sin\alpha)\cos\alpha = 0$$

根据切应力互等定理，τ_{xy} 和 τ_{yx} 在数值上相等，以 τ_{xy} 替换 τ_{yx}，化简上面两平衡方程，得

$$\sigma_\alpha = \frac{\sigma_x + \sigma_y}{2} + \frac{\sigma_x - \sigma_y}{2}\cos 2\alpha - \tau_{xy}\sin 2\alpha \tag{7.4}$$

$$\tau_\alpha = \frac{\sigma_x - \sigma_y}{2}\sin 2\alpha + \tau_{xy}\cos 2\alpha \tag{7.5}$$

这就是任意斜截面上的正应力 σ_α 和切应力 τ_α 的计算公式。

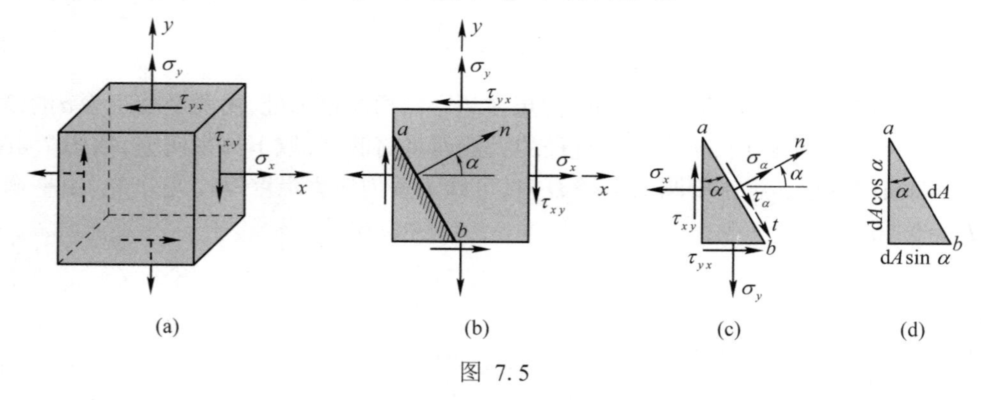

图 7.5

由式(7.4) 和式(7.5) 可见，斜截面上的正应力 σ_α 和切应力 τ_α 都是角 α 的周期函数，下面求解正应力和切应力的极值，并确定它们所在截面的位置。

将式(7.4) 对 α 求导，得

$$\frac{\mathrm{d}\sigma_\alpha}{\mathrm{d}\alpha} = -2\left(\frac{\sigma_x - \sigma_y}{2}\sin 2\alpha + \tau_{xy}\cos 2\alpha\right) \tag{7.6}$$

若 $\alpha = \alpha_0$ 时，$\dfrac{d\sigma_\alpha}{d\alpha} = 0$，则在 α_0 所确定的截面上，正应力取极大值或极小值（也是最大值或最小值）。将 α_0 代入式(7.6)，得

$$\frac{\sigma_x - \sigma_y}{2}\sin 2\alpha_0 + \tau_{xy}\cos 2\alpha_0 = 0 \tag{7.7}$$

由此求得

$$\tan 2\alpha_0 = -\frac{2\tau_{xy}}{\sigma_x - \sigma_y} \tag{7.8}$$

由上式可求得相差 90° 的两个角度 α_0 和 $\alpha_0 + 90°$，它们确定两个互相垂直的平面，其中一个是最大正应力所在平面，另一个是最小正应力所在平面。比较式(7.5) 和式(7.7)，可见在正应力取极值的截面上，切应力正好等于零。而切应力等于零的平面就是主平面，主平面上的正应力就是主应力。因此，下面求出的正应力的极值就是主应力，式(7.8) 是确定主方向的计算公式，从该式可求出 $\sin 2\alpha_0$ 和 $\cos 2\alpha_0$，代入式(7.4)可得正应力的极值

$$\left.\begin{matrix}\sigma_{\max}\\ \sigma_{\min}\end{matrix}\right\} = \frac{\sigma_x + \sigma_y}{2} \pm \sqrt{\left(\frac{\sigma_x - \sigma_y}{2}\right)^2 + \tau_{xy}^2} \tag{7.9}$$

利用上式可求出两个主应力的值，易知还有一个主应力等于零，将三个主应力按代数值大小排序，就可求得三个主应力 σ_1、σ_2、σ_3。利用式(7.8) 可求得两个主平面的方位，这两个主平面相互垂直，并且与第三个主平面 [图 7.5(a) 的前、后面] 两两垂直。

用完全相似的方法可以求解切应力的极值及其所在平面的方位。将式(7.5) 对 α 求导，得

$$\frac{d\tau_\alpha}{d\alpha} = (\sigma_x - \sigma_y)\cos 2\alpha - 2\tau_{xy}\sin 2\alpha \tag{7.10}$$

若 $\alpha = \alpha_1$ 时，$\dfrac{d\tau_\alpha}{d\alpha} = 0$，则在 α_1 所确定的截面上，切应力取极大值或极小值(也是最大值或最小值)。将 α_1 代入式(7.10)，得

$$(\sigma_x - \sigma_y)\cos 2\alpha_1 - 2\tau_{xy}\sin 2\alpha_1 = 0$$

由此求得

$$\tan 2\alpha_1 = \frac{\sigma_x - \sigma_y}{2\tau_{xy}} \tag{7.11}$$

由上式可求得相差 90° 的两个角度 α_1 和 $\alpha_1 + 90°$，它们确定两个互相垂直的平面，其中一个是最大切应力所在平面，另一个是最小切应力所在平面。从式(7.11) 可求出 $\sin 2\alpha_1$ 和 $\cos 2\alpha_1$，代入式(7.5)可得切应力的极值

$$\left.\begin{matrix}\tau_{\max}\\ \tau_{\min}\end{matrix}\right\} = \pm\sqrt{\left(\frac{\sigma_x - \sigma_y}{2}\right)^2 + \tau_{xy}^2} \tag{7.12}$$

将式(7.12)与式(7.9)比较，可得

$$\left.\begin{matrix}\tau_{\max}\\ \tau_{\min}\end{matrix}\right\} = \pm\frac{\sigma_{\max} - \sigma_{\min}}{2} \tag{7.13}$$

由式(7.8)和式(7.11)，得

$$\tan 2\alpha_0 \cdot \tan 2\alpha_1 = -1$$

故

$$2\alpha_1 = 2\alpha_0 + \frac{\pi}{2}, \quad \alpha_1 = \alpha_0 + \frac{\pi}{4}$$

可见,最大和最小切应力所在平面与主平面的夹角为45°。

以上是用解析法求解平面应力状态,下面应用图解法求解。

式(7.4)、式(7.5)可写成

$$\sigma_\alpha - \frac{\sigma_x + \sigma_y}{2} = \frac{\sigma_x - \sigma_y}{2}\cos 2\alpha - \tau_{xy}\sin 2\alpha$$

$$\tau_\alpha = \frac{\sigma_x - \sigma_y}{2}\sin 2\alpha + \tau_{xy}\cos 2\alpha$$

将上面两式等号两边平方,然后相加,得

$$\left(\sigma_\alpha - \frac{\sigma_x + \sigma_y}{2}\right)^2 + \tau_\alpha^2 = \left(\frac{\sigma_x - \sigma_y}{2}\right)^2 + \tau_{xy}^2$$

因为 σ_x、σ_y、τ_{xy} 皆为已知量,所以上式是以 σ_α 和 τ_α 为变量的圆的方程。若以 σ 为横坐标,τ 为纵坐标,则圆心的坐标为 $\left(\frac{\sigma_x + \sigma_y}{2}, 0\right)$,半径为 $\sqrt{\left(\frac{\sigma_x - \sigma_y}{2}\right)^2 + \tau_{xy}^2}$。该圆称为**应力圆**或**莫尔应力圆**(Mohr stress circle)。

现以图7.6(a)所示平面应力状态为例,说明应力圆的作法。根据 x、y 面上的应力可确定图7.6(b)中的两点 $A(\sigma_x, \tau_{xy})$、$B(\sigma_y, \tau_{yx})$,注意 $\tau_{yx} = -\tau_{xy}$。以 A、B 两点的连线为直径画圆,该圆的圆心 C 的纵坐标为零,横坐标 $\overline{OC}$ 和半径 $\overline{CA}$ 分别为

$$\overline{OC} = \frac{\overline{OD} + \overline{OE}}{2} = \frac{\sigma_x + \sigma_y}{2}$$

$$\overline{CA} = \sqrt{\overline{CD}^2 + \overline{DA}^2} = \sqrt{\left(\frac{\overline{OD} - \overline{OE}}{2}\right)^2 + \overline{DA}^2} = \sqrt{\left(\frac{\sigma_x - \sigma_y}{2}\right)^2 + \tau_{xy}^2}$$

可见,该圆就是应力圆。

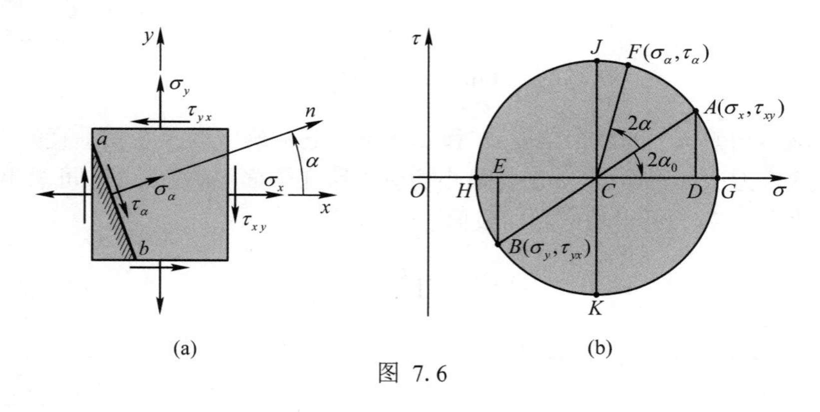

图 7.6

图7.6(a)所示单元体上的一个面,对应着图7.6(b)所示应力圆上的一个点。x 面对应 A 点,y 面对应 B 点。从 x 面逆时针转90°到 y 面,而在应力圆上从 CA 转到 CB 却是逆时

针转 180°,可见应力圆上的角度与单元体上的角度是两倍关系。从 x 轴逆时针转 α 到斜截面法线方向 n,则在应力圆上,从 CA 逆时针转 2α 到 CF, F 点的坐标经证明就是$(\sigma_\alpha,\tau_\alpha)$。

图7.6(b)所示应力圆上的 G、H两点,纵坐标 $\tau=0$,因此这两点对应两个主平面,这两点的横坐标就是主应力的值,其值等于$\overline{OC}$加半径或减半径,显然与式(7.9)完全一致。

按定义, α_0 为从 x 轴转到主平面法线方向的角度,逆时针为正。但在图7.6(b)所示应力圆上,从 CA 转到 CG 是顺时针转动的,因此,$\tan 2\alpha_0=-\dfrac{\overline{AD}}{\overline{CD}}$,与式(7.8)完全一致。

图7.6(b)所示应力圆上的 J、K两点,对应着最大和最小切应力所在平面。这两点的纵坐标分别等于正、负半径,显然与式(7.13)完全一致。CJ(或 CK)与 CG(或 CH)的夹角为 90°,可见最大(或最小)切应力所在平面与主平面的夹角为 45°。

例 7.2　分别用解析法和图解法求图 7.7(a)所示单元体的:

(1) 指定斜截面上的正应力和切应力;

(2) 主应力值及主方向,并画在单元体上;

(3) 最大切应力值。

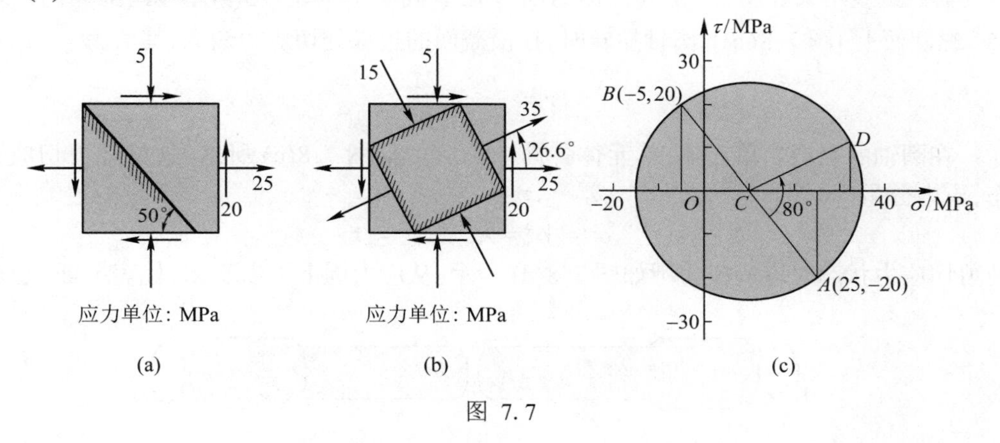

图 7.7

解: 由图7.7知: $\sigma_x=25$ MPa, $\sigma_y=-5$ MPa, $\tau_{xy}=-20$ MPa, $\alpha=40°$。

先用解析法求解:

$$\sigma_\alpha=\frac{\sigma_x+\sigma_y}{2}+\frac{\sigma_x-\sigma_y}{2}\cos 2\alpha-\tau_{xy}\sin 2\alpha=32.3\ \text{MPa}$$

$$\tau_\alpha=\frac{\sigma_x-\sigma_y}{2}\sin 2\alpha+\tau_{xy}\cos 2\alpha=11.3\ \text{MPa}$$

$$\left.\begin{matrix}\sigma_{\max}\\ \sigma_{\min}\end{matrix}\right\}=\frac{\sigma_x+\sigma_y}{2}\pm\sqrt{\left(\frac{\sigma_x-\sigma_y}{2}\right)^2+\tau_{xy}^2}=\begin{cases}35\ \text{MPa}\\ -15\ \text{MPa}\end{cases}$$

可见三个主应力分别为

$$\sigma_1=35\ \text{MPa},\quad \sigma_2=0,\quad \sigma_3=-15\ \text{MPa}$$

由公式

$$\tan 2\alpha_0=-\frac{2\tau_{xy}}{\sigma_x-\sigma_y}=1.333$$

求得

$$\alpha_0 = 26.6^\circ \text{ 或 } 116.6^\circ$$

将主应力值及主方向画在单元体上,如图 7.7(b) 所示。

$$\tau_{\max} = \sqrt{\left(\frac{\sigma_x - \sigma_y}{2}\right)^2 + \tau_{xy}^2} = 25 \text{ MPa}$$

再用图解法求解:建立 $\sigma-\tau$ 坐标系,以 x 面上的应力确定点 $A(25,-20)$,以 y 面上的应力确定点 $B(-5,20)$,以 AB 为直径画应力圆,如图 7.7(c) 所示。从 CA 逆时针转 $2\alpha = 80^\circ$ 到 CD,则 D 点的坐标就是$(\sigma_\alpha,\tau_\alpha)$。从应力圆上量出:

$$\sigma_\alpha = 32.3 \text{ MPa}, \quad \tau_\alpha = 11.3 \text{ MPa}$$

$$\sigma_1 = 35 \text{ MPa}, \quad \sigma_2 = 0, \quad \sigma_3 = -15 \text{ MPa}$$

$$\alpha_0 = 26.6^\circ \text{ 或 } 116.6^\circ$$

$$\tau_{\max} = 25 \text{ MPa}$$

例 7.3 讨论圆轴扭转时的应力状态,分析低碳钢和铸铁试样受扭时的破坏现象。

解: 试验结果表明,低碳钢试样的断口在横截面上 [图 7.8(a)],铸铁试样的断口在 45° 螺旋面上 [图 7.8(b)]。圆轴扭转时,在横截面的边缘处切应力最大,其值为

$$\tau = \frac{T}{W_t} = \frac{M_e}{W_t}$$

在圆轴的表层取单元体,单元体各面上的应力如图 7.8(c) 所示,这是纯剪切应力状态,应力分量

$$\sigma_x = \sigma_y = 0, \quad \tau_{xy} = \tau$$

纯剪切应力状态对应的应力圆如图 7.8(d) 所示。从应力圆上可以看出,代表 x 面(也就是

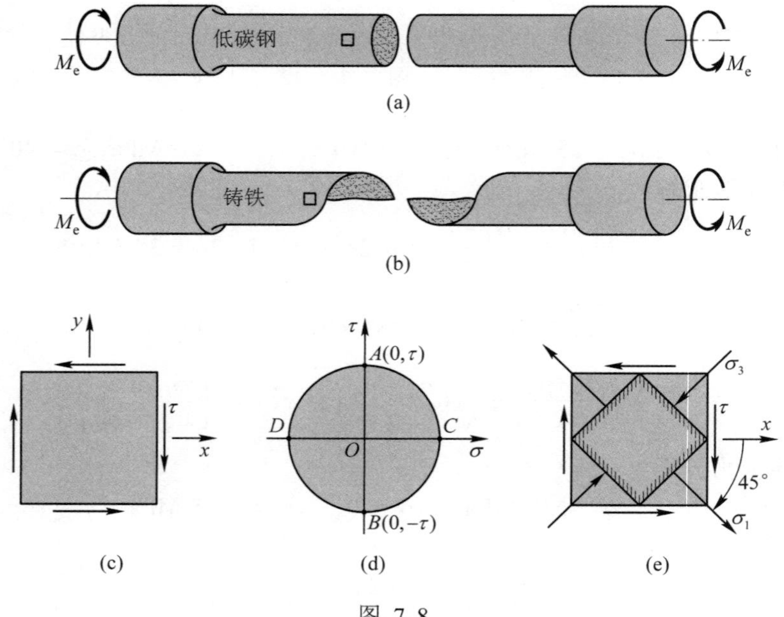

图 7.8

横截面）上应力的 A 点切应力最大，而低碳钢试样扭转时断口就在横截面上。可见，低碳钢试样是因为在横截面上切应力最大而剪坏的。

从应力圆可以看出，纯剪切应力状态的三个主应力为

$$\sigma_1 = \tau, \quad \sigma_2 = 0, \quad \sigma_3 = -\tau$$

应力圆上 C 点对应的就是主应力 σ_1，也是最大拉应力 σ_{max}。将 x 轴顺时针旋转45°到达 σ_1 的方向 [图 7.8(e)]。表面上各点 σ_1 所在的主平面连成倾角为45°的螺旋面，而铸铁试样扭转时断口就在此螺旋面上。可见，铸铁试样是因为45°螺旋面上拉应力最大而拉坏的。

扭断粉笔时，断口形状和铸铁试样一样，也是在45°螺旋面上发生拉伸断裂破坏。

7.3 三向应力状态简介

三个主应力都不等于零的应力状态称为三向应力状态。图 7.9(a)所示单元体，六个平面都是主平面，这种单元体称为主单元体。本节只讨论当主单元体上的三个主应力已知时，任意斜截面上的应力计算，而且是定性不定量分析。

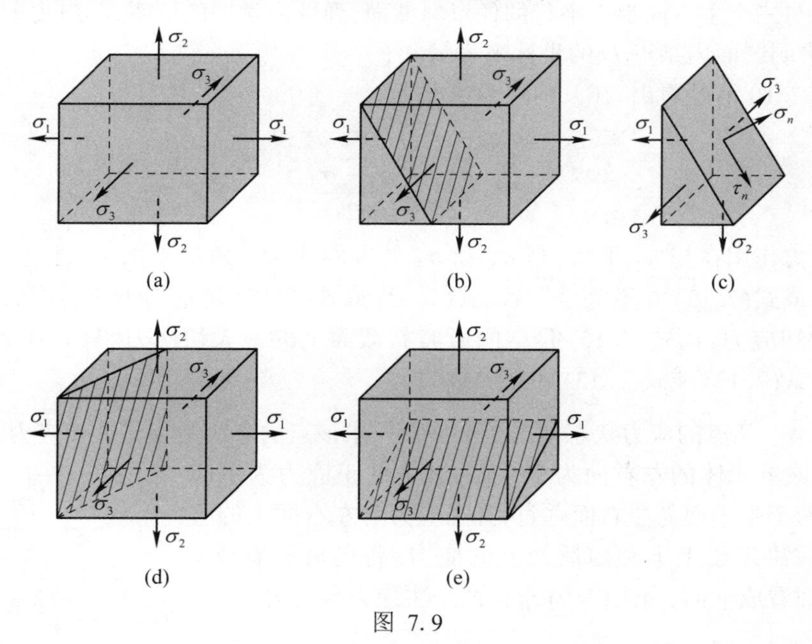

图 7.9

首先分析平行于主应力之一（如 σ_3）的各斜截面上的应力 [图 7.9(b)]。取阴影面的左边部分（或右边部分）作为研究对象进行静力平衡分析 [(图 7.9(c)]，因前后面上无切应力，由切应力互等定理知，斜截面上的切应力只能与斜边平行。前、后面上的力自相平衡，因而斜截面上的应力与 σ_3 无关，只决定于 σ_1 和 σ_2。对这些斜截面，其应力分析和二向应力状态一样，可由主应力 σ_1 和 σ_2 所画的应力圆圆周上各点的坐标来表示。

同理，在平行于 σ_2 的各个斜截面上 [图 7.9(d)]，其应力可由主应力 σ_1 和 σ_3 所画的应力圆圆周上各点的坐标来表示；在平行于 σ_1 的各个斜截面上 [图 7.9(e)]，其应力可由主应力 σ_2 和 σ_3 所画的应力圆圆周上各点的坐标来表示。

这样,单元体上与主应力之一平行的各个斜截面上的正应力和切应力,可由图 7.10 所示三个应力圆圆周上各点的坐标来表示。

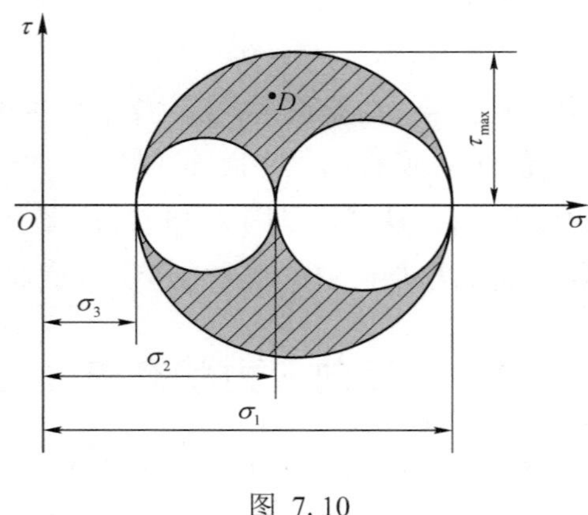

图 7.10

至于与三个主方向都不平行的任意斜截面,弹性力学中已证明,其应力 σ_n 和 τ_n 可由图 7.10 中阴影面内某点 D 的坐标来表示。

由图 7.10 清楚看出,在三向应力情况下

$$\sigma_{max} = \sigma_1, \quad \sigma_{min} = \sigma_3 \tag{7.14}$$

$$\tau_{max} = \frac{\sigma_1 - \sigma_3}{2} \tag{7.15}$$

最大切应力作用在与 σ_2 平行,与 σ_1 和 σ_3 的方向成 45° 角的平面上。注意,式(7.15)与式(7.12)或式(7.13)并不完全一致。式(7.12)或式(7.13)是垂直于前后面的所有斜截面上的最大切应力,而式(7.15)是空间所有斜截面上的最大切应力。只有在 $\sigma_2 = 0$ 时,式(7.15)与式(7.12)或式(7.13)才是一致的。

例 7.4 某点的应力状态如图 7.11 所示,求该点的主应力和最大切应力。

解: 该单元体的左右面为主平面,其上的正应力为主应力。另外两个主平面与左右面垂直,其主应力与左右面上的应力无关,只决定于上下和前后面上的应力。将前后面看成 x 面,上下面看成 y 面,由式(7.9)求得两个主应力分别为

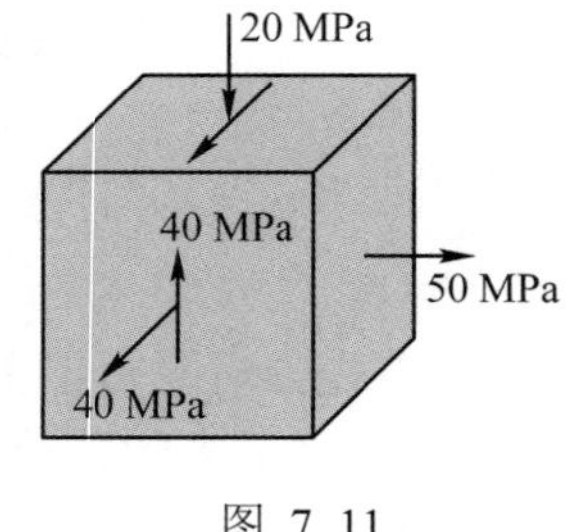

图 7.11

$$\left.\begin{matrix}\sigma' \\ \sigma''\end{matrix}\right\} = \frac{\sigma_x + \sigma_y}{2} \pm \sqrt{\left(\frac{\sigma_x - \sigma_y}{2}\right)^2 + \tau_{xy}^2}$$

$$= \left(\frac{40 - 20}{2} \pm \sqrt{\left(\frac{40 + 20}{2}\right)^2 + 40^2}\right) \text{MPa}$$

$$= \begin{cases} 60 \text{ MPa} \\ -40 \text{ MPa} \end{cases}$$

可见三个主应力和最大切应力分别为

$$\sigma_1 = 60 \text{ MPa}, \quad \sigma_2 = 50 \text{ MPa}, \quad \sigma_3 = -40 \text{ MPa}, \quad \tau_{max} = \frac{\sigma_1 - \sigma_3}{2} = 50 \text{ MPa}$$

7.4　平面应变状态分析

这里所指的平面应变状态，实际上是平面应力所对应的应变状态，它与弹性力学中所说的平面应变状态不同。

实际问题中，最大应变往往发生于受力构件的表面，表面的应变也易于测量，而表面上的点一般都可按平面应变状态进行分析。

设构件内某点 M 处的应变 ε_x、ε_y 和 γ_{xy} 皆为已知量，现求 x' 方向的线应变 ε_α 和直角 $x'My'$ 的改变量，即切应变 γ_α [图 7.12(a)]。假设：伸长的线应变和使直角增大的切应变规定为正，逆时针转动的角度 α 规定为正。

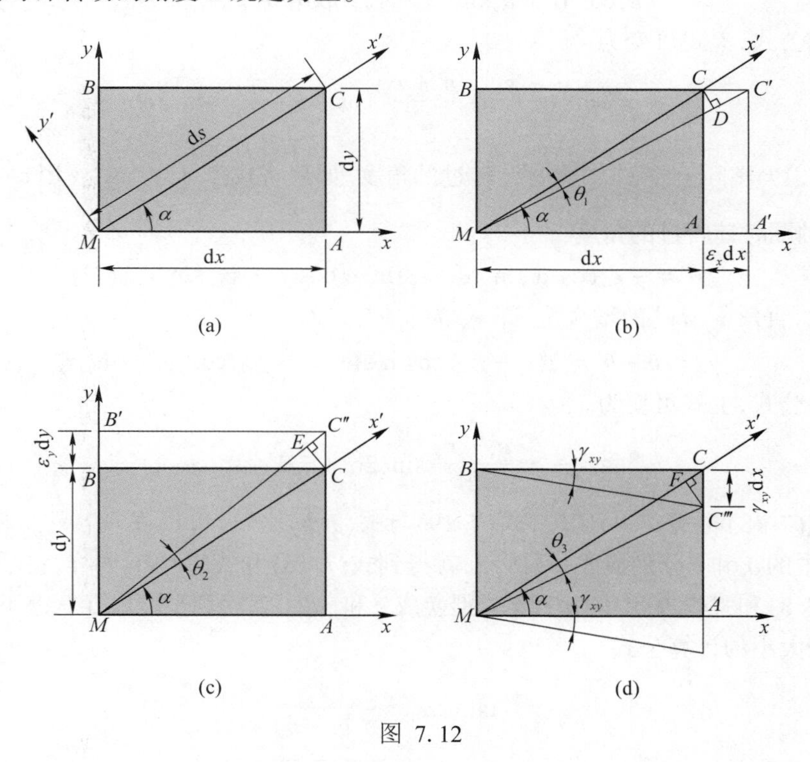

图 7.12

由于线应变 ε_x 而引起的线段 MC 的伸长量及转角分别为 [图 7.12(b)]

$$DC' = \varepsilon_x \mathrm{d}x \cos\alpha$$

$$\theta_1 = \frac{CD}{MC} = \frac{\varepsilon_x \mathrm{d}x \sin\alpha}{\mathrm{d}s} = \varepsilon_x \cos\alpha \sin\alpha \quad (\circlearrowright)$$

由于线应变 ε_y 而引起的线段 MC 的伸长量及转角分别为 [图 7.12(c)]

$$EC'' = \varepsilon_y \mathrm{d}y \sin\alpha$$

$$\theta_2 = \frac{CE}{MC} = \frac{\varepsilon_y \mathrm{d}y \cos\alpha}{\mathrm{d}s} = \varepsilon_y \sin\alpha \cos\alpha \quad (\circlearrowleft)$$

由于切应变 γ_{xy} 而引起的线段 MC 的伸长量及转角分别为 [图 7.12(d)]

$$CF = \gamma_{xy}\mathrm{d}x\sin\alpha \quad (缩短)$$

$$\theta_3 = \frac{C''F}{MC} = \frac{\gamma_{xy}\mathrm{d}x\cos\alpha}{\mathrm{d}s} = \gamma_{xy}\cos^2\alpha \quad (\circlearrowright)$$

综上所述,ε_x、ε_y 和 γ_{xy} 同时存在而引起的线段 MC 的伸长量及转角分别为

$$\Delta(\mathrm{d}s) = DC' + EC'' + CF = \varepsilon_x\mathrm{d}x\cos\alpha + \varepsilon_y\mathrm{d}y\sin\alpha - \gamma_{xy}\mathrm{d}x\sin\alpha \tag{7.16}$$

$$\theta = \theta_1 - \theta_2 + \theta_3 = \varepsilon_x\cos\alpha\sin\alpha - \varepsilon_y\sin\alpha\cos\alpha + \gamma_{xy}\cos^2\alpha \quad (\circlearrowright) \tag{7.17}$$

因此, MC 方向(亦即 x' 方向)的线应变为

$$\varepsilon_\alpha = \frac{\Delta(\mathrm{d}s)}{\mathrm{d}s} = \frac{\varepsilon_x\mathrm{d}x\cos\alpha + \varepsilon_y\mathrm{d}y\sin\alpha - \gamma_{xy}\mathrm{d}x\sin\alpha}{\mathrm{d}s}$$
$$= \varepsilon_x\cos^2\alpha + \varepsilon_y\sin^2\alpha - \gamma_{xy}\sin\alpha\cos\alpha$$

利用倍角公式,上式可变为

$$\varepsilon_\alpha = \frac{\varepsilon_x + \varepsilon_y}{2} + \frac{\varepsilon_x - \varepsilon_y}{2}\cos 2\alpha - \frac{\gamma_{xy}}{2}\sin 2\alpha \tag{7.18}$$

式(7.17)实际上是 x' 轴顺时针转过的角度。如果将式(7.17)中的 α 用 $\alpha + \frac{\pi}{2}$ 替换,就得到 y' 轴顺时针转过的角度

$$\theta' = -\varepsilon_x\cos\alpha\sin\alpha + \varepsilon_y\sin\alpha\cos\alpha + \gamma_{xy}\sin^2\alpha \quad (\circlearrowright)$$

因此,直角 $x'My'$ 的增大量,即 γ_α 为

$$\gamma_\alpha = \theta - \theta' = 2(\varepsilon_x - \varepsilon_y)\cos\alpha\sin\alpha + \gamma_{xy}(\cos^2\alpha - \sin^2\alpha)$$

利用倍角公式,上式可变为

$$\frac{\gamma_\alpha}{2} = \frac{\varepsilon_x - \varepsilon_y}{2}\sin 2\alpha + \frac{\gamma_{xy}}{2}\cos 2\alpha \tag{7.19}$$

将式(7.18)与式(7.4)比较,式(7.19)与式(7.5)比较,可以发现,只要将式(7.4)和式(7.5)中的 σ 和 τ 分别换成 ε 和 $\gamma/2$,就得到式(7.18)和式(7.19)。同样,将平面应力状态下的式(7.8)和式(7.9)中的 σ 和 τ 分别换成 ε 和 $\gamma/2$,就得到平面应变状态下主应变方向和主应变大小的计算公式

$$\tan 2\alpha_0 = -\frac{\gamma_{xy}}{\varepsilon_x - \varepsilon_y} \tag{7.20}$$

$$\left.\begin{matrix}\varepsilon_{\max}\\ \varepsilon_{\min}\end{matrix}\right\} = \frac{\varepsilon_x + \varepsilon_y}{2} \pm \sqrt{\left(\frac{\varepsilon_x - \varepsilon_y}{2}\right)^2 + \left(\frac{\gamma_{xy}}{2}\right)^2} \tag{7.21}$$

用应变仪实测应变时,切应变不易测量,只能测线应变。一般先测出三个选定方向 α_1、α_2、α_3 上的线应变 ε_{α_1}、ε_{α_2}、ε_{α_3},由式(7.18)得

$$\left.\begin{aligned}
\varepsilon_{\alpha_1} &= \frac{\varepsilon_x + \varepsilon_y}{2} + \frac{\varepsilon_x - \varepsilon_y}{2}\cos 2\alpha_1 - \frac{\gamma_{xy}}{2}\sin 2\alpha_1\\
\varepsilon_{\alpha_2} &= \frac{\varepsilon_x + \varepsilon_y}{2} + \frac{\varepsilon_x - \varepsilon_y}{2}\cos 2\alpha_2 - \frac{\gamma_{xy}}{2}\sin 2\alpha_2\\
\varepsilon_{\alpha_3} &= \frac{\varepsilon_x + \varepsilon_y}{2} + \frac{\varepsilon_x - \varepsilon_y}{2}\cos 2\alpha_3 - \frac{\gamma_{xy}}{2}\sin 2\alpha_3
\end{aligned}\right\} \tag{7.22}$$

上面三式中,ε_{α_1}、ε_{α_2}、ε_{α_3} 是已经测出的已知量。通过联立求解上面三式,可求得 ε_x、ε_y 和 γ_{xy},代入式(7.21)和式(7.20)后可求得主应变的数值及方向。再利用7.5节介绍的广义胡克定律求出主应力,最后可进行强度计算。

实际测量时,可把三个角度 α_1、α_2、α_3 取为便于计算的数值。例如,$\alpha_1 = 0°$, $\alpha_2 = 45°$, $\alpha_3 = 90°$,将这三个方向的应变片组合在一起就变成了市场上常见的直角应变花(图7.13)。将 $\alpha_1 = 0°$, $\alpha_2 = 45°$, $\alpha_3 = 90°$ 代入式(7.22),可求得

$$\varepsilon_x = \varepsilon_{0°},\quad \varepsilon_y = \varepsilon_{90°},\quad \gamma_{xy} = \varepsilon_{0°} + \varepsilon_{90°} - 2\varepsilon_{45°}$$

将上式代入式(7.21)及式(7.20),可求得在直角应变花的情况下,主应变的数值及方向计算公式为

$$\left.\begin{matrix}\varepsilon_{\max}\\ \varepsilon_{\min}\end{matrix}\right\} = \frac{\varepsilon_{0°} + \varepsilon_{90°}}{2} \pm \frac{\sqrt{2}}{2}\sqrt{(\varepsilon_{0°} - \varepsilon_{45°})^2 + (\varepsilon_{45°} - \varepsilon_{90°})^2} \tag{7.23}$$

$$\tan 2\alpha_0 = \frac{2\varepsilon_{45°} - \varepsilon_{0°} - \varepsilon_{90°}}{\varepsilon_{0°} - \varepsilon_{90°}} \tag{7.24}$$

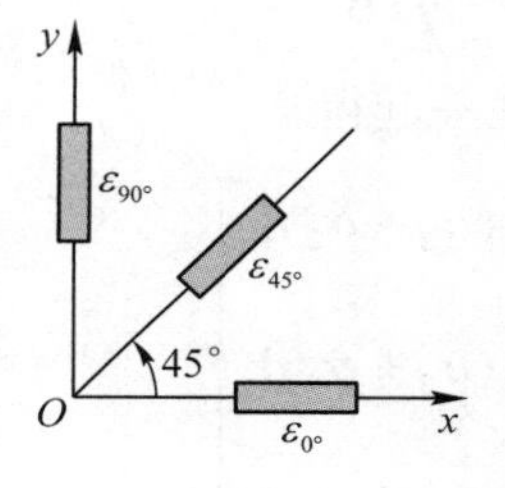

图 7.13

图7.14所示的等角应变花也很常用,其中的三个应变片方向为 $\alpha_1 = 0°$, $\alpha_2 = 60°$, $\alpha_3 = 120°$,用同样的方法可求得主应变的数值及方向计算公式为

$$\left.\begin{matrix}\varepsilon_{\max}\\ \varepsilon_{\min}\end{matrix}\right\} = \frac{\varepsilon_{0°}+\varepsilon_{60°}+\varepsilon_{120°}}{3} \pm \frac{\sqrt{2}}{3}\sqrt{(\varepsilon_{0°}-\varepsilon_{60°})^2+(\varepsilon_{60°}-\varepsilon_{120°})^2+(\varepsilon_{120°}-\varepsilon_{0°})^2} \tag{7.25}$$

$$\tan 2\alpha_0 = \frac{\sqrt{3}\ (\varepsilon_{60°} - \varepsilon_{120°})}{2\varepsilon_{0°} - \varepsilon_{60°} - \varepsilon_{120°}} \tag{7.26}$$

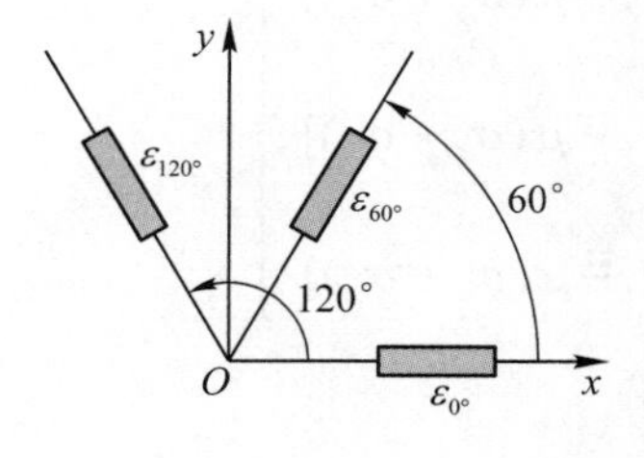

图 7.14

在主方向已知的情况下,易选用直角应变花,将其中的 $\alpha_1 = 0°$, $\alpha_3 = 90°$ 两个应变片方向对准两个主方向。对于主方向未知的情况,易选用等角应变花,选用等角应变花比选用直角应变花精度高。

7.5 广义胡克定律

根据试验结果得知,轴向拉(压)时,在线弹性范围内,纵向应变和横向应变分别为

$$\varepsilon=\frac{\sigma}{E},\quad \varepsilon'=-\mu\varepsilon=-\mu\frac{\sigma}{E}$$

在三向应力状态中,图 7.15 所示主单元体上作用着主应力 σ_1、σ_2 和 σ_3。由上式知,σ_1、σ_2 和 σ_3 单独作用所引起的 σ_1 方向的线应变分别为

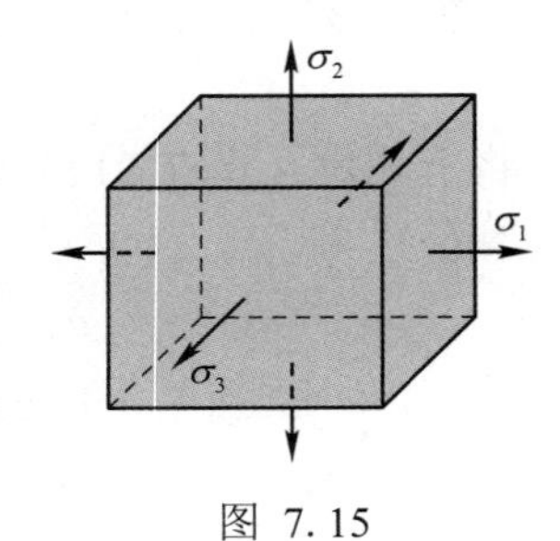

图 7.15

$$\varepsilon_1'=\frac{\sigma_1}{E},\quad \varepsilon_1''=-\mu\frac{\sigma_2}{E},\quad \varepsilon_1'''=-\mu\frac{\sigma_3}{E}$$

叠加以上结果,得 σ_1、σ_2 和 σ_3 共同作用所引起的 σ_1 方向的线应变为

$$\varepsilon_1=\frac{\sigma_1}{E}-\mu\frac{\sigma_2}{E}-\mu\frac{\sigma_3}{E}=\frac{1}{E}[\sigma_1-\mu(\sigma_2+\sigma_3)]$$

同样可求得 σ_2、σ_3 方向的线应变 ε_2 及 ε_3。合在一起得

$$\left.\begin{aligned}\varepsilon_1&=\frac{1}{E}[\sigma_1-\mu(\sigma_2+\sigma_3)]\\ \varepsilon_2&=\frac{1}{E}[\sigma_2-\mu(\sigma_3+\sigma_1)]\\ \varepsilon_3&=\frac{1}{E}[\sigma_3-\mu(\sigma_1+\sigma_2)]\end{aligned}\right\}\tag{7.27}$$

上式称为**广义胡克定律**(generalized Hooke's law),式中 ε_1、ε_2 和 ε_3 为沿三个主方向的主应变。

图 7.3 所示的单元体,可看成是三组单向应力和三组纯剪切的组合。对于各向同性材料,当变形很小且在线弹性范围内时,线应变只与正应力有关而与切应力无关,切应变只与切应力有关而与正应力无关。只要将式(7.27)中的 1、2、3 分别换成 x、y、z,就得线应变与正应力之间的关系式

$$\left.\begin{aligned}\varepsilon_x&=\frac{1}{E}[\sigma_x-\mu(\sigma_y+\sigma_z)]\\ \varepsilon_y&=\frac{1}{E}[\sigma_y-\mu(\sigma_z+\sigma_x)]\\ \varepsilon_z&=\frac{1}{E}[\sigma_z-\mu(\sigma_x+\sigma_y)]\end{aligned}\right\}\tag{7.28}$$

而切应变与切应力之间的关系为

$$\gamma_{xy}=\frac{\tau_{xy}}{G},\quad \gamma_{yz}=\frac{\tau_{yz}}{G},\quad \gamma_{zx}=\frac{\tau_{zx}}{G}\tag{7.29}$$

式(7.28)和式(7.29)为任意三向应力状态的广义胡克定律。

对于图 7.5(a)所示常见的平面应力状态,与 z 有关的三个应力分量 $\sigma_z=\tau_{zx}=\tau_{zy}=0$,广义胡克定律为

$$\left.\begin{aligned}\varepsilon_x &= \frac{1}{E}(\sigma_x - \mu\sigma_y)\\ \varepsilon_y &= \frac{1}{E}(\sigma_y - \mu\sigma_x)\\ \gamma_{xy} &= \frac{\tau_{xy}}{G}\end{aligned}\right\} \quad 或 \quad \left.\begin{aligned}\sigma_x &= \frac{E}{1-\mu^2}(\varepsilon_x + \mu\varepsilon_y)\\ \sigma_y &= \frac{E}{1-\mu^2}(\varepsilon_y + \mu\varepsilon_x)\\ \tau_{xy} &= G\gamma_{xy}\end{aligned}\right\} \tag{7.30}$$

在平面应力状态下,尽管 σ_z 等于零,但一般来说 ε_z 并不等于零。

现讨论体积变化与应力分量间的关系。图 7.16 所示主单元体,三个边长分别为 dx、dy、dz。它在变形前的体积为

$$V_0 = dx\,dy\,dz \tag{7.31}$$

变形后,三个边长分别变为

$$dx + \varepsilon_1 dx = (1+\varepsilon_1)dx$$
$$dy + \varepsilon_2 dy = (1+\varepsilon_2)dy$$
$$dz + \varepsilon_3 dz = (1+\varepsilon_3)dz$$

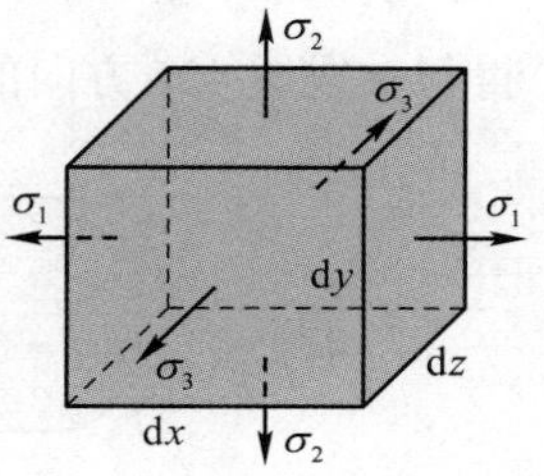

于是变形后的体积为

$$V_1 = (1+\varepsilon_1)(1+\varepsilon_2)(1+\varepsilon_3)\,dx\,dy\,dz$$

图 7.16

将上式展开,并略去二阶及三阶小量,得

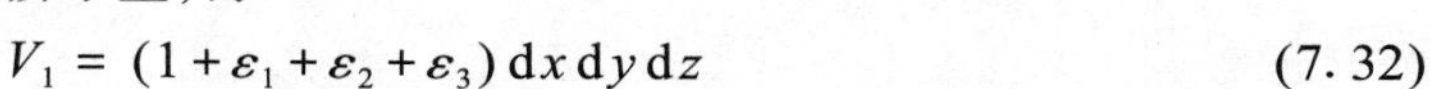

$$V_1 = (1+\varepsilon_1+\varepsilon_2+\varepsilon_3)\,dx\,dy\,dz \tag{7.32}$$

单位体积的体积改变为

$$\theta = \frac{V_1 - V_0}{V_0}$$

将式(7.31)和式(7.32)代入上式,得

$$\theta = \varepsilon_1 + \varepsilon_2 + \varepsilon_3 \tag{7.33}$$

θ 称为**体应变**(volume strain)。如将广义胡克定律(7.27)代入式(7.33),整理后可得

$$\theta = \frac{1-2\mu}{E}(\sigma_1 + \sigma_2 + \sigma_3) \tag{7.34}$$

从式(7.34)可见,如果材料的泊松比 $\mu = 0.5$,则体应变 $\theta = 0$,即体积不变。

例 7.5　图 7.17 所示钢块上开有宽度和深度均为 10 mm 的槽,槽内嵌入边长为 10 mm的正立方体铝块,铝块受压力 $F = 6$ kN 作用。假设:铝块与钢块间的摩擦力不计,钢块的变形不计,铝的弹性模量 $E = 70$ GPa,泊松比 $\mu = 0.33$。求铝块的三个主应力和三个主应变。

解: 铝块的前后、左右、上下面上都没有切应力,因此都是主平面。前后面不受力,左右、上下面都受压,因此前后、左右、上下面上的正应力分别是主应力 σ_1、σ_2、σ_3。

$$\sigma_1 = 0$$

$$\sigma_3 = -\frac{F}{A} = -\frac{6\times10^3\ \text{N}}{100\ \text{mm}^2} = -60\ \text{MPa}$$

因钢块的变形不计,所以铝块左右方向的应变 ε_2 应等于零。由广义胡克定律

$$\varepsilon_2 = \frac{1}{E}[\sigma_2 - \mu(\sigma_3 + \sigma_1)] = 0$$

解得

$$\sigma_2 = \mu(\sigma_3 + \sigma_1) = -19.8 \text{ MPa}$$

再由广义胡克定律,得三个主应变分别为

$$\varepsilon_1 = \frac{1}{E}[\sigma_1 - \mu(\sigma_2 + \sigma_3)] = 376 \times 10^{-6}$$

$$\varepsilon_2 = 0$$

$$\varepsilon_3 = \frac{1}{E}[\sigma_3 - \mu(\sigma_1 + \sigma_2)] = -764 \times 10^{-6}$$

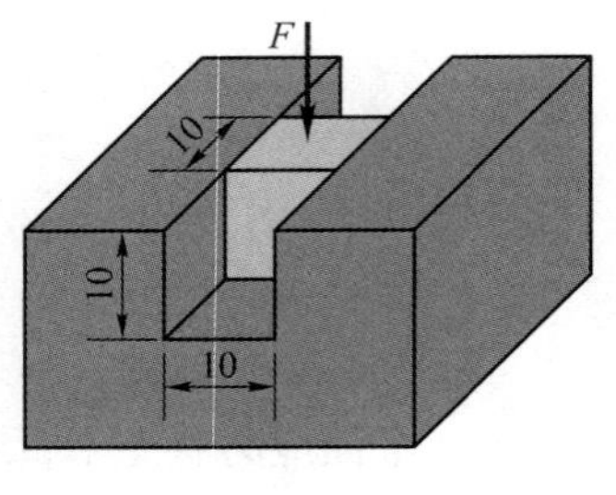

图 7.17

例 7.6　图 7.18(a)所示圆轴,已知直径为 d,材料的弹性模量为 E,泊松比为 μ。现测得与轴线成 45° 方向的线应变为 ε',求扭转外力偶矩 M_e 的大小。

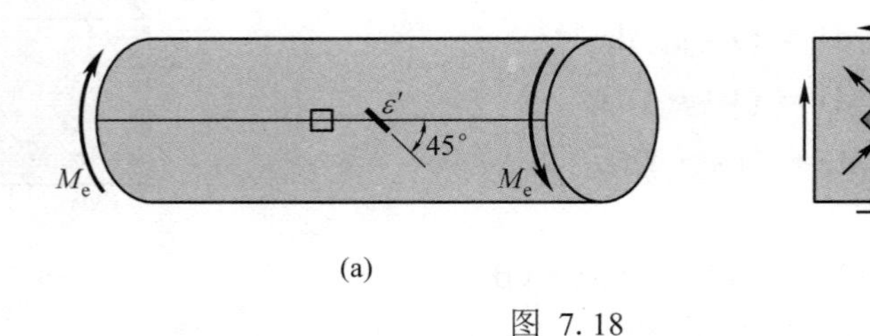

图 7.18

解: 在圆轴外层取单元体,应力状态如图 7.18(b) 所示,三个主应力分别为

$$\sigma_1 = \tau, \quad \sigma_2 = 0, \quad \sigma_3 = -\tau$$

测得的与轴线成 45° 方向的线应变 ε' 实际上就是 σ_1 方向的主应变 ε_1,由广义胡克定律

$$\varepsilon_1 = \frac{1}{E}[\sigma_1 - \mu(\sigma_2 + \sigma_3)] = \frac{1+\mu}{E}\tau = \frac{1+\mu}{E} \cdot \frac{M_e}{W_t} = \varepsilon'$$

由此求得

$$M_e = \frac{EW_t\varepsilon'}{1+\mu} = \frac{\pi d^3 E\varepsilon'}{16(1+\mu)}$$

7.6　应变能密度

物体受外力作用而产生弹性变形时,在物体内部将积蓄有应变能,每单位体积物体内所积蓄的应变能称为**应变能密度**(strain energy density)。

在弹性范围内,当外力缓慢增加时,若不考虑能量损失,根据能量守恒原理,外力所作的功将全部以应变能的形式储存在弹性体内。当外力逐渐解除时,变形逐渐消失,弹性体将释放出全部应变能而对外作功。

在单向拉伸(或压缩)时 [图 7.19(a)],在线弹性范围内,力 F 与变形 Δl 成正比,外力所作的功就等于图 7.19(b)中三角形的面积,即

$$W = \frac{1}{2}F \cdot \Delta l = \frac{1}{2}F\frac{Fl}{EA} = \frac{F^2 l}{2EA}$$

杆内应变能 V_ε 就等于外力所作的功, 即

$$V_{\varepsilon}=W=\frac{F^{2}l}{2EA} \tag{7.35}$$

单位体积的应变能，即应变能密度 v_{ε} 为

$$v_{\varepsilon}=\frac{V_{\varepsilon}}{V}=\frac{F^{2}l}{2EA\cdot Al}=\frac{1}{2E}\left(\frac{F}{A}\right)^{2}=\frac{\sigma^{2}}{2E}=\frac{1}{2}\sigma\varepsilon \tag{7.36}$$

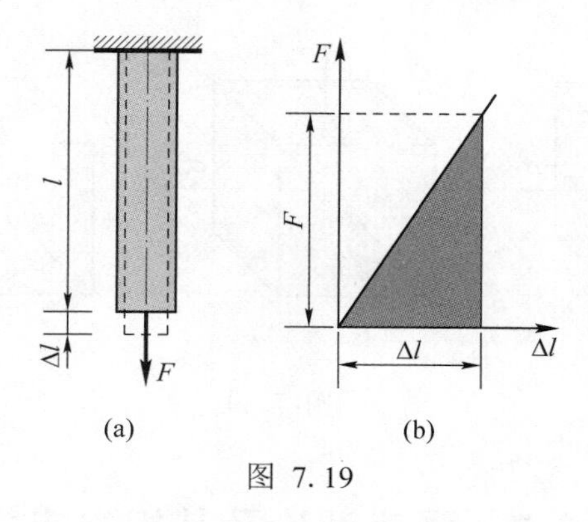

图 7.19

对于三向应力状态，应变能仍等于外力所作的功。在线弹性、小变形条件下，应变能只取决于外力和变形的最终数值，而与加力次序无头。为便于计算应变能，假定应力按比例同时从零开始增加至最终值。对应于每一主应力，其应变能密度可以视着该主应力在与之对应的主应变上所作的功，而其他两个主应力在该主应变上并不作功。因此，与每一主应力对应的应变能密度仍可按式(7.36)计算。于是三向应力状态下的应变能密度为

$$v_{\varepsilon}=\frac{1}{2}(\sigma_{1}\varepsilon_{1}+\sigma_{2}\varepsilon_{2}+\sigma_{3}\varepsilon_{3}) \tag{7.37}$$

将广义胡克定律(7.27)代入上式，得

$$v_{\varepsilon}=\frac{1}{2E}[\sigma_{1}^{2}+\sigma_{2}^{2}+\sigma_{3}^{2}-2\mu(\sigma_{1}\sigma_{2}+\sigma_{2}\sigma_{3}+\sigma_{3}\sigma_{1})] \tag{7.38}$$

单元体的变形一方面表现为体积的增大或减小，另一方面表现为形状的改变。因此，认为应变能密度 v_{ε} 也由两部分组成

$$v_{\varepsilon}=v_{V}+v_{\mathrm{d}} \tag{7.39}$$

式中，v_{V} 和 v_{d} 分别称为**体积改变能密度**(strain energy density of volume change)和**形状改变能密度**(distortional strain energy density)。

将图 7.20(a)所示棱边长度相等的正立方单元体上的应力分成两组：第一组如图 7.20(b)所示，$\sigma_{\mathrm{m}}=\dfrac{\sigma_{1}+\sigma_{2}+\sigma_{3}}{3}$；第二组如图 7.20(c) 所示。

图 7.20(b)所示单元体只有体积改变而无形状改变，即正立方体保留为正立方体，只是边长改变了。它所具有的体积改变能密度 v_{V} 由式(7.38)求得

$$v_{V}=\frac{3(1-2\mu)}{2E}\sigma_{\mathrm{m}}^{2}=\frac{1-2\mu}{6E}(\sigma_{1}+\sigma_{2}+\sigma_{3})^{2} \tag{7.40}$$

图 7.20(c)所示单元体的三个主应力之和等于零，由式(7.34)知，该单元体体积不变，仅形状改变。

由式(7.39)得单元体的形状改变能密度

$$v_d = v_\varepsilon - v_V$$

将式(7.38)和式(7.40)代入上式,得

$$v_d = \frac{1+\mu}{6E}[(\sigma_1-\sigma_2)^2+(\sigma_2-\sigma_3)^2+(\sigma_3-\sigma_1)^2] \tag{7.41}$$

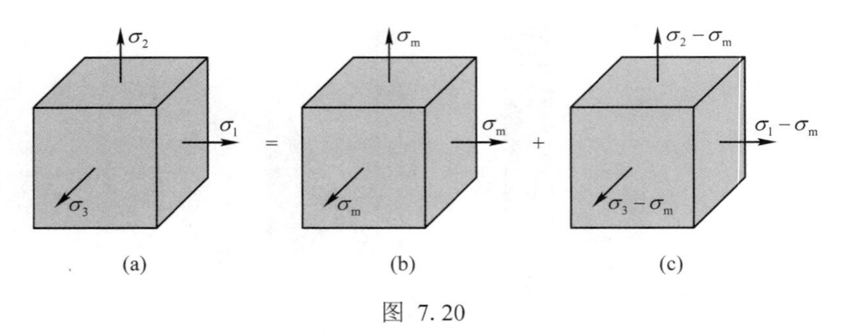

图 7.20

7.7 强度理论及其相当应力

回顾材料在拉伸、压缩、扭转等试验中发生的破坏现象,不难发现,材料破坏或失效的基本形式有两种:一类是在没有明显塑性变形的情况下发生突然断裂,称为脆性断裂。例如,铸铁试样拉伸时沿横截面的断裂,铸铁圆截面试样扭转时沿45°斜截面断裂。另一类是材料产生显著的塑性变形而使构件丧失正常的工作能力,称为塑性屈服。例如,低碳钢拉伸、压缩或扭转时都会产生显著的塑性变形,有的会出现屈服现象。长期以来,通过生产实践和科学研究,针对这两类破坏形式,曾提出过许多针对材料破坏的强度理论。这些理论是否正确,适用于什么情况,都必须由生产实践来检验。经常是适用于某种材料的强度理论,并不适用于另一种材料;在某种条件下适用的理论,却不适用于另一种条件。

下面主要介绍经过实践检验的并在工程中常用的四个强度理论。这四个强度理论被分为两类:第一类是关于脆性断裂的强度理论,有第一、第二强度理论。另一类是关于屈服的强度理论,有第三、第四强度理论。下面依次介绍。

1. 最大拉应力理论(第一强度理论) 该理论假定,无论材料内各点的应力状态如何,只要有一点的最大拉伸主应力 σ_1 达到单向拉伸断裂时的极限应力 σ_u,材料就发生断裂。在单向拉伸时,断裂破坏的极限应力就是强度极限 σ_b,所以失效条件可写为

$$\sigma_1 \geqslant \sigma_b$$

将极限应力 σ_b 除以大于1的安全因数,得到许用应力$[\sigma]$。所以按第一强度理论建立的强度条件是

$$\sigma_1 \leqslant [\sigma] \tag{7.42}$$

试验证明,这一理论与铸铁、岩石、混凝土、陶瓷、玻璃等脆性材料的拉断试验结果相符,这些材料在轴向拉伸时的断裂破坏发生于拉应力最大的横截面上。脆性材料的扭转破坏,也是沿拉应力最大的斜截面发生断裂,这些都与最大拉应力理论相符。不了解拉应力的状态就无法应用该强度理论。

2. 最大伸长线应变理论(第二强度理论) 该理论假定,无论材料内各点的应变状态如何,只要有一点的最大伸长线应变 ε_1 达到单向拉伸断裂时应变的极限值 ε_u,材料即破坏,所以发生脆性断裂的条件是

$$\varepsilon_1 \geqslant \varepsilon_u$$

若材料直到脆性断裂都是在线弹性范围内工作,则根据胡克定律,有

$$\varepsilon_1 = \frac{1}{E}[\sigma_1 - \mu(\sigma_2 + \sigma_3)], \quad \varepsilon_u = \frac{\sigma_u}{E} = \frac{\sigma_b}{E}$$

由此导出失效条件的应力表达式为

$$\sigma_1 - \mu(\sigma_2 + \sigma_3) \geqslant \sigma_b$$

将 σ_b 除以大于 1 的安全因数得许用应力$[\sigma]$,于是按第二强度理论建立的强度条件为

$$\sigma_1 - \mu(\sigma_2 + \sigma_3) \leqslant [\sigma] \tag{7.43}$$

石料或混凝土等材料在轴向压缩试验时,如端部无摩擦,试件将沿垂直于压力的方向发生断裂,这一方向就是最大伸长线应变的方向,这与第二强度理论的结果相近。但是按照这一理论,铸铁在二向拉伸时应比单向拉伸安全,这与试验结果不符合。

3. 最大切应力理论(第三强度理论) 该理论假定,无论材料内各点的应力状态如何,只要有一点的最大切应力 τ_{max} 达到单向拉伸时的屈服切应力 τ_s,材料就在该处出现明显塑性变形或屈服。该理论的屈服失效条件是

$$\tau_{max} \geqslant \tau_s$$

而

$$\tau_{max} = \frac{\sigma_1 - \sigma_3}{2}, \quad \tau_s = \frac{\sigma_s}{2}$$

由此导出失效条件的应力表达式为

$$\sigma_1 - \sigma_3 \geqslant \sigma_s$$

将 σ_s 除以大于 1 的安全因数得许用应力$[\sigma]$,于是按第三强度理论建立的强度条件为

$$\sigma_1 - \sigma_3 \leqslant [\sigma] \tag{7.44}$$

第三强度理论曾被许多塑性材料的试验结果证实,且(相比于第四强度理论)稍偏于安全。这个理论所提供的计算式(相比于第四强度理论)比较简单,故它在工程设计中得到了广泛的应用。

4. 形状改变能密度理论(第四强度理论) 该理论假定,复杂应力状态下材料的形状改变能密度达到单向拉伸屈服时的形状改变能密度时,材料即会发生屈服失效。

由式(7.41)知,复杂应力状态下材料的形状改变能密度为

$$v_d = \frac{1+\mu}{6E}[(\sigma_1 - \sigma_2)^2 + (\sigma_2 - \sigma_3)^2 + (\sigma_3 - \sigma_1)^2]$$

单向拉伸屈服时,$\sigma_1 = \sigma_s$,$\sigma_2 = \sigma_3 = 0$,由上式得形状改变能密度为

$$v_d = \frac{1+\mu}{6E}(2\sigma_s^2)$$

故屈服失效条件为

$$\frac{1+\mu}{6E}[(\sigma_1 - \sigma_2)^2 + (\sigma_2 - \sigma_3)^2 + (\sigma_3 - \sigma_1)^2] \geqslant \frac{1+\mu}{6E}(2\sigma_s^2)$$

或写成

$$\sqrt{\frac{1}{2}[(\sigma_1-\sigma_2)^2+(\sigma_2-\sigma_3)^2+(\sigma_3-\sigma_1)^2]} \geqslant \sigma_s$$

将 σ_s 除以大于 1 的安全因数得许用应力$[\sigma]$，于是按第四强度理论建立的强度条件为

$$\sqrt{\frac{1}{2}[(\sigma_1-\sigma_2)^2+(\sigma_2-\sigma_3)^2+(\sigma_3-\sigma_1)^2]} \leqslant [\sigma] \tag{7.45}$$

该理论和许多塑性材料的试验结果相符,用这个理论判断碳素钢的屈服失效是相当准确的。

综合式(7.42)～式(7.45),可以把四个强度理论的强度条件写成下面的统一形式

$$\sigma_r \leqslant [\sigma] \tag{7.46}$$

式中 σ_r 称为**相当应力**(equivalent stress)，按照从第一到第四强度理论的顺序,相当应力分别是

$$\left.\begin{aligned}
\sigma_{r1} &= \sigma_1 \\
\sigma_{r2} &= \sigma_1-\mu(\sigma_2+\sigma_3) \\
\sigma_{r3} &= \sigma_1-\sigma_3 \\
\sigma_{r4} &= \sqrt{\frac{1}{2}[(\sigma_1-\sigma_2)^2+(\sigma_2-\sigma_3)^2+(\sigma_3-\sigma_1)^2]}
\end{aligned}\right\} \tag{7.47}$$

以上介绍了四种常用的强度理论。一般说来,在常温和静载的条件下,铸铁、石料、混凝土、玻璃等脆性材料多发生脆性断裂,故通常采用第一和第二强度理论;碳钢、铜、铝等塑性材料通常以屈服的形式失效,故宜采用第三和第四强度理论。

影响材料的脆性和塑性的因素很多。例如,低温能提高脆性,高温一般能提高塑性;在高速动载荷作用下脆性提高,在低速静载荷作用下保持塑性。

无论是塑性材料还是脆性材料,在三向拉应力接近相等的情况下,都将以断裂的形式失效,所以宜采用最大拉应力理论;而在三向压应力接近相等的情况下,都可引起塑性变形,所以宜采用第三或第四强度理论。

例 7.7 试按强度理论建立纯剪切应力状态的强度条件，并寻求塑性材料的许用切应力$[\tau]$与许用拉应力$[\sigma]$之间的关系。

解: 纯剪切应力状态的三个主应力分别为

$$\sigma_1=\tau,\quad \sigma_2=0,\quad \sigma_3=-\tau$$

对塑性材料,应采用最大切应力理论或形状改变能密度理论。按最大切应力理论得到的强度条件为

$$\sigma_{r3}=\sigma_1-\sigma_3=\tau-(-\tau)=2\tau\leqslant[\sigma]$$

$$\tau\leqslant\frac{[\sigma]}{2} \tag{7.48}$$

另一方面,剪切强度条件为

$$\tau\leqslant[\tau] \tag{7.49}$$

比较式(7.48)和式(7.49)后发现，按最大切应力理论求得$[\tau]=0.5[\sigma]$。

按形状改变能密度理论得到的强度条件为

$$\sigma_{r4} = \sqrt{\frac{1}{2}[(\sigma_1-\sigma_2)^2+(\sigma_2-\sigma_3)^2+(\sigma_3-\sigma_1)^2]} = \sqrt{3}\ \tau \leqslant [\sigma]$$

将上式与剪切强度条件(7.49)比较后发现，按形状改变能密度理论求得$[\tau] = 0.577[\sigma]$。

从本例可见，$\sigma_{r3} > \sigma_{r4}$，所以,第三强度理论比第四强度理论偏于安全。

例 7.8　图 7.21 所示工字形钢梁，$F=210$ kN，许用应力$[\sigma]=160$ MPa，截面高度 $h=250$ mm，宽度 $b=118$ mm，腹板与翼缘的厚度分别为 $t=10$ mm 与 $\delta=13$ mm。试按第三强度理论校核梁的强度。

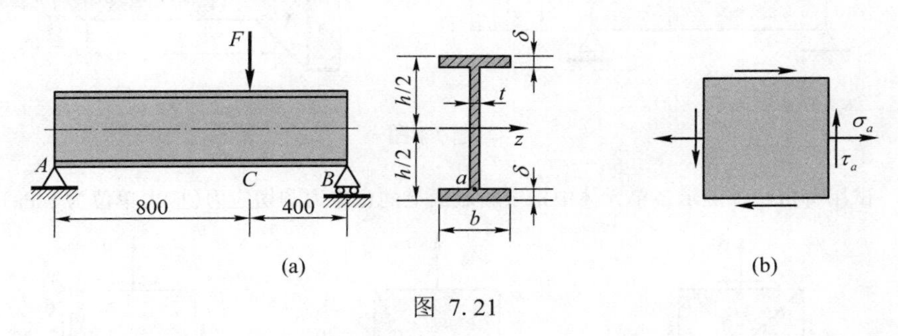

图 7.21

解：截面 C 的右侧为危险截面,其上 $F_{S\max} = 140$ kN，$M_{\max} = 56$ kN·m。截面惯性矩

$$I_z = \frac{bh^3}{12} - \frac{(b-t)(h-2\delta)^3}{12} = 5.249\times10^{-5}\ \text{m}^4$$

(1) 最大弯曲正应力校核

$$\sigma_{\max} = \frac{M_{\max}}{I_z}\frac{h}{2} = 133\ \text{MPa} < [\sigma]$$

(2) 最大弯曲切应力校核

由例 7.7 知,按最大切应力理论得到 $[\tau]=0.5[\sigma]=80$ MPa

$$S^*_{z\max} = b\delta\frac{h-\delta}{2} + t\left(\frac{h}{2}-\delta\right)\left(\frac{h}{4}-\frac{\delta}{2}\right) = 2.445\times10^{-4}\ \text{m}^3$$

$$\tau_{\max} = \frac{F_{S\max}S^*_{z\max}}{I_z t} = 65.2\ \text{MPa} < [\tau]$$

(3) 在腹板与翼缘交界处(点 a) 的强度校核

$$\sigma_a = \frac{M_{\max}}{I_z}\left(\frac{h}{2}-\delta\right) = 119.5\ \text{MPa}$$

$$\tau_a = \frac{F_{S\max}S^*_z}{I_z t} = \frac{F_{S\max}b\delta\dfrac{h-\delta}{2}}{I_z t} = 48.48\ \text{MPa}$$

点 a 处的应力状态如图 7.21(b) 所示。

$$\sigma_{1,3} = \frac{\sigma_a}{2} \pm \sqrt{\left(\frac{\sigma_a}{2}\right)^2 + \tau_a^2}$$

$$\sigma_{r3} = \sigma_1 - \sigma_3 = \sqrt{\sigma_a^2 + 4\tau_a^2} = 154\ \text{MPa} < [\sigma]$$

可见,工字钢梁满足强度要求。

习　　题

7.1　试从图示各构件中 A 点和 B 点处取出单元体,并标明单元体各面上的应力。

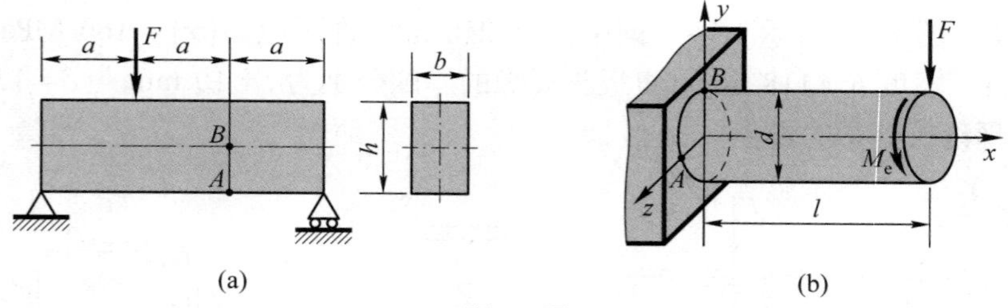

习题 7.1 图

7.2　试用解析法求图示各单元体中指定斜截面上的正应力和切应力(应力单位为 MPa)。

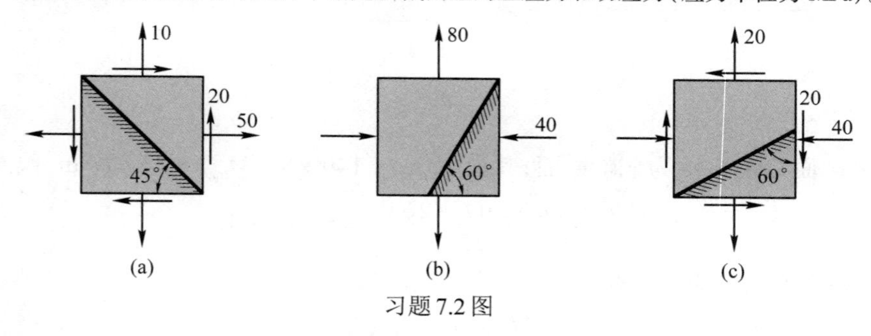

习题 7.2 图

7.3　已知单元体的应力状态如图所示,图中应力单位皆为 MPa,试用解析法求:

(1) 主应力的大小及主平面的位置,并画在单元体上;

(2) 图示平面内的极值切应力。

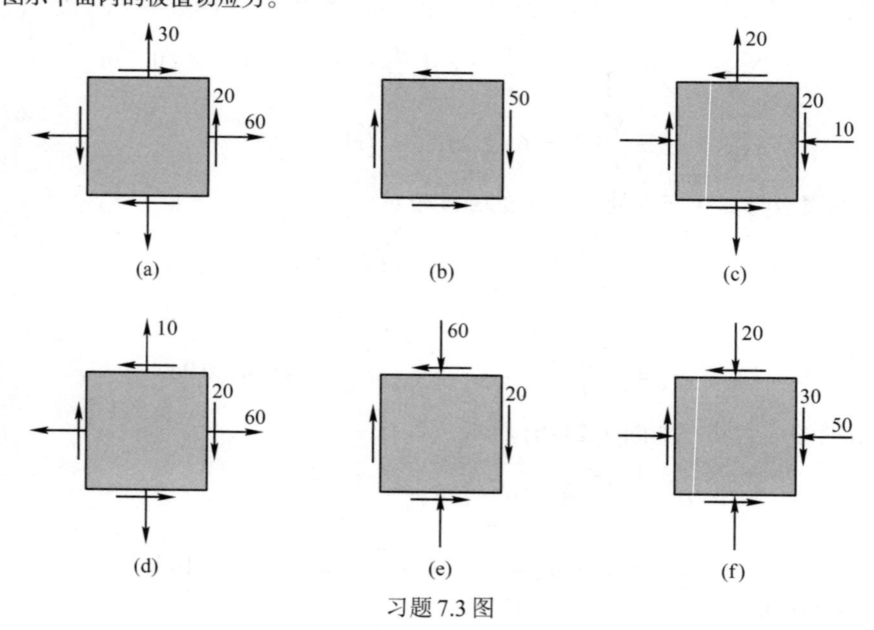

习题 7.3 图

7.4　图示单元体，已知 $\sigma_y=40$ MPa，且 AB 面上无应力作用，试求 σ_x 及 τ_{xy} 的大小。

7.5　图示 简支梁，受均布载荷 $q=12$ kN/m 作用。试画出 A、B 两点的应力单元体（忽略竖向应力），并算出在这两点的主应力数值。

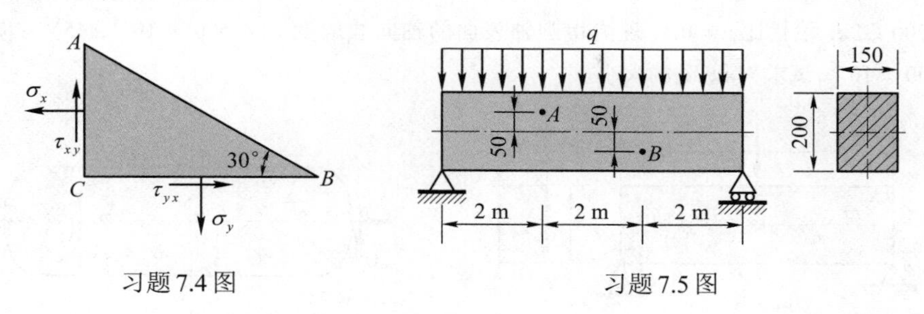

习题 7.4 图　　习题 7.5 图

7.6　试用图解法求解习解 7. 2。

7.7　试用图解法求解习解 7. 3。

7.8　在通过一点的两个平面上，应力如图所示，单位为 MPa。试用应力圆求主应力的大小。

7.9　在通过一点的两个平面上，应力如图所示，单位为 MPa。试用应力圆求主应力的大小及主平面的位置。

7.10　图示平面应力状态，已知应力分量 $\sigma_x=100$ MPa，$\sigma_y=80$ MPa，$\tau_{xy}=50$ MPa。材料的弹性模量 $E=200$ GPa，泊松比 $\mu=0.3$。试求线应变 ε_x、ε_y 与切应变 γ_{xy}，以及 $\alpha=30^\circ$ 方向的线应变 ε_{30°。

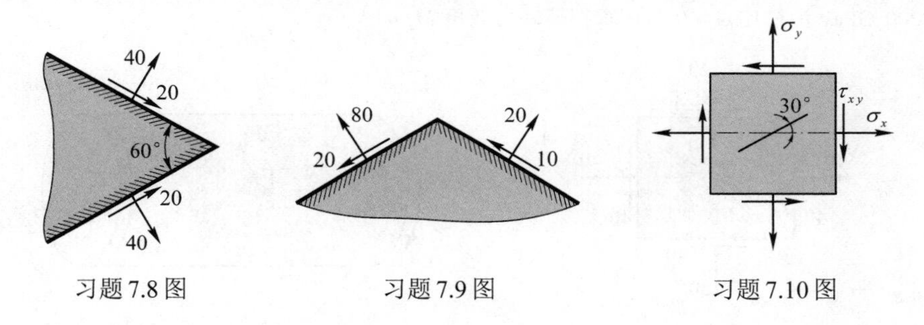

习题 7.8 图　　习题 7.9 图　　习题 7.10 图

7.11　二向应力状态如图所示，应力单位为 MPa。试求主应力。

7.12　对某些构件（例如梁）进行强度计算时，经常会遇到如图所示的平面应力状态（$\sigma_y=0$），试证明用第三强度理论和第四强度理论进行强度计算时，其相当应力分别为

$$\sigma_{r3}=\sqrt{\sigma^2+4\tau^2}$$

$$\sigma_{r4}=\sqrt{\sigma^2+3\tau^2}$$

7.13　由 A3 钢制成的构件中取出的危险点处的应力状态如图所示（应力单位为 MPa），已知材料的许用应力 $[\sigma]=170$ MPa。试分别用第三、第四强度理论对其进行强度校核。

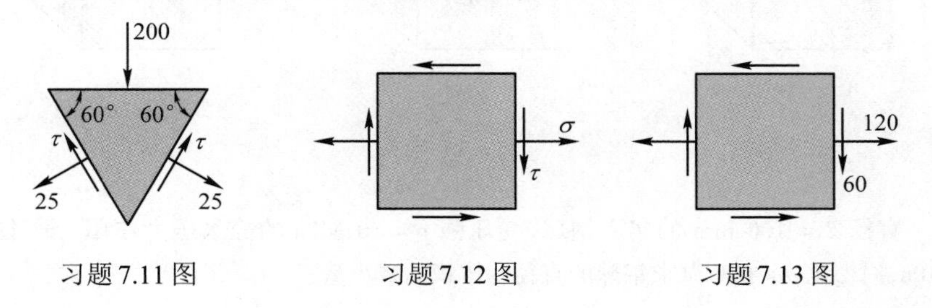

习题 7.11 图　　习题 7.12 图　　习题 7.13 图

7.14　图示矩形截面简支梁,已知截面尺寸 b、h,跨度 l,材料的弹性模量 E,泊松比 μ。现测得梁中性层上点 K 处与轴线成 45° 方向的线应变为 ε,试求载荷 F 的大小。

7.15　图示直径 $d = 80$ mm 的圆轴,受轴向拉力 F 和扭转力偶矩 M_e 共同作用。已知材料的弹性模量 $E = 200$ GPa,泊松比 $\mu = 0.3$。现测得圆轴表面的轴向线应变 $\varepsilon_0 = 500 \times 10^{-6}$,$45^\circ$ 方向的线应变 $\varepsilon_{45^\circ} = 400 \times 10^{-6}$,试求 F 和 M_e 的大小。

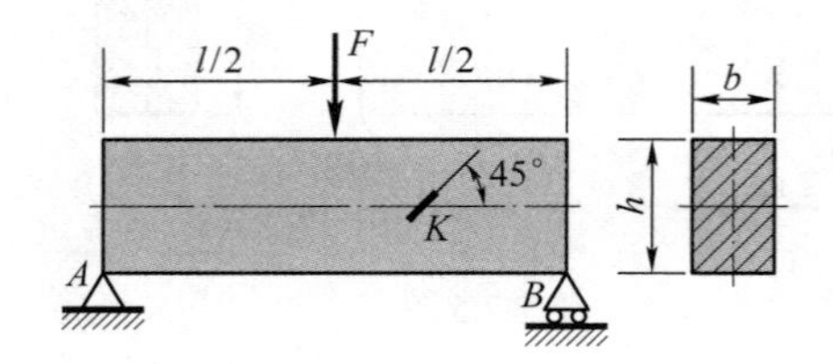

习题 7.14 图

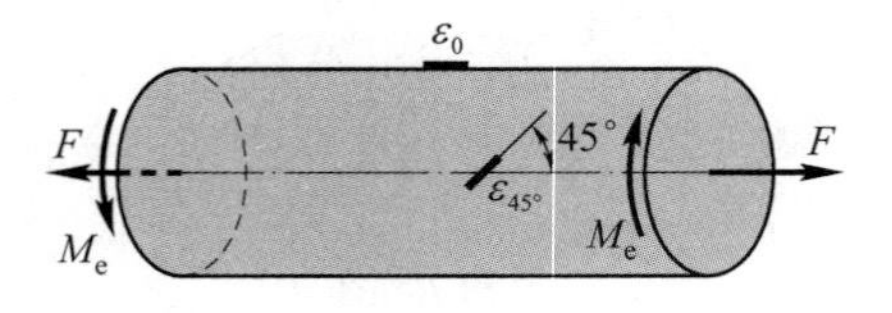

习题 7.15 图

7.16　一钢板上有直径 $d = 500$ mm 的圆,板的上下、左右面上的应力如图所示(图中应力单位为 MPa)。已知钢板的弹性模量 $E = 200$ GPa,泊松比 $\mu = 0.3$。试问钢板上的圆变形后还是不是圆?如果不是,圆变扁后在哪个方向拉得最长?拉长多少?哪个方向缩短最多?缩短多少?

7.17　图示空心圆轴的内、外径分别为 $d = 80$ mm,$D = 120$ mm,两端承受一对扭转外力偶矩 M_e 作用。在轴的中部外表面 A 点处测得与其母线成 45° 方向的线应变为 $\varepsilon_{45^\circ} = 2.6 \times 10^{-4}$。已知材料的弹性模量 $E = 200$ GPa,泊松比 $\mu = 0.3$,试求扭转外力偶矩 M_e 的大小。

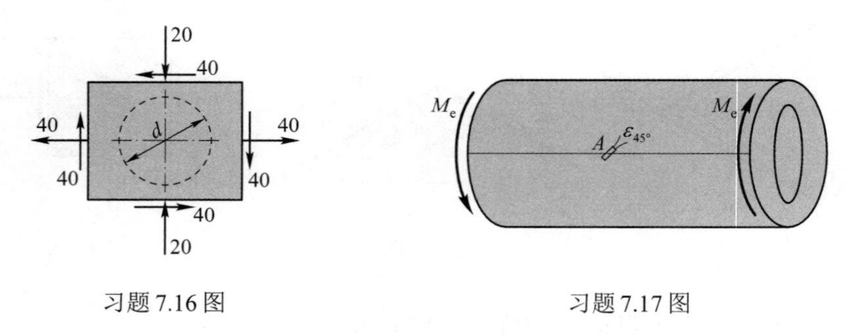

习题 7.16 图　　习题 7.17 图

7.18　试求图示各应力状态的主应力和最大切应力(应力单位为 MPa)。

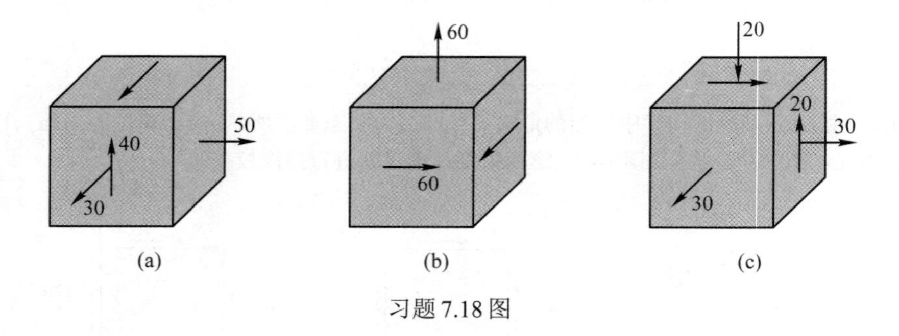

习题 7.18 图

7.19　直径 $d = 100$ mm 的实心钢球,受压强 $p = 50$ MPa 的静水压力作用。设钢球的弹性模量 $E = 200$ GPa,泊松比 $\mu = 0.3$。试求钢球的直径和体积的减小量。

7.20　外半径 $R = 20$ mm，壁厚 $\delta = 10$ mm 的圆筒受扭，如图所示。弹性模量 $E = 200$ GPa，泊松比 $\mu = 0.3$。圆筒受扭变形在弹性范围内，当其上的最大切应力 $\tau_{max} = 100$ MPa 时，求：

(1) 表层点 A 两方向的线应变 ε_x 和 ε_y；

(2) 受扭后的筒壁厚度值。

7.21　图示矩形截面杆受轴向拉力 F 作用，若截面尺寸 b、h 和材料的弹性模量 E，泊松比 μ 均已知，试求:

(1) 杆表面 45° 方向线段 AB 的伸长量 Δl_{AB}；

(2) 线段 AB 的转角 θ_{AB}。

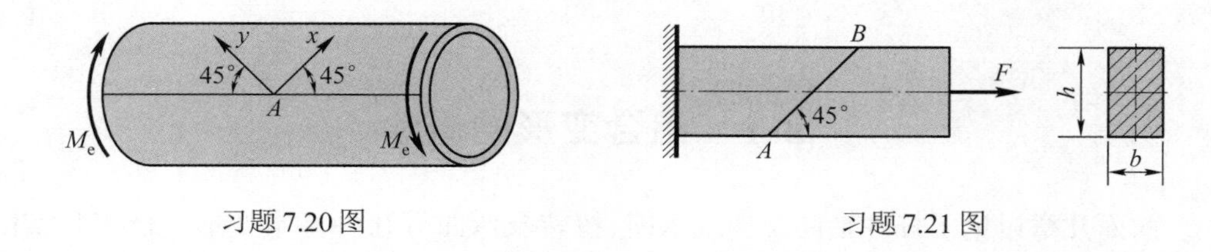

习题 7.20 图　　习题 7.21 图

7.22　图示矩形截面拉杆，高为 h，宽为 b，在拉杆表面画直角 ABC，已知拉力 F、弹性模量 E，泊松比 μ，求直角 ABC 的变化以及 BC 线的变形 Δl_{BC}。

7.23　图示直径 $d = 40$ mm 的铝圆杆，放在厚度 $\delta = 2$ mm 的钢套筒内，且设两者之间无间隙。作用于铝杆上的轴向压力 $F = 40$ kN。若铝的弹性模量和泊松比分别为 $E_a = 70$ GPa，$\mu_a = 0.35$；钢的弹性模量 $E_s = 210$ GPa。试求筒内的周向应力。

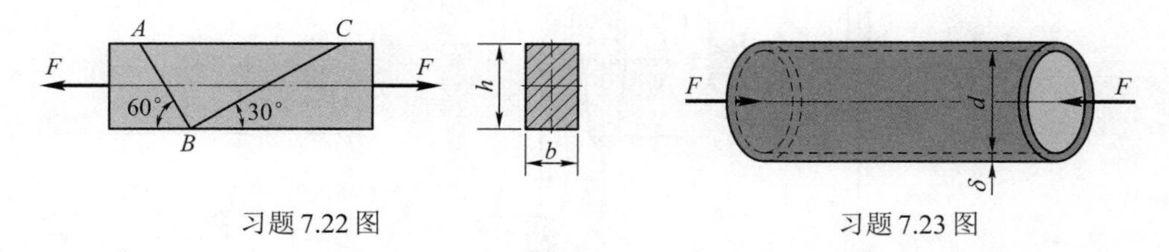

习题 7.22 图　　习题 7.23 图

7.24　铸铁薄壁圆管如图所示。管的内径 $d = 170$ mm，壁厚 $\delta = 15$ mm，内压强 $p = 4$ MPa，压力 $F = 200$ kN。铸铁的抗拉及抗压许用应力分别为 $[\sigma_t] = 30$ MPa、$[\sigma_c] = 120$ MPa，泊松比 $\mu = 0.25$。试用第二强度理论及莫尔强度理论校核该管的强度。

提示：莫尔强度理论的相当应力 $\sigma_{rM} = \sigma_1 - \dfrac{[\sigma_t]}{[\sigma_c]}\sigma_3$，强度条件为 $\sigma_{rM} \leqslant [\sigma_t]$。

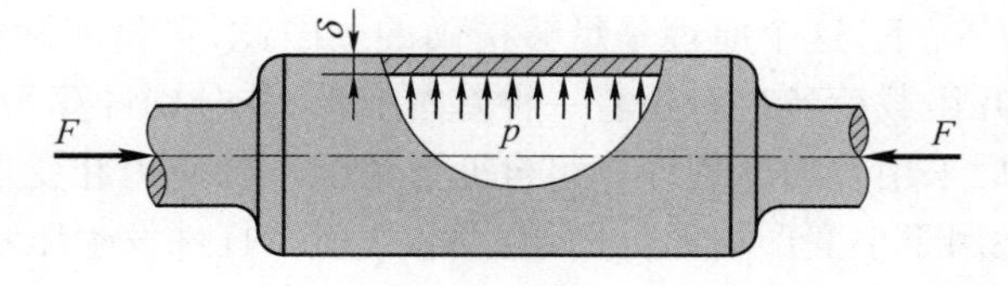

习题 7.24 图

7.25　薄壁圆柱形锅炉的平均直径为 1 250 mm，最大内压为 23 个大气压（1 个大气压等于0.1 MPa），在高温下工作时材料的屈服极限 $\sigma_s = 182.5$ MPa。若规定安全因数为 1.8，试按最大切应力理论设计锅炉的壁厚 δ。

8 组合变形

8.1 组合变形的概念

前面几章讨论了杆件轴向拉伸或压缩、扭转及弯曲等几种基本变形。但工程实际中的许多构件，往往同时产生两种或两种以上基本变形。例如，图 8.1(a)所示手摇绞车，轴 AB 的扭矩图和弯矩图如图 8.1(b)所示，其 AC 段既有扭矩又有弯矩，因此存在着扭转和弯曲两种基本变形。这类由两种或两种以上基本变形组合的情况称为组合变形。

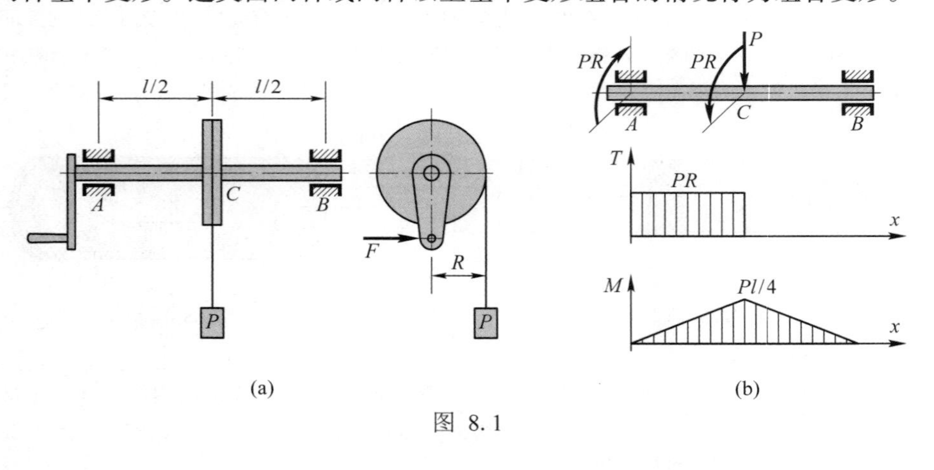

图 8.1

在组合变形的计算中，通常都是从力作用的独立性原理出发。在线弹性范围内，假设作用在体系上的诸载荷中的任一个所引起的变形对其他载荷作用的影响可忽略不计。实验表明，在小变形情况下，这个原理是足够精确的。因此，可将实际载荷转化成几组静力等效的载荷，使这几组载荷各自对应着一种基本变形，先分别计算每一种基本变形情况下的应力和变形，然后采用叠加原理计算组合变形情况下的应力和变形。

叠加原理只适用于小变形情形。例如，图 8.2 所示杆件发生压缩与弯曲的组合变形，设变形后任意截面 x 的挠度为 w，则弯矩方程应为

$$M(x) = \frac{qlx}{2} - \frac{qx^2}{2} + Fw \quad (0 \leqslant x \leqslant l) \tag{8.1}$$

可见，轴向压力 F 对弯曲变形是有影响的。只是当变形很小时，式(8.1)中的 Fw 项可忽略不计，弯矩可以按杆件变形前的位置来计算。这时轴向压力 F 只引起杆件压缩，而横

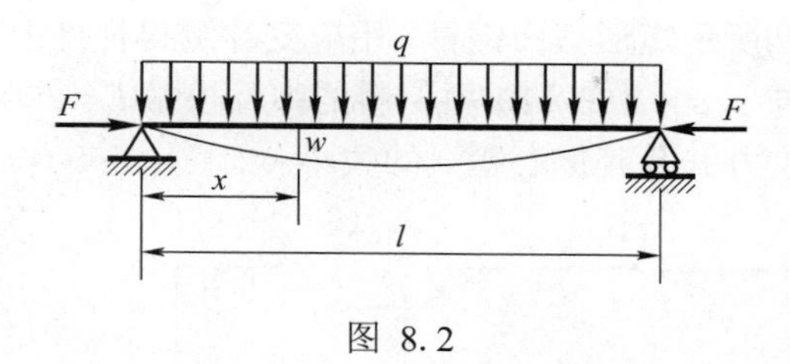

图 8.2

向载荷 q 只引起杆件弯曲,两者各自独立互不影响,可应用叠加原理进行计算。但是,当变形较大时,弯矩应按杆件变形后的位置计算,即式(8.1)中的 Fw 项不可忽略,力的独立作用原理不成立,当然就不能应用叠加原理进行计算。本章只研究小变形情形。

以下将就工程实际中常见的几种组合变形情况进行讨论。

8.2 拉伸或压缩与弯曲的组合

图 8.3(a)所示起重机,其横梁 AB 的受力如图 8.3(b)所示,在载荷 F 及约束力共同作用下产生压缩与弯曲的组合变形。

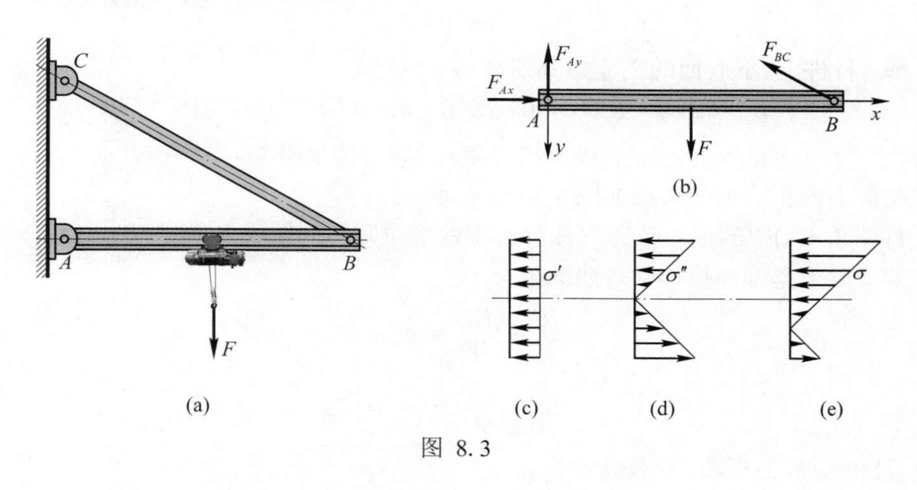

图 8.3

由轴力引起的正应力在横截面上均匀分布 [图 8.3(c)],应力大小为

$$\sigma' = -\frac{F_{Ax}}{A}$$

任意横截面上由弯矩 $M(x)$ 引起的正应力在截面上线性分布 [图 8.3(d)],应力大小为

$$\sigma'' = \frac{M(x) \cdot y}{I_z}$$

应用叠加法求得梁的任意横截面上任意点的正应力为

$$\sigma = \sigma' + \sigma'' = -\frac{F_{Ax}}{A} + \frac{M(x) \cdot y}{I_z}$$

叠加后横截面上的应力分布如图 8.3(e) 所示。在梁的上边缘,由于两种变形都引起压缩,所以具有最大压应力。而在梁的下边缘,合成的结果,可能是压应力,也可能是拉应力。

例 8.1 图 8.4(a)所示矩形截面钢杆。用应变片测得杆件上、下表面的轴向线应变分别为 $\varepsilon_a=450\times10^{-6}$ 与 $\varepsilon_b=-150\times10^{-6}$,材料的弹性模量 $E=200$ GPa。试画出横截面上的正应力分布图,并求拉力 F 及其偏心距 e 的大小。

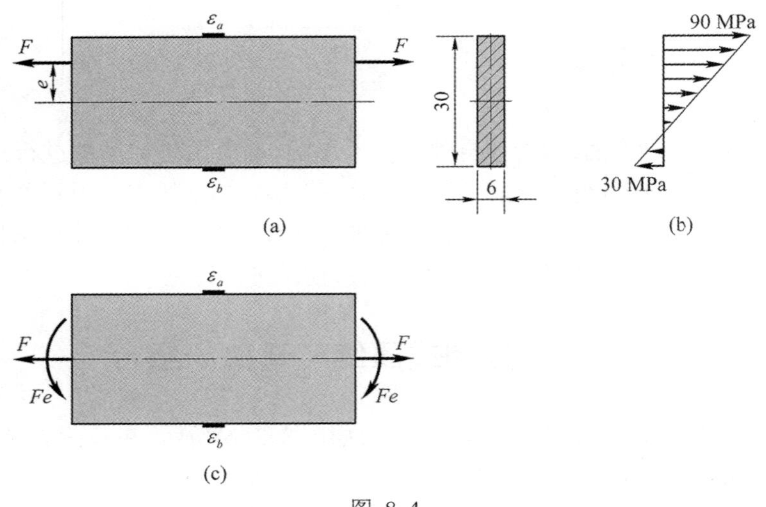

图 8.4

解: 杆件上、下表面的正应力分别为

$$\sigma_a=E\varepsilon_a=(200\times10^3\ \text{MPa})\times450\times10^{-6}=90\ \text{MPa}$$

$$\sigma_b=E\varepsilon_b=(200\times10^3\ \text{MPa})\times(-150\times10^{-6})=-30\ \text{MPa}$$

杆横截面上的正应力分布图如图 8.4(b) 所示。

将图 8.4(a)中的偏心拉力 F 按静力等效的原则移到轴线上,如图 8.4(c)所示,可见偏心拉伸实际上是轴向拉伸和弯曲的组合。

$$\frac{F}{A}+\frac{Fe}{W}=\sigma_a=E\varepsilon_a \tag{8.2}$$

$$\frac{F}{A}-\frac{Fe}{W}=\sigma_b=E\varepsilon_b \tag{8.3}$$

式(8.2)和式(8.3)相加,可求得

$$F=\frac{E(\varepsilon_a+\varepsilon_b)A}{2}=\frac{(200\times10^3\ \text{N/mm}^2)\times300\times10^{-6}\times(6\times30\ \text{mm}^2)}{2}=5.4\ \text{kN}$$

式(8.2)和式(8.3)相减,可求得

$$e=\frac{E(\varepsilon_a-\varepsilon_b)W}{2F}=\frac{(200\times10^3\ \text{N/mm}^2)\times600\times10^{-6}\times\dfrac{6\times30^2\ \text{mm}^3}{6}}{2\times5\ 400\ \text{N}}=10\ \text{mm}$$

例 8.2 图 8.5(a)所示圆形截面杆,直径为 d,受偏心压力 F 作用。求该杆中不出现拉应力时的最大偏心矩 e。

解: 将偏心压力 F 按静力等效的原则移到截面形心处 [图 8.5(b)]。杆任一横截面上的内力为

$$F_{\text{N}}=-F,\quad M=Fe$$

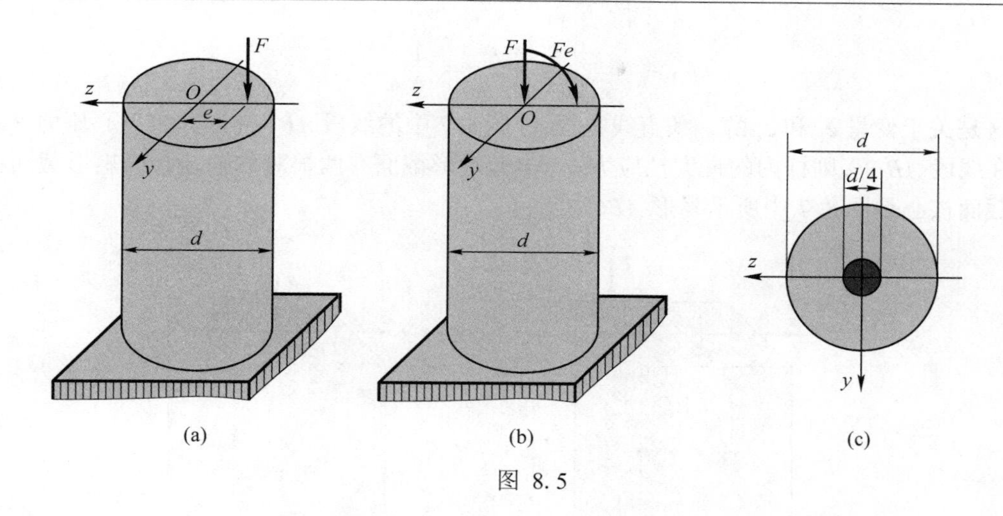

图 8.5

令杆内的最大拉应力 $\sigma_t = 0$，即

$$\sigma_t = \frac{F_N}{A} + \frac{M}{W} = -\frac{F}{\frac{\pi d^2}{4}} + \frac{Fe}{\frac{\pi d^3}{32}} = 0$$

由此求得

$$e = \frac{d}{8}$$

从上例可见，当偏心压力作用在图 8.5(c) 中直径为 $d/4$ 的圆形阴影区域内时，杆中不出现拉应力，该区域称为圆形截面杆的**截面核心**(core of section)，即如果偏心压力 F 作用在截面核心内，则无论压力 F 为多大，整个杆都只有压应力，没有拉应力，只压不拉；如果偏心压力 F 作用在截面核心外，则整个杆不仅有压应力，而且还有拉应力。

例 8.3 图 8.6(a)所示矩形截面杆受偏心压力 F 作用。求杆内的最大拉、压应力，并求矩形截面杆的截面核心。

解： 将偏心压力 F 向左移动距离 e_1 到 y 轴上得力 F 和矩为 Fe_1 的力偶，再将力 F 向前移动距离 e_2 到截面形心得力 F 和矩为 Fe_2 的力偶，最后结果如图 8.6(b)所示。

力 F，矩为 Fe_1 及 Fe_2 的力偶引起的横截面上的应力分布分别如图 8.6(c)～(e)所示。最大拉应力发生在杆的左前角，最大压应力发生在杆的右后角，其值分别为

$$\left.\begin{matrix}\sigma_t\\ \sigma_c\end{matrix}\right\} = -\frac{F}{bh} \pm \frac{Fe_1}{\frac{hb^2}{6}} \pm \frac{Fe_2}{\frac{bh^2}{6}} = -\frac{F}{bh} \pm \frac{6Fe_1}{hb^2} \pm \frac{6Fe_2}{bh^2}$$

上式中 σ_t 的值可能为正、为负或为零。如果 $\sigma_t \leqslant 0$，则整个杆只受压，不受拉。令 $\sigma_t = 0$，即

$$-\frac{F}{bh} + \frac{6Fe_1}{hb^2} + \frac{6Fe_2}{bh^2} = 0$$

化简后得

$$\frac{e_1}{b}+\frac{e_2}{h}=\frac{1}{6}$$

这是关于变量 e_1 和 e_2 的一条直线方程,即图 8.7 中的线段 AB,亦即如果偏心压力 F 作用在线段 AB 上,则杆内的最大拉应力 $\sigma_t=0$。矩形截面有两根对称轴,因此,矩形截面杆的截面核心是图 8.7 中所示菱形 $ABCD$。

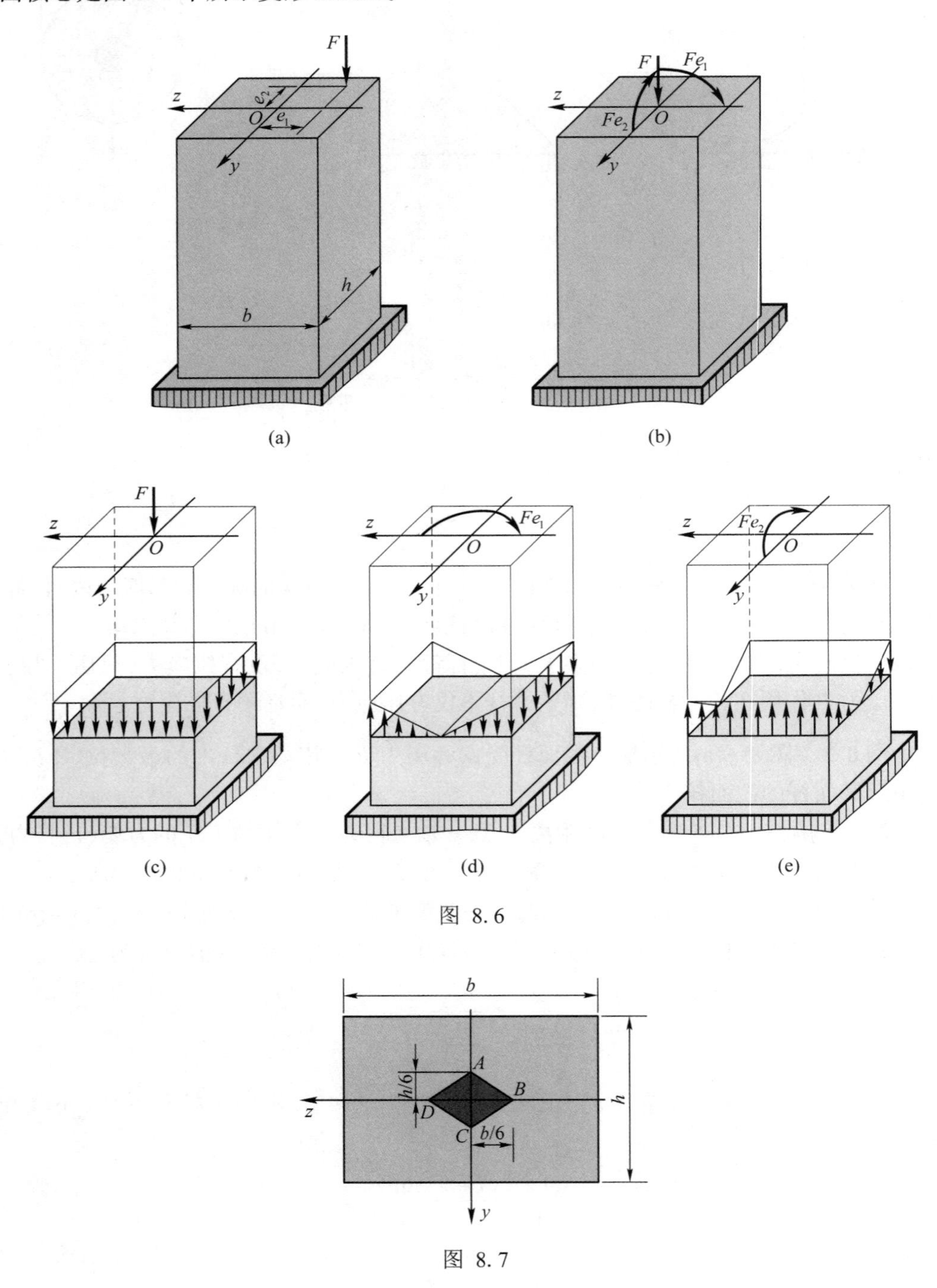

图 8.6

图 8.7

8.3 扭转与弯曲的组合

图 8.8(a)所示水平面上的直角拐,在自由端受铅垂力 F 作用。为分析圆杆 AB 的受力及变形,将铅垂力 F 按静力等效的原则移到杆 AB 的端点 B,杆 AB 的受力及弯矩、扭矩图如图 8.8(b)所示。从内力图可见,杆 AB 为弯曲与扭转的组合变形,危险截面位于固定端 A,其上内力

$$M = Fl, \quad T = Fa$$

固定端截面 A 上的应力分布如图 8.8(c)所示。弯曲正应力上拉下压,沿上下方向呈线性分布。扭转切应力沿半径呈线性分布。可见,截面 A 的上、下两点 D_1、D_2 为危险点。D_1 点的应力状态 [图 8.8(d)]是一平面应力状态,俯视则如图 8.8(e)所示。

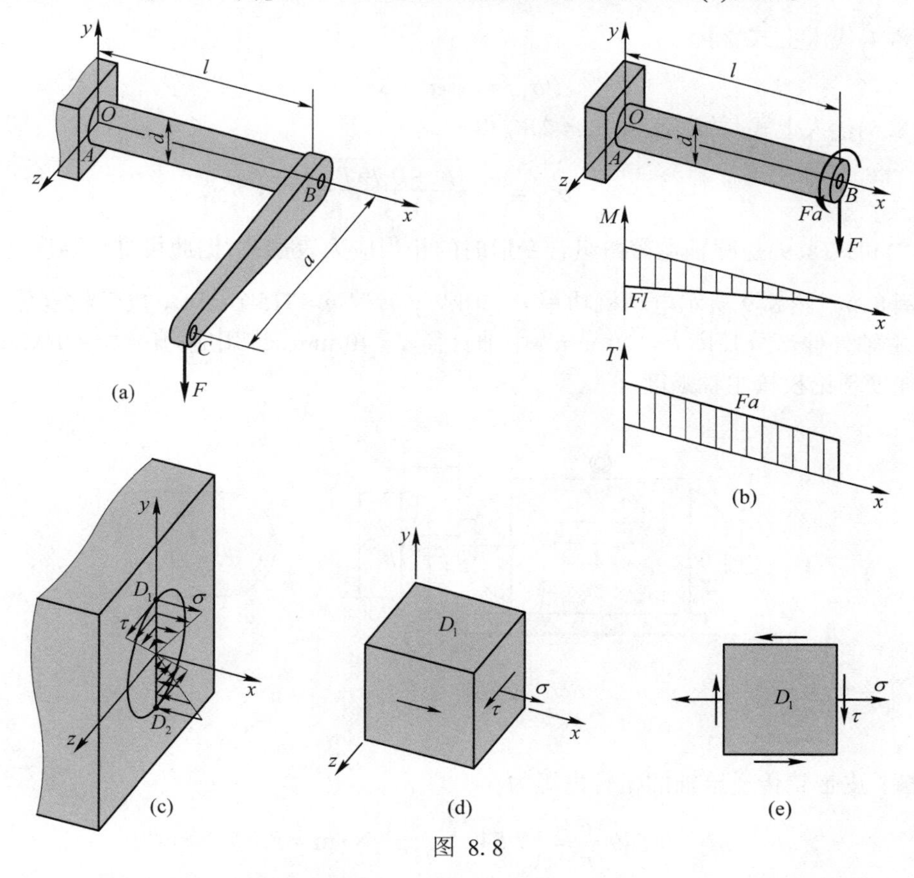

图 8.8

图 8.8(e)所示平面应力状态的三个主应力分别为

$$\sigma_{1,3} = \frac{\sigma}{2} \pm \sqrt{\left(\frac{\sigma}{2}\right)^2 + \tau^2}, \quad \sigma_2 = 0 \tag{8.4}$$

式中

$$\sigma = \frac{M}{W}, \quad \tau = \frac{T}{W_t} \tag{8.5}$$

因轴类零件通常为塑性材料,故采用第三或第四强度理论对其进行强度校核。若用第三强度理论,则

$$\sigma_{r3} = \sigma_1 - \sigma_3$$

将式(8.4)代入上式,得

$$\sigma_{r3} = \sqrt{\sigma^2 + 4\tau^2} \tag{8.6}$$

将式(8.5)代入上式,并注意到 $W_t = 2W$,得

$$\sigma_{r3} = \frac{\sqrt{M^2 + T^2}}{W} \tag{8.7}$$

若用第四强度理论,则

$$\sigma_{r4} = \sqrt{\frac{1}{2}[(\sigma_1 - \sigma_2)^2 + (\sigma_2 - \sigma_3)^2 + (\sigma_3 - \sigma_1)^2]}$$

将式(8.4)代入上式,得

$$\sigma_{r4} = \sqrt{\sigma^2 + 3\tau^2} \tag{8.8}$$

将式(8.5)代入上式,并注意到 $W_t = 2W$,得

$$\sigma_{r4} = \frac{\sqrt{M^2 + 0.75T^2}}{W} \tag{8.9}$$

式(8.7)和式(8.9)是圆轴在弯扭组合变形时的相当应力表达式,据此可进行强度计算。

例 8.4 图 8.9 所示电动机功率 $P = 9$ kW,转速 $n = 715$ r/min,皮带轮直径 $D = 250$ mm,主轴外伸部分长度 $l = 120$ mm,主轴直径 $d = 40$ mm,许用应力$[\sigma] = 60$ MPa。试用第三强度理论校核主轴强度。

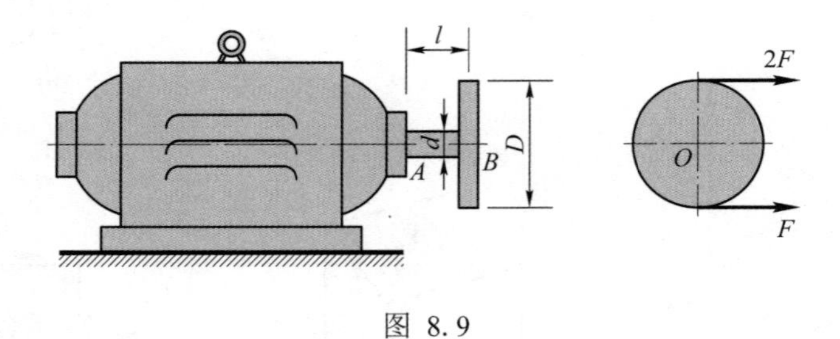

图 8.9

解: 皮带轮传递给轴的扭转力矩为

$$M_e = 9\ 549\ \frac{P}{n} = \left(9\ 549 \times \frac{9}{715}\right)\ \text{N·m} = 120.2\ \text{N·m}$$

皮带张力对轮心 O 取矩应等于扭转力矩 M_e,即

$$(2F - F)\frac{D}{2} = M_e$$

$$F = \frac{2M_e}{D} = \frac{2 \times 120.2\ \text{N·m}}{0.25\ \text{m}} = 961.6\ \text{N}$$

轴 AB 发生扭转与弯曲组合变形,横截面 A 为危险截面,其上内力

$$T = M_e = 120.2 \text{ N·m}$$
$$M = 3Fl = 346.2 \text{ N·m}$$

由第三强度理论

$$\sigma_{r3} = \frac{\sqrt{M^2 + T^2}}{W} = \frac{\sqrt{346.2^2 + 120.2^2} \text{ N·m}}{\dfrac{\pi \times (0.04 \text{ m})^3}{32}} = 58.3 \text{ MPa} < [\sigma]$$

所以满足强度条件,安全。

例 8.5 图 8.10(a)所示圆截面杆,直径 $d = 60$ mm,承受轴向拉力 $F = 80$ kN,扭转力矩 $M_e = 1$ kN·m,轴的许用应力$[\sigma] = 60$ MPa。试采用第三强度理论校核该杆强度。

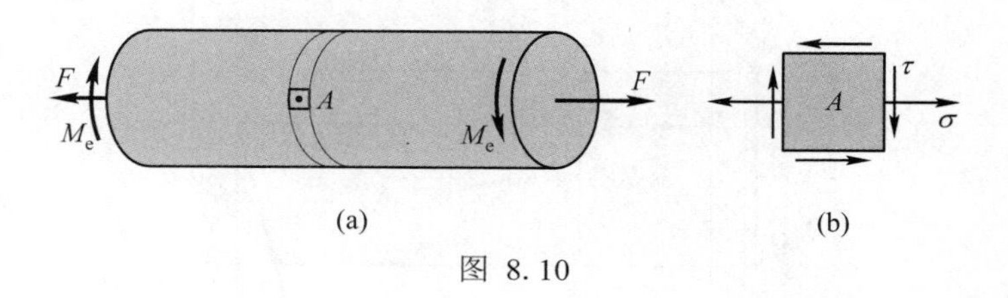

图 8.10

解: 该杆发生拉伸与扭转组合变形,危险点 A 的应力状态如图 8.10(b) 所示,其中

$$\sigma = \frac{F}{A} = 28.3 \text{ MPa}, \quad \tau = \frac{M_e}{W_t} = 23.6 \text{ MPa}$$

由式(8.6) 得

$$\sigma_{r3} = \sqrt{\sigma^2 + 4\tau^2} = \sqrt{(28.3 \text{ MPa})^2 + 4 \times (23.6 \text{ MPa})^2} = 55 \text{ MPa} < [\sigma]$$

可见,该杆满足强度条件,安全。

例 8.6 图 8.11 所示圆杆直径 $d = 100$ mm, 长度 $l = 1$ m, 自由端受力 $F_1 = 100$ kN, $F_2 = 50$ kN, $F_3 = 60$ kN。许用应力$[\sigma] = 160$ MPa。试用第三强度理论校核杆的强度。

解: 危险截面位于固定端,其上内力

$$F_N = F_1 = 100 \text{ kN}$$

$$T = F_3 \frac{d}{2} = 3 \text{ kN·m}$$

$$M = \sqrt{\left(F_1 \frac{d}{2}\right)^2 + [(F_3 - F_2)l]^2} = 11.18 \text{ kN·m}$$

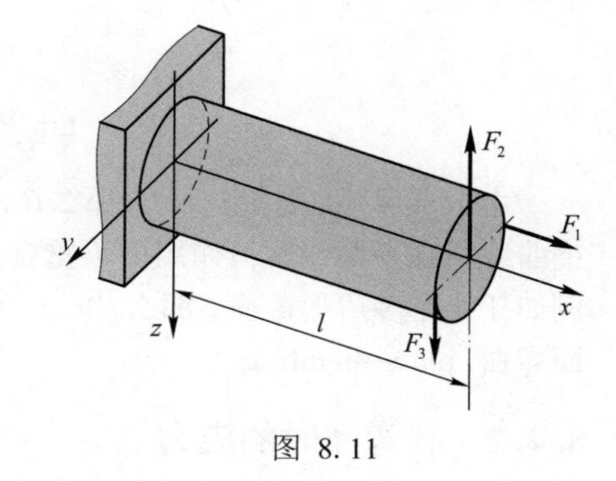

图 8.11

可见,这是拉、弯、扭组合变形,其危险点的应力状态仍然如图 8.8(e) 所示,其中正应力 σ 等于拉伸正应力与最大弯曲正应力的叠加。由式(8.6) 得

$$\sigma_{r3} = \sqrt{\sigma^2 + 4\tau^2} = \sqrt{\left(\frac{F_N}{A} + \frac{M}{W}\right)^2 + 4\left(\frac{T}{W_t}\right)^2} = 130 \text{ MPa} < [\sigma]$$

可见,该杆满足强度条件,安全。

8.4 斜 弯 曲

图 8.12 所示为一矩形截面悬臂梁,设作用于自由端的集中力 F 通过截面形心,垂直于 x 轴,且与对称轴 z 的夹角为 φ。将力 F 向对称轴 y 和 z 方向分解,得

$$F_y = F\sin\varphi, \quad F_z = F\cos\varphi \tag{8.10}$$

F_y 使梁在 xy 面内弯曲,中性轴是 z 轴;F_z 使梁在 xz 面内弯曲,中性轴是 y 轴。

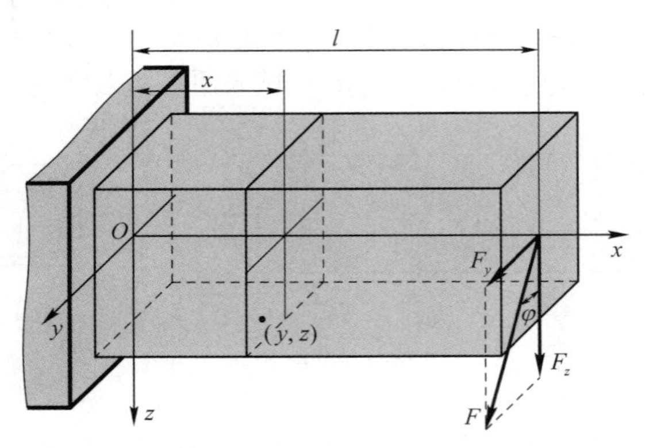

图 8.12

8.4.1 斜弯曲时的变形

图 8.12 所示悬臂梁自由端形心处由 F_y 引起的 y 方向的位移,以及由 F_z 引起的 z 方向的位移分别为

$$w_y = \frac{F_y l^3}{3EI_z} = \frac{Fl^3}{3EI_z}\sin\varphi, \quad w_z = \frac{F_z l^3}{3EI_y} = \frac{Fl^3}{3EI_y}\cos\varphi$$

由叠加法求得梁在自由端形心处的总位移(挠度)及其方向 [图 8.13(a)]分别为

$$w = \sqrt{w_y^2 + w_z^2}$$

$$\tan\beta = \frac{w_y}{w_z} = \frac{I_y}{I_z}\tan\varphi \tag{8.11}$$

由上式可见,如果$I_y \neq I_z$,那么$\beta \neq \varphi$,挠曲线不在外力作用的平面内 [图8.13(b)],梁挠曲线所在平面与载荷作用面不重合的弯曲称为**斜弯曲**(oblique bending)。如果$I_y = I_z$,例如任意正多边形截面,那么$\beta = \varphi$。梁挠曲线所在平面与载荷作用面重合的弯曲称为**平面弯曲**(plane bending)。

8.4.2 斜弯曲时的应力

图 8.12 中,到固定端距离为 x 的任意截面上的弯矩为

$$\left.\begin{aligned} M_z &= F_y(l-x) = F(l-x)\sin\varphi = M\sin\varphi \\ M_y &= F_z(l-x) = F(l-x)\cos\varphi = M\cos\varphi \end{aligned}\right\} \tag{8.12}$$

式中,$M=F(l-x)$为截面上的总弯矩。M_y 和 M_z 引起的应力分布分别如图 8.14(a)、(b)

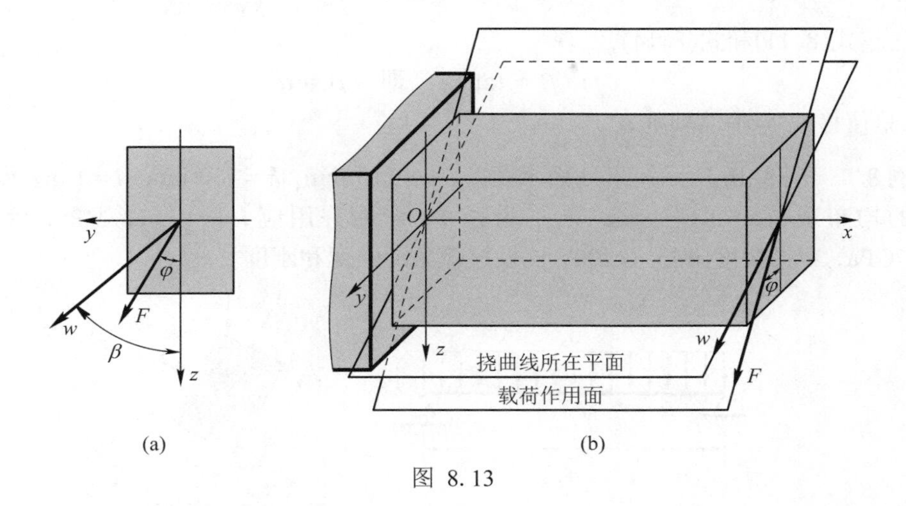

(a) (b)

图 8.13

所示。任意点(y,z)处的应力大小为

$$\sigma = -\frac{M_z y}{I_z} - \frac{M_y z}{I_y}$$

将式(8.12)代入上式,得

$$\sigma = -M\left(\frac{y}{I_z}\sin\varphi + \frac{z}{I_y}\cos\varphi\right) \tag{8.13}$$

这就是任意横截面x上任意点(y,z)的正应力计算公式。如果令式(8.13)等于零,就得到中性轴的方程。设(y_0,z_0)为中性轴上的任意点,则由式(8.13)得

$$-M\left(\frac{y_0}{I_z}\sin\varphi + \frac{z_0}{I_y}\cos\varphi\right) = 0$$

故中性轴的方程为

$$\frac{\sin\varphi}{I_z}y_0 + \frac{\cos\varphi}{I_y}z_0 = 0$$

中性轴是一条通过截面形心的直线(图8.15),设其与y轴的夹角为α,则

$$\tan\alpha = \left|\frac{z_0}{y_0}\right| = \frac{I_y}{I_z}\tan\varphi \tag{8.14}$$

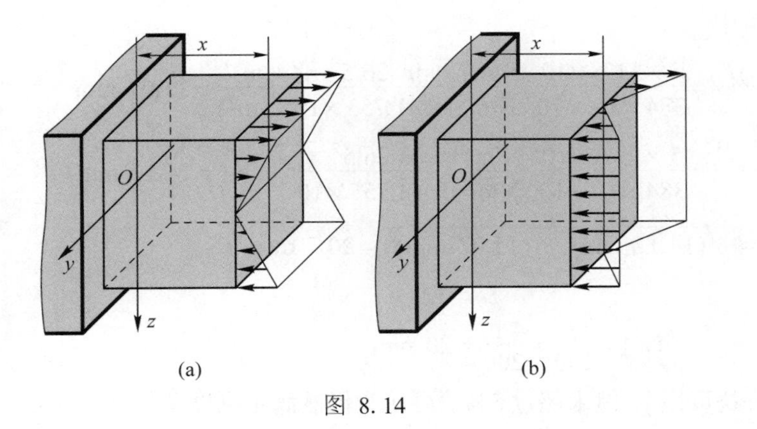

(a) (b)

图 8.14

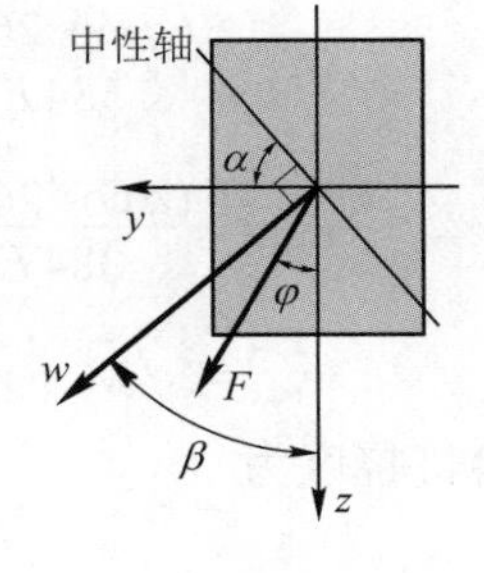

图 8.15

比较式(8.11)和式(8.14),发现

$$\tan\beta = \tan\alpha \quad 即 \quad \beta = \alpha$$

可见,总位移 w 与中性轴垂直。

例 8.7 图 8.16 所示矩形截面木檩条,$b = 110\ \text{mm}$,$h = 160\ \text{mm}$,$l = 4\ \text{m}$,承受铅垂向下的均布载荷 $q = 1.6\ \text{kN/m}$。木材为杉木,弯曲许用应力 $[\sigma] = 12\ \text{MPa}$,弹性模量 $E = 9\ \text{GPa}$,容许挠度 $[w] = l/200$,试校核檩条的强度和刚度。

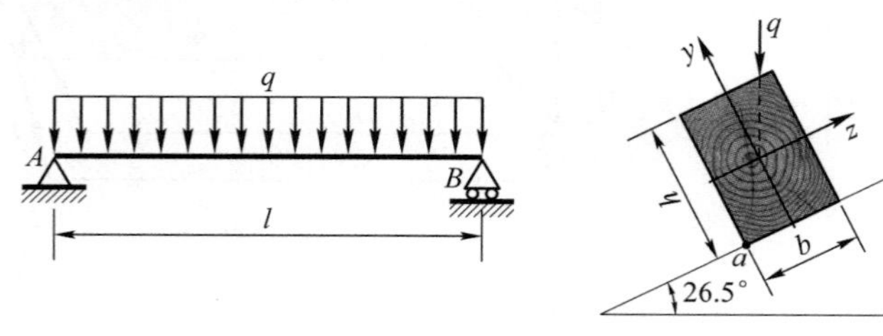

图 8.16

解: 截面惯性矩和抗弯截面系数分别为

$$I_z = \frac{bh^3}{12} = 3.755\times10^{-5}\ \text{m}^4,\quad W_z = \frac{bh^2}{6} = 4.693\times10^{-4}\ \text{m}^3$$

$$I_y = \frac{hb^3}{12} = 1.755\times10^{-5}\ \text{m}^4,\quad W_y = \frac{hb^2}{6} = 3.227\times10^{-4}\ \text{m}^3$$

最大弯矩发生在跨中,其值为

$$M_{\max} = \frac{ql^2}{8} = \frac{(1.6\ \text{kN/m})\times(4\ \text{m})^2}{8} = 3.2\ \text{kN}\cdot\text{m}$$

$$M_z = M_{\max}\cdot\cos 26.5^\circ = 2.864\ \text{kN}\cdot\text{m}$$

$$M_y = M_{\max}\cdot\sin 26.5^\circ = 1.428\ \text{kN}\cdot\text{m}$$

危险点在梁跨中横截面的点 a 处,此处应力

$$\sigma_{\max} = \frac{M_z}{W_z} + \frac{M_y}{W_y} = \frac{2.864\times10^3\ \text{N}\cdot\text{m}}{4.693\times10^{-4}\ \text{m}^3} + \frac{1.428\times10^3\ \text{N}\cdot\text{m}}{3.227\times10^{-4}\ \text{m}^3} = 10.5\ \text{MPa} < [\sigma]$$

可见,该檩条满足强度条件。

最大挠度发生在梁跨中

$$w_z = \frac{5(q\sin 26.5^\circ)l^4}{384EI_y} = \frac{5\times(1.6\times10^3\ \text{N/m})\times\sin 26.5^\circ\times(4\ \text{m})^4}{384\times(9\times10^9\ \text{N/m}^2)\times(1.755\times10^{-5}\ \text{m}^4)} = 15.07\ \text{mm}$$

$$w_y = \frac{5(q\cos 26.5^\circ)l^4}{384EI_z} = \frac{5\times(1.6\times10^3\ \text{N/m})\times\cos 26.5^\circ\times(4\ \text{m})^4}{384\times(9\times10^9\ \text{N/m}^2)\times(3.755\times10^{-5}\ \text{m}^4)} = 14.12\ \text{mm}$$

$$w_{\max} = \sqrt{w_y^2 + w_z^2} = \sqrt{(14.12\ \text{mm})^2 + (15.07\ \text{mm})^2} = 20.7\ \text{mm}$$

容许挠度为

$$[w] = \frac{l}{200} = \frac{4\ \text{m}}{200} = 20\ \text{mm}$$

最大挠度 $w_{\max}$ 已超过容许挠度 $[w]$,但未超过 5%,可认为仍然满足刚度条件。

习 题

8.1 图示结构,横梁 AB 为 18 号工字钢,已知 $F=30$ kN。试求横梁横截面上的最大正应力。

8.2 图示结构,斜杆 AB 的横截面为边长 $a=100$ mm 的正方形,若 $F=3$ kN,试求杆的最大拉应力和最大压应力。

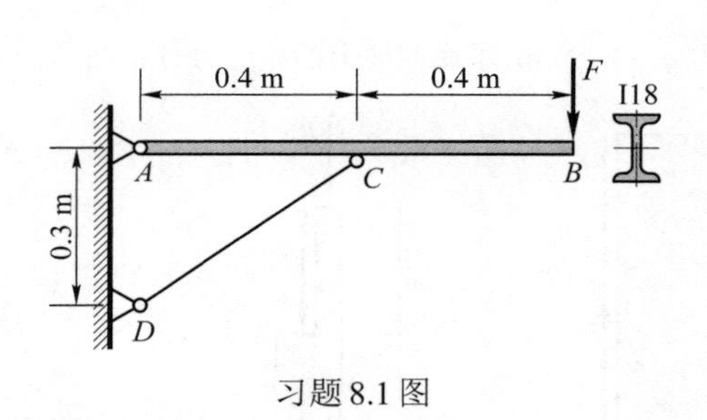

习题 8.1 图

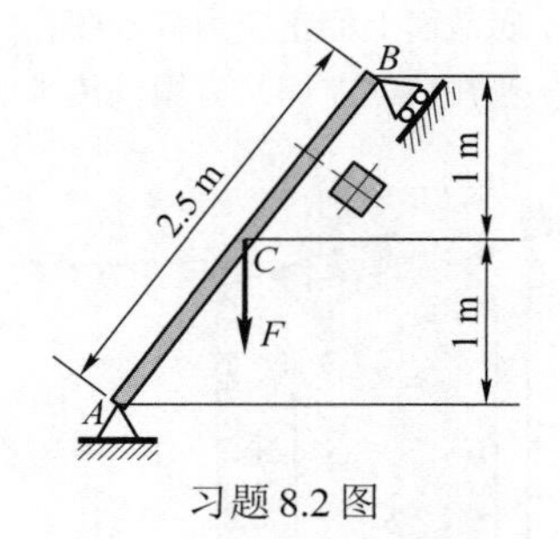

习题 8.2 图

8.3 图示杆,上端固定,在下端截面形心处作用拉力 F,杆的中间部位被挖去一半,试求截面 $m-m$ 上的最大拉应力和最大压应力。

8.4 图示三根杆,压力 F 作用在上端截面形心处,求三根杆中的最大压应力。

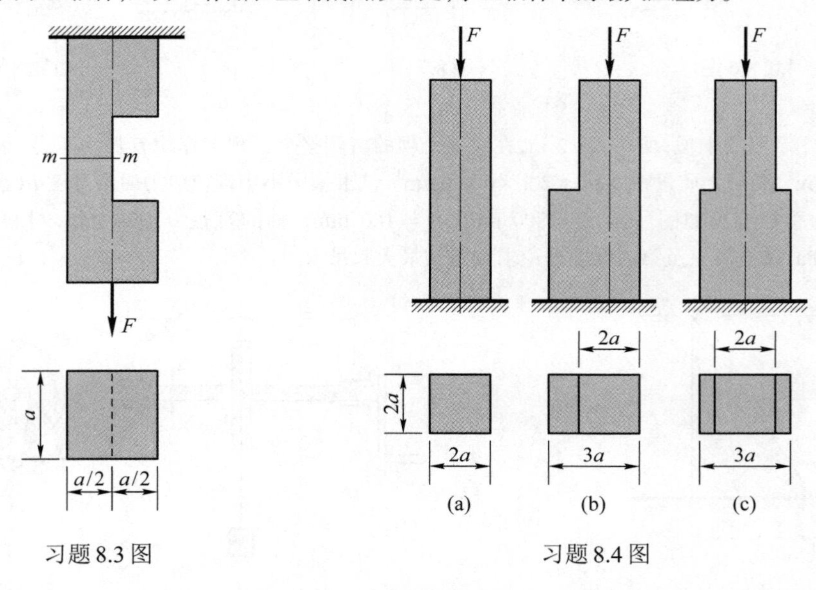

习题 8.3 图

习题 8.4 图

8.5 图示受拉构件,截面为 40 mm × 5 mm 的矩形,通过轴线的拉力 $F=12$ kN。现拉杆开有切口,如不计应力集中影响,当$[\sigma]=100$ MPa 时,试确定切口容许最大深度 a,并绘出切口截面的应力变化图。

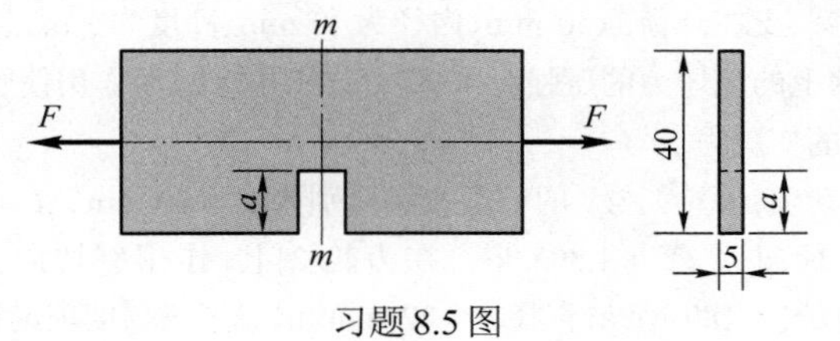

习题 8.5 图

8.6 矩形截面杆受力如图所示，$b = 150$ mm，$h = 100$ mm，$l = 600$ mm，$F_1 = 25$ kN，$F_2 = 5$ kN，偏心距 $e = 25$ mm。试求其固定端截面上角点 A、B、C、D 的正应力。

8.7 图示矩形截面杆,右侧表面受均布载荷作用,载荷集度为 q (单位长度杆所受力),材料的弹性模量为 E。试求最大拉应力及左侧表面 AB 长度的改变量。

8.8 厂房的边柱,受屋顶传来的载荷 $F_1 = 120$ kN 及吊车传来的载荷 $F_2 = 100$ kN 作用,柱的自重 $P = 77$ kN,底截面如图所示。试求：

(1) 底截面上的正应力分布图；

(2) 若在柱的左侧又有墙壁传来的向右风力 $q = 1$ kN/m,求底截面上的正应力分布图。

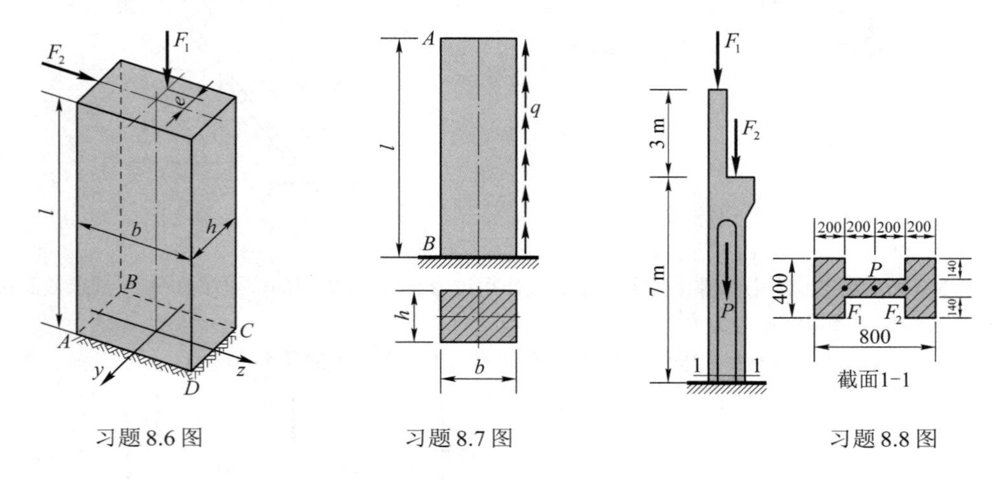

习题 8.6 图　　习题 8.7 图　　习题 8.8 图

8.9 图示混凝土坝,坝高 $l = 2$ m,在混凝土坝的右侧整个面积上作用着静水压力,水的质量密度 $\rho_1 = 10^3\ \mathrm{kg/m^3}$,混凝土质量密度 $\rho_2 = 2.2 \times 10^3\ \mathrm{kg/m^3}$。试求坝中不出现拉应力时的宽度 b(设坝厚 1 m)。

8.10 手摇绞车如图所示，$l = 800$ mm，$R = 180$ mm，轴的直径 $d = 30$ mm，材料的许用应力 $[\sigma] = 80$ MPa。试按第三及第四强度理论求绞车的最大起吊重 P。

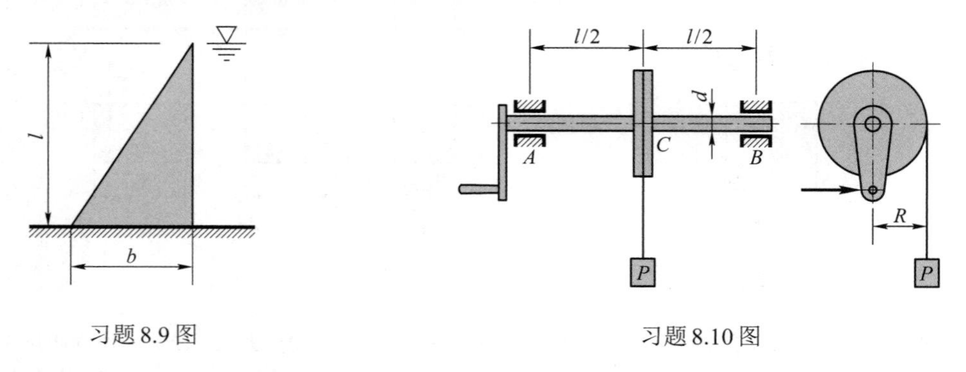

习题 8.9 图　　习题 8.10 图

8.11 图示一标志牌,支在外径为 50 mm、内径为 40 mm、高度为 3 m 的圆管上。若标志牌的尺寸为 1 m ×1 m,作用在标志牌上的风压力的压强为 400 Pa,试求由于风压作用使管底截面在点 A 处产生的主应力和在点 B、C 处产生的切应力。

8.12 图示齿轮传动轴,齿轮 1 与 2 的节圆直径分别为 $d_1 = 50$ mm，$d_2 = 130$ mm。在齿轮 1 上,作用有切向力 $F_y = 3.83$ kN，径向力 $F_z = 1.393$ kN。在齿轮 2 上，作用有切向力 $F_y' = 1.473$ kN，径向力 $F_z' = 0.536$ kN。许用应力 $[\sigma] = 180$ MPa,直径 $d = 22$ mm。试按第三强度理论校核轴的强度。

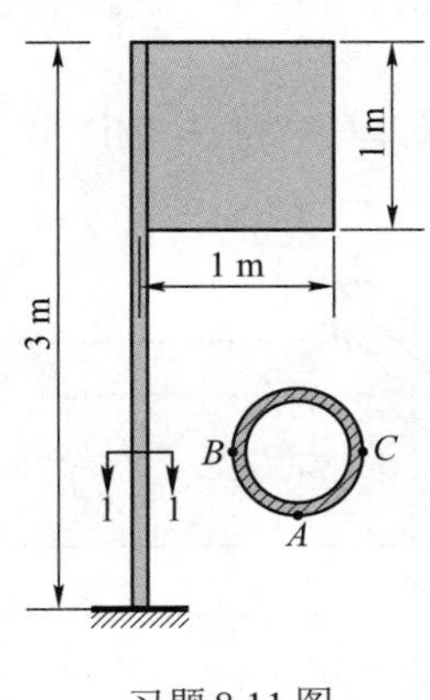

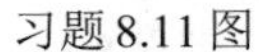
习题 8.11 图

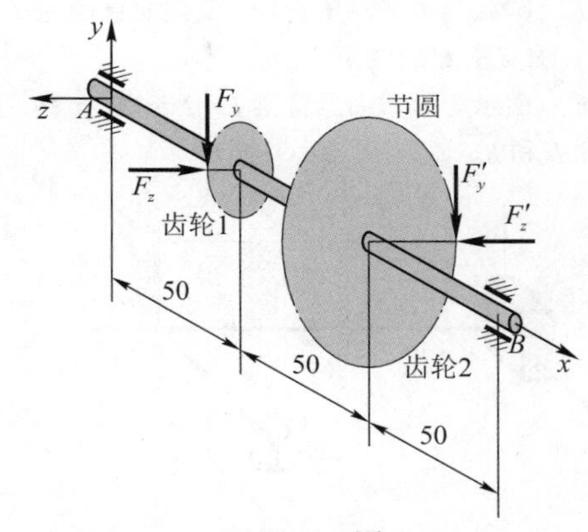

习题 8.12 图

8.13　图示水平直角折杆受铅直力 F 作用。圆轴 AB 的直径 $d=100$ mm，$a=400$ mm，$E=200$ GPa。在截面 D 的顶点 k 处，测得轴向线应变 $\varepsilon_0=2.75\times10^{-4}$。试求该折杆危险点的相当应力 σ_{r3} 和 σ_{r4}。

8.14　图示直升机的螺旋桨轴，在驱动螺旋桨旋转的同时，还承受机身的重力作用，因此该轴发生扭转和轴向拉伸组合变形。设轴的直径 $d=55$ mm，扭转力矩 $M_e=2.4$ kN·m，轴向拉力 $F=125$ kN，试按第三强度理论计算危险点的相当应力 σ_{r3}。

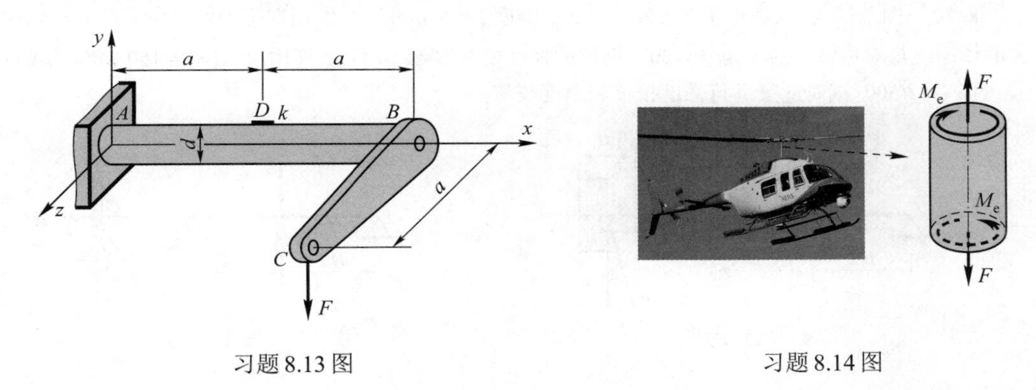

习题 8.13 图　　　　习题 8.14 图

8.15　图示水平刚架由直径 $d=80$ mm 的圆截面钢杆组成，AB 垂直于 CD，铅垂作用力 $F_1=2$ kN，$F_2=4$ kN，$[\sigma]=80$ MPa。试用第三强度理论校核刚架的强度。

8.16　图示水平刚架，各杆横截面直径均为 d，承受铅直力 $F_y=20$ kN，水平力 $F_z=10$ kN，铅直均布载荷 $q=5$ kN/m，$[\sigma]=160$ MPa。试用第三强度理论选择圆杆直径 d。

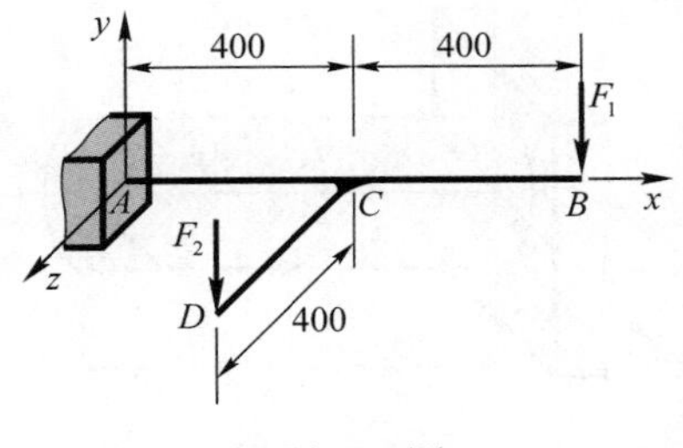

习题 8.15 图

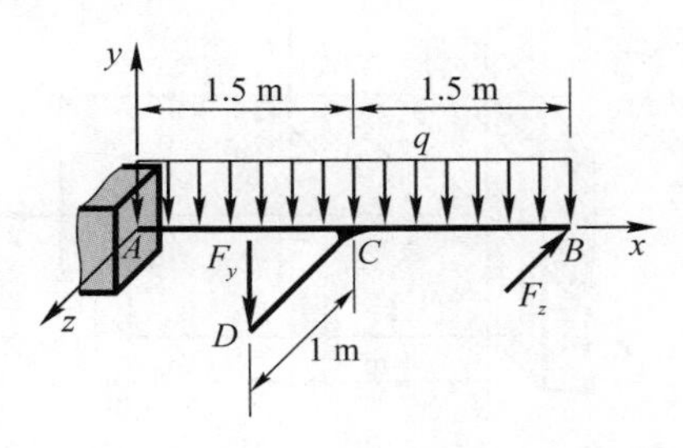

习题 8.16 图

8.17　圆截面水平直角折杆，横截面直径为 d，在 B 处受铅直力 F 作用，材料的弹性模量为 E，切变模量为 G。求支座 C 的约束力。

8.18　图示矩形截面悬臂梁 $l = 2$ m，$h = 2b$，自由端面内承受力 $F = 240$ N，$[\sigma] = 10$ MPa。试选择截面尺寸 b 和 h。

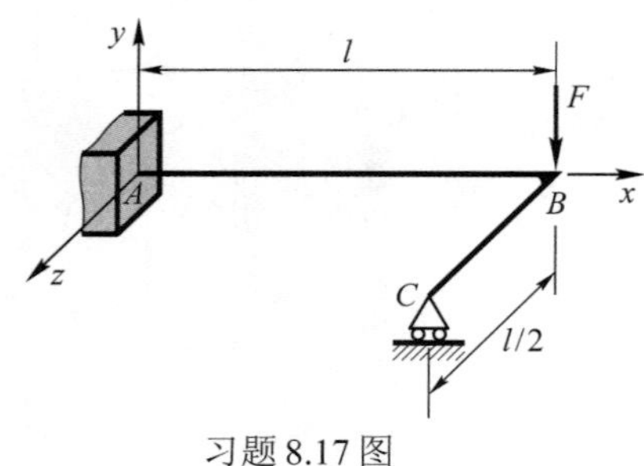

习题 8.17 图

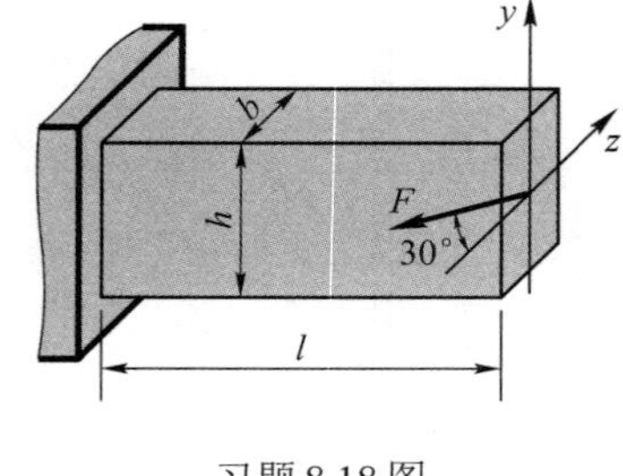

习题 8.18 图

8.19　图示矩形截面简支木梁，跨度 $l = 3$ m，在梁的跨中 C 受集中力 $F = 10$ kN 作用，F 与 y 轴的夹角 $\varphi = 15°$，如图所示。设木材的弹性模量 $E = 10$ GPa，试求：

(1) 中性轴的位置；

(2) 梁的最大正应力；

(3) 梁跨中点的总挠度。

8.20　图示简支梁，选用了 25a 号工字钢，跨度 $l = 4$ m。已知：作用在跨中的集中载荷 $F = 5$ kN，力 F 的作用线与对称轴 y 的夹角 $\varphi = 30°$，钢材的弹性模量 $E = 210$ GPa，许用应力 $[\sigma] = 160$ MPa，梁的容许挠度 $[w] = l/500$。试对此梁进行强度校核和刚度校核。

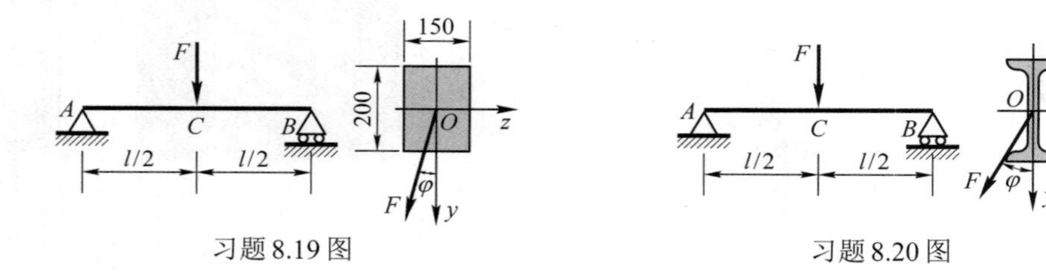

习题 8.19 图　　习题 8.20 图

8.21　图示矩形截面水平悬臂木梁 $h = 2b$，承受水平力 $F_1 = 800$ N，垂直力 $F_2 = 1\ 600$ N。若木材的许用应力 $[\sigma] = 10$ MPa，试确定截面尺寸 b 与 h。

8.22　图示圆截面悬臂梁承受水平力 F 与铅垂力 $2F$ 作用，圆形截面的直径为 d。试求梁的最大正应力。

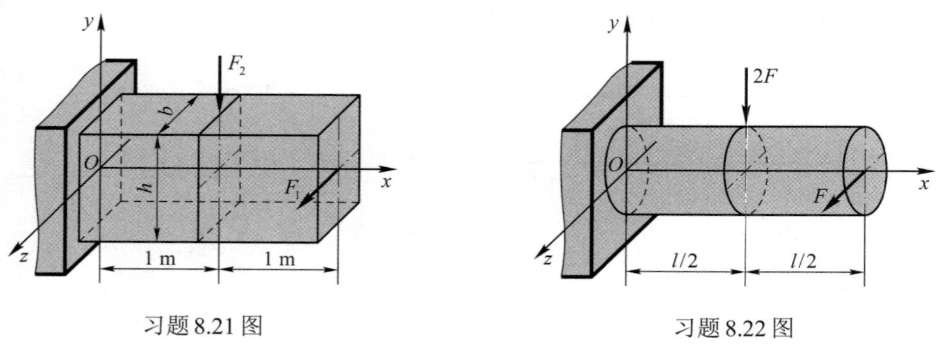

习题 8.21 图　　习题 8.22 图

8.23 试证明:对于矩形截面梁,当集中载荷 F 沿矩形截面的一对角线作用时,其中性轴将与另一对角线重合。

8.24 求图示悬臂梁中性轴到形心距离 s 随 x 变化的规律。

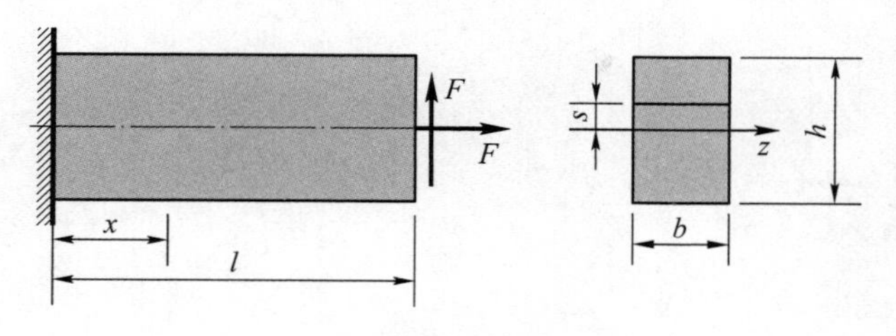

习题8.24图

8.25 传动轴受力如图所示,F_1、F_2 分别平行于 y、z 轴。若图中 $F_1 = 2$ kN,材料的许用应力$[\sigma] = 120$ MPa,试根据第三强度理论设计该轴的直径 d。

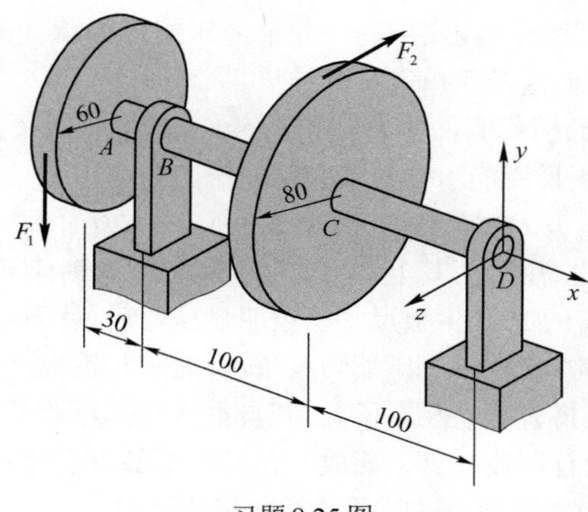

习题8.25图

9 压杆稳定

9.1 压杆稳定的概念

如果轴向压缩杆件横截面上的正应力不超过材料的许用应力，即 $\sigma \leqslant [\sigma]$，则从强度上保证了杆件的正常工作。但现实中的一些轴向压缩杆的承载能力并不取决于轴向压缩时的压缩强度，看看下面这个简单实验的结果。

取一根长 300 mm、横截面尺寸为 20 mm × 1 mm 的钢板尺，许用应力 $[\sigma]$ = 196 MPa，按强度条件求得此钢板尺所能承受的最大轴向压力为

$$F_{\max} = (196\ \text{MPa}) \times (20\ \text{mm}^2) = 3\ 920\ \text{N} = 3.92\ \text{kN}$$

将钢板尺竖立在桌子上，用手压其上端，当压力不到 40 N 时钢板尺就被明显压弯了，这个压力只占上面 3.92 kN 的 1%。钢板尺一旦被明显压弯后，就不可能再承受更大的压力。所以，钢板尺的承载能力并非取决于压缩强度条件，而是与钢板尺受压时变弯有关。

将一张 A4 复印纸捋直竖立在桌子上，其自重就将其压弯了。但若将其卷成圆筒状，则不仅可以轻松竖立，而且即使在其上面放一包面巾纸都不会使其压弯。

图 9.1 所示两端铰支的细长杆，承受轴向压力 F 作用。当压力逐渐增大，但小于某一临界值时，杆件一直保持直线状态的平衡，即使在杆上施加一微小的横向干扰力 F' 使杆发生微弯 [图 9.1(a)]，然而撤去横向力 F' 后仍恢复到直线状态的平衡 [图 9.1(b)]，这说明压杆直线状态的平衡是稳定的。当压力逐渐增大到某一临界值时，如果在杆上再施加一微小的横向干扰力 F' 使杆发生微弯，然而撤去横向力 F' 后，它将保持曲线形状的平衡，不能恢复到原有的直线状态的平衡 [图 9.1(c)]，这说明压杆原先在直线状态下的平衡是不稳定的。上述临界值 F_{cr} 称为**临界压力**（critical compressive force）。压杆丧失直线状态的平衡而过渡到曲线状态的平衡，称为丧失稳定性，简称失稳，或称屈曲。

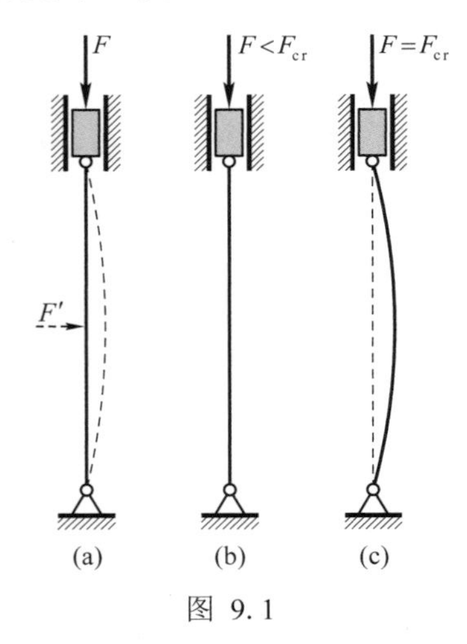

图 9.1

工程中的受压杆件很多，例如，图 9.2(a) 所示汽车起重机的压杆，图 9.2(b) 所示自卸汽车（又称翻斗车）中的活塞杆，还有千斤顶的丝杠，内燃机活塞杆，矿井的液压支柱，等

等。这些杆件在设计时必须考虑其稳定性问题。细长杆件在失稳时，杆内的应力有时低于材料的比例极限，且失稳前没有明显的变形现象，因此它比强度失效具有更大的破坏性。

(a)

(b)

图 9.2

历史上多次发生过由于个别压杆的失稳而引起整个结构破坏的重大事故。例如，1907年，加拿大的魁北克大桥在施工时突然倒塌，就是由于桥南端锚跨处两根下弦杆被压弯而引起的。这座大桥在重新建设中悲剧再次发生。在经历了两次惨痛的悲剧后，魁北克大桥终于在 1917 年竣工通车。加拿大的七大工程学院出资将建桥过程中倒塌的残骸全部买下，并决定把这些钢材打造成一枚枚戒指，发给每年从工程系毕业的学生。这枚被设计成被扭曲的钢条形状的戒指，后来成为工程界闻名的工程师之戒(iron ring)。图9.3(a) 所示为 1907 年坍塌的魁北克大桥，图 9.3(b) 所示为重建后、现在依然运行的魁北克大桥。为了减轻运行压力，在不远处又修建了一座与之平行的悬索公路桥。

(a)

(b)

图 9.3

1983 年 10 月 4 日，在某建筑工地上，几个刚刚休假归来的工人们登上脚手架准备施工作业。突然，支承跳板的立柱呈弓形向外屈曲，随即脚手架垮塌，事故造成 5 死 7 伤的严重后果。按照脚手架搭设规范，脚手架的立柱间距、大横杆间距、小横杆间距、横向支撑间距、纵向支撑间距等尺寸都有明确具体的要求。为了确保立柱的稳定性，脚手架还必须设置足够数量的连墙杆固定在建筑物的墙体内。该脚手架的设计、施工没有严格按照规范进行，致使脚手架立柱的稳定性承载力不足而引发事故。

除了压杆外,其他一些构件也存在稳定失效问题。例如,图 9.4(a) 所示狭长矩形截面的悬臂梁,自由端的集中力 F 增大到临界值后,由于外界的干扰,梁会发生侧向弯曲。图 9.4(b) 所示薄壁圆筒在轴向均布压力达到临界值时,会因失稳而形成波纹状。图 9.4(c) 所示扁球壳在均布压力达到临界值时,球顶会发生"跳跃"。这些都是稳定性问题,本章仅讨论压杆的稳定性问题。

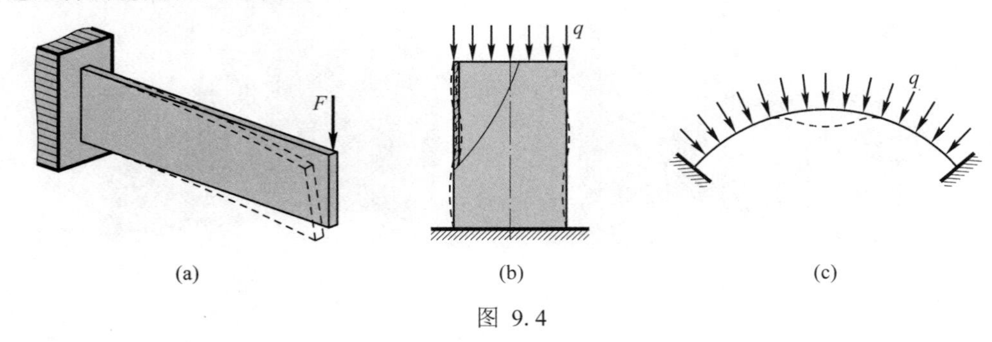

图 9.4

9.2 两端铰支细长压杆的临界压力

图 9.5(a)所示细长压杆的两端为球铰支座,轴线为直线,压力 F 与轴线重合。当压力增加到临界压力时,压杆将在微弯状态下保持平衡。选取坐标系如图所示,距原点为 x 的任意截面的挠度为 w, 该截面的弯矩 [图 9.5(b)]为

$$M = -Fw \tag{9.1}$$

由于压杆处于微弯状态,可将上式代入梁的挠曲线近似微分方程(6.5),得

$$\frac{d^2w}{dx^2} = -\frac{Fw}{EI} \tag{9.2}$$

令

$$k^2 = \frac{F}{EI} \tag{9.3}$$

则式(9.2)可写成

$$\frac{d^2w}{dx^2} + k^2w = 0$$

上式为二阶常系数齐次微分方程,它的通解为

$$w = C_1 \sin kx + C_2 \cos kx \tag{9.4}$$

式中, C_1、C_2 为积分常数。

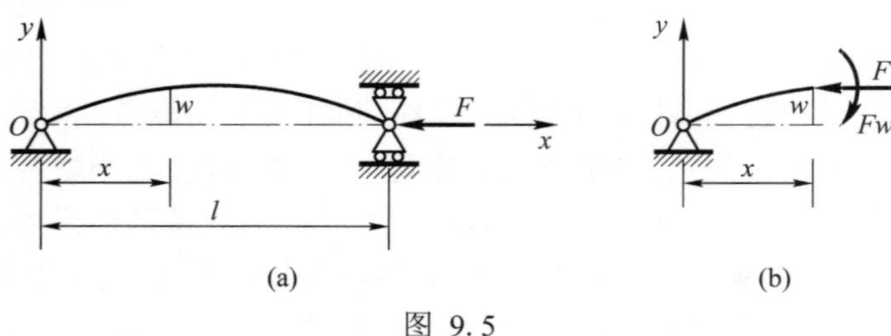

图 9.5

压杆的边界条件为：$x=0$ 和 $x=l$ 时，$w=0$。代入式(9.4)，得

$$C_2=0, \quad C_1\sin kl=0$$

上行第二式表明，C_1 或 $\sin kl$ 等于零。但因 C_2 已等于零，如果 C_1 再等于零，则由式(9.4)知 $w=0$，这表示压杆没有弯曲变形，显然与假设的前提不符。因此只能是

$$\sin kl = 0$$

于是

$$kl=n\pi \quad 即 \quad k=\frac{n\pi}{l} \quad (n=0,1,2,\cdots) \tag{9.5}$$

把式(9.5)与式(9.3)相比较，可得到

$$\frac{F}{EI}=\frac{n^2\pi^2}{l^2}$$

从而有

$$F=\frac{n^2\pi^2EI}{l^2}$$

式中，$n=0, 1, 2, \cdots$。若从求解方程来看，临界压力的数值应该有无穷多个。实际上，最小的非零压力才是临界压力。因此应取 $n=1$，即

$$F_{cr}=\frac{\pi^2EI}{l^2} \tag{9.6}$$

这是两端铰支细长压杆临界压力的计算公式，也称为**欧拉公式**(Euler formula)。

式(9.6)中的 I 应取横截面的最小惯性矩，这是由于杆两端是球铰，允许杆件在任意纵向平面内发生弯曲变形，因此杆失稳时一定是绕惯性矩最小的轴发生弯曲变形。

由于 $n=1$，代入式(9.5)得 $k=\pi/l$，可知压杆微弯时的挠曲线方程为

$$w=C_1\sin\frac{\pi x}{l}$$

即挠曲线为半波正弦曲线。

例 9.1 图 9.6 所示为一根矩形截面细长压杆，$b=30$ mm，$h=50$ mm，$l=1.5$ m，材料为 Q235 钢，$E=206$ GPa，两端简化为铰支座，试按欧拉公式计算其临界压力。

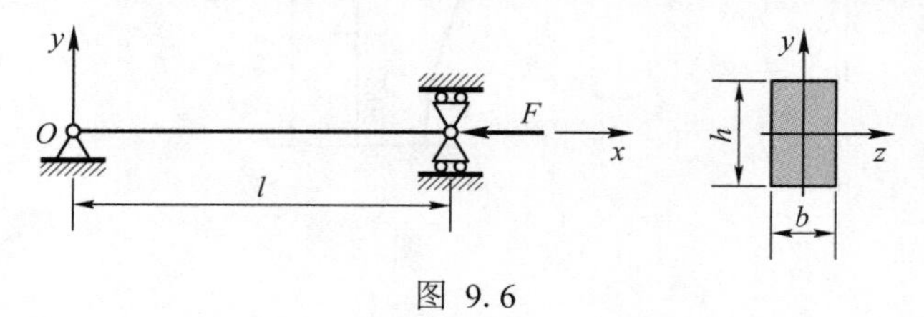

图 9.6

解：由于 $I_z>I_y$，说明压杆的弱轴为 y，强轴为 z，该杆一定是在 xz 平面内绕 y 轴弯曲而失稳。

$$I_y=\frac{hb^3}{12}=\frac{50\times30^3}{12}\text{ mm}^4=1.125\times10^5\text{ mm}^4$$

$$F_{cr}=\frac{\pi^2EI_y}{l^2}=\frac{\pi^2\times(206\times10^9\text{ Pa})\times(1.125\times10^{-7}\text{ m}^4)}{(1.5\text{ m})^2}=102\text{ kN}$$

9.3 其他杆端约束条件下细长压杆的临界压力

对于图 9.7(a)所示一端固定、另一端自由且长为 l 的压杆,可以用与 9.2 节相同的方法导出其临界压力计算公式,但也可用比较简单的类比方法求出。设杆件以微弯形式保持平衡 [图 9.7(b)]。现把挠曲线上下镜像,使其对称于固定端 A,如图中虚线所示。图 9.7(b)中的挠曲线 BC 与图 9.5 中的挠曲线相同。因此,用 $2l$ 替换式(9.6)中的 l,就得到一端固定、另一端自由且长为 l 的压杆的临界压力

$$F_{cr}=\frac{\pi^2 EI}{(2l)^2} \tag{9.7}$$

对于一端固定、另一端铰支且长为 l 的压杆,临界状态下挠曲线如图 9.8 所示,挠曲线上有一拐点 C, BC 段挠曲线与图 9.5 中的挠曲线相同。因此,用 $0.7l$ 替换式(9.6)中的 l,就得到一端固定、另一端铰支且长为 l 的压杆的临界压力

$$F_{cr}=\frac{\pi^2 EI}{(0.7l)^2} \tag{9.8}$$

对于两端都是固定端约束且长为 l 的压杆,临界状态下挠曲线如图 9.9 所示,挠曲线上有两个拐点 C 和 D, CD 段挠曲线与图 9.5 中的挠曲线相同。因此,用 $0.5l$ 替换式(9.6)中的 l, 就得到两端固定且长为 l 的压杆的临界压力

$$F_{cr}=\frac{\pi^2 EI}{(0.5l)^2} \tag{9.9}$$

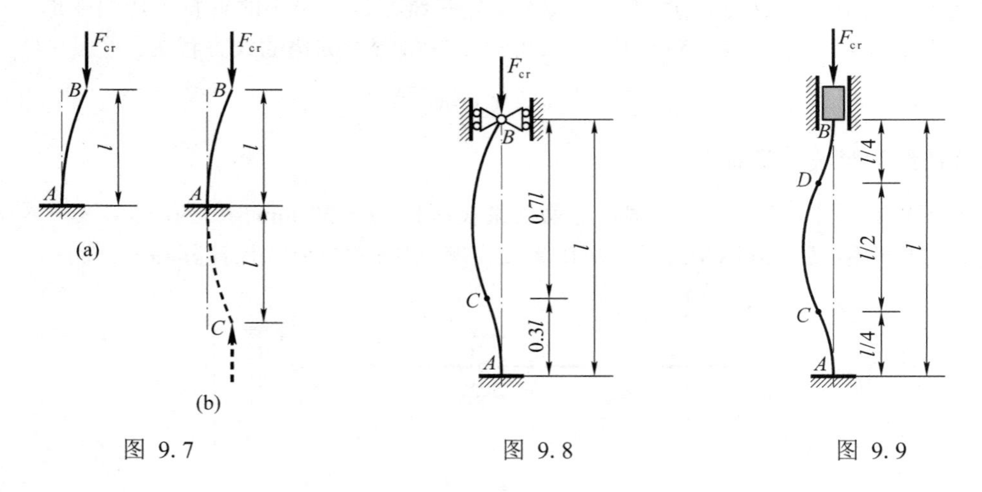

图 9.7　　图 9.8　　图 9.9

式(9.6)~式(9.9)可以写成统一的形式

$$F_{cr}=\frac{\pi^2 EI}{(\mu l)^2} \tag{9.10}$$

这是欧拉公式的普遍形式。式中 μl 表示把压杆折算成两端铰支杆的长度, 称为**相当长度**(equivalent length)。μ 称为**长度因数**(factor of length),它反映了杆端约束对临界压力的影响。常见的四种压杆的欧拉公式及长度因数列于表 9.1 中。

表 9.1 四种常见压杆的欧拉公式及长度因数

支承情况	两端铰支	一端固定,另一端自由	一端固定,另一端铰支	两端固定
简图				
欧拉公式	$F_{cr}=\dfrac{\pi^2EI}{l^2}$	$F_{cr}=\dfrac{\pi^2EI}{(2l)^2}$	$F_{cr}=\dfrac{\pi^2EI}{(0.7l)^2}$	$F_{cr}=\dfrac{\pi^2EI}{(0.5l)^2}$
长度因数	$\mu=1$	$\mu=2$	$\mu=0.7$	$\mu=0.5$

例 9.2 某结构失稳时,挠曲线如图 9.10 所示,即上端可水平移动但不能转动,下端固定,试推导计算其临界压力的欧拉公式。

解: 可用比较简单的类比方法求出。将挠曲线上下镜像,使其对称于固定端 A。镜像后的挠曲线与两端固定且长为 l 的压杆的挠曲线(图 9.9)一样。因此,用 $2l$ 替换式(9.9)中的 l,就得到图9.10所示压杆的临界压力

$$F_{cr}=\frac{\pi^2EI}{l^2}$$

也可将图 9.10 所示压杆的挠曲线与图 9.5 所示两端铰支压杆的挠曲线进行类比:图 9.10 所示挠曲线的拐点显然位于挠曲线正中间。图 9.10 所示挠曲线的下半截与图 9.5 所示挠曲线的上半截一样。同样可得到上式。

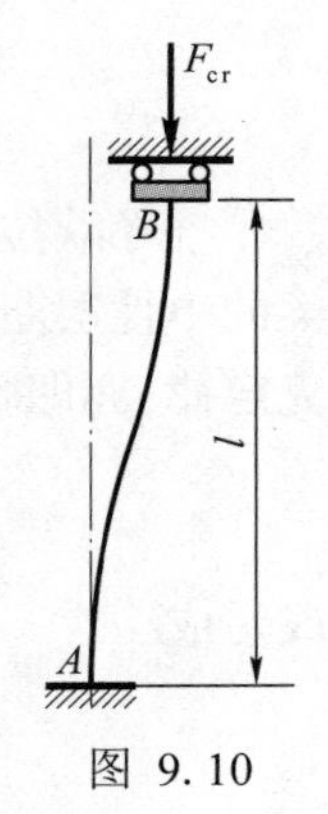

图 9.10

9.4 欧拉公式的适用范围 经验公式

9.3 节已经导出了计算临界压力的欧拉公式(9.10),将 F_{cr} 除以压杆的横截面面积 A,可得与临界压力对应的应力,即临界应力

$$\sigma_{cr}=\frac{F_{cr}}{A}=\frac{\pi^2EI}{(\mu l)^2A} \tag{9.11}$$

根据附录 A 中的式(A.8),上式中的横截面惯性矩 I 可表示为

$$I=i^2A$$

式中, i 为截面的惯性半径,则式(9.11)可写成

$$\sigma_{cr}=\frac{\pi^2E\cdot i^2A}{(\mu l)^2A}=\frac{\pi^2E}{\left(\frac{\mu l}{i}\right)^2} \tag{9.12}$$

引用记号

$$\lambda=\frac{\mu l}{i} \tag{9.13}$$

于是,式(9.12)可写成

$$\sigma_{cr}=\frac{\pi^2E}{\lambda^2} \tag{9.14}$$

式(9.14)是计算临界应力的欧拉公式。

式(9.13)中 λ 为量纲一的量,称为压杆的**长细比**或**柔度**(slenderness),它集中反映了压杆的长度、杆端约束条件、截面尺寸和形状等因素对临界应力的影响。

式(9.13)中的惯性半径 i,对于直径为 d 的圆形,有

$$i=\sqrt{\frac{I}{A}}=\sqrt{\frac{\pi d^4}{64}\cdot\frac{4}{\pi d^2}}=\frac{d}{4}$$

对于外径为 D,内径为 d 的空心圆截面,有

$$i=\sqrt{\frac{I}{A}}=\sqrt{\frac{\pi(D^4-d^4)}{64}\cdot\frac{4}{\pi(D^2-d^2)}}=\frac{\sqrt{D^2+d^2}}{4}$$

对于宽为 b,高为 h 的矩形截面(设 $b<h$),有

$$i=\sqrt{\frac{I}{A}}=\sqrt{\frac{hb^3}{12}\cdot\frac{1}{bh}}=\frac{b}{\sqrt{12}}$$

推导欧拉公式时,使用了梁的挠曲线近似微分方程(6.5),而推导该微分方程时用了梁的中性层曲率公式(5.6),推导中性层曲率公式时用了胡克定律。因此,只有在满足胡克定律,亦即临界应力小于比例极限时,才能应用欧拉公式计算压杆的临界应力,即

$$\sigma_{cr}=\frac{\pi^2E}{\lambda^2}\leqslant\sigma_p$$

或写成

$$\lambda\geqslant\sqrt{\frac{\pi^2E}{\sigma_p}} \tag{9.15}$$

令

$$\lambda_p=\sqrt{\frac{\pi^2E}{\sigma_p}} \tag{9.16}$$

于是条件式(9.15)可表示为

$$\lambda\geqslant\lambda_p \tag{9.17}$$

这就是欧拉公式的适用范围。满足式(9.17)的杆称为**细长压杆**或**大柔度压杆**(slender column, long column)。例如,对 Q235 钢,取 $E=206$ GPa,$\sigma_p=200$ MPa,则

$$\lambda_p=\sqrt{\frac{\pi^2\times206\times10^9\ \text{Pa}}{200\times10^6\ \text{Pa}}}\approx100$$

所以,只有压杆的柔度 $\lambda\geqslant100$ 时,才能应用欧拉公式计算其临界压力。

当压杆的柔度 $\lambda < \lambda_p$ 时,欧拉公式已不适用。在工程上,一般采用根据试验得出的比较简单的经验公式。在我国的设计手册和规范中给出的是直线公式和抛物线公式。

直线公式的表达式为

$$\sigma_{cr} = a - b\lambda \tag{9.18}$$

式中,λ 是压杆的实际柔度;a 和 b 是与材料性质有关的系数,可在有关的设计手册和规范中查到。例如,对于 Q235 钢,$a = 304$ MPa,$b = 1.12$ MPa。

对于塑性材料,按式(9.18)算出的应力不能超过 σ_s,即失稳必须发生在屈服之前,要求

$$\sigma_{cr} = a - b\lambda \leqslant \sigma_s$$

或写成

$$\lambda \geqslant \frac{a - \sigma_s}{b}$$

令

$$\lambda_s = \frac{a - \sigma_s}{b} \tag{9.19}$$

可见,经验公式的适用范围为

$$\lambda_s \leqslant \lambda < \lambda_p \tag{9.20}$$

满足式(9.20)的压杆称为**中长压杆**或**中柔度压杆**。对于 Q235 钢,$a = 304$ MPa,$b = 1.12$ MPa,$\sigma_s = 235$ MPa,则 $\lambda_s = 61.6$。

对于 $\lambda < \lambda_s$ 的压杆,称为**短粗压杆**或**小柔度压杆**,应按强度条件进行计算。

对于脆性材料,只需将以上各式中的 σ_s 改为 σ_b 即可。

综上所述,可用图 9.11 所示图形来表示临界应力 σ_{cr} 随压杆柔度 λ 的变化规律。λ_p 和 λ_s 将压杆按柔度 λ 的大小分成三类:大柔度杆、中柔度杆、小柔度杆。对于 $\lambda \geqslant \lambda_p$ 的大柔度压杆,应使用欧拉公式计算临界应力;对于 $\lambda_s \leqslant \lambda < \lambda_p$ 的中柔度压杆,应使用经验公式计算临界应力;对于 $\lambda < \lambda_s$ 的小柔度压杆,应按强度条件进行计算。图 9.11 称为**临界应力总图**(total diagram of critical stress)。

对于中柔度杆,应使用经验公式计算临界应力,如果误用欧拉公式计算临界应力,从

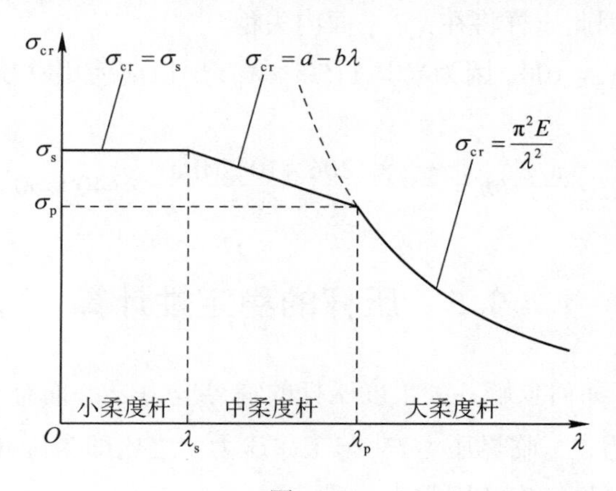

图 9.11

临界应力总图 9.11 可以看出,误算出的临界应力值比实际值要大,因此偏危险。同样,对于大柔度杆,应使用欧拉公式计算临界应力,如果误用经验公式计算临界应力,从临界应力总图 9.11 可以看出,误算出的临界应力值比实际值还是大,同样是偏危险。因此,除非已明确说明是细长杆或大柔度杆而可以直接使用欧拉公式,一般来说都要首先根据柔度大小来判断杆是大柔度、中柔度还是小柔度,然后选择对应的公式计算临界应力。

例 9.3 截面为 $b\times h$ 的矩形压杆两端用柱形铰接。在 xy 平面内弯曲时,可视为两端铰支 [图 9.12(a)];在 xz 平面内弯曲时,可视为两端固定 [图 9.12(b)]。材料为 Q235 钢,弹性模量 $E=206$ GPa。$b=40$ mm,$h=60$ mm,$l=2$ m。试求此杆的临界载荷。

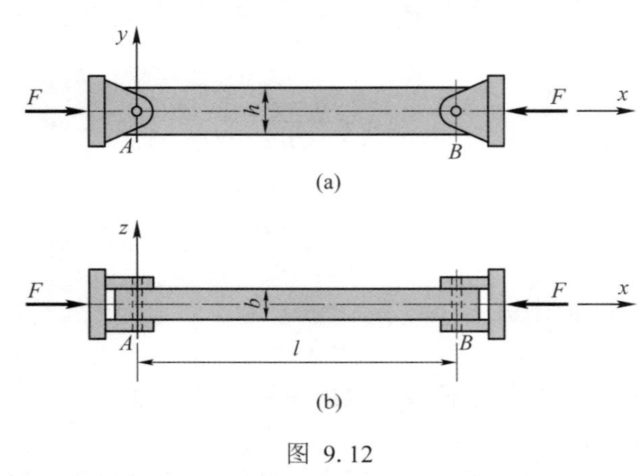

图 9.12

解: 在 xy 平面内弯曲时

$$i_z=\sqrt{\frac{I_z}{A}}=\sqrt{\frac{bh^3}{12}\times\frac{1}{bh}}=\frac{h}{\sqrt{12}},\quad \mu=1,\quad \lambda_z=\frac{\mu l}{i_z}=115.5$$

在 xz 平面内弯曲时

$$i_y=\sqrt{\frac{I_y}{A}}=\sqrt{\frac{hb^3}{12}\times\frac{1}{bh}}=\frac{b}{\sqrt{12}},\quad \mu=0.5,\quad \lambda_y=\frac{\mu l}{i_y}=86.6$$

由于 $\lambda_z>\lambda_y$,因此压杆将在 xy 平面内失稳。

对于 Q235 钢,$\lambda_p=100$。因为 $\lambda_z=115.5>\lambda_p$,所以应使用欧拉公式计算临界应力,临界载荷为

$$F_{cr}=\sigma_{cr}\cdot A=\frac{\pi^2E}{\lambda_z^2}bh=\frac{\pi^2\times(206\times10^3\ \text{MPa})}{115.5^2}\times(40\times60\ \text{mm}^2)=366\ \text{kN}$$

9.5 压杆的稳定性计算

9.4 节中讨论了如何求解各种柔度压杆的临界应力 σ_{cr},而临界应力 σ_{cr} 乘以横截面面积 A 便是临界压力 F_{cr}。临界压力 F_{cr} 与工作压力 F 之比即为压杆的工作安全因数 n,它应大于或等于规定的稳定安全因数 n_{st},即

$$n=\frac{F_{\mathrm{cr}}}{F}\geqslant n_{\mathrm{st}} \tag{9.21}$$

式(9.21)就是压杆稳定条件，即稳定性设计准则。考虑到杆件的初始曲率、压力偏心、材料不均匀等不利因素，稳定安全因数一般要大于强度安全因数。可在有关设计手册或规范中查到稳定安全因数的数值。

例 9.4 图 9.13(a)所示托架，杆 AB 是圆管，外径 $D=50$ mm，内径 $d=40$ mm，两端为球铰，材料为 Q235 钢，弹性模量 $E=206$ GPa，$\lambda_{\mathrm{p}}=100$，若稳定安全因数 $n_{\mathrm{st}}=3$，试确定托架的许可载荷 $[F]$。

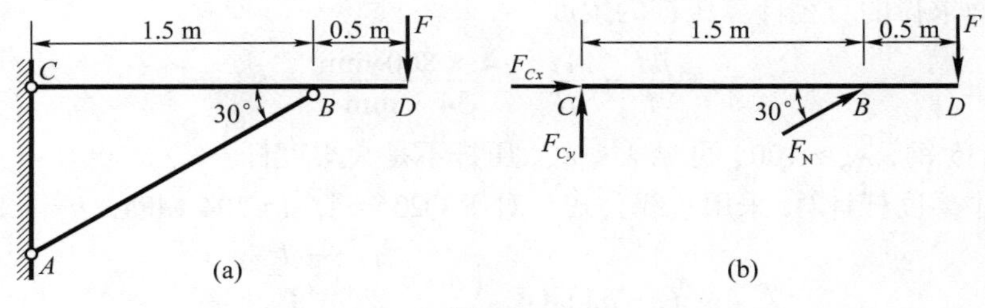

图 9.13

解： 杆 AB 的惯性半径为

$$i=\frac{\sqrt{D^2+d^2}}{4}=16\ \mathrm{mm}$$

杆 AB 两端铰支，其柔度为

$$\lambda=\frac{\mu l}{i}=\frac{1\times\dfrac{1.5\ \mathrm{m}}{\cos 30^\circ}}{0.016\ \mathrm{m}}=108.3$$

而 Q235 钢的 $\lambda_{\mathrm{p}}=100$，可见 $\lambda>\lambda_{\mathrm{p}}$，由欧拉公式可求得杆 AB 的临界压力

$$F_{\mathrm{cr}}=\frac{\pi^2 E}{\lambda^2}\cdot A=\frac{\pi^2\times(206\times10^3\ \mathrm{N/mm^2})}{108.3^2}\cdot\frac{\pi}{4}(50^2-40^2)\ \mathrm{mm^2}=122.5\ \mathrm{kN}$$

根据稳定性条件

$$n=\frac{F_{\mathrm{cr}}}{F_{\mathrm{N}}}\geqslant n_{\mathrm{st}}$$

求得杆 CD 的压力

$$F_{\mathrm{N}}\leqslant\frac{F_{\mathrm{cr}}}{n_{\mathrm{st}}}=\frac{122.5\ \mathrm{kN}}{3}=40.83\ \mathrm{kN}$$

横梁 CD 受力如图 9.13(b)所示，由静力平衡条件 $\sum M_C=0$ 得

$$(F_{\mathrm{N}}\sin 30^\circ)\times(1.5\ \mathrm{m})-F\times(2\ \mathrm{m})=0$$

由此求得

$$F=\frac{3}{8}F_{\mathrm{N}}\leqslant\frac{3}{8}\times40.83\ \mathrm{kN}=15.3\ \mathrm{kN}$$

所以托架的许可载荷为

$$[F]=15.3\ \mathrm{kN}$$

例 9.5 两端铰支的圆截面压杆,杆长 $l=800$ mm,所受压力 $F=36$ kN,材料为 Q235 钢, $E=206$ GPa,稳定安全因数 $n_{st}=6$,试根据稳定性条件选择压杆直径。

解: 先假定压杆为大柔度杆,根据欧拉公式和稳定性条件,有

$$\frac{F_{cr}}{F}=\frac{\pi^2 EI}{l^2 \cdot F}=\frac{\pi^3 Ed^4}{64l^2 F}=n_{st}$$

求得

$$d=\sqrt[4]{\frac{64l^2 Fn_{st}}{\pi^3 E}}=\sqrt[4]{\frac{64\times(800\text{ mm})^2\times(36\times10^3\text{ N})\times6}{\pi^3\times206\times10^3\text{ N/mm}^2}}=34.3\text{ mm}$$

按上面求得的直径计算压杆的柔度

$$\lambda=\frac{\mu l}{i}=\frac{4l}{d}=\frac{4\times800\text{ mm}}{34.3\text{ mm}}=93.3$$

对 Q235 钢, $\lambda_p\approx100$, 可见 $\lambda<\lambda_p$, 压杆不是大柔度杆。

再按中柔度杆计算,采用直线公式。对于 Q235 钢, $a=304$ MPa, $b=1.12$ MPa,由

$$\frac{F_{cr}}{F}=\frac{(a-b\lambda)A}{F}=\frac{\left(a-b\dfrac{4l}{d}\right)\dfrac{\pi d^2}{4}}{F}=n_{st}$$

整理后,得到

$$\frac{\pi a}{4}d^2-\pi bld-n_{st}F=0$$

求解上述方程,把数据代入,可求出

$$d=36.5\text{ mm},\quad \lambda=\frac{4\times800}{36.5}=87.7$$

对 Q235 钢,$\lambda_s\approx61.6$,可见 $\lambda_s<\lambda<\lambda_p$,说明压杆就是中柔度杆,可取 $d=36.5$ mm。

9.6 提高压杆稳定性的措施

由前几节的讨论可知,影响压杆稳定的因素有:压杆截面的形状和尺寸、长度和约束条件、材料的性能等。因此,也应从这几个方面入手,讨论提高稳定性的措施。

1. 尽可能减小压杆杆长 由欧拉公式(9.10)可见,细长杆的临界压力与杆长平方成反比。因此,减小杆长可以显著提高压杆的承载能力。例如,图 9.14(a)所示桁架中的杆 1、2 均为压杆,如果增加两根零杆 5、6,将压杆 1、2 一分为二,如图 9.14(b)所示,其承载能力明显提高许多。

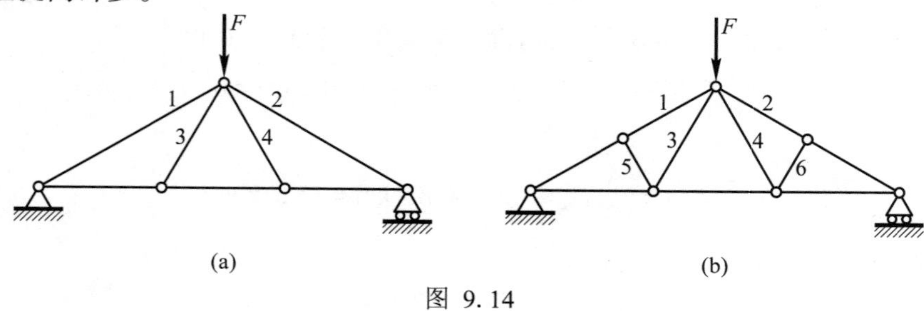

图 9.14

2. 选择合理的截面形状 惯性半径 i 越大，柔度 λ 就越小，用欧拉公式或经验公式计算所得临界应力就越大。因此，应尽可能地将材料安放在离截面形心较远处，以获得较大的惯性半径 i。例如，对同样的截面面积，空心环形截面的惯性半径显然比实心圆截面的大得多(图 9.15)。

另外，应使压杆在任一纵向平面内的柔度都相等或接近相等，这样就可保证压杆在任一纵向平面内有相同或相近的稳定性。例如，当压杆的杆端约束条件在各个方向相同，且计算长度也一样时，应把截面设计成在各个方向惯性矩相等或相近，如选择正方形、圆形或环形等截面。如果采用型钢构成组合截面，则可适当选择型钢放置间距，使压杆在两个主惯性平面内的柔度接近相等(图 9.16)。

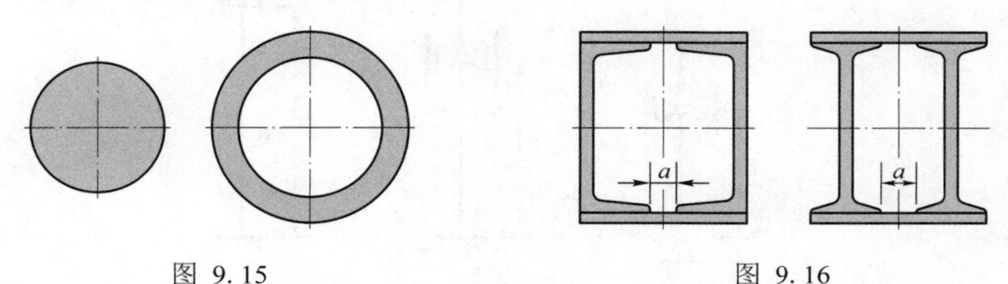

图 9.15　　图 9.16

3. 改变压杆的约束条件 改变压杆的杆端约束或长度，直接影响临界力的大小。例如，把图 9.17(a) 所示压杆的铰支座改成图 9.17(b) 所示固定端约束，即尽量增加杆端约束的刚性，改变后其柔度 λ 明显减小，临界压力增大。如果结构允许，可以在压杆中间加一个中间铰支座，图 9.17(c)，这样压杆的长度减小一半，也可使 λ 减小。

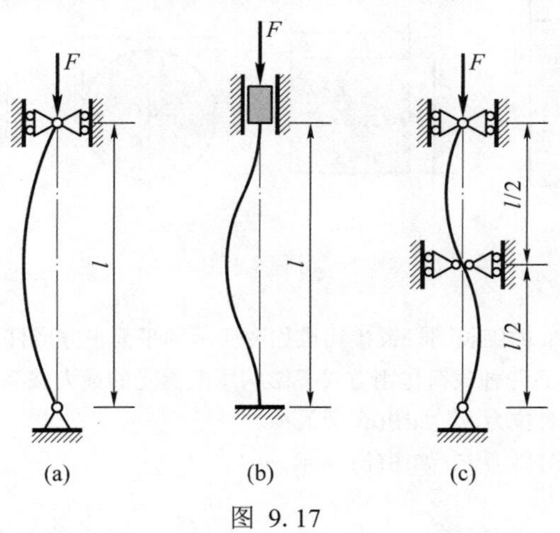

图 9.17

4. 合理选择压杆的材料 由欧拉公式可知，临界压力的大小与材料的弹性模量 E 有关，而与材料的强度指标无关。但是对各种钢材来说，弹性模量的差别不大，因此，对大柔度杆，选择优质碳素钢与选择低碳钢，对压杆的稳定性影响不大。对中柔度杆，由经验公式可知，临界应力与压杆材料的强度指标有关，因此选择优质钢材，在一定程度上可以提高临界压力的数值，增强压杆的稳定性。至于小柔度的粗短杆，本来就是强度问题，优质钢材的强度高，其优越性自然是明显的。

习　题

9.1　两端球形铰支的压杆,选用 No.20a 工字钢,材料的弹性模量 $E=200$ GPa,杆长 $l=5$ m。试用欧拉公式求其临界压力 F_{cr}。

9.2　材料相同,直径相等的三根细长压杆如图示,如取 $E=200$ GPa, $d=160$ mm,试计算三根压杆的临界压力,并比较它们的大小。

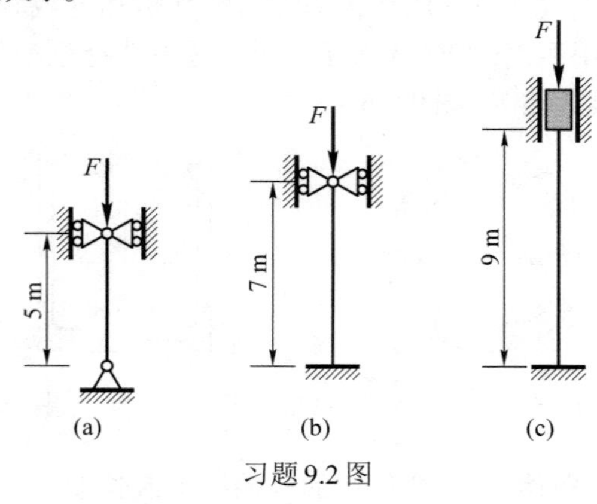

习题 9.2 图

9.3　两端铰支细长压杆,同样的截面面积,选择图示不同截面形式时,试比较它们的临界压力的大小。

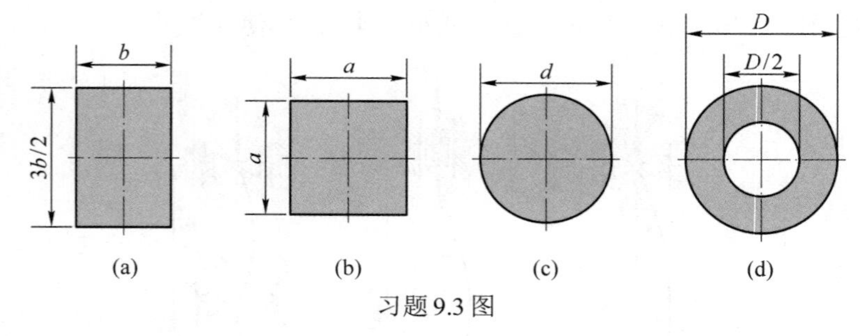

习题 9.3 图

9.4　五根直径都为 d 的细长圆杆铰接构成如图所示的平面正方形杆系结构 $ABCD$。如各杆材料相同,弹性模量为 E。试求下面两种载荷作用方式下结构所能承受的最大载荷。

(1) A、C 两点作用一对拉力 F, 如图(a) 所示;

(2) A、C 两点作用一对压力 F, 如图(b) 所示。

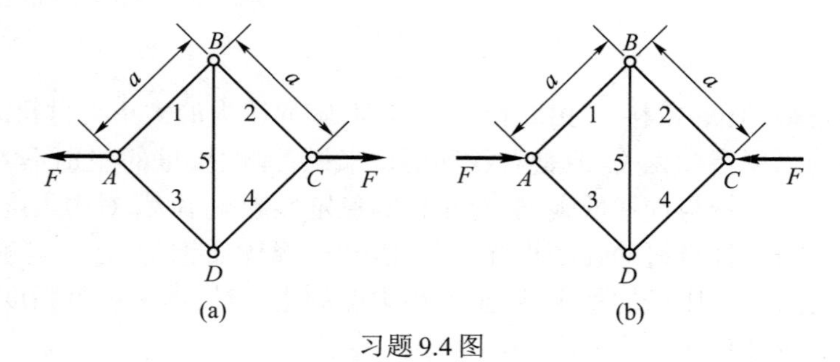

习题 9.4 图

9.5 两端铰支的矩形截面细长压杆，$h = 2b$，如果将其横截面改为面积相等的正方形后仍为细长杆，其临界压力为原来的多少倍？

9.6 直径为 d 的两根细长钢质压杆，一根两端铰支，另一根一端固定、一端自由，要使两根压杆的临界压力相同，试确定两杆长度之间的关系。

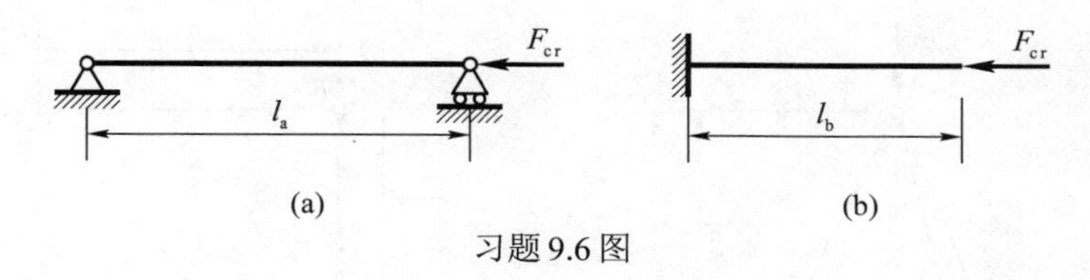

习题 9.6 图

9.7 在图示铰接杆系 ABC 中，AB 和 BC 皆为细长压杆，且截面和材料相同，抗弯刚度皆为 EI。若杆系因在 ABC 平面内失稳而破坏，并规定 $0 < \theta < \pi/2$，试确定 F 为最大值时的 θ 角及其最大临界载荷。

9.8 两端铰支的细长立柱，长 $l = 10$ m，由两根 No.20a 槽钢组成一个整体，材料的弹性模量 $E = 200$ GPa，试用欧拉公式计算：

(1) 截面如图(a) 所示方式布置时柱的临界压力；

(2) 截面如图(b) 所示方式布置时柱的临界压力；

(3) 截面应如何布置，柱的临界压力才最大?其值为多少? 参考图(c)。

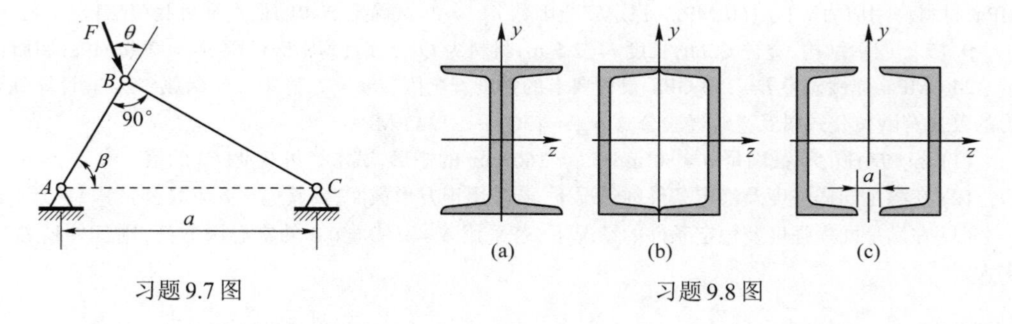

习题 9.7 图　　　习题 9.8 图

9.9 两端铰支的圆截面直杆，长 $l = 250$ mm，直径 $d = 8$ mm，材料的弹性模量 $E = 210$ GPa，$\sigma_p = 240$ MPa。承受轴向压力 $F = 1.8$ kN，稳定安全因数 $n_{st} = 2.5$。试校核该杆的稳定性。

9.10 三根圆截面压杆，直径均为 $d = 160$ mm，两端均为球铰铰支，长度分别为 l_1、l_2 和 l_3，且 $l_1 = 2l_2 = 4l_3 = 5$ m。材料为 Q235 钢，$E = 206$ GPa，$\sigma_s = 235$ MPa，$\sigma_p = 200$ MPa，计算临界应力的直线公式为 $\sigma_{cr} = (304 - 1.12\lambda)$ MPa。试求各杆的临界压力。

9.11 在图示结构中，AB 为圆截面杆，直径 $d = 80$ mm，A 端固定，B 端铰支；BC 杆为正方形截面杆，边长 $a = 70$ mm，C 端也为铰支座。AB 和 BC 杆可以各自独立发生弯曲变形，两杆的材料均为 Q235 钢，已知 $l = 3$ m，稳定安全因数 $n_{st} = 2.5$，$E = 200$ GPa，试求此结构的许可载荷 $[F]$。

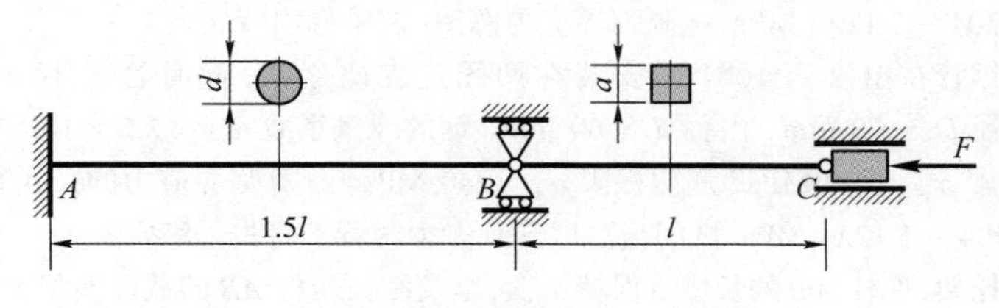

习题 9.11 图

9.12 由三根钢管构成的支架如图所示。钢管外径 $D = 30$ mm,内径 $d = 22$ mm,长度 $l = 2.5$ m,$E = 210$ GPa。在支架的顶点三杆铰接,若取稳定安全因数 $n_{st} = 3$,试求许可载荷[F]。

9.13 一托架如图所示,AB、AC 皆为圆截面杆,已知 $F = 100$ kN,材料为 Q235 钢,$E = 200$ GPa,稳定安全因数取为 $n_{st} = 2$,材料许用应力[σ] = 160 MPa,试选择二杆直径。

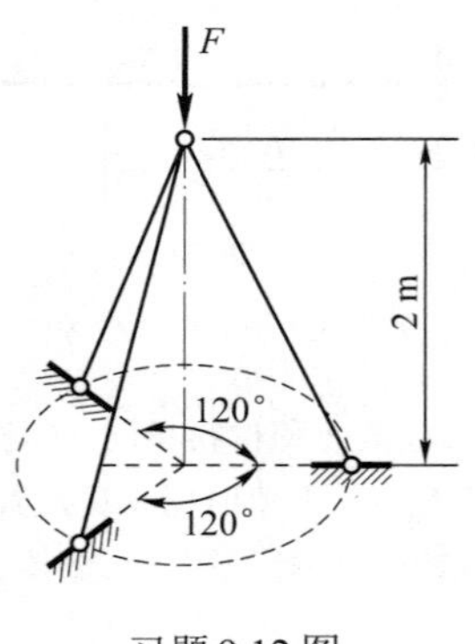

习题 9.12 图

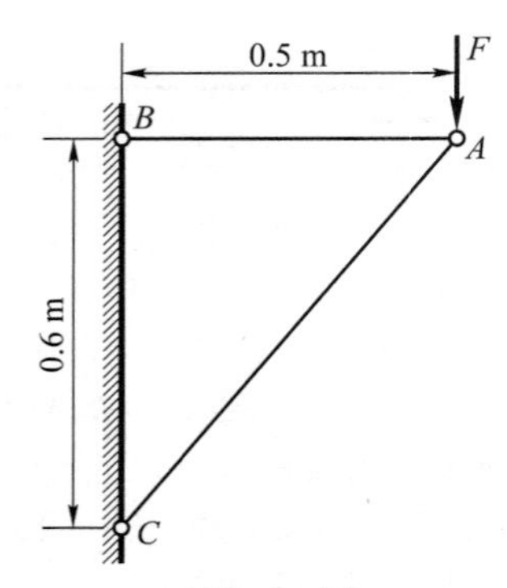

习题 9.13 图

9.14 图示矩形截面梁 AB 与圆形截面压杆 AD 均用 Q235 钢制成,A、D 两处均为球铰,$b = 100$ mm,$h = 180$ mm,$d = 30$ mm。材料的弹性模量 $E = 200$ GPa,屈服极限 $\sigma_s = 240$ MPa,比例极限 $\sigma_p = 200$ MPa,材料许用应力[σ] = 160 MPa,稳定安全因数 $n_{st} = 3$。试确定结构的最大许可载荷[F]。

9.15 图示结构,立柱 CD 的长度 $l = 2.5$ m,材料为 Q235 钢,其比例极限 $\sigma_p = 200$ MPa,屈服极限 $\sigma_s = 240$ MPa,弹性模量 $E = 200$ GPa。设计要求的强度安全因数 $n_s = 2$,稳定安全因数 $n_{st} = 3$。计算临界应力的公式有欧拉公式以及直线经验公式 $\sigma_{cr} = (304 - 1.12\lambda)$ MPa。

(1) 若 CD 柱的横截面是 $b = 80$ mm, $h = 160$ mm 的矩形,试求许可载荷[F] 的值;

(2) 在满足同样强度及稳定条件的情况下,若采用正方形截面,则其边长 a 应取多大?

(3) 在满足同样强度及稳定条件的情况下,若采用 $\alpha = d/D = 0.8$ 的空心圆截面,则其外径 D 应取多大?

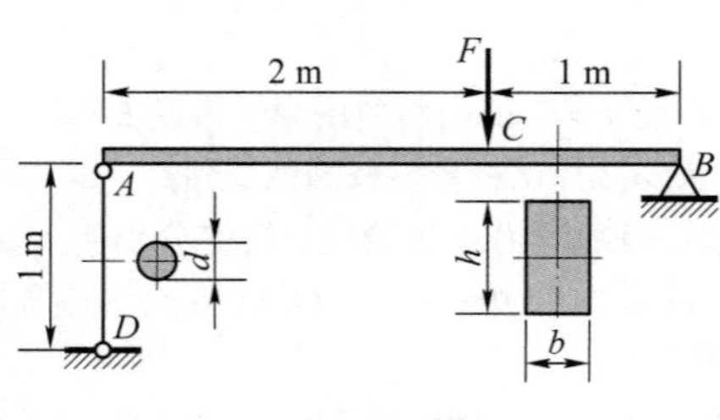

习题 9.14 图

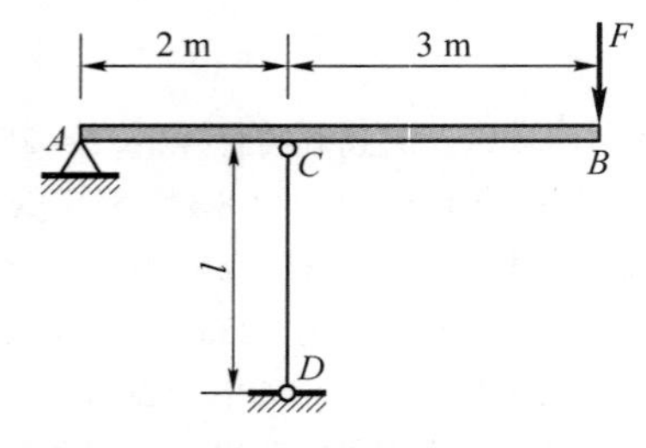

习题 9.15 图

9.16 已知材料的比例极限 $\sigma_p = 200$ MPa,屈服极限 $\sigma_s = 240$ MPa,弹性模量 $E = 200$ GPa,中长杆经验公式 $\sigma_{cr} = (304 - 1.12\lambda)$ MPa,试画临界应力总图(图中标出特性点)。

9.17 图示钢管在温度为 10℃ 时安装在两固定支座之间,此时管子不受力。已知管的长度 $l = 6$ m,管的外径 $D = 70$ mm,内径 $d = 60$ mm,钢的线胀系数 $\alpha_l = 12.5 \times 10^{-6}$ ℃$^{-1}$,弹性模量 $E = 206$ GPa,比例极限 $\sigma_p = 200$ MPa,屈服极限 $\sigma_s = 240$ MPa。计算临界应力的公式有欧拉公式以及直线经验公式$\sigma_{cr} = (304 - 1.12\lambda)$ MPa。试问当温度升到多少时管子将失去稳定?

9.18 图示托架,如杆 AC 的长度 a 保持不变,以及细长压杆 AB 的截面面积也保持不变,试根据稳定性计算 θ 为何值时托架承载能力最大。

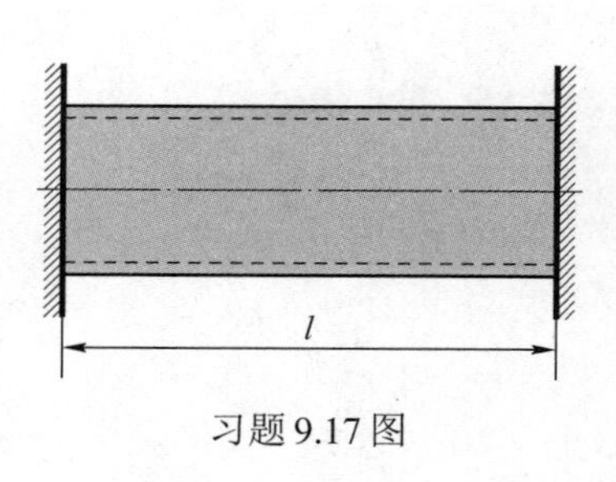

习题 9.17 图

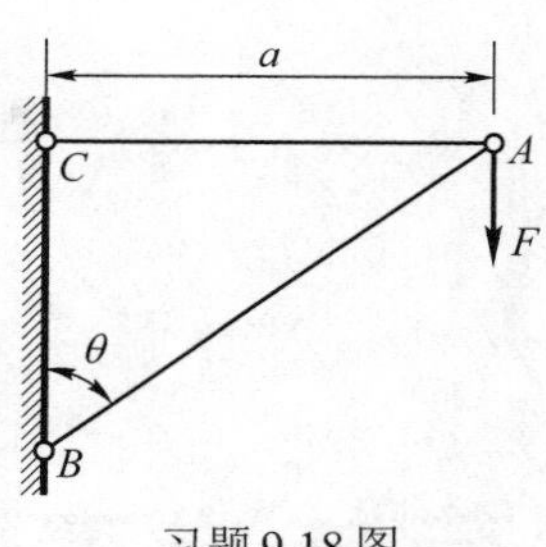

习题 9.18 图

9.19　图示两端铰支的细长杆 AB 在 15 ℃ 时装配，装配后 B 端刚性滑块与刚性槽之间有间隙 $\delta = 0.25$ mm。已知杆长 $l = 1$ m，直径 $d = 16$ mm，弹性模量 $E = 200$ GPa，线胀系数 $\alpha_l = 11.2 \times 10^{-6}$ ℃$^{-1}$。试求温度升到多少时杆将失稳。

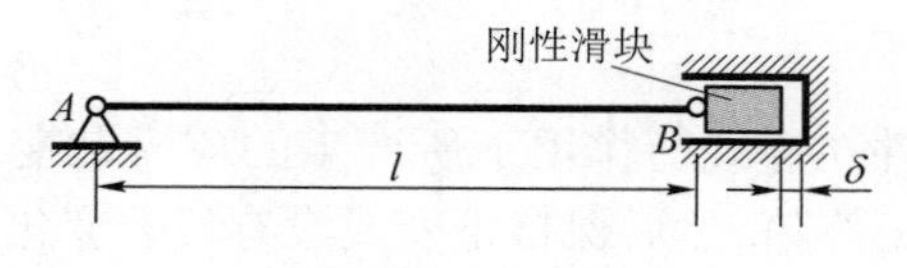

习题 9.19 图

9.20　图(a)所示一端固定，另一端铰支的圆截面杆 AB，直径 $d = 100$ mm，杆的材料为 Q235 钢，弹性模量 $E = 200$ GPa，稳定安全因数 $n_{st} = 2.5$。试求：

(1) 许可载荷；

(2) 为提高承载能力，在杆 AB 的 C 处增加中间球铰链支承，将杆 AB 分成 AC、CB 两段，如图(b)所示。此结构的承载能力是原结构的多少倍？

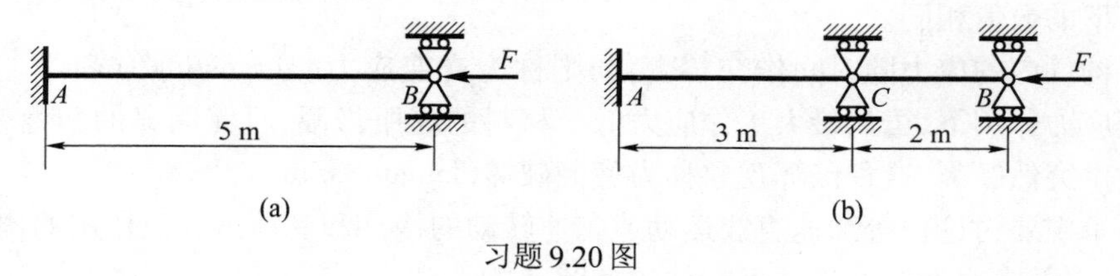

习题 9.20 图

9.21　图示两根直径为 d 的杆，上下端分别与刚性板刚性连接，试按细长杆考虑确定临界力 F_{cr}。

9.22　图示空间框架由两根材料、尺寸都相同的矩形截面细长杆和两块刚性板固接而成。试确定压杆横截面尺寸的合理比值 h/b。

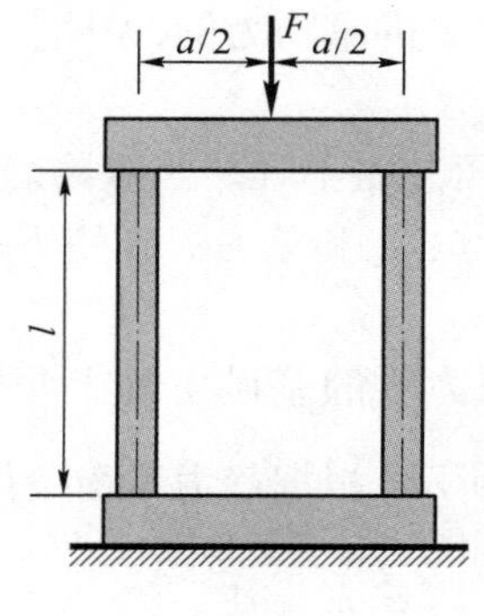

习题 9.21 图

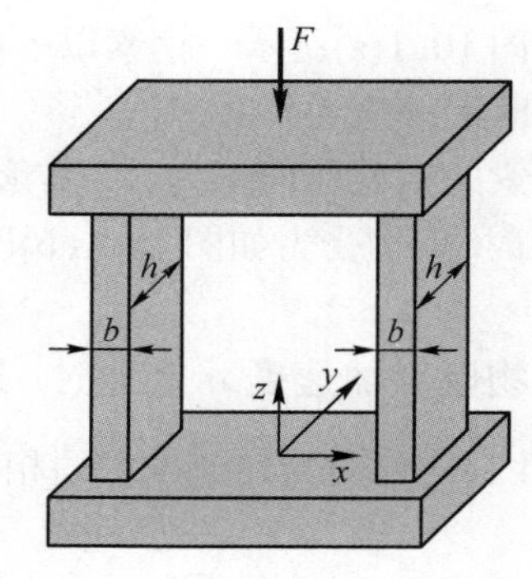

习题 9.22 图

10 动载荷与交变应力

10.1 概　　述

前面几章讨论了构件在静载荷作用下所产生的应力和变形。**静载荷**(static load)是指由零开始缓慢增加至最终值,然后保持不变或没有显著变化的载荷。这时,构件内各点的加速度很小,可以忽略不计。静载荷产生的应力和变形分别称为**静应力**(static stress)和**静变形**(statical deformation)。

如果构件本身处于加速运动状态,或受到处于运动状态的物体作用时,则构件受到的载荷就是**动载荷**(dynamic load)。在动载荷作用下,构件内部各点有速度改变,即产生了加速度。构件中因动载荷而引起的应力称为**动应力**(dynamic stress)。实验结果表明,在动载荷作用下,只要应力不超过比例极限,胡克定律仍然适用,通常情况下弹性模量也与静载荷下的数值相同。

若构件内的应力随时间作交替变化,则称为**交变应力**(alternating stress)。构件长期在交变应力作用下,虽然最大工作应力低于材料的屈服极限,且无明显的塑性变形,但是往往发生突然断裂,这种破坏现象称为**疲劳破坏**(fatigue failure)。

本章主要讨论作等加速直线运动或匀速转动的构件和受冲击载荷作用的构件的动应力计算,以及在交变应力作用下构件的疲劳破坏。

10.2 构件作等加速直线运动时的动应力计算

现以图 10.1(a)所示一钢索以等加速度 a 起吊重为 P 的重物为例,说明构件作等加速直线运动时的动应力计算方法。

设钢索的横截面面积为 A, 其重力与 P 相比甚小可忽略不计。当重物静止或匀速上升($a=0$)时,重物受力如图 10.1(b)所示,在钢索静拉力 F_{Nst} 和重力 P 作用下平衡,则

$$F_{\mathrm{Nst}}=P$$

当重物以等加速度 a 上升时, 按照动静法, 在原力系的基础上加上重物的惯性力 $\dfrac{P}{g}a$, 惯性力的方向与加速度方向相反,如图 10.1(c) 所示。根据静力平衡条件求得

$$F_{\mathrm{Nd}}=P+\frac{P}{g}a=\left(1+\frac{a}{g}\right)P=K_{\mathrm{d}}F_{\mathrm{Nst}}$$

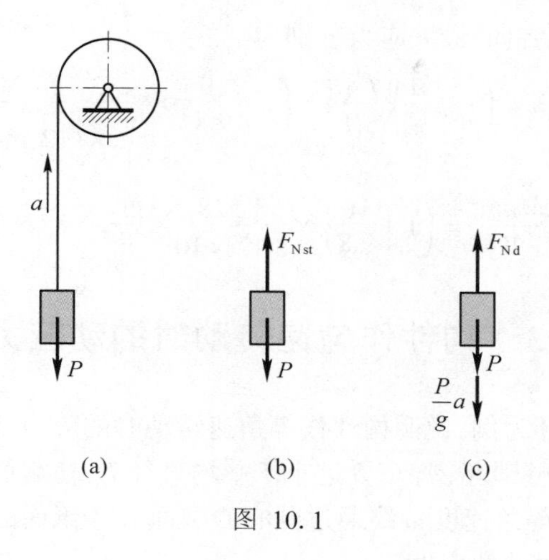

图 10.1

式中

$$K_{\rm d} = 1 + \frac{a}{g} \tag{10.1}$$

称为**动荷因数**(factor of dynamic load)。

钢索横截面上的动应力

$$\sigma_{\rm d} = \frac{F_{\rm Nd}}{A} = K_{\rm d}\frac{F_{\rm Nst}}{A} = K_{\rm d}\sigma_{\rm st}$$

式中，$\sigma_{\rm st}$ 为钢索横截面上的静应力，即加速度 $a=0$ 时的应力。

例 10.1 如图 10.2(a)所示，用两根吊索向上匀加速平行地吊起一根 No. 36a 的工字钢，加速度 $a=10\ \rm m/s^2$，吊索直径 $d=12\ \rm mm$，工字钢长度 $l=12\ \rm m$，若不计吊索自重，试计算吊索的应力和工字钢的最大应力。

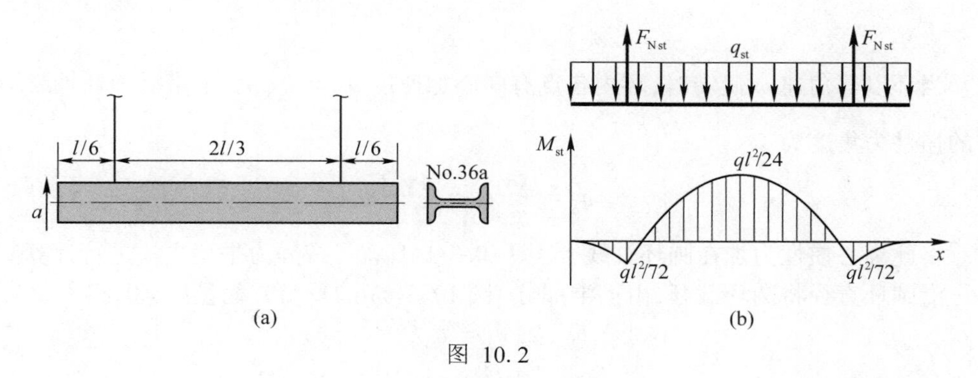

图 10.2

解：查型钢表知，No. 36a 工字钢单位长度的重力以及抗弯截面系数分别为

$$q_{\rm st} = 60.0 \times 9.8\ {\rm N/m} = 588\ {\rm N/m},\quad W = 8.12 \times 10^{-5}\ {\rm m^3}$$

工字钢梁的受力及弯矩图如图 10.2(b)所示，其中

$$F_{\rm Nst} = \frac{ql}{2} = 3\ 528\ {\rm N},\quad M_{\rm st\,max} = \frac{ql^2}{24} = 3\ 528\ {\rm N\cdot m}$$

吊索的应力和工字钢的最大应力分别为

$$\sigma_{\mathrm{d}}=K_{\mathrm{d}}\frac{F_{\mathrm{Nst}}}{A}=\left(1+\frac{a}{g}\right)\frac{F_{\mathrm{Nst}}}{A}=\left(1+\frac{10}{9.8}\right)\times\frac{3\ 528\ \mathrm{N}}{\frac{\pi}{4}\times(12\ \mathrm{mm})^2}=63\ \mathrm{MPa}$$

$$\sigma_{\mathrm{d\,max}}=K_{\mathrm{d}}\frac{M_{\mathrm{st\,max}}}{W}=\left(1+\frac{10}{9.8}\right)\times\frac{3\ 528\ \mathrm{N\cdot m}}{8.12\times10^{-5}\ \mathrm{m}^3}=87.8\ \mathrm{MPa}$$

10.3 构件作匀速转动时的动应力计算

现以匀速旋转圆环为例,说明构件作等角速转动时的应力计算方法。

图 10.3(a)所示薄壁圆环,厚度 δ 远小于平均直径 D,横截面面积为 A,材料每单位体积的自重为 γ,圆环以等角速度 ω 绕通过圆心 O 且垂直于纸面的轴旋转。现求解圆环由于旋转而在横截面上产生的动应力。

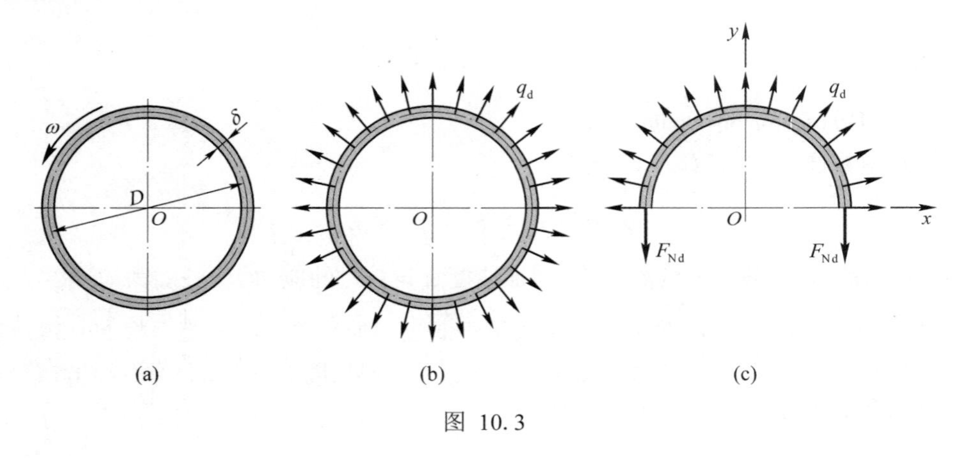

图 10.3

当环以等角速 ω 旋转时,环内各点有向心加速度 $a_{\mathrm{n}}=\frac{D}{2}\omega^2$,于是沿圆环轴线均匀分布的惯性力集度为

$$q_{\mathrm{d}}=\frac{A\gamma}{g}a_{\mathrm{n}}=\frac{A\gamma D}{2g}\omega^2$$

将此离心惯性力加在圆环轴线上 [图 10.3(b)],就可按静力平衡方法进行计算。

沿圆环直径将圆环截开,由上半部分 [图 10.3(c)]的平衡方程 $\sum F_y=0$,得

$$2F_{\mathrm{Nd}}=q_{\mathrm{d}}D$$

$$F_{\mathrm{Nd}}=\frac{q_{\mathrm{d}}D}{2}=\frac{A\gamma D^2}{4g}\omega^2$$

由此求得圆环横截面上的正应力为

$$\sigma_{\mathrm{d}}=\frac{F_{\mathrm{Nd}}}{A}=\frac{\gamma D^2\omega^2}{4g}=\frac{\gamma v^2}{g}$$

式中,v 为圆环轴线上点的线速度,$v=\frac{D\omega}{2}$。强度条件为

$$\sigma_d = \frac{\gamma v^2}{g} \leqslant [\sigma] \tag{10.2}$$

可见，环内应力仅与 γ 和 v 有关，而与横截面面积 A 无关，因而增加 A 并不能改善圆环的强度。若要求旋转圆环不致因强度不足而破裂，应限制圆环的转速。

例 10.2　图 10.4(a)所示机车平行杆 AB，两端分别铰接于机车的两个车轮上，铰至轮心的距离 $r=250$ mm，平行杆长 $l=2$ m，材料的容重 $\gamma=78.6$ kN/m^3，车轮匀速前进，轮的角速度 $\omega=30$ rad/s。设杆 AB 的横截面为矩形，宽 $b=28$ mm，高 $h=56$ mm。试求杆 AB 的最大弯曲正应力。

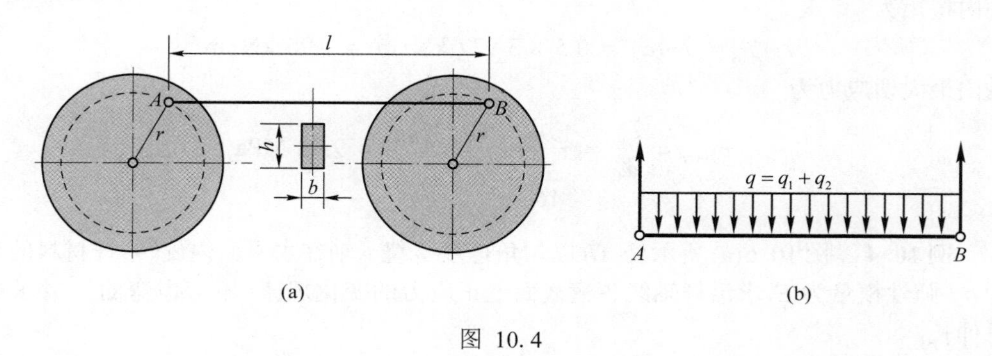

图 10.4

解： 车轮匀速前进时，连杆 AB 作平移运动，其上各点相对机车作半径为 r 的等速圆周运动。因此，在同一瞬时，连杆上各点的速度与加速度均相同。连杆各点的加速度为向心加速度 $a_n = r\omega^2$。在连杆各点加上与向心加速度反向的惯性力 q_2 后，即可按静载荷处理。

运动时，连杆的自重 q_1 的方向总是向下，但作用于连杆上的惯性力 q_2 的方向则与连杆的位置有关。当连杆旋转到下面的最低位置时，q_1 与 q_2 同方向 [图 10.4(b)]，连杆内出现最大弯曲正应力。

连杆单位长度上的自重为

$$q_1 = \gamma A = \gamma bh$$

连杆单位长度上的惯性力为

$$q_2 = \frac{\gamma bh}{g} r\omega^2$$

最大弯矩发生在杆的中点

$$M_{d\max} = \frac{ql^2}{8} = \frac{(q_1+q_2)l^2}{8} = \frac{\gamma bhl^2}{8}\left(1+\frac{r\omega^2}{g}\right)$$

最大弯曲正应力为

$$\sigma_{d\max} = \frac{M_{d\max}}{W_z} = \frac{3\gamma l^2}{4h}\left(1+\frac{r\omega^2}{g}\right) = 101 \text{ MPa}$$

例 10.3　在直径 $d=100$ mm 的轴上装有转动惯量 $J=0.5$ kN·m·s^2 的飞轮，如图 10.5所示，轴的转速 $n=300$ r/min。制动器开始作用后，在 20 转内将飞轮刹停。设在制动器作用前，轴已与驱动装置脱开，且轴承内的摩擦力不计。试求轴内最大切应力。

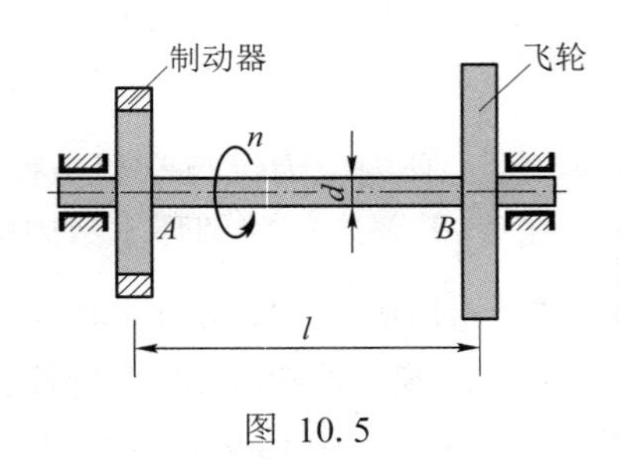

图 10.5

解: 飞轮与轴的转动初角速度为

$$\omega_0 = \frac{2\pi n}{60} = 10\pi \text{ rad/s}$$

末角速度 $\omega = 0$，轴被认为作等减速转动，由

$$\omega^2 = \omega_0^2 + 2\alpha\varphi = 0$$

求得角加速度的绝对值为

$$|\alpha| = \frac{\omega_0^2}{2\varphi} = \frac{(10\pi)^2}{2 \times 20 \times 2\pi} = 3.927 \text{ rad/s}^2$$

轴内扭矩为

$$T_{\mathrm{d}} = J \cdot |\alpha| = 0.5 \times 3.927 \text{ kN}\cdot\text{m} = 1.96 \text{ kN}\cdot\text{m}$$

轴内最大切应力为

$$\tau_{\mathrm{d\,max}} = \frac{T_{\mathrm{d}}}{W_{\mathrm{t}}} = \frac{1.96 \times 10^3 \text{ N}\cdot\text{m}}{\dfrac{\pi}{16} \times (0.1 \text{ m})^3} = 9.98 \text{ MPa}$$

例 10.4 图 10.6(a) 所示杆 AB 以匀角速度 ω 绕 y 轴在水平面内旋转,杆材料的密度为 ρ，弹性模量为 E,求沿杆轴线各横截面上正应力的变化规律(不考虑弯曲),并求杆的总伸长。

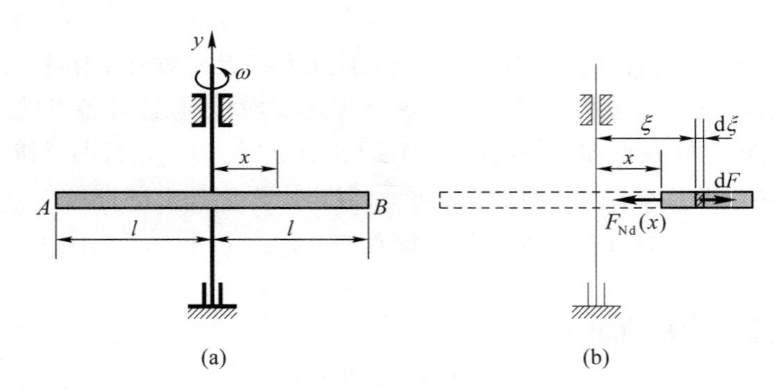

图 10.6

解: 图 10.6(b) 所示微段 $\mathrm{d}\xi$ 的惯性力为

$$\mathrm{d}F = \rho A \mathrm{d}\xi \cdot \omega^2 \xi$$

任意截面 x 上的轴力,即轴力方程为

$$F_{\mathrm{Nd}}(x) = \int_x^l \omega^2 \xi \rho A \mathrm{d}\xi = \frac{A\omega^2 \rho (l^2 - x^2)}{2}$$

沿杆轴线各横截面上正应力的变化规律为

$$\sigma_{\mathrm{d}}(x) = \frac{F_{\mathrm{Nd}}(x)}{A} = \frac{\omega^2 \rho (l^2 - x^2)}{2}$$

杆的总伸长为

$$\Delta l = 2\int_0^l \frac{F_{\mathrm{Nd}}(x)\,\mathrm{d}x}{EA} = \frac{\omega^2 \rho}{E}\int_0^l (l^2 - x^2)\,\mathrm{d}x = \frac{2\omega^2 \rho l^3}{3E}$$

10.4　构件受冲击载荷作用时的应力和变形

当一物体以一定的速度撞击一静止的构件时，构件便受到冲击载荷的作用。例如，打桩时重锤自一定高度下落与桩顶接触，桩杆就承受很大的冲击载荷作用而被打入地基中。再如，船到桥头若不直，桥墩将受到来自于船的冲击力作用。在冲击过程中，运动中的物体称为冲击物，而阻止冲击物运动的构件则称为被冲击物。冲击物在冲击其他物体后，其速度在很短的时间内发生很大的变化，有时甚至降为零，这表示它将获得很大的负值加速度。因而，在冲击物和被冲击物之间存在着很大的作用力和反作用力，并将在被冲击物中引起很大的应力和变形。

由于冲击持续的时间非常短促，加速度的数值很难确定，所以不宜采用动静法。在工程计算时，一般采用能量法，并作如下假设：

(1) 将冲击物视为刚体，不考虑其变形；

(2) 被冲击物的质量远小于冲击物的质量，可忽略不计；

(3) 冲击后冲击物与被冲击物附着在一起运动；

(4) 不考虑冲击过程中声、热等能量损耗，即认为只有系统动能与势能的转化。

实际问题中，承受各种变形的弹性构件都可以看成一个弹簧，只是弹簧刚度不同而已。在图 10.7(a) 中，以弹簧代表一被冲击物。设有一重为 P 的物体从距弹簧顶端高度为 h 处自由落下，冲击到弹簧顶面上。然后冲击物附着于弹簧而成为一个运动系统，当重物 P 的速度随着弹簧变形的增长而逐渐降低到零时，弹簧的变形达到最大值 Δ_d[图 10.7(b)]，与之对应的冲击载荷为 F_d。

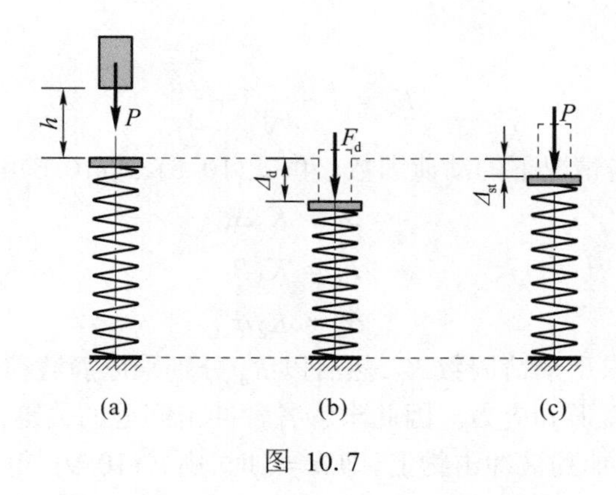

图 10.7

根据能量守恒定律可知，冲击物从初始位置到冲击后速度降低到零，所减少的动能 ΔT 和势能 ΔV，应全部转换为被冲击物的应变能 $V_{\varepsilon d}$，即

$$\Delta T + \Delta V = V_{\varepsilon d} \tag{10.3}$$

冲击物势能的减少量为

$$\Delta V = P(h + \Delta_d) \tag{10.4}$$

由于冲击物的初速度与最终速度均为零，动能没有变化，故

$$\Delta T = 0 \tag{10.5}$$

设弹簧在静载荷 P 作用下的静变形为 Δ_{st} [图 10.7(c)]。因为力与变形的关系服从胡克定律,故有

$$\frac{F_d}{P} = \frac{\Delta_d}{\Delta_{st}}$$

即

$$F_d = \frac{\Delta_d}{\Delta_{st}} P \tag{10.6}$$

因在冲击过程中, F_d 和 Δ_d 都是由零增至最大值,故弹簧的应变能为

$$V_{\varepsilon d} = \frac{1}{2} F_d \Delta_d$$

将式(10.6)代入上式,得

$$V_{\varepsilon d} = \frac{P}{2\Delta_{st}} \Delta_d^2 \tag{10.7}$$

将式(10.4)、式(10.5)、式(10.7)代入式(10.3)后,得到

$$P(h+\Delta_d) = \frac{P}{2\Delta_{st}} \Delta_d^2$$

或者写成

$$\Delta_d^2 - 2\Delta_{st}\Delta_d - 2h\Delta_{st} = 0$$

由此解出

$$\Delta_d = \Delta_{st}\left(1 + \sqrt{1 + \frac{2h}{\Delta_{st}}}\right) \tag{10.8}$$

引用记号

$$K_d = 1 + \sqrt{1 + \frac{2h}{\Delta_{st}}} \tag{10.9}$$

K_d 即为自由落体冲击情况下的动荷因数。由式(10.8)、式(10.6)可得到

$$\Delta_d = K_d \Delta_{st} \tag{10.10a}$$

$$F_d = K_d P \tag{10.10b}$$

$$\sigma_d = K_d \sigma_{st} \tag{10.10c}$$

由此可见,只要求出动荷因数 K_d,然后以 K_d 分别乘以静载荷、静变形和静应力,即可求得冲击时的载荷、变形和应力。因此求解各种冲击问题的关键在于确定动荷因数 K_d。

当载荷突然全部加到被冲击物上,即 $h=0$ 时,由式(10.9),得

$$K_d = 1 + \sqrt{1+0} = 2$$

因此,突加载荷的动荷因数是 2,这时所引起的应力和变形都是静载时的 2 倍。

若已知冲击开始瞬间冲击物与被冲击物接触时的速度为 v,在式(10.9)中用$\frac{v^2}{2g}$来代替 h,从而得

$$K_d = 1 + \sqrt{1 + \frac{v^2}{g\Delta_{st}}} \tag{10.11}$$

当重为 P 的物体以速度 v 水平冲击构件时 [图 10.8(a)]，设构件受到的最大冲击力为 F_d，冲击点的最大位移为 Δ_d[图 10.8(b)]。构件在静载荷 P 作用下的静位移为 Δ_{st}[图 10.8(c)]。冲击物从刚刚接触构件到速度为零，系统的势能和动能的变化分别为

$$\Delta V = 0, \quad \Delta T = \frac{1}{2}\frac{P}{g}v^2$$

式(10.6) 和式(10.7) 仍然成立。将 ΔV、ΔT 及式(10.7) 代入式(10.3)，得到

$$\frac{1}{2}\frac{P}{g}v^2 = \frac{P}{2\Delta_{st}}\Delta_d^2$$

$$\Delta_d = \sqrt{\frac{v^2}{g\Delta_{st}}} \cdot \Delta_{st} = K_d \Delta_{st}$$

因此，水平冲击时的动荷因数为

$$K_d = \sqrt{\frac{v^2}{g\Delta_{st}}} \tag{10.12}$$

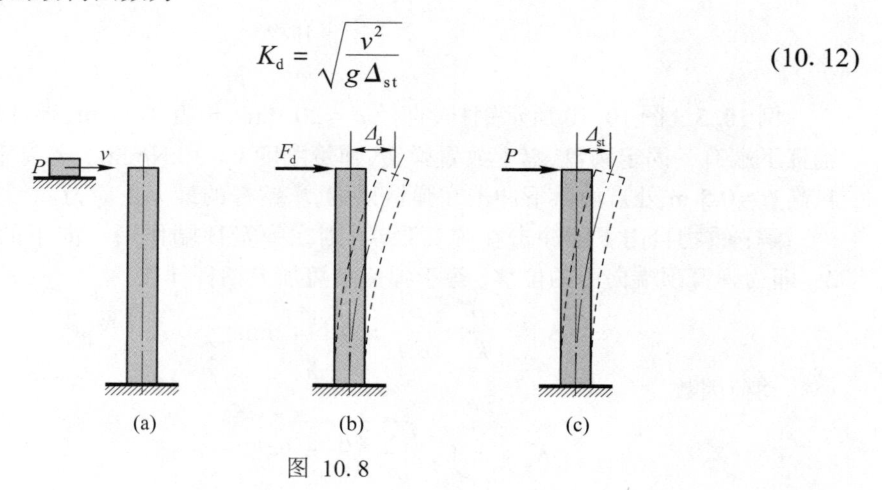

图 10.8

综上所述，对于构件受自由落体冲击或水平冲击的情况，可以转化为静载荷来求解，具体方法是：在构件的冲击点加上沿冲击方向的静载荷，静载荷大小等于冲击物的自重 P，首先求出构件在静载荷 P 作用下冲击点沿冲击方向的静位移 Δ_{st}，然后根据式(10.9) 或式(10.12) 求出动荷因数 K_d。而构件在冲击载荷作用下的应力、变形等，则分别等于 K_d 乘以构件在静载荷作用下的应力、变形等。

上面推导过程中，假设全部能量转变为应变能，而不考虑声、热等能量损耗，计算所得被冲击构件应变能比实际值要高，用此法求得的结果是偏于安全的。

工程上衡量材料抗冲击能力的标准，是冲断试样所需能量的多少。试验时，将带有切槽的弯曲试样放在试验机的支架上，并使切槽位于受拉侧，如图 10.9 所示。当摆锤从一定高度自由落下，冲断试样后回摆到另一高度。试样所吸收的能量等于重摆所作的功 W，即等于重摆势能的减小。将 W 除以试样在切槽处的最小横截面面积 A，得

$$\alpha_K = \frac{W}{A} \tag{10.13}$$

α_K 称为**冲击韧性**（impact toughness），其单位常用 J/mm^2。α_K 越大，表明材料抗冲击的能力越强。一般来说，塑性材料的抗冲击能力远高于脆性材料。

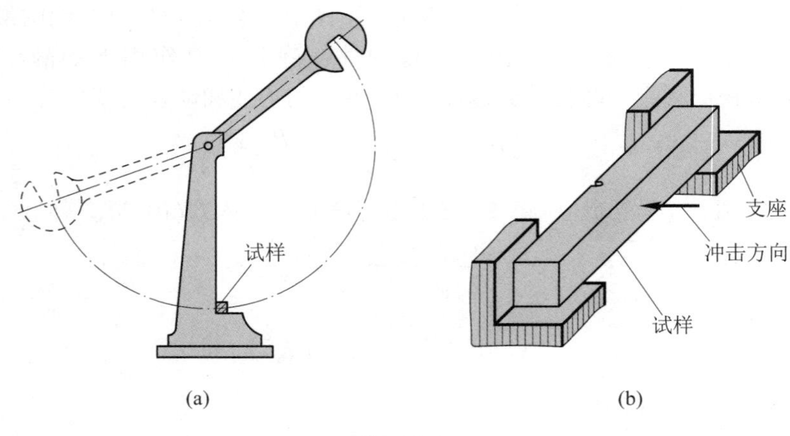

图 10.9

例 10.5 图 10.10 所示钢杆,直径 $d=20$ mm,长度 $l=3$ m,弹性模量 $E=200$ GPa。钢杆下端有一固定圆盘,盘上放置弹簧,弹簧刚度 $k=3$ kN/mm。若有重 $P=300$ N 的重物自高 $h=0.5$ m 处自由落下冲击在弹簧顶端,求钢杆的最大正应力。

解: 重物自由下落冲击在弹簧顶端,则在弹簧顶端作用一向下的集中力 $P=300$ N, Δ_{st} 即为弹簧顶端向下的位移, 等于弹簧缩短加上钢杆伸长

$$\Delta_{st}=\frac{P}{k}+\frac{Pl}{EA}=0.114\ \text{mm}$$

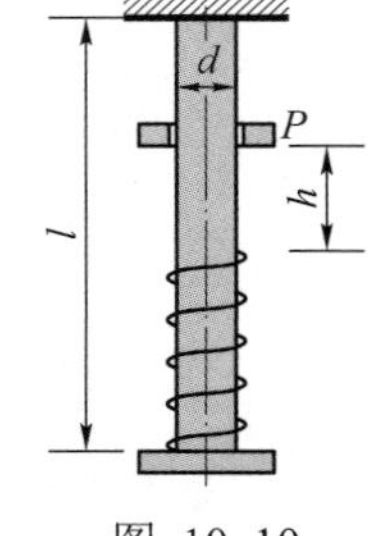

图 10.10

动荷因数

$$K_d=1+\sqrt{1+\frac{2h}{\Delta_{st}}}=94.7$$

钢杆的最大拉应力

$$\sigma_d=K_d\sigma_{st}=K_d\frac{P}{A}=94.7\times\frac{300\ \text{N}}{\frac{\pi}{4}\times(20\ \text{mm})^2}=90.4\ \text{MPa}$$

例 10.6 图 10.11 所示直径为 d 的圆杆 AB,下端固定,长度为 l,弹性模量为 E,在 B 端受到水平运动物体的冲击。冲击物自重为 P,与杆 AB 接触时的速度为 v,求杆 AB 的最大正应力。

解: 这是水平冲击问题。在冲击点 B 作用一水平力 P, Δ_{st} 即为 B 点的水平位移

$$\Delta_{st}=\frac{Pl^3}{3EI}=\frac{64Pl^3}{3\pi Ed^4}$$

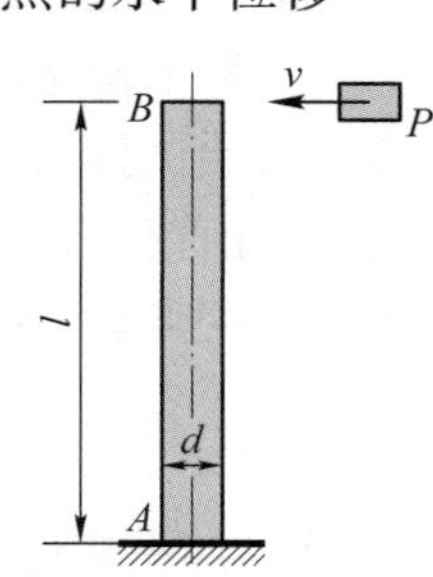

图 10.11

动荷因数

$$K_d=\sqrt{\frac{v^2}{g\Delta_{st}}}=\sqrt{\frac{3\pi Ed^4v^2}{64gPl^3}}$$

杆 AB 的最大正应力为

$$\sigma_{d\max}=K_d\sigma_{st\max}=K_d\frac{Pl}{W}=\sqrt{\frac{48EPv^2}{\pi gld^2}}$$

从上式可见，杆的最大静应力随着杆长 l 的增大而增大，但最大动应力却是随着杆长 l 的增大而减小。这是由于杆变长后，静位移 Δ_{st} 变大，动荷因数 K_d 变小，缓冲效果更好了。

例 10.7 图 10.12 所示吊索的下端悬挂一重为 P 的重物，并以匀速 v 下降。当吊索长为 l 时，滑轮突然被卡住。设吊索的横截面面积为 A，弹性模量为 E，滑轮和吊索的质量可略去不计。求吊索受到的冲击载荷 F_d。

解： 设重物 P 以匀速 v 下降且吊索长为 l 时，吊索的伸长为 Δ_{st}。滑轮被卡住后，吊索的最大拉力为 F_d，最大伸长为 Δ_d。

卡住前后能量减小为

$$\Delta T + \Delta V = \frac{1}{2}\frac{P}{g}v^2 + P(\Delta_d - \Delta_{st})$$

而绳索应变能增加为

$$\Delta V_\varepsilon = \frac{1}{2}F_d\Delta_d - \frac{1}{2}P\Delta_{st}$$

根据能量守恒定律，得

$$\frac{1}{2}\frac{P}{g}v^2 + P(\Delta_d - \Delta_{st}) = \frac{1}{2}F_d\Delta_d - \frac{1}{2}P\Delta_{st}$$

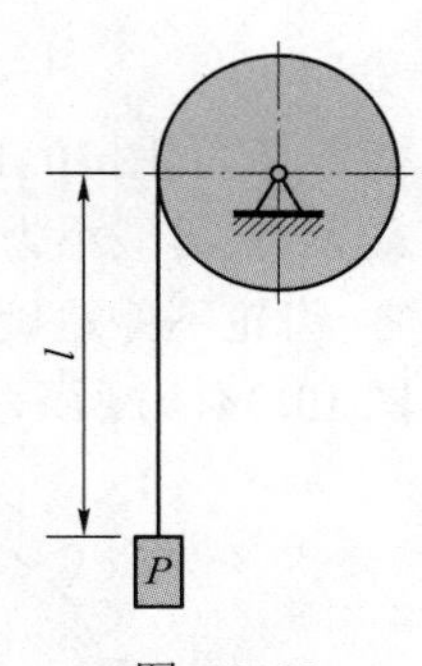

图 10.12

将 $F_d = \dfrac{\Delta_d}{\Delta_{st}}P$ 代入上式，整理后得

$$\Delta_d^2 - 2\Delta_{st}\Delta_d + \Delta_{st}^2\left(1 - \frac{v^2}{g\Delta_{st}}\right) = 0$$

由此求得

$$\Delta_d = \left(1 + \sqrt{\frac{v^2}{g\Delta_{st}}}\right)\Delta_{st}$$

故动荷因数为

$$K_d = 1 + \sqrt{\frac{v^2}{g\Delta_{st}}}$$

吊索受到的冲击载荷为

$$F_d = K_dP = \left(1 + \sqrt{\frac{v^2}{g\Delta_{st}}}\right)P = \left(1 + \sqrt{\frac{v^2}{g}\frac{EA}{Pl}}\right)P$$

10.5 交变应力及疲劳失效

工程中，有些构件内的应力随时间作周期性变化。例如，图 10.13(a)所示火车轮轴，在来自车厢的力 F 作用下，两轮之间的一段轴为纯弯曲。随着火车匀速前进，轴以匀角速度 ω 转动，横截面上 A 点到中性轴的距离 $y = r\sin\omega t$ 随时间 t 而变化，该点的弯曲正应力为

$$\sigma = \frac{My}{I_z} = \frac{Mr}{I_z}\sin\omega t$$

正应力 σ 随时间 t 按正弦曲线变化 [图 10.13(b)]。

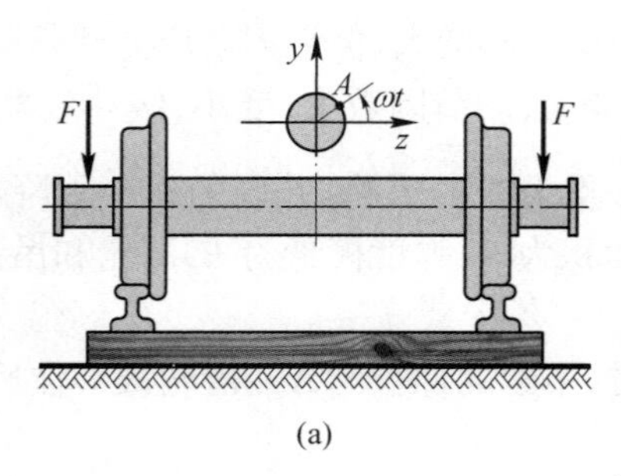

(a)

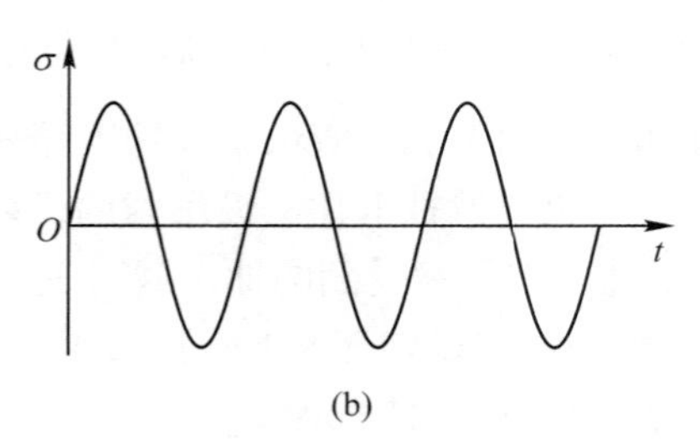

(b)

图 10.13

又如,图 10.14(a) 中齿轮每旋转一周,轮齿 Ⅰ 啮合一次。啮合时力 F 由零迅速增加到最大值,再减小为零。相应地,齿根 A 处的弯曲正应力 σ 也由零增加到最大值,再减小为零。齿轮不停地旋转,应力 σ 也就不停地重复上述过程。应力 σ 随时间 t 变化的曲线如图 10.14(b) 所示。

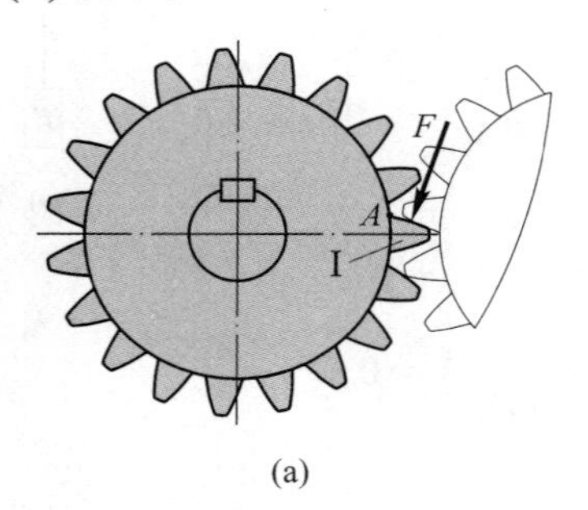

(a)

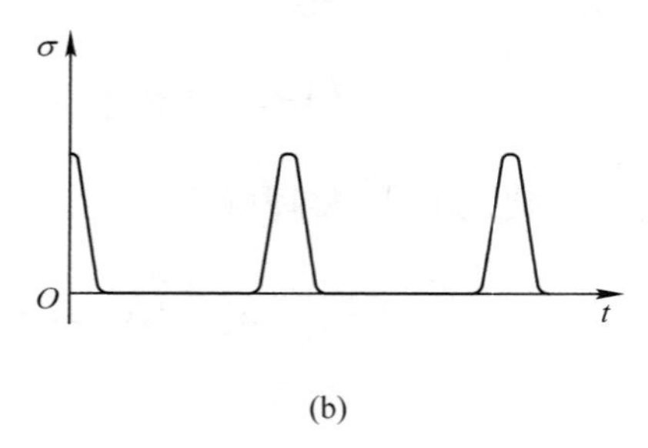

(b)

图 10.14

另外,在承受强迫振动的构件中,其应力也是随时间作周期性变化的。例如,简支梁在电动机转子偏心惯性力作用下作强迫振动时 [图 10.15(a)],梁中弯曲应力随时间变化的曲线如图 10.15(b) 所示。图中 σ_{st} 表示电动机自重 P 按静载荷方式作用于梁上引起的静应力,σ_{max} 和 σ_{min} 分别表示梁在最大和最小位移时的应力。

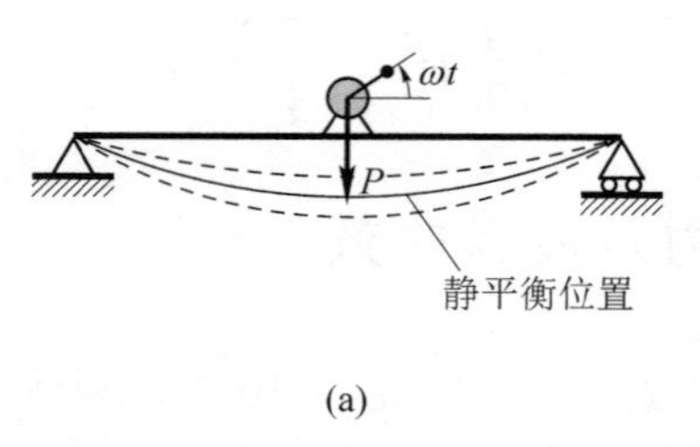

(a)

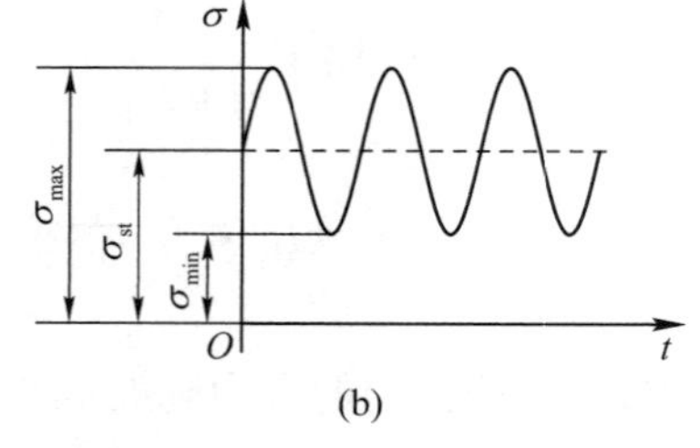

(b)

图 10.15

在上述三个实例中,随时间作周期性变化的应力称为**交变应力**(alternating stress)。金属材料若长期处于交变应力作用下,则在最大工作应力远低于材料的屈服极限,且不产生明显塑性变形的情况下,也有可能发生骤然断裂。在交变应力作用下发生的失效,习惯上称为**疲劳失效**(fatigue failure)。在生活实践中,用手折断铁丝,弯折一次一般不会断,但反复来回弯折多次后,铁丝就会发生裂断,这就是材料受交变应力作用而失效的例子。

疲劳断口分为三个区(图 10.16)。

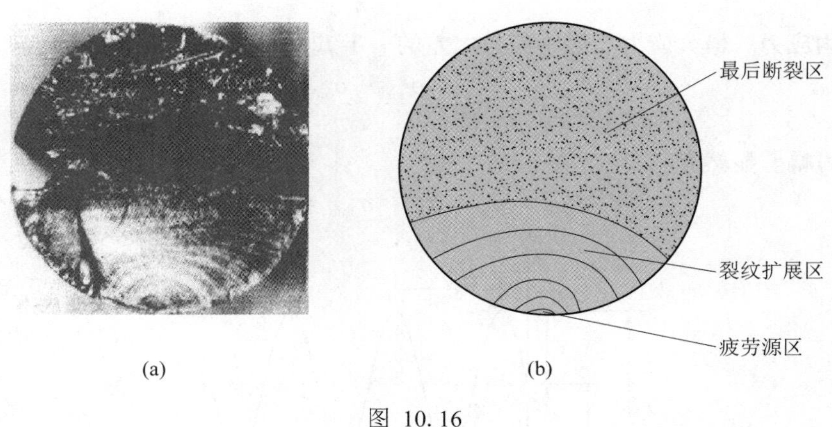

图 10.16

1. 疲劳源区　疲劳源区是疲劳裂纹的萌生地,该区一般位于构件的表面或内部缺陷处,可能一个,也可能多个。在构件外形突变(如拐角、切口、沟槽等)或缺陷(如内部夹杂物、表面切削刀痕、划伤)等部位,都将发生应力集中,出现很大的应力,在长期的交变应力作用下形成裂纹源。由于裂纹尖端处又有严重的应力集中,致使裂纹逐步扩展,形成宏观裂纹。

2. 裂纹扩展区　裂纹扩展区光滑、平整,这是由于循环加载时,反复变形,裂开的两个面不断张开、闭口,相互摩擦。扩展区通常可见形似贝壳或海浪冲击后形成的海滩条带。海滩条带是疲劳断口的宏观基本特征,是判断构件是否为疲劳失效的重要依据。

3. 最后断裂区　也称为瞬断区,是裂纹扩展到剩余面积不足以承担最大疲劳载荷,最后发生强度失效(即过载)形成的。

因在裂纹张开时,其尖端部的材料处于三向受拉应力状态,故材料(包括塑性材料)呈现脆性断裂,在瞬断区比较粗糙。将疲劳失效的断口对接在一起,一般都吻合得很好,这表明失效之前并未发生大的塑性变形,即使是塑性很好的材料也是如此。

因疲劳失效是在没有明显征兆的情况下突然发生的,极易造成严重事故。据统计,机械零件,尤其是高速运转的构件的失效,大部分属于疲劳失效。飞机、车辆发生的事故中,有很大比例是零部件疲劳失效造成的。

10.6　交变应力的循环特征　疲劳极限

图 10.17 表示交变应力 σ 随时间 t 周期性变化的关系曲线,称为应力谱。从 a 到 b,应力值从 $\sigma_{\max}$ 变到 $\sigma_{\min}$,再从 $\sigma_{\min}$ 变到 $\sigma_{\max}$,称为一个应力循环。完成一个应力循环所需的时间(图中的 T)称为**周期**。比值

$$r = \frac{\sigma_{\min}}{\sigma_{\max}} \tag{10.14}$$

称为交变应力的**应力比**或**循环特征**。最大应力与最小应力之和的一半,即

$$\sigma_{m} = \frac{\sigma_{max} + \sigma_{min}}{2} \tag{10.15}$$

称为**平均应力**。最大应力与最小应力之差的一半,即

$$\sigma_{a} = \frac{\sigma_{max} - \sigma_{min}}{2} \tag{10.16}$$

称为**应力幅**。显然有

$$\sigma_{max} = \sigma_{m} + \sigma_{a}, \quad \sigma_{min} = \sigma_{m} - \sigma_{a} \tag{10.17}$$

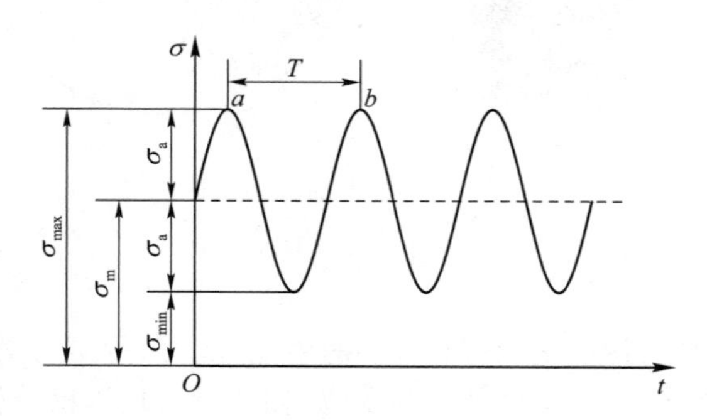

图 10.17

若交变应力的 σ_{max} 与 σ_{min} 大小相等而符号相反,例如图 10.13 中火车轮轴上 A 点的应力就是如此,这种情况称为**对称循环**。此时

$$r = -1, \quad \sigma_{m} = 0, \quad \sigma_{a} = \sigma_{max}$$

$r \neq -1$ 的循环称为**非对称循环**。由式(10.17)可见,非对称循环可看成是在平均应力 σ_{m} 上叠加一个应力幅度为 σ_{a} 的对称循环,如图 10.17 所示。

若交变应力的 $\sigma_{min} = 0$(或 $\sigma_{max} = 0$),即交变应力变动于零与某一应力之间,图 10.14 中齿根 A 点的应力就是如此,这种情况称为**脉动循环**。此时

$$r = 0, \quad \sigma_{m} = \sigma_{a} = \frac{\sigma_{max}}{2} \quad (\sigma_{min} = 0)$$

或者

$$r = -\infty, \quad \sigma_{m} = -\sigma_{a} = \frac{\sigma_{min}}{2} \quad (\sigma_{max} = 0)$$

试验表明,在交变应力作用下,构件是否发生疲劳,不仅与 σ_{max} 有关,还与循环特征 r 及循环次数 N 有关。在一定的循环特征下,σ_{max} 越高,至断裂所经历的应力循环次数 N 越少;σ_{max} 越低,循环次数 N 越多。当最大应力 σ_{max} 不超过某一极限时,材料虽经受"无数次"的应力循环也不发生疲劳失效,这一极限值称为**疲劳极限**(fatigue limit),用 σ_{r} 表示,下角标 r 表示它的循环特征。对称循环时的疲劳极限记为 σ_{-1}。

测定对称循环的疲劳极限 σ_{-1},技术上比较简单,也最为常见,可在弯曲疲劳试验机上进行。疲劳试验的试样一般做成直径为 7 ~ 10 mm、表面抛光的光滑小试样,使它们分别在不同的 σ_{max} 下承受交变应力,直到疲劳失效为止,并记录每根试样在疲劳失效前经

历的循环次数 N。第一根试样的最大应力 $\sigma_{\max,1}$ 约为强度极限 σ_b 的 70%，经历 N_1 次循环后试样疲劳失效。以后各个试样的最大应力逐渐递减。对钢试样，经过 10×10^6 次循环仍不疲劳，即可认为它能承受无限次循环而不疲劳，试验即可结束。对有色金属试件，则须经过 200×10^6 甚至 500×10^6 次循环。

根据试验结果，以 $\sigma_{\max}$ 为纵坐标，循环次数 N 为横坐标，绘出一条曲线，称为应力－寿命曲线或 $S-N$ 曲线(图 10.18)。当 $\sigma_{\max}$ 降到某一极限值时，应力－寿命曲线趋近于水平线。这一极限值即是材料在对称循环下的疲劳极限 σ_{-1}。

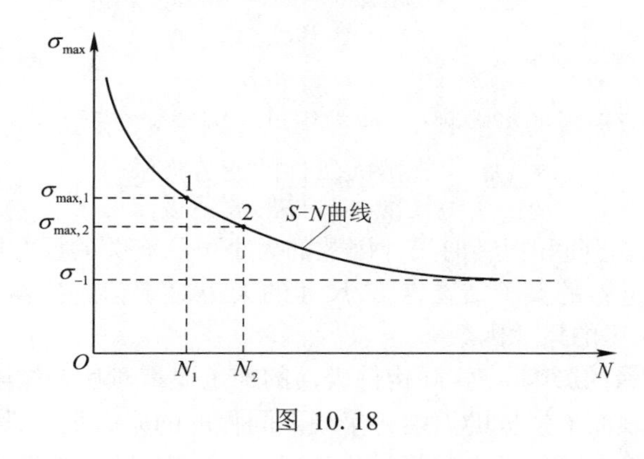

图 10.18

10.7　影响构件疲劳极限的因素

10.6 节讨论的材料的疲劳极限是用标准试件测定的，而实际构件的形状，尺寸及加工状况等都不同于标准试件，所以材料的疲劳极限不能直接用于构件的疲劳强度计算，而必须考虑构件外形、尺寸及加工状况等因素对疲劳极限的影响，从而确定具体构件的疲劳极限。下面就分别讨论这些影响因素。

1. 构件外形的影响　工程实际中的构件，外形的突然变化，如构件上有螺纹、键槽、键肩(不同直径的过渡)等，将引起应力集中。因疲劳失效是在构件的高应力区出现细微裂纹并逐步扩展所致，所以具有应力集中的构件其疲劳极限要比同样尺寸的光滑试件有所降低。一般用有效应力集中因数 K_σ 来表示其影响的程度，即

$$K_\sigma=\frac{\sigma_{-1}}{(\sigma_{-1})_k}=\frac{\text{光滑试件的疲劳极限}}{\text{同尺寸而有应力集中的试件的疲劳极限}}\tag{10.18}$$

K_σ 大于 1。K_σ 不但与构件的形状、尺寸有关，而且与材料的性质有关。可以从有关图表中查得 K_σ 值。

2. 构件尺寸的影响　材料的疲劳极限 σ_{-1} 是用直径为 7～10 mm 的小试样测得的。随着试样横截面尺寸的增大，疲劳极限却相应地降低。这是由于试件尺寸越大，截面上的高应力区也就越大，因此产生疲劳裂纹的机会就越多。以图10.19 中两个受扭试件为例来说明。沿圆截面的半径，切应力是线性分布的，若两者最大切应力相等，显然有 $\alpha_1<\alpha_2$，即沿圆截面半径，大试件应力的衰减比小试件缓慢，因而大试件横截面上的高应力区比小试件的大。

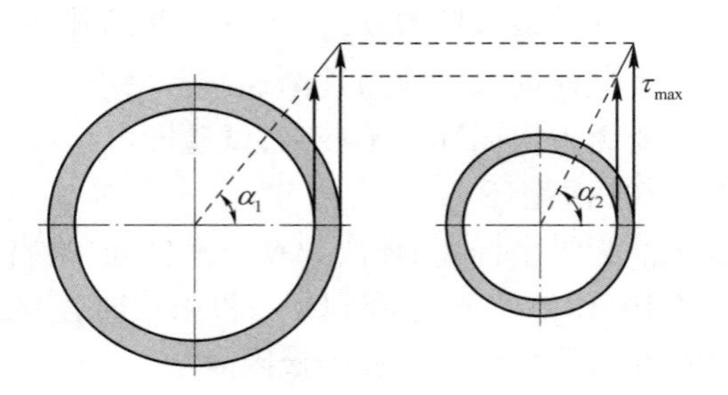

图 10.19

尺寸增大对疲劳极限的影响程度,通常用尺寸因数 ε_σ 表示

$$\varepsilon_\sigma = \frac{(\sigma_{-1})_d}{\sigma_{-1}} = \frac{\text{光滑大试件的疲劳极限}}{\text{光滑小试件的疲劳极限}} \tag{10.19}$$

尺寸因数 ε_σ 小于1。弯曲和扭转时尺寸因数的大小可从有关的尺寸因数表查得。在拉(压)的对称应力循环下进行的实验结果表明,尺寸的大小对于轴向拉伸和轴向压缩的疲劳极限无影响,即轴向拉压的尺寸因数 $\varepsilon_\sigma \approx 1$。

3. 构件表面质量的影响 实际构件表面的加工质量对疲劳极限也有影响,这是因为不同的加工精度在表面上造成的刀痕将呈现不同程度的应力集中,因而降低了疲劳极限。但若构件表面经过淬火、氮化、渗碳等强化处理,其疲劳极限也就得到提高。表面质量对疲劳极限的影响用表面质量因数 β 表示

$$\beta = \frac{(\sigma_{-1})_\beta}{\sigma_{-1}} = \frac{\text{表面为其他加工状况时构件的疲劳极限}}{\text{表面磨光试件的疲劳极限}} \tag{10.20}$$

构件表面质量低于磨光的试件时,$\beta < 1$;若表面经过强化处理,则$\beta > 1$。表面质量因数β可从有关的表面质量因数表查得。

综合考虑上述三种影响因素,构件的疲劳极限应为

$$\sigma_{-1}^0 = \frac{\varepsilon_\sigma \beta}{K_\sigma} \sigma_{-1} \tag{10.21}$$

式中,σ_{-1} 为表面磨光的光滑小试件的疲劳极限。

以式(10.21)求得的构件的疲劳极限 σ_{-1}^0 作为极限应力,将此除以适当的安全因素 n,得到构件的许用应力为

$$[\sigma_{-1}] = \frac{\sigma_{-1}^0}{n}$$

所以构件的强度条件为

$$\sigma_{max} \leqslant [\sigma_{-1}]$$

式中,σ_{max} 为构件受到拉(压)或弯曲时的最大工作应力。

在工程实际中往往采用安全因数法进行强度校核,也就是要求构件在交变应力下的实际工作安全因数 n_σ(即实际构件的疲劳极限 σ_{-1}^0 与它的最大工作应力之比)要大于规定的安全因数 n,即

$$n_\sigma = \frac{\sigma_{-1}^0}{\sigma_{max}} = \frac{\varepsilon_\sigma \beta}{K_\sigma} \cdot \frac{\sigma_{-1}}{\sigma_{max}} \geqslant n$$

习 题

10.1 图示一横截面面积为 A 的杆，置于滚柱上。在力 F 作用下，杆沿水平方向以匀加速度 a 向前运动，已知杆的容重为 γ，滚柱与杆之间的摩擦力忽略不计，试求距杆左端 x 处横截面上的轴力 $F_N(x)$。

10.2 用绳索起吊图示钢筋混凝土管，管子重力 $P = 10$ kN，绳索直径 $d = 40$ mm，绳索许用应力 $[\sigma] = 10$ MPa，试校核突然起吊瞬时绳索的强度。

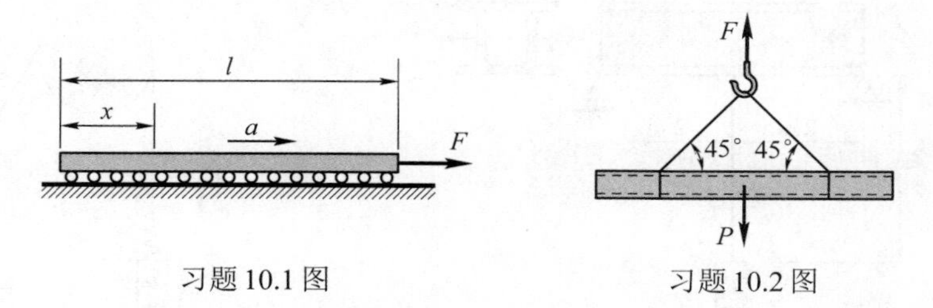

习题 10.1 图 习题 10.2 图

10.3 图示等直杆 CD 以匀角速度 ω 绕竖直轴 y 在水平面内旋转，杆材料的密度为 ρ。

(1) 试画出杆 CD 的轴力图，并求杆 CD 内产生的最大正应力。由自重引起的弯曲应力很小，可略去；

(2) 设杆材料的弹性模量为 E，求杆 CD 的伸长量 Δl_{CD}。

10.4 图示飞轮的最大圆周速度 $v = 25$ m/s，材料的容重 $\gamma = 72.6$ kN/m^3，若不计轮辐的影响，试求轮缘内的最大正应力。

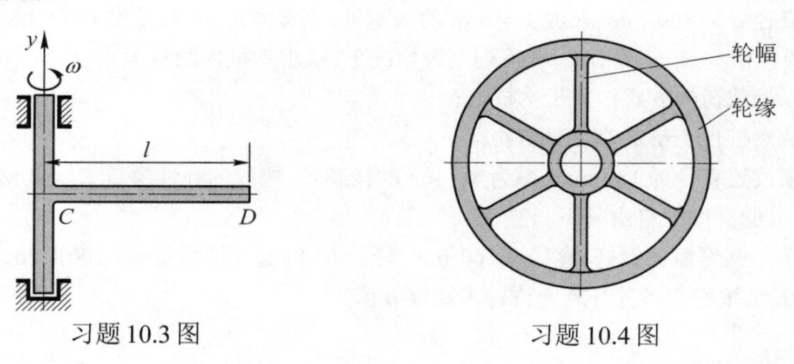

习题 10.3 图 习题 10.4 图

10.5 圆轴 AB 上装有两个重为 P 的偏心载荷，假定偏心载荷作用于轴的两对面，并作用在跨长的三等分点处，如图所示，设轴 AB 以等角速度 ω 旋转，试求在图示位置时轴内的最大弯矩。

10.6 图示直径为 d 的轴上装有一厚度为 δ 的钢质圆盘，盘上有一直径为 d_1 的圆孔。圆盘以匀角速度 ω 旋转，密度为 ρ。试求由此圆盘偏心圆孔而引起的轴内最大弯曲正应力。

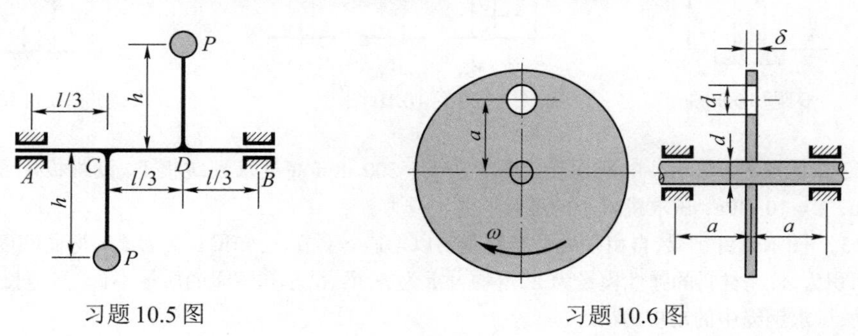

习题 10.5 图 习题 10.6 图

10.7 图示桥式起重机主梁由两根 No. 16 号工字钢组成，重物自重 $P = 40$ kN，主梁以匀速度 $v = 1$ m/s 向前移动(垂直纸面)，当起重机突然停止时，重物向前摆动，试求此瞬时梁内最大正应力(不考虑斜弯曲影响)。

10.8 起重吊索的下端有一刚度 $k = 800$ kN/m 的弹簧，并挂有重 $P = 20$ kN 的重物。已知钢索的横截面面积 $A = 1\ 000\ \text{mm}^2$，弹性模量 $E = 160$ GPa。若重物以匀速 $v = 1.2$ m/s 下降，当钢索的长度 $l = 20$ m 时，铰车突然刹车，试计算此时钢索内的正应力。如果钢索与重物之间无弹簧连结时，钢索内的正应力等于多少?

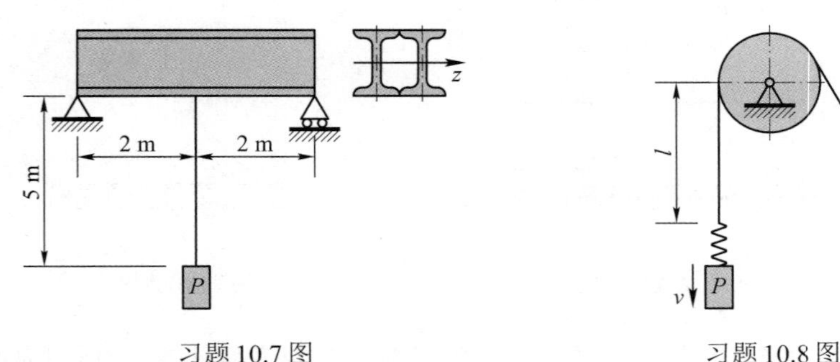

习题 10.7 图　　习题 10.8 图

10.9 重 $P = 5$ kN 的重物，自高度 $h = 40$ mm 处自由下落在长度 $l = 4$ m 的直杆的下端托盘上，如图所示。杆的横截面是 30 mm × 30 mm 的正方形，材料的弹性模量 $E = 200$ GPa。试求冲击力引起的杆内正应力。

10.10 直径 $d = 300$ mm，长度 $l = 6$ m 的圆木桩，下端固定，上端受重 $P = 5$ kN 的重锤作用，如图所示，木材的弹性模量 $E_1 = 10$ GPa。在下列三种情况下，试求木桩内的最大正应力：

(1) 重锤以静载荷的方式作用于木桩上；

(2) 重锤从离桩顶 1 m 的高度处自由落下；

(3) 在桩顶放置直径为 150 mm、厚为 40 mm 的橡胶垫，橡胶的弹性模量 $E_2 = 8$ MPa，重锤也是从离橡胶垫顶面 1 m 的高度处自由落下。

10.11 图示圆形截面钢杆，直径 $d = 60$ mm，杆长 $l = 1$ m，弹性模量 $E = 200$ GPa，比例极限 $\sigma_p = 200$ MPa，$P = 1$ kN。试按稳定条件计算允许冲击高度 h 值。

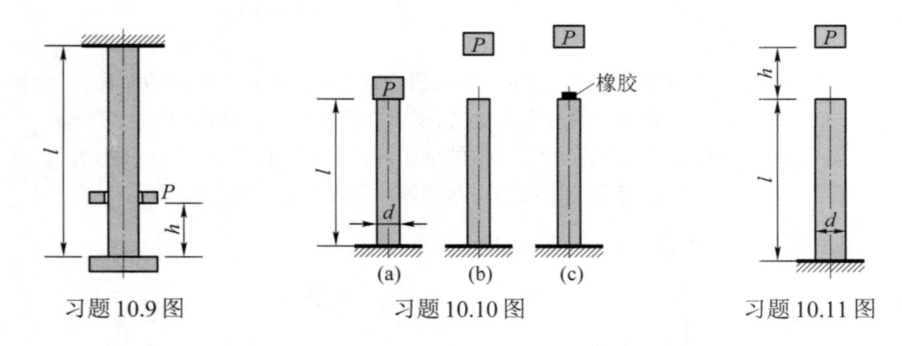

习题 10.9 图　　习题 10.10 图　　习题 10.11 图

10.12 体重 $P = 700$ N 的跳水运动员，从 $h = 300$ mm 高处落到跳板上。设跳板尺寸如图所示，$a = 1.2$ m，$E = 10$ GPa，试求跳板中的最大弯曲正应力。

10.13 图示悬臂钢梁，自由端处吊车将重物以匀速 v 下放，已知梁长为 l，梁的弯曲刚度为 EI，绳的横截面面积为 A，绳材料的弹性模量为 E，重物自重为 P，梁、吊车和钢绳的质量不计。当绳长为 a 时吊车突然制动，试求钢绳中的动应力。

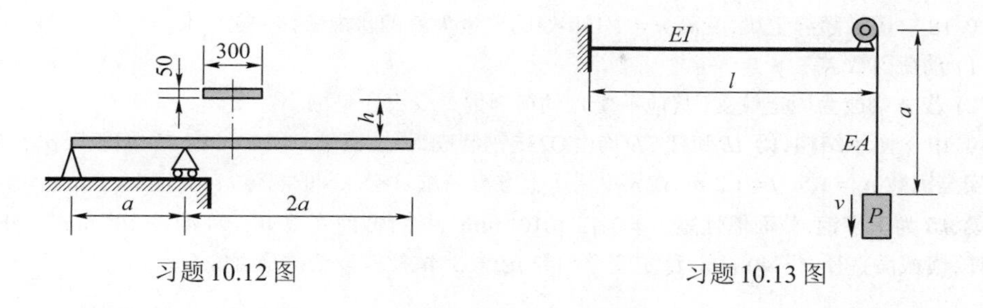

习题 10.12 图　　习题 10.13 图

10.14　图示相同两梁，受自由落体冲击，已知弹簧刚度 $k=3EI/l^3$。如 h 远大于冲击点的静挠度，试求两种情况下的动荷因数之比及最大动应力之比。

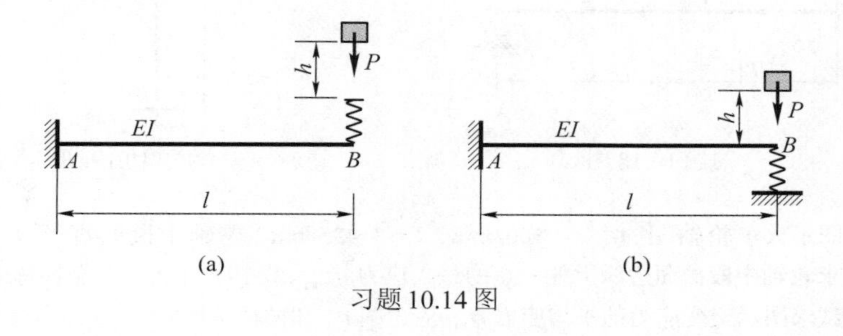

习题 10.14 图

10.15　图(a) 所示矩形截面梁，$l=2$ m，宽度 $b=75$ mm，高度 $h=25$ mm，弹性模量 $E=200$ GPa。弹簧刚度 $k=10$ kN/m。今有重 $P=250$ N 的重物自高度 $h_0=50$ mm 处自由下落，试求被冲击时梁内的最大正应力。若将弹簧置于梁的上边，如图(b) 所示，则受冲击时梁内的最大正应力又为何值？

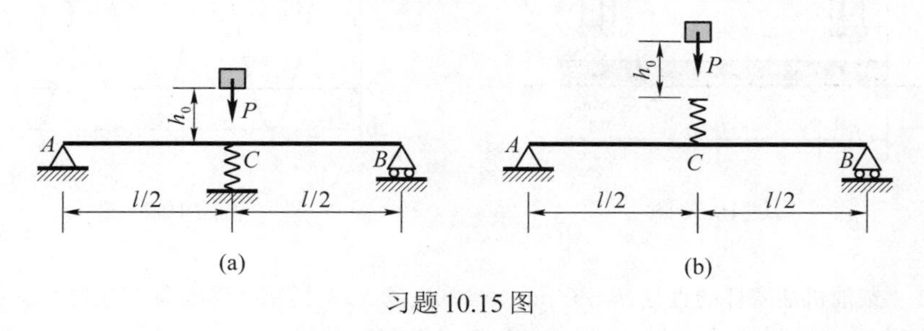

习题 10.15 图

10.16　变截面外伸梁 AC 支承于两弹性支座上，一重为 P 的重物从高度 h 处自由下落冲击在其外伸端 C 处，如图所示。若梁的弯曲刚度 EI 及支座的刚度系数 k_1 及 k_2 均为已知，试求外伸端 C 处的挠度。

10.17　图示重物 P 可绕梁的 A 端转动，当它在垂直位置时，水平速度为 v。若梁长 l、抗弯刚度 EI 及抗弯截面系数 W 均为已知，试求梁的最大冲击正应力。

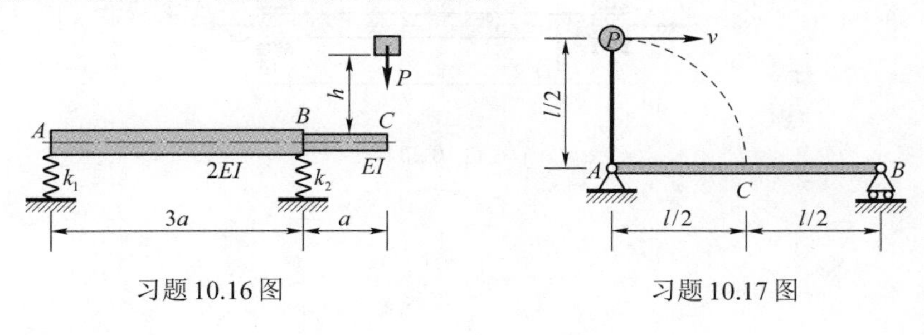

习题 10.16 图　　习题 10.17 图

10.18　图示超静定梁,受高 $h = l/100$ 处的重量为 P 的自由落体冲击。求:

(1) 动荷因数 K_d;

(2) 若 A 端改为固定铰支(其他不变),动荷因数是变大还是缩小?

10.19　图示结构,梁 AB 和杆 CD 均由 Q235 钢制成,弹性模量 $E = 200$ GPa, 屈服极限 $\sigma_s = 235$ MPa, 强度安全因数 $n_s = 1.5$, $l = 1.2$ m。在梁 B 端正上方有一重 $P = 5$ kN 的物体,自高度 $h = 5$ mm 处自由下落。已知梁 AB 为工字钢,截面惯性矩 $I_z = 1.13 \times 10^7$ mm^4,抗弯截面系数 $W_z = 1.41 \times 10^5$ mm^3;杆 CD 为大柔度杆,横截面直径 $d = 40$ mm,稳定安全因数 $n_{st} = 3$。试校核该结构是否安全。

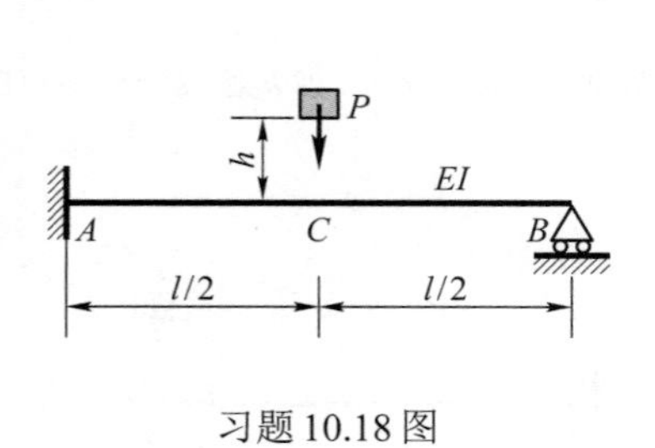

习题 10.18 图

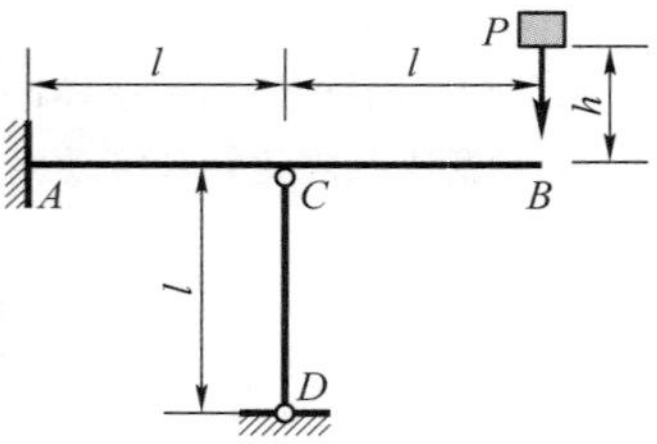

P
l
l
h
A
C
B
l
D

习题 10.19 图

10.20　图示火车轮轴,长度 $a = 500$ mm, $l = 1\ 435$ mm, 轮轴中段的直径 $d = 150$ mm, 已知 $F = 50$ kN,试求轮轴中段截面边缘上任一点的最大应力 σ_{max}、最小应力 σ_{min} 及循环特征 r。

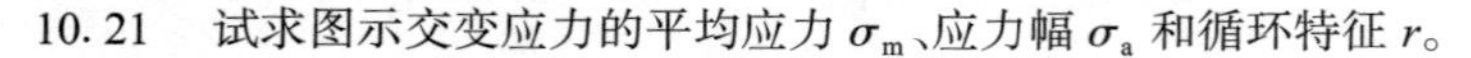

10.21　试求图示交变应力的平均应力 σ_m、应力幅 σ_a 和循环特征 r。

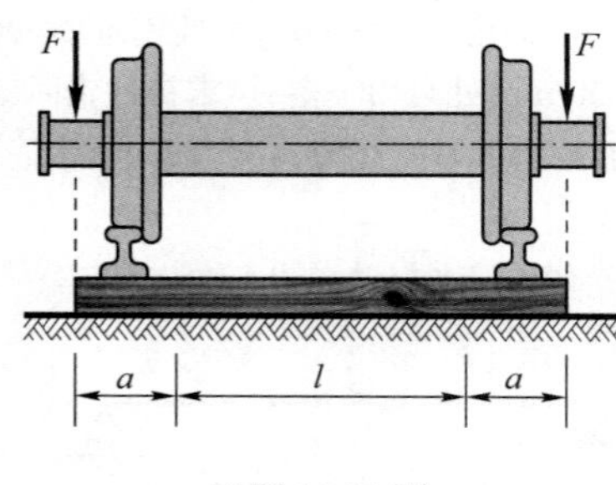

习题 10.20 图

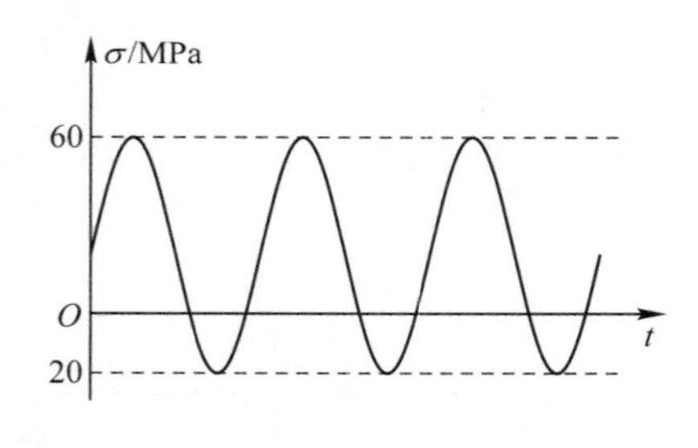

习题 10.21 图

10.22　柴油机活塞杆的直径 $d = 60$ mm, 当汽缸发火时,活塞杆受轴向压力 520 kN;吸气时,所受轴向拉力 120 kN。试求杆的平均应力 σ_m、应力幅 σ_a 和循环特征 r。

10.23　圆轴 AB 以等角速度 ω 旋转,尺寸和受力如图所示,载荷方向不变。试求危险点的最大应力 σ_{max}、最小应力 σ_{min}、应力幅 σ_a 及平均应力 σ_m。

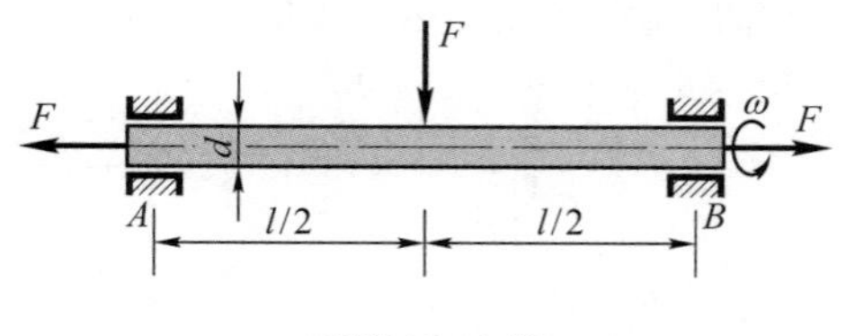

习题 10.23 图

11

能量法

11.1 概　　述

在第 7 章已经引入了弹性应变能的概念,即在弹性范围内,弹性体在外力作用下发生变形而在体内积蓄的能量,称为弹性应变能。利用功和能的概念求解变形固体的位移、变形和内力等的方法,统称为**能量法**(energy method)。物体在外力作用下发生变形,则由功能原理可知,弹性应变能 V_ε 在数值上等于外力所作的功 W,即

$$V_\varepsilon = W \tag{11.1}$$

11.2 杆件应变能计算

下面分别讨论杆件在基本变形和组合变形时,应变能的计算。

1. 轴向拉伸和压缩　在线弹性范围内,杆件在轴向拉压时的应变能如式(7.35),即

$$V_\varepsilon = W = \frac{F^2 l}{2EA}$$

若杆件轴力沿轴线变化时,利用上式可求出微段杆 dx 的应变能,积分求出整个杆件的应变能为

$$V_\varepsilon = \int_l \frac{F_{\mathrm{N}}^2(x)\,\mathrm{d}x}{2EA}$$

2. 扭转　圆轴扭转时,在线弹性范围内,外力偶矩 M_e 与扭转角 φ 成线性关系,应变能等于外力偶所作的功

$$V_\varepsilon = W = \frac{1}{2} M_\mathrm{e} \cdot \varphi$$

将 $\varphi = \dfrac{M_\mathrm{e} l}{GI_\mathrm{p}}$ 代入上式,得

$$V_\varepsilon = W = \frac{M_\mathrm{e}^2 l}{2GI_\mathrm{p}}$$

当扭矩沿轴线变化时,同样可由微段圆轴的应变能积分而得到整个圆轴的应变能

$$V_\varepsilon = \int_l \frac{T^2(x)\,\mathrm{d}x}{2GI_\mathrm{p}}$$

3. 弯曲 对于纯弯曲梁,在线弹性范围内,外力偶矩 M_e 与两端面的相对扭转角 θ 成线性关系,应变能等于外力偶所作的功

$$V_\varepsilon = W = \frac{1}{2}M_e \cdot \theta$$

将 $\theta = \dfrac{M_e l}{EI}$ 代入上式,得

$$V_\varepsilon = W = \frac{M_e^2 l}{2EI}$$

对于横力弯曲梁,其横截面上既有弯矩,又有剪力,应该分别计算弯曲应变能和剪切应变能,再求和。但是,对于细长梁,剪切应变能与弯曲应变能相比,一般很小,可以略去不计,所以只计算弯曲应变能。横力弯曲时,弯矩一般是截面位置坐标 x 的函数,同样可由微段梁的应变能积分而得到整个梁的应变能

$$V_\varepsilon = \int_l \frac{M^2(x)\,dx}{2EI}$$

上面讨论的三种基本变形的应变能,它们在数值上都等于在加载过程中载荷所作的功,所以可把应变能的计算公式表示成为统一的形式

$$V_\varepsilon = W = \frac{1}{2}F \cdot \delta$$

式中,F和δ分别看成为广义力和广义位移,如对拉(压),F为轴力,δ为相应的线位移Δl;对扭转和纯弯曲,F为力偶矩,δ为相应的角位移φ或θ。

4. 组合变形 在线弹性、小变形的条件下,每一基本变形的内力对其他的基本变形并不作功,故组合变形的应变能等于各基本变形应变能之和。若组合变形杆有轴力、扭矩、弯矩,且三者均为表达为截面位置 x 的函数,不计剪力的影响,则组合变形圆截面直杆的应变能为

$$V_\varepsilon = \int_l \frac{F_N^2(x)\,dx}{2EA} + \int_l \frac{T^2(x)\,dx}{2GI_p} + \int_l \frac{M^2(x)\,dx}{2EI} \tag{11.2}$$

例 11.1 图 11.1(a)所示绕过无摩擦滑轮的绳索的抗拉刚度为 EA,设横梁 AB 为刚体,试求 F 力作用点 D 的铅垂位移。

解: 横梁 AB 受力如图 11.1(b)所示,由静力平衡方程

$$\sum M_A = 0,\ \frac{\sqrt{3}}{2}F_N \times 2 + \frac{\sqrt{3}}{2}F_N \times 4 = 3F$$

求得绳索拉力

$$F_N = \frac{F}{\sqrt{3}}$$

绳索的应变能及外力功分别为

$$V_\varepsilon = \frac{F_N^2 \times 4a}{2EA} = \frac{2F^2 a}{3EA},\quad W = \frac{1}{2}F \cdot \Delta_{DV}$$

由 $V_\varepsilon = W$,得

$$\Delta_{DV} = \frac{4Fa}{3EA}\ (\downarrow)$$

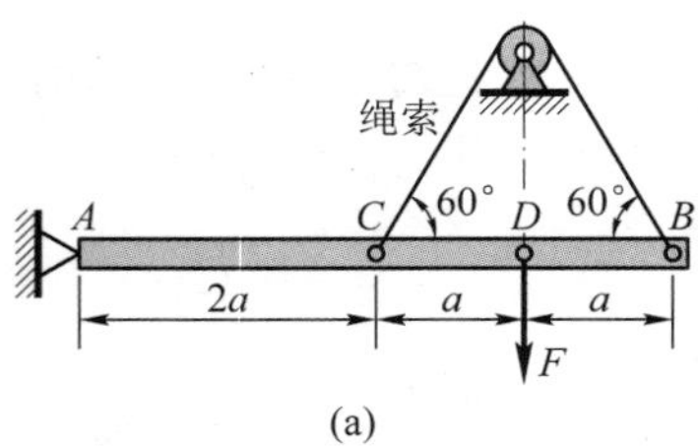

(a)

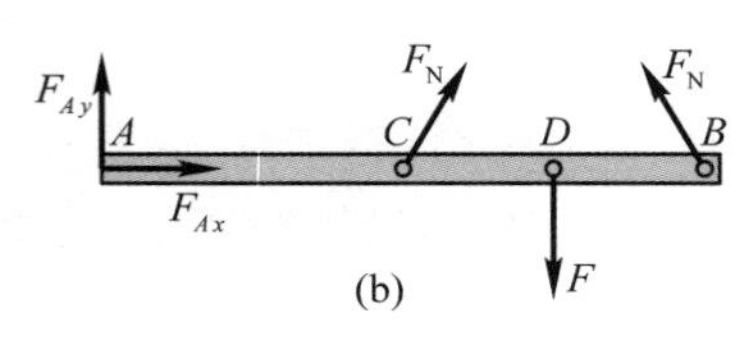

(b)

图 11.1

例 11.2 图 11.2 所示变截面悬臂梁，在自由端受集中力 F 作用，材料的弹性模量为 E。计算梁的应变能 V_ε，并求自由端 A 的挠度 w_A。

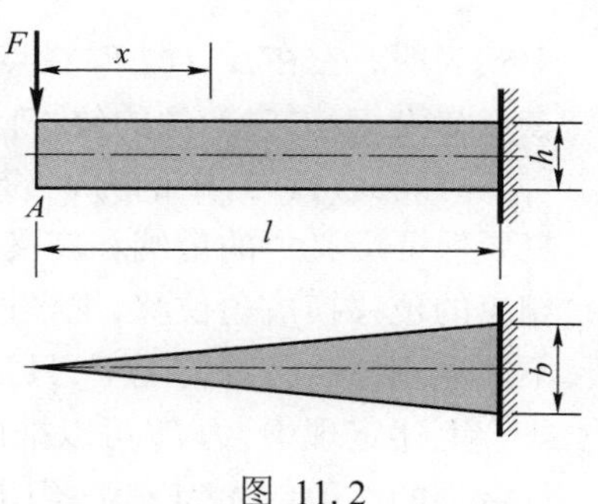

图 11.2

解：梁的弯矩方程为

$$M(x) = -Fx$$

任意截面 x 的惯性矩为

$$I(x) = \frac{b(x)\cdot h^3}{12} = \frac{bh^3}{12l}x$$

梁的应变能及外力功分别为

$$V_\varepsilon = \int_l \frac{M^2(x)\,\mathrm{d}x}{2EI(x)} = \int_0^l \frac{6l}{Ebh^3x}(Fx)^2\mathrm{d}x = \frac{3F^2l^3}{Ebh^3}$$

$$W = \frac{1}{2}F\cdot w_A$$

由 $V_\varepsilon = W$，得

$$w_A = \frac{6Fl^3}{Ebh^3}$$

11.3 互 等 定 理

为方便起见，以一梁表示线弹性体。图 11.3(a)、(b)中，位移 Δ_{ij} 中的下标 i 表示位移发生点，下标 j 表示力作用点。例如，Δ_{12} 表示（在点 2 作用）F_2 引起的点 1 的（沿 F_1 方向的）位移。

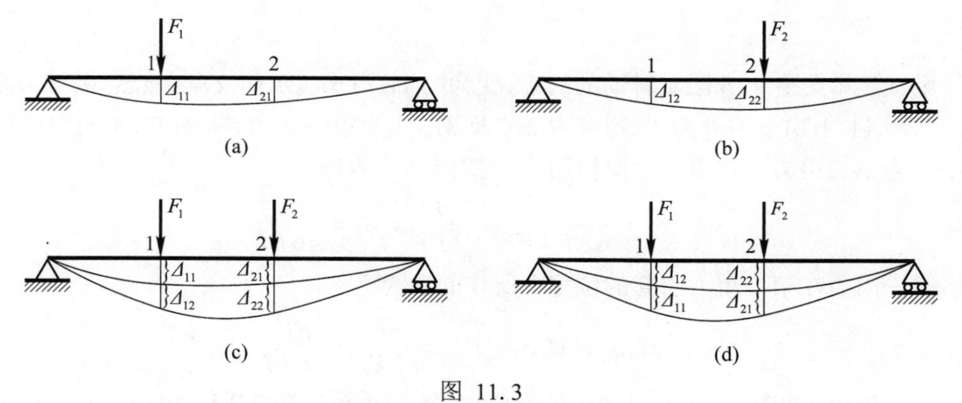

图 11.3

若在梁上先加 F_1，在此基础上再加 F_2[图 11.3(c)]，梁的应变能为

$$V_{\varepsilon1} = W_1 = \frac{1}{2}F_1\Delta_{11} + \left(\frac{1}{2}F_2\Delta_{22} + F_1\Delta_{12}\right) \tag{11.3}$$

若在梁上先加 F_2，在此基础上再加 F_1[图 11.3(d)]，梁的应变能为

$$V_{\varepsilon2} = W_2 = \frac{1}{2}F_2\Delta_{22} + \left(\frac{1}{2}F_1\Delta_{11} + F_2\Delta_{21}\right) \tag{11.4}$$

由于应变能与载荷的加载次序无关,应有 $V_{\varepsilon1} = V_{\varepsilon2}$,由式(11.3)等于式(11.4),得

$$F_1\Delta_{12} = F_2\Delta_{21} \tag{11.5}$$

上式表明,F_1 在 Δ_{12}(即 F_2 在点 1 沿 F_1 方向产生的位移)上所作的功,等于 F_2 在 Δ_{21}(即 F_1 在点 2 沿 F_2 方向产生的位移)上所作的功。这就是**功的互等定理**。

可将式(11.5)中的力 F_1(或 F_2)看成广义力,Δ_{12}(或 Δ_{21})看成与之对应的广义位移,只要保证广义力的量纲和广义位移的量纲乘积为功的量纲即可。例如,把力换成力偶矩,相应的位移换成角位移,推导过程完全一样,结论自然不变。另外,这里的位移是指在结构不发生刚体位移的情况下,只是由变形引起的位移。

上述定理中,力 F_1 可以推广到一组广义力,力 F_2 可以推广为另一组广义力,即功的互等定理的一般叙述为:第一组力在第二组力引起的位移上所作的功,等于第二组力在第一组力引起的位移上所作的功。

如果式(11.5)中,$F_1 = F_2$,即两个广义力数值相等,则其广义位移在数值上相等,即

$$\Delta_{12} = \Delta_{21} \tag{11.6}$$

这就是**位移互等定理**。

例 11.3 试利用互等定理求解图 11.4(a)所示超静定梁。

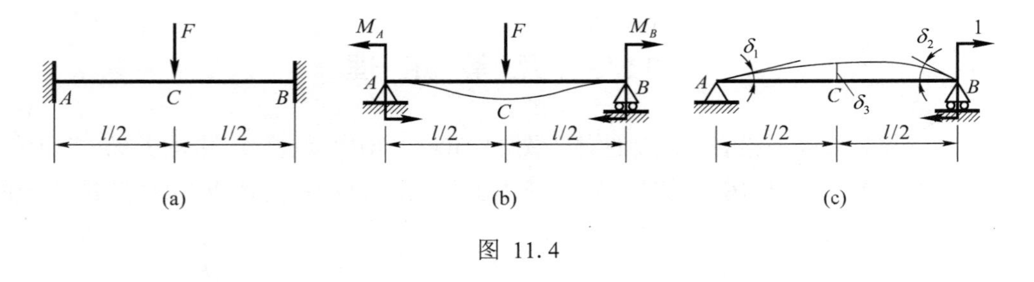

图 11.4

解: 解除支座 A、B 限制转动的约束,变为图 11.4(b)所示简支梁,显然 $M_A = M_B$。

将图 11.4(b)上的外力 F、约束力 M_A 及 M_B 作为第一组力,将图 11.4(c)中的单位力偶 1 作为第二组力。在单位力偶作用下,利用表 6.1 查得

$$\delta_1 = \frac{l}{6EI},\quad \delta_2 = \frac{l}{3EI},\quad \delta_3 = \frac{l^2}{16EI}$$

第一组力在第二组力引起的位移上所作的功为

$$M_A\delta_1 + M_B\delta_2 - F\delta_3 = \frac{M_A l}{2EI} - \frac{Fl^2}{16EI}$$

第二组力[即图 11.4(c)中的单位力偶]在第一组力引起的位移[即图 11.4(b)中截面 B 转角]上所作的功为零。于是由功的互等定理,得

$$\frac{M_A l}{2EI} - \frac{Fl^2}{16EI} = 0$$

由此求得

$$M_A = M_B = \frac{Fl}{8}$$

例 11.4 图 11.5(a)所示圆截面杆受一对横向力 F 作用，杆的直径为 d，材料的弹性模量为 E，泊松比为 μ，试计算杆的轴向伸长量。

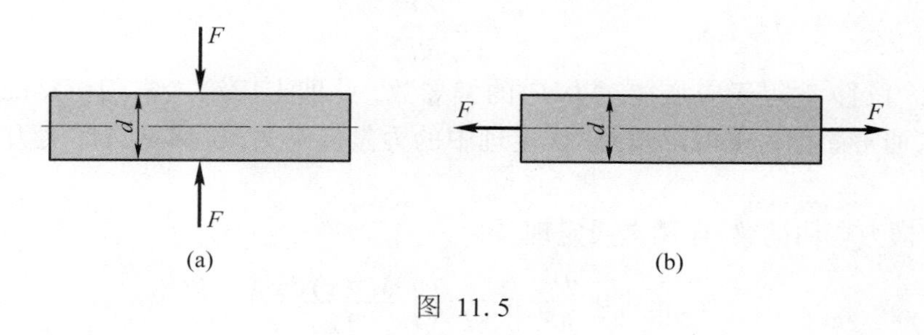

图 11.5

解：由功的互等定理知，图 11.5(a)中一对横向力 F 在图 11.5(b)中直径减小量上所作的功，等于图 11.5(b)中一对纵向力 F 在图 11.5(a)中轴向伸长量上所作的功。或由位移互等定理知，图 11.5(a)所示杆的轴向伸长量，等于图 11.5(b)所示杆的直径减小量，即

$$\Delta l_{\mathrm{a}} = \Delta d_{\mathrm{b}} = \mu \frac{F}{AE} d = \frac{4\mu F}{\pi d E}$$

11.4 卡 氏 定 理

设弹性体结构在支座约束下无任何刚性位移，如图 11.6 所示，结构上作用着外力 $F_1, F_2, \cdots, F_i, \cdots, F_n$。$F_i$ 作用点沿着 F_i 方向的位移为 δ_i。结构的应变能等于外力所作的功，它应为 $F_1, F_2, \cdots, F_i, \cdots, F_n$ 的函数，即

$$V_\varepsilon = f(F_1, F_2, \cdots, F_i, \cdots, F_n)$$

如果这些外力中的任意一个 F_i 有一增量 $\mathrm{d}F_i$，则应变能的增量为$\dfrac{\partial V_\varepsilon}{\partial F_i}\mathrm{d}F_i$。于是应变能变为

$$V_\varepsilon + \frac{\partial V_\varepsilon}{\partial F_i}\mathrm{d}F_i \tag{11.7}$$

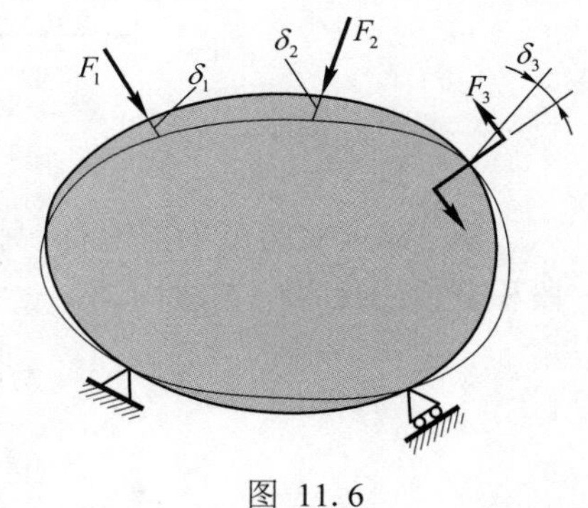

图 11.6

首先作用 $\mathrm{d}F_i$，然后再作用 $F_1, F_2, \cdots, F_i, \cdots, F_n$。先作用 $\mathrm{d}F_i$ 时，其作用点沿 $\mathrm{d}F_i$ 方向的位移为 $\mathrm{d}\delta_i$，$\mathrm{d}F_i$ 作功$\dfrac{1}{2}\mathrm{d}F_i\mathrm{d}\delta_i$。再作用 $F_1, F_2, \cdots, F_i, \cdots, F_n$ 时，对于线弹性结构来说，$F_1, F_2, \cdots, F_i, \cdots, F_n$ 引起的位移仍与未作用过 $\mathrm{d}F_i$ 一样，因此这些力作功等于应变能 V_ε。在作用 $F_1, F_2, \cdots, F_i, \cdots, F_n$ 的过程中，常力 $\mathrm{d}F_i$ 在位移 δ_i 上作功 $\delta_i\mathrm{d}F_i$。所以，按此加载次序，外力共作功

$$\frac{1}{2}\mathrm{d}F_i\mathrm{d}\delta_i + V_\varepsilon + \delta_i\mathrm{d}F_i \tag{11.8}$$

由功能原理，式(11.7)和式(11.8)应相等，即

$$\frac{1}{2}\mathrm{d}F_i\mathrm{d}\delta_i + V_\varepsilon + \delta_i\mathrm{d}F_i = V_\varepsilon + \frac{\partial V_\varepsilon}{\partial F_i}\mathrm{d}F_i$$

略去二阶小量 $\frac{1}{2}\mathrm{d}F_i\mathrm{d}\delta_i$，得

$$\delta_i = \frac{\partial V_\varepsilon}{\partial F_i} \tag{11.9}$$

由此可见，位移 δ_i 等于应变能对力 F_i 的偏导数，此即卡氏第二定理(Castigliano second theorem)，通常简称为**卡氏定理**。卡氏定理中的力是广义力，位移是与广义力对应的广义位移。

对于横力弯曲的梁，应用卡氏定理，得

$$\delta_i = \frac{\partial V_\varepsilon}{\partial F_i} = \frac{\partial}{\partial F_i}\left(\int_l \frac{M^2(x)\,\mathrm{d}x}{2EI}\right)$$

式中积分是对 x 积分，而求导则是对 F_i 求导，所以可以先求导再积分，故有

$$\delta_i = \int_l \frac{M(x)}{EI}\frac{\partial M(x)}{\partial F_i}\mathrm{d}x$$

对于桁架，每根杆都是二力杆，每根杆的轴力都是常量，应用卡氏定理，得

$$\delta_i = \frac{\partial V_\varepsilon}{\partial F_i} = \frac{\partial}{\partial F_i}\left(\sum_{j=1}^{n}\frac{F_{\mathrm{N}j}^2 l_j}{2EA_j}\right) = \sum_{j=1}^{n}\frac{F_{\mathrm{N}j} l_j}{EA_j}\frac{\partial F_{\mathrm{N}j}}{\partial F_i}$$

例 11.5 图 11.7 所示变截面梁，试用卡氏定理求梁的最大挠度。

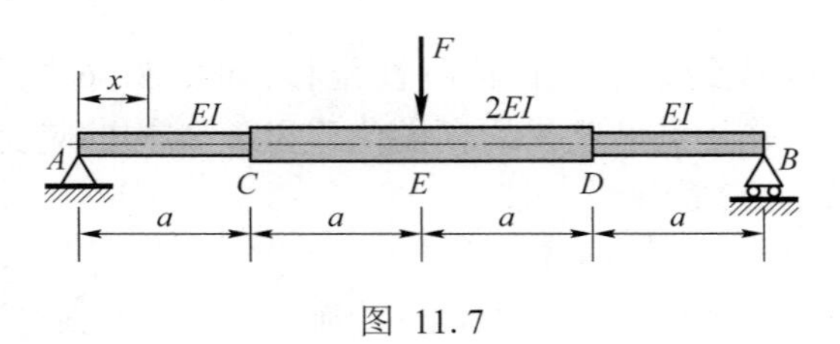

图 11.7

解: 该梁对跨度中点对称。另外，梁的抗弯刚度分段是常数，在应用卡氏定理时可分段积分。在 AC 及 CE 段内，有

$$M(x) = \frac{Fx}{2} \quad (0 \leqslant x \leqslant 2a)$$

$$\frac{\partial M(x)}{\partial F} = \frac{x}{2}$$

梁的最大挠度位于跨中截面 E，由卡氏定理得

$$\begin{aligned} w_{\max} &= \frac{\partial V_\varepsilon}{\partial F} \\ &= 2\left(\int_0^a \frac{M(x)}{EI}\frac{\partial M(x)}{\partial F}\mathrm{d}x + \int_a^{2a}\frac{M(x)}{2EI}\frac{\partial M(x)}{\partial F}\mathrm{d}x\right) \\ &= 2\left(\int_0^a \frac{1}{EI}\frac{Fx}{2}\frac{x}{2}\mathrm{d}x + \int_a^{2a}\frac{1}{2EI}\frac{Fx}{2}\frac{x}{2}\mathrm{d}x\right) \\ &= \frac{3Fa^3}{4EI}(\downarrow) \end{aligned}$$

例 11.6 图 11.8(a)所示刚架 EI 为常量，在其自由端 A 受一水平力 F 及一铅垂力 F。试用卡氏定理求 A 点的水平位移 Δ_{AH} 及铅垂位移 Δ_{AV}。不计轴力和剪力对变形的影响。

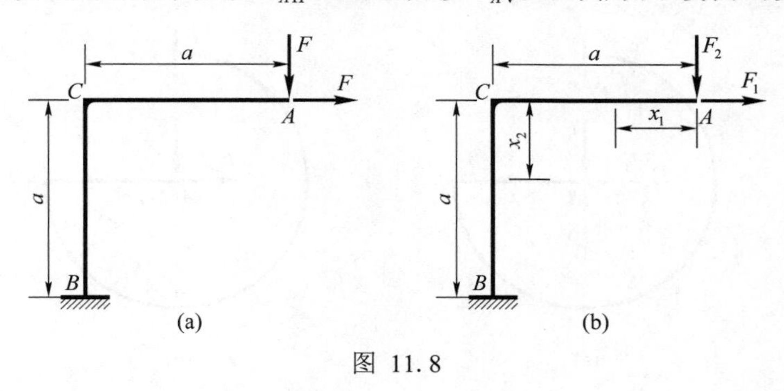

图 11.8

解： 刚架受两个外力 F，此时 $\frac{\partial V_\varepsilon}{\partial F}$ 既非 A 点的水平位移，也非 A 点的铅垂位移，而是 A 点水平位移和铅垂位移的代数和（读者可自行证明）。

可将两个外力 F 分别改写为 F_1 和 F_2[图 11.8(b)]，在求偏导数之后（最好是在积分之前）令 $F_1 = F_2 = F$。

AC 段： $M(x_1) = -F_2x_1$， $\frac{\partial M(x_1)}{\partial F_1} = 0$， $\frac{\partial M(x_1)}{\partial F_2} = -x_1$

CB 段： $M(x_2) = -F_1x_2 - F_2a$， $\frac{\partial M(x_2)}{\partial F_1} = -x_2$， $\frac{\partial M(x_2)}{\partial F_2} = -a$

A 点的水平位移及铅垂位移分别为

$$\begin{aligned}
\Delta_{AH} &= \int_0^a \left[\frac{M(x_1)}{EI}\frac{\partial M(x_1)}{\partial F_1}\right]_{F_1=F_2=F} dx_1 + \int_0^a \left[\frac{M(x_2)}{EI}\frac{\partial M(x_2)}{\partial F_1}\right]_{F_1=F_2=F} dx_2 \\
&= \int_0^a \frac{F(x_2+a)}{EI} x_2 dx_2 \\
&= \frac{5Fa^3}{6EI} \ (\rightarrow)
\end{aligned}$$

$$\begin{aligned}
\Delta_{AV} &= \int_0^a \left[\frac{M(x_1)}{EI}\frac{\partial M(x_1)}{\partial F_2}\right]_{F_1=F_2=F} dx_1 + \int_0^a \left[\frac{M(x_2)}{EI}\frac{\partial M(x_2)}{\partial F_2}\right]_{F_1=F_2=F} dx_2 \\
&= \int_0^a \frac{Fx_1^2}{EI} dx_1 + \int_0^a \frac{F(x_2+a)}{EI} a dx_2 \\
&= \frac{11Fa^3}{6EI} \ (\downarrow)
\end{aligned}$$

例 11.7 图 11.9(a)所示曲杆 BC 的轴线为四分之三的圆周，曲杆的 EI 为常量，杆 AB 可视为刚体，求在力 F 作用下截面 A 的水平位移 Δ_{AH} 和铅垂位移 Δ_{AV}。轴力和剪力对变形的影响可略去不计。

解： 截面 A 有铅垂力 F，但没有水平力。为了求截面 A 的水平位移，在截面 A 增加一个水平附加力 F_a，如图 11.9(b) 所示。在求偏导数之后(最好是积分之前) 令 $F_a = 0$。曲杆任意截面上的弯矩及其偏导数分别为

$$M(\varphi)=F_{\mathrm{a}}R\sin\varphi+FR\cos\varphi,\quad \frac{\partial M(\varphi)}{\partial F_{\mathrm{a}}}=R\sin\varphi,\quad \frac{\partial M(\varphi)}{\partial F}=R\cos\varphi$$

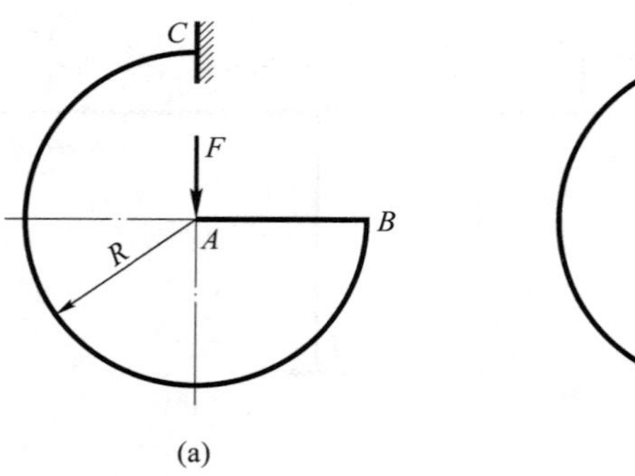

(a)

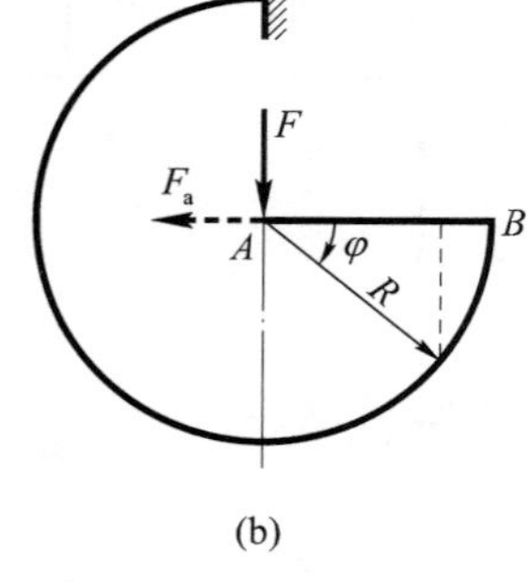

(b)

图 11.9

A 点的水平位移和铅垂位移分别为

$$\Delta_{A\mathrm{H}}=\int_0^{3\pi/2}\left[\frac{M(\varphi)}{EI}\frac{\partial M(\varphi)}{\partial F_{\mathrm{a}}}\right]_{F_{\mathrm{a}}=0}R\mathrm{d}\varphi=\int_0^{3\pi/2}\frac{FR\cos\varphi}{EI}R\sin\varphi R\mathrm{d}\varphi=\frac{FR^3}{2EI}\quad(\leftarrow)$$

$$\Delta_{A\mathrm{V}}=\int_0^{3\pi/2}\left[\frac{M(\varphi)}{EI}\frac{\partial M(\varphi)}{\partial F}\right]_{F_{\mathrm{a}}=0}R\mathrm{d}\varphi=\int_0^{3\pi/2}\frac{FR\cos\varphi}{EI}R\cos\varphi R\mathrm{d}\varphi=\frac{3\pi FR^3}{4EI}\quad(\downarrow)$$

11.5　单位载荷法

图 11.10(a)所示梁上作用着任意力系(图中只画了 F_1、F_2 作代表),现在要计算梁上任意截面 A 处的铅垂位移 Δ。设在同一梁上的 A 点处假想作用一单位力,单位力的方向与所求位移 Δ 的方向一致 [图 11.10(b)]。

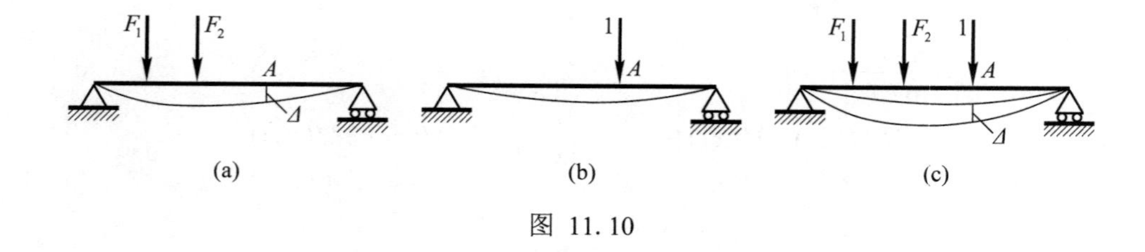

图 11.10

图 11.10(a) 中,设实际载荷 F_1、F_2 引起的弯矩为 $M(x)$,则其应变能为

$$V_\varepsilon=\int_l\frac{M^2(x)}{2EI}\mathrm{d}x\tag{11.10}$$

图 11.10(b) 中,设单位力引起的弯矩为 $\overline{M}(x)$,则其应变能为

$$\overline{V}_\varepsilon=\int_l\frac{\overline{M}^2(x)}{2EI}\mathrm{d}x\tag{11.11}$$

图 11.10(c) 中,先作用单位力,然后再作用实际载荷 F_1、F_2,根据叠加原理,梁的弯矩应为 $M(x)+\overline{M}(x)$,则其应变能为

$$V_{\varepsilon 1} = \int_l \frac{[M(x) + \overline{M}(x)]^2}{2EI} \mathrm{d}x \tag{11.12}$$

图 11.10(c) 中,先作用单位力,单位力作功应等于式(11.11) 中的应变能$\overline{V}_\varepsilon$。然后再作用实际载荷 F_1、F_2,实际载荷作功应等于式(11.10) 中的应变能V_ε,另外单位力在位移Δ上作功为 $1 \cdot \Delta$。因此,总作功为

$$W_1 = \overline{V}_\varepsilon + V_\varepsilon + 1 \cdot \Delta \tag{11.13}$$

根据功能原理,式(11.13) 等于式(11.12),即

$$\overline{V}_\varepsilon + V_\varepsilon + 1 \cdot \Delta = \int_l \frac{[M(x) + \overline{M}(x)]^2}{2EI} \mathrm{d}x$$

将上式中$[M(x)+\overline{M}(x)]^2$ 展开成三项,并注意到式(11.10)、式(11.11),整理后得

$$1 \cdot \Delta = \int_l \frac{M(x)\overline{M}(x)}{EI} \mathrm{d}x$$

将上式中单位力作功 $1 \cdot \Delta$ 缩写成 Δ, 则上式变为

$$\Delta = \int_l \frac{M(x)\overline{M}(x)}{EI} \mathrm{d}x \tag{11.14}$$

上式是线弹性范围内单位载荷法的表达式, 称为**莫尔定理**, 公式中的积分也称为**莫尔积分**。公式中的 Δ 是广义位移,而单位力则是与广义位移 Δ 对应的广义力。

如果根据式(11.14) 计算的结果为正,说明单位力在位移 Δ 上作正功,表示位移 Δ 的方向与单位力方向相同;如果计算结果为负,说明单位力在位移 Δ 上作负功,表示位移 Δ 的方向与单位力方向相反。

对于组合变形的情况,则有

$$\Delta = \int_l \frac{F_{\mathrm{N}}(x)\overline{F}_{\mathrm{N}}(x)}{EA} \mathrm{d}x + \int_l \frac{T(x)\overline{T}(x)}{GI_{\mathrm{p}}} \mathrm{d}x + \int_l \frac{M(x)\overline{M}(x)}{EI} \mathrm{d}x \tag{11.15}$$

式中, $F_{\mathrm{N}}(x)$、$T(x)$、$M(x)$为实际载荷作用下的内力; $\overline{F}_{\mathrm{N}}(x)$、$\overline{T}(x)$、$\overline{M}(x)$为单位力单独作用下的内力。

例 11.8 图 11.11(a)所示平面曲杆的轴线为四分之一圆周, EI 为常量。该曲杆在自由端受铅垂集中力F作用,求B点的水平位移Δ_{BH} 和铅垂位移Δ_{BV}。轴力和剪力对变形的影响可略去不计。

解: (1) 为求 B 点的水平位移 Δ_{BH}, 在 B 点作用水平方向的单位力 [图11.11(b)],由图 11.11(a)、(b) 求得

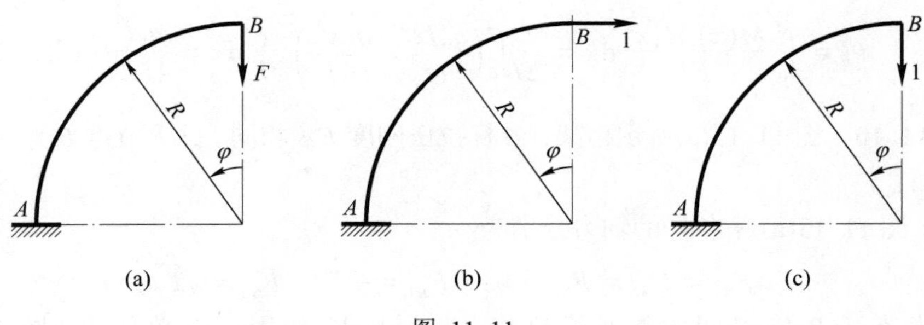

图 11.11

$$M(\varphi)=FR\sin\varphi,\quad \overline{M}(\varphi)=R(1-\cos\varphi)$$

根据莫尔定理，B 点的水平位移为

$$\Delta_{BH}=\int_0^{\pi/2}\frac{M(\varphi)\overline{M}(\varphi)}{EI}R\,\mathrm{d}\varphi=\frac{FR^3}{EI}\int_0^{\pi/2}\sin\varphi(1-\cos\varphi)\,\mathrm{d}\varphi=\frac{FR^3}{2EI}\quad(\rightarrow)$$

(2) 为求 B 点的铅垂位移 Δ_{BV}，在 B 点作用铅垂方向的单位力 [图11.11(c)]，由图 11.11(a)、(c) 求得

$$M(\varphi)=FR\sin\varphi,\quad \overline{M}(\varphi)=R\sin\varphi$$

根据莫尔定理，B 点的铅垂位移为

$$\Delta_{BV}=\int_0^{\pi/2}\frac{M(\varphi)\overline{M}(\varphi)}{EI}R\,\mathrm{d}\varphi=\frac{FR^3}{EI}\int_0^{\pi/2}\sin^2\varphi\,\mathrm{d}\varphi=\frac{\pi FR^3}{4EI}\quad(\downarrow)$$

例 11.9 图 11.12(a)所示简支梁受三角形分布载荷作用，梁的抗弯刚度 EI 为常量。试求梁两端截面的转角 θ_A 和 θ_B。

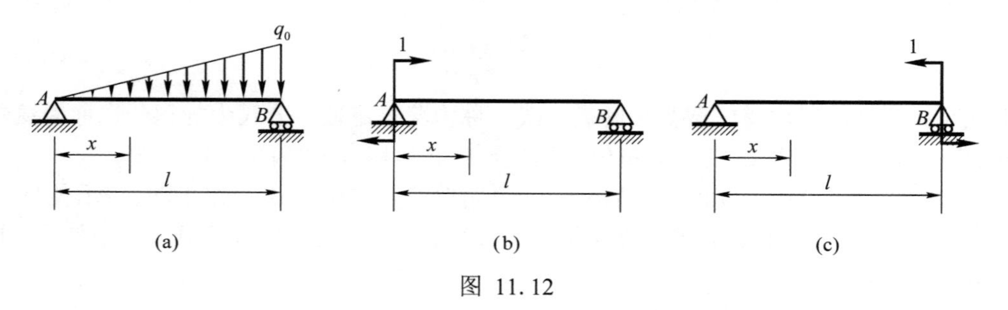

图 11.12

解：(1) 为求 θ_A，在截面 A 作用一单位力偶 [图 11.12(b)]，由图 11.12(a)、(b) 求得

$$M(x)=\frac{q_0lx}{6}-\frac{q_0x^3}{6l},\quad \overline{M}(x)=1-\frac{x}{l}$$

根据莫尔定理，截面 A 的转角为

$$\theta_A=\int_0^l\frac{M(x)\overline{M}(x)}{EI}\mathrm{d}x=\frac{1}{EI}\int_0^l\left(\frac{q_0lx}{6}-\frac{q_0x^3}{6l}\right)\left(1-\frac{x}{l}\right)\mathrm{d}x=\frac{7q_0l^3}{360EI}\quad(\curvearrowright)$$

(2) 为求 θ_B，在截面 B 作用一单位力偶 [图 11.12(c)]，由图 11.12(a)、(c) 求得

$$M(x)=\frac{q_0lx}{6}-\frac{q_0x^3}{6l},\quad \overline{M}(x)=\frac{x}{l}$$

根据莫尔定理，截面 B 的转角为

$$\theta_B=\int_0^l\frac{M(x)\overline{M}(x)}{EI}\mathrm{d}x=\frac{1}{EI}\int_0^l\left(\frac{q_0lx}{6}-\frac{q_0x^3}{6l}\right)\frac{x}{l}\mathrm{d}x=\frac{q_0l^3}{45EI}\quad(\curvearrowleft)$$

例 11.10 图 11.13(a)所示桁架，各杆拉压刚度 EA 相同。试求节点 B 与 C 间的相对线位移 Δ_{BC}。

解：图 11.13(a) 中各杆的轴力分别为

$$F_{N1}=F_{N2}=F_{N4}=0,\quad F_{N3}=-F,\quad F_{N5}=\sqrt{2}\,F$$

为求节点 B 与 C 间的相对线位移 Δ_{BC}，沿 BC 作用一对单位力 [图 11.13(b)]。

图 11.13(b) 中各杆的轴力分别为

$$\overline{F}_{N1} = \overline{F}_{N2} = \overline{F}_{N3} = \overline{F}_{N4} = -\frac{1}{\sqrt{2}}, \quad \overline{F}_{N5} = 1$$

根据莫尔定理,节点 B 与 C 间的相对线位移为

$$\Delta_{BC} = \int_l \frac{F_N(x)\overline{F}_N(x)}{EA}\mathrm{d}x = \sum_{i=1}^{n} \frac{F_{Ni}\overline{F}_{Ni}l_i}{EA} = \left(2 + \frac{1}{\sqrt{2}}\right)\frac{Fl}{EA} \quad (\rightarrow \leftarrow)$$

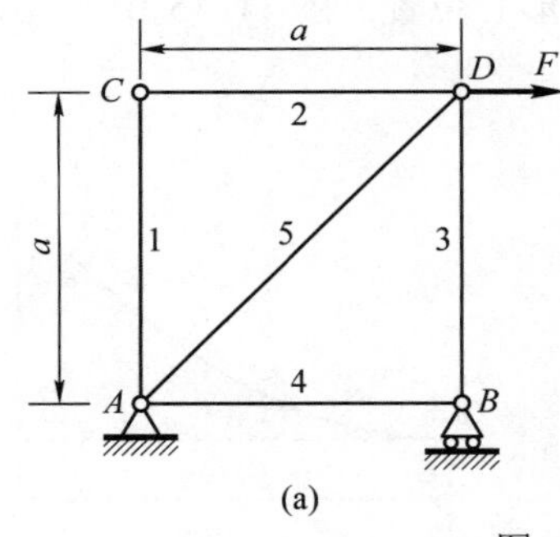

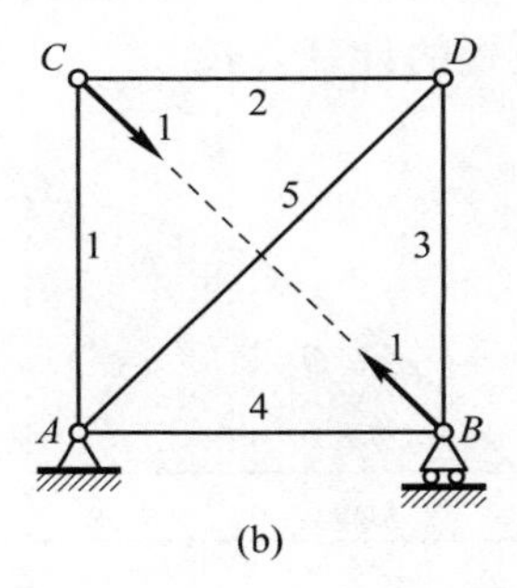

图 11.13

11.6 计算莫尔积分的图乘法

对于等直杆,莫尔积分中的 EI 为常量,可以提到积分号外,故只需计算积分

$$\int_l M(x)\overline{M}(x)\mathrm{d}x \tag{11.16}$$

式中, $\overline{M}(x)$为单位力(或单位力偶)产生的弯矩; $\overline{M}(x)$图一定由一段或数段直线组成。对某一段梁 AB, 见图 11.14, $M(x)$图为任意曲线, $\overline{M}(x)$为一条斜直线。选取图 11.14 所示坐标,则

$$\overline{M}(x) = x \cdot \tan\alpha$$

将上式代入式(11.16),得

$$\int_l M(x)\overline{M}(x)\mathrm{d}x = \tan\alpha\int_l x M(x)\mathrm{d}x \tag{11.17}$$

等号右边积分中的 $M(x)\mathrm{d}x$ 是图中阴影部分的面积, $xM(x)\mathrm{d}x$ 则是该阴影面积对 M 轴的静矩。所以, $\int_l xM(x)\mathrm{d}x$ 就是整个 $M(x)$ 图的面积对 M 轴的静矩,它等于 $M(x)$ 图的面积 ω 与其形心坐标 x_C 的乘积,即

$$\int_l xM(x)\mathrm{d}x = \omega \cdot x_C$$

代入式(11.17),得

$$\int_l M(x)\overline{M}(x)\mathrm{d}x = \omega \cdot x_C\tan\alpha = \omega\overline{M}_C$$

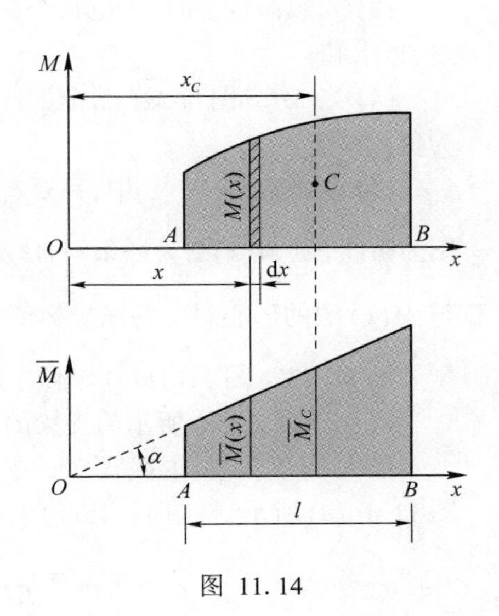

图 11.14

式中，$\overline{M}_C$为$\overline{M}(x)$图中与$M(x)$图的形心C对应的纵坐标值。于是，对于等截面直梁，莫尔积分可以写成

$$\Delta = \int_l \frac{M(x)\overline{M}(x)}{EI}\mathrm{d}x = \frac{\omega \overline{M}_C}{EI} \tag{11.18}$$

以上对莫尔积分的简化运算方法称为图乘法。当然，上式积分中的函数也可以是轴力或扭矩。

应用图乘法时，要计算弯矩图的面积和形心位置。图 11.15 中，给出了二次抛物线的面积和形心位置的计算公式。

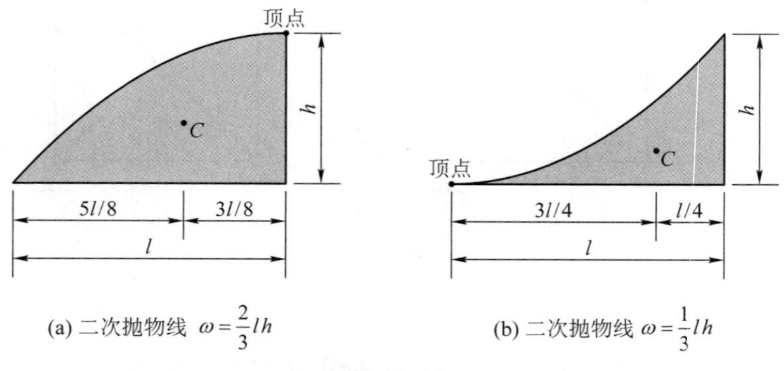

(a) 二次抛物线 $\omega=\frac{2}{3}lh$　　(b) 二次抛物线 $\omega=\frac{1}{3}lh$

图 11.15

应用图乘法时，需注意：

(1) 应用公式(11.18)时，若$\overline{M}(x)$图为折线时，必须分段进行计算，并以$\overline{M}(x)$图的转折点作为分段的交界点；

(2) $M(x)$图的形状比较复杂时，可以将它划分为几个简单的图形。划分时，应注意使每一简单图形的形心坐标都比较容易确定，然后分别与$\overline{M}(x)$图图乘，再求和；

(3) 当载荷较多时，可把每个载荷单独作用下的弯矩图分别画出，分别与$\overline{M}(x)$图图乘后，再求和；

(4) 当$M(x)$图与$\overline{M}(x)$图位于x轴同侧时图乘结果为正，若在x轴异侧则图乘结果为负；

(5) 在$M(x)$和$\overline{M}(x)$中，只要有一个是线性的，就可以直接图乘。如果某段梁的$\overline{M}(x)$图为折线，但$M(x)$图为一条斜直线，$\int_l M(x)\overline{M}(x)\mathrm{d}x$ 等于$\overline{M}(x)$图的面积乘以$M(x)$图中与$\overline{M}(x)$图的形心对应的纵坐标值。

例 11.11　图 11.16(a)所示简支梁，EI为常量。试求梁的最大挠度和最大转角。

解：图 11.16(a) 所示简支梁的弯矩图如图 11.16(b) 所示。

最大挠度发生在截面C，在截面C作用一单位力 [图 11.16(c)]，其弯矩图如图 11.16(d) 所示。将图 11.16(b) 与(d) 图乘，分左右两段图乘，得

$$w_{\max} = \frac{2}{EI}\left(\frac{1}{2}\times\frac{l}{2}\times\frac{Fl}{4}\times\frac{l}{6}\right) = \frac{Fl^3}{48EI}$$

最大转角发生在截面 A，在截面 A 作用一单位力偶 [图 11.16(e)]，其弯矩图如图 11.16(f) 所示。将图 11.16(b) 与(f) 图乘，得

$$\theta_{\max} = \frac{1}{EI}\left(\frac{1}{2} \times l \times \frac{Fl}{4} \times \frac{1}{2}\right) = \frac{Fl^2}{16EI}$$

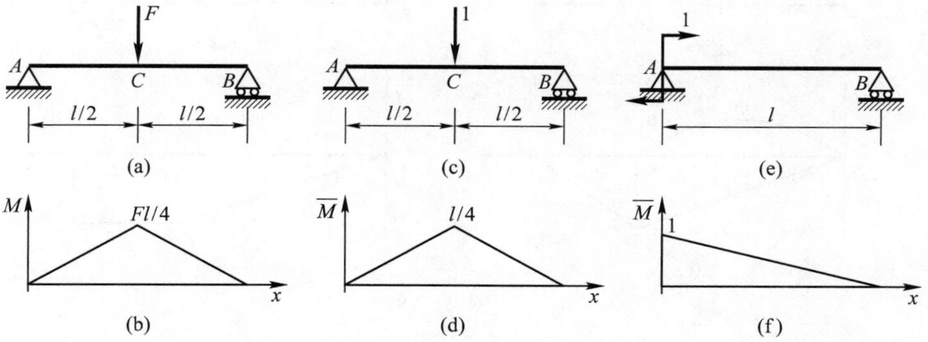

图 11.16

例 11.12 图 11.17(a)所示简支梁，EI 为常量。试求梁中点 C 的挠度 w_C 和截面 B 的转角 θ_B。

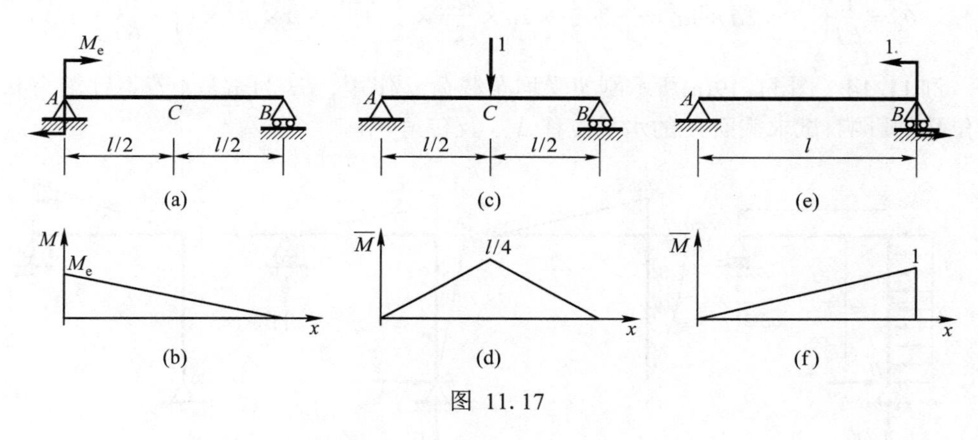

图 11.17

解： 图 11.17(a) 所示简支梁的弯矩图如图 11.17(b) 所示。

为求 w_C，在截面 C 作用一单位力 [图 11.17(c)]，其弯矩图如图 11.17(d) 所示。将图 11.17(b) 与(d) 图乘，此处 $M(x)$ 图为一条斜直线，$\int_l M(x)\,\overline{M}(x)\,\mathrm{d}x$ 等于 $\overline{M}(x)$ 图的面积乘以 $M(x)$ 图中与 $\overline{M}(x)$ 图的形心对应的纵坐标值。即

$$w_C = \frac{1}{EI}\left(\frac{1}{2} \times l \times \frac{l}{4} \times \frac{M_e}{2}\right) = \frac{M_e l^2}{16EI} \ (\downarrow)$$

为求 θ_B，在截面 B 作用一单位力偶 [图 11.17(e)]，其弯矩图如图 11.17(f) 所示。将图 11.17(b) 与(f) 图乘，得

$$\theta_B = \frac{1}{EI}\left(\frac{M_e l}{2} \times \frac{1}{3}\right) = \frac{M_e l}{6EI} \ (\circlearrowright)$$

例 11.13 图 11.18(a)所示外伸梁，EI 为常量。试求外伸端截面 C 的转角 θ_C。

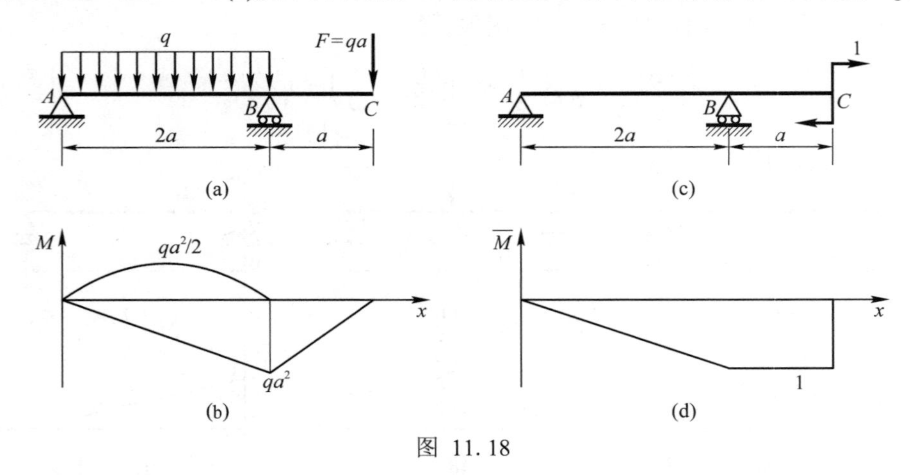

图 11.18

解： 将外伸梁在均布载荷 q 和集中力 F 单独作用下的弯矩图分别画出 [图 11.18(b)]。在截面 C 作用一单位力偶 [图 11.18(c)]，其弯矩图如图 11.18(d) 所示。把图 11.18(b) 所示弯矩图分成三部分，分别与图 11.18(d) 所示 $\overline{M}$ 图图乘，得

$$\theta_C = \frac{1}{EI}\left(\frac{1}{2}\times 2a\times qa^2\times\frac{2}{3}-\frac{2}{3}\times 2a\times\frac{qa^2}{2}\times\frac{1}{2}+\frac{1}{2}\times a\times qa^2\times 1\right)=\frac{5ql^3}{6EI}\ (\curvearrowright)$$

例 11.14 图 11.19(a)所示刚架受均布载荷 q 作用，EI 为常量。若不计轴力和剪力对位移的影响，试求截面 A 的水平位移 Δ_{AH} 及转角 θ_A。

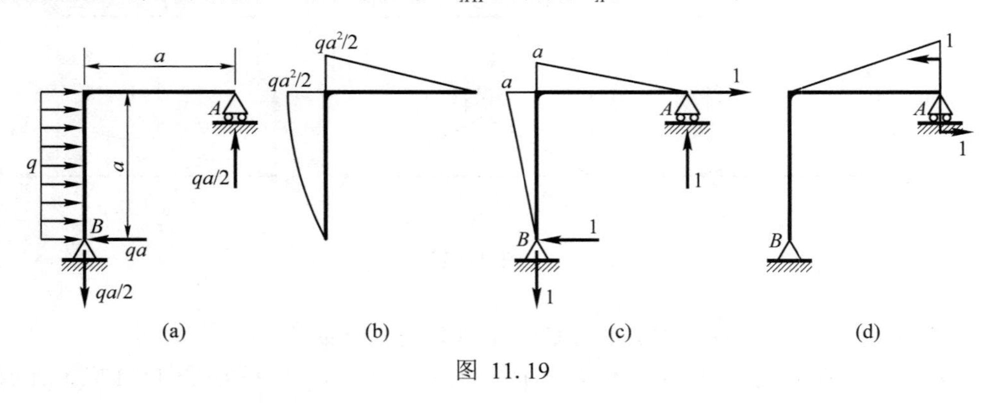

图 11.19

解： 首先算出支座约束力 [标于图 11.19(a) 中]，弯矩图如图 11.19(b) 所示。为求截面 A 的水平位移，在截面 A 作用水平方向单位力，求出支座约束力，画出弯矩图，如图 11.19(c) 所示。为求截面 A 的转角，在截面 A 作用单位力偶，画出弯矩图，如图 11.19(d) 所示。图 11.19(b) 与(c) 图乘可求得 Δ_{AH}，图 11.19(b) 与(d) 图乘可求得 θ_A，分别为

$$\Delta_{AH} = \frac{1}{EI}\left(\frac{qa^3}{4}\times\frac{2a}{3}+\frac{qa^3}{3}\times\frac{5a}{8}\right)=\frac{3qa^4}{8EI}\quad(\rightarrow)$$

$$\theta_A = \frac{1}{EI}\left(\frac{qa^3}{4}\times\frac{1}{3}\right)=\frac{qa^3}{12EI}\quad(\circlearrowleft)$$

11.7　用能量法解超静定系统

应用能量法求解超静定系统,特别是对桁架、刚架等超静定系统,将更加有效。求解超静定问题的关键是建立补充方程,根据能量法,可以由变形协调条件直接建立起统一形式的补充方程,以便于掌握和应用。

超静定系统,可以分为外力超静定系统和内力超静定系统。

11.7.1　外力超静定系统

由于外部的多余约束而构成的超静定系统,一般称为外力超静定系统。求解外力超静定系统的基本方法是解除多余约束,代之以多余约束力,根据多余约束处的变形协调条件建立补充方程进行求解。

例 11.15　求解图 11.20(a)所示超静定刚架。EI 为常量。

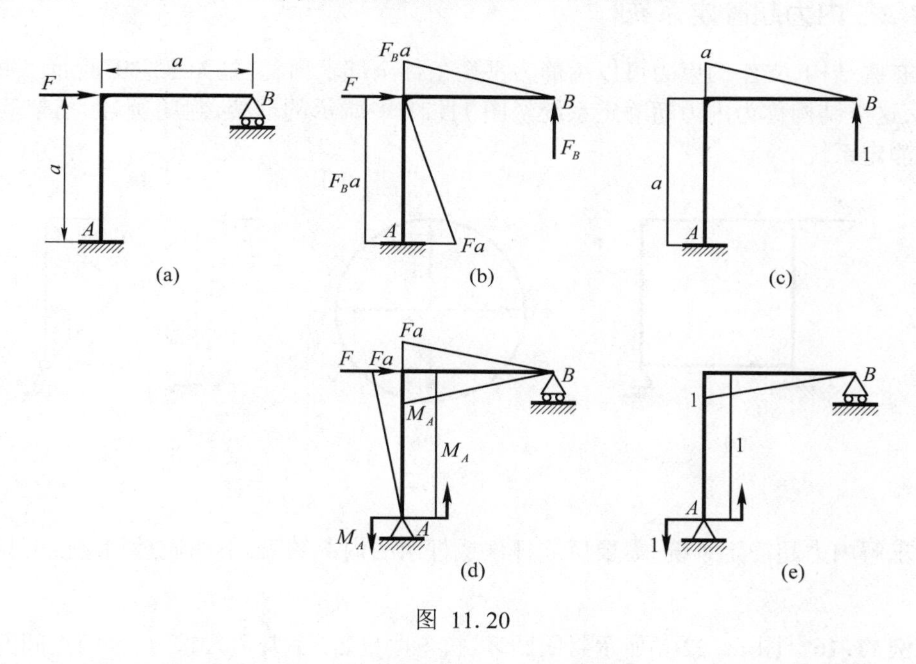

图 11.20

解: 将支座 B 看成多余约束,解除多余约束,代之以多余约束力 F_B,如图 11.20(b)所示。变形协调条件为 B 点铅垂位移等于零,即 $\Delta_{BV}=0$。将载荷 F 和多余约束力 F_B 引起的弯矩图分开画 [图 11.20(b)]。为求 Δ_{BV},在 B 点作用一单位力,并画出其弯矩图[图 11.20(c)],将图 11.20(b) 与(c) 所示弯矩图图乘,得

$$\Delta_{BV}=\frac{1}{EI}\left(\frac{F_Ba^2}{2}\times\frac{2a}{3}+F_Ba^2\cdot a-\frac{Fa^2}{2}\cdot a\right)=0$$

由此求得

$$F_B=\frac{3F}{8}\ (\uparrow)$$

再通过静力平衡方程可求得支座 A 的约束力为

$$F_{Ax}=F\,(\leftarrow),\quad F_{Ay}=\frac{3F}{8}\,(\downarrow),\quad M_A=\frac{5Fa}{8}\,(\circlearrowleft)$$

也可将图 11. 20(a)中支座 A 处限制转动的约束看成多余约束,解除这一多余约束,变成固定铰支座,多余约束力为 M_A,如图 11. 20(d)所示。变形协调条件为 $\theta_A=0$。

载荷 F 和多余约束力 M_A 引起的弯矩图如图 11. 20(d) 所示。为求 θ_A,在支座 A 作用一单位力偶,弯矩图如图 11. 20(e) 所示。将图 11. 20(d) 与(e) 所示弯矩图图乘,得

$$\theta_A=\frac{1}{EI}\left(M_A a\times 1+\frac{M_A a}{2}\times\frac{2}{3}-\frac{Fa^2}{2}\times 1-\frac{Fa^2}{2}\times\frac{2}{3}\right)=0$$

由此求得

$$M_A=\frac{5Fa}{8}\,(\circlearrowleft)$$

再通过静力平衡方程可求得其他支座约束力。

11. 7. 2 内力超静定系统

有些结构,支座约束力可以由静力平衡条件全部求出,但是无法应用截面法求出所有内力,这类结构称为内力超静定系统。图 11. 21 中所示的框架、封闭圆环、桁架等都是内力超静定系统。

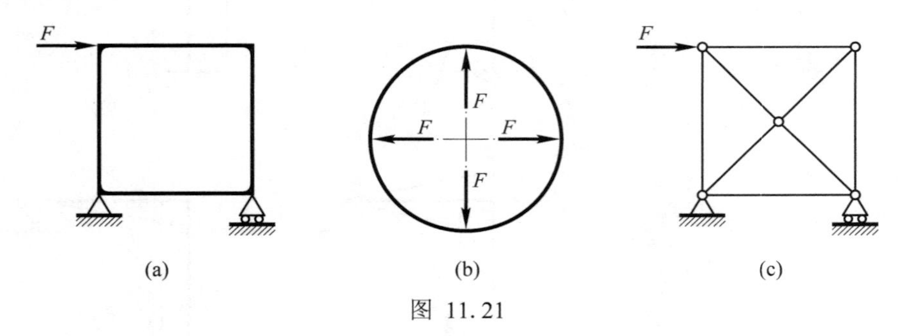

图 11. 21

求解内力超静定系统,需要解除杆件或杆系的内部约束,下面通过例题说明具体求解方法。

例 11. 16 图 11. 22(a)所示封闭圆环,抗弯刚度 EI 为常量。求 A、B 两点间的相对线位移 Δ_{AB}。

解: 将圆环沿直径 CD 截开 [图 11. 22(b)]。结构左右对称,上下对称,对称截面 C、D 上的内力

$$F_S=0,\quad F_N=\frac{F}{2},\quad M_C=M_D$$

结构的变形也是左右对称,上下对称,对称截面的转角必为零,即有 $\theta_A=0$, $\theta_D=0$。可将截面 A 看成固定端,取四分之一圆环研究 [图 11. 22(c)],变形协调条件为 $\theta_D=0$。

为求图 11. 22(c) 所示四分之一圆环的 θ_D,在截面 D 作用单位力偶 [图 11. 22(d)],图 11. 22(c)、(d) 所示圆环的弯矩方程分别为

$$M(\varphi)=\frac{FR}{2}(1-\cos\varphi)-M_D,\quad \overline{M}(\varphi)=-1$$

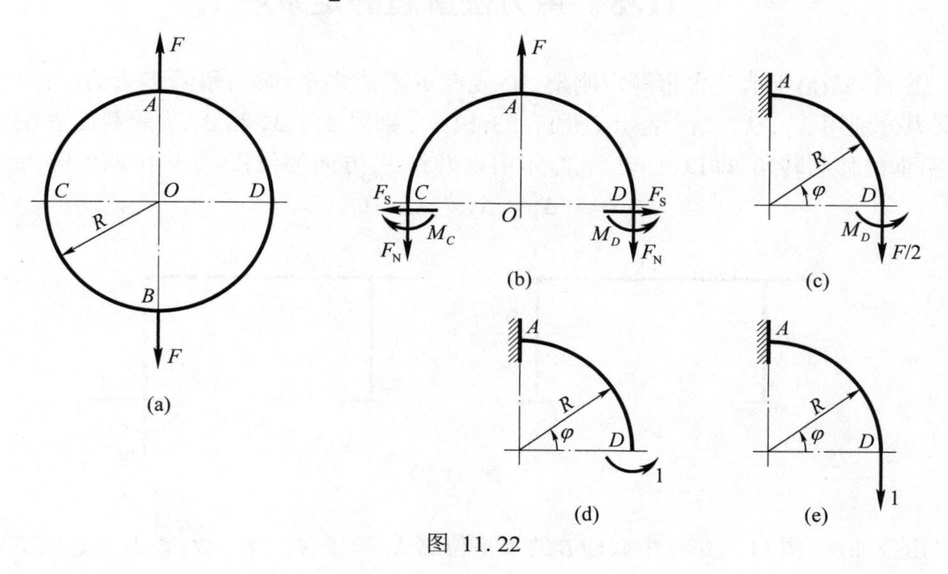

图 11.22

则截面 D 的转角为

$$\theta_D=\int_0^{\pi/2}\frac{M(\varphi)\overline{M}(\varphi)}{EI}R\,\mathrm{d}\varphi=\frac{R}{EI}\left[M_D\cdot\frac{\pi}{2}-\frac{FR}{2}\left(\frac{\pi}{2}-1\right)\right]$$

代入变形协调条件 $\theta_D=0$,有

$$\frac{R}{EI}\left[M_D\cdot\frac{\pi}{2}-\frac{FR}{2}\left(\frac{\pi}{2}-1\right)\right]=0$$

由此求得

$$M_D=FR\left(\frac{1}{2}-\frac{1}{\pi}\right)$$

A、B两点间的相对线位移Δ_{AB}等于图11.22(c)所示圆环截面D铅垂位移的2倍。为求图11.22(c)所示圆环的Δ_{DV},在截面D作用单位力[图11.22(e)],图11.22(c)、(e)所示圆环的弯矩方程分别为

$$M(\varphi)=\frac{FR}{2}(1-\cos\varphi)-M_D=FR\left(\frac{1}{\pi}-\frac{\cos\varphi}{2}\right)$$

$$\overline{M}(\varphi)=R(1-\cos\varphi)$$

则

$$\Delta_{AB}=2\Delta_{DV}=2\int_0^{\pi/2}\frac{M(\varphi)\overline{M}(\varphi)}{EI}R\mathrm{d}\varphi=\frac{FR^3}{EI}\left(\frac{\pi}{4}-\frac{2}{\pi}\right)$$

也可以根据圆环的弯矩方程式,求得图11.22(a)所示整个圆环的应变能为

$$V_\varepsilon=4\int_0^{\pi/2}\frac{M^2(\varphi)}{2EI}R\mathrm{d}\varphi=\frac{2F^2R^3}{EI}\int_0^{\pi/2}\left(\frac{1}{\pi}-\frac{\cos\varphi}{2}\right)^2\mathrm{d}\varphi=\frac{F^2R^3}{EI}\left(\frac{\pi}{8}-\frac{1}{\pi}\right)$$

由卡氏定理,得

$$\Delta_{AB}=\frac{\partial V_\varepsilon}{\partial F}=\frac{FR^3}{EI}\left(\frac{\pi}{4}-\frac{2}{\pi}\right)$$

11.8 用力法解超静定系统

图 11.23(a)所示三次超静定刚架，将支座 B 看成多余约束，解除多余约束，三个多余约束力分别用 X_1、X_2、X_3 表示 [图 11.23(b)]。分别以 Δ_1、Δ_2 和 Δ_3 表示截面 B 的水平位移、铅垂位移和转角，即以 Δ_i 表示 X_i 作用点沿着 X_i 方向的位移。变形协调条件为

$$\Delta_1 = \Delta_2 = \Delta_3 = 0$$

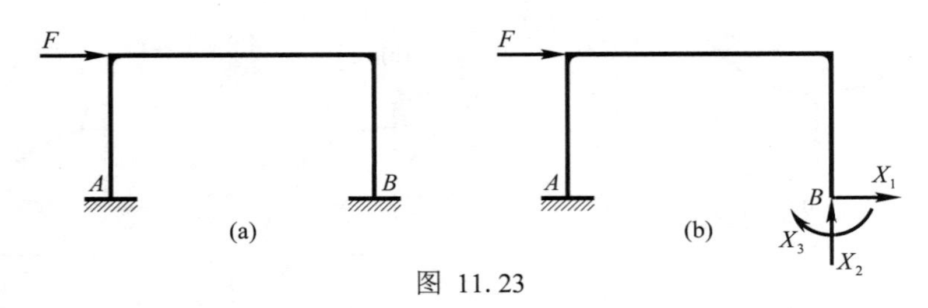

图 11.23

由叠加法，图 11.23(b) 中截面 B 的水平位移 Δ_1 等于 X_1、X_2、X_3 以及原载荷 F 单独作用所引起的位移叠加，即

$$\Delta_1 = \Delta_{1X_1} + \Delta_{1X_2} + \Delta_{1X_3} + \Delta_{1F}$$

以 δ_{1i} 表示单位力 $X_i = 1$ 引起的 Δ_1 $(i = 1,2,3)$。这样，变形协调条件可写成

$$\Delta_1 = \delta_{11}X_1 + \delta_{12}X_2 + \delta_{13}X_3 + \Delta_{1F} = 0$$

按完全相同的方法写出另外两个协调条件，三个协调条件合在一起得一组线性方程

$$\left.\begin{aligned} \delta_{11}X_1 + \delta_{12}X_2 + \delta_{13}X_3 + \Delta_{1F} = 0 \\ \delta_{21}X_1 + \delta_{22}X_2 + \delta_{23}X_3 + \Delta_{2F} = 0 \\ \delta_{31}X_1 + \delta_{32}X_2 + \delta_{33}X_3 + \Delta_{3F} = 0 \end{aligned}\right\}$$

将上式推广到 n 次超静定，这时线性方程组变为

$$\left.\begin{aligned} \delta_{11}X_1 + \delta_{12}X_2 + \cdots + \delta_{1n}X_n + \Delta_{1F} = 0 \\ \delta_{21}X_1 + \delta_{22}X_2 + \cdots + \delta_{2n}X_n + \Delta_{2F} = 0 \\ \cdots\cdots\cdots \\ \delta_{n1}X_1 + \delta_{n2}X_2 + \cdots + \delta_{nn}X_n + \Delta_{nF} = 0 \end{aligned}\right\} \tag{11.19}$$

上式称为力法的正则方程。系数 δ_{ij} 表示由单位力 $X_j = 1$ 引起的位移 Δ_i。根据位移互等定理，有 $\delta_{ij} = \delta_{ji}$。$\Delta_{iF}$ 为方程的常数项，表示由原载荷引起的位移 Δ_i。

对于刚架或曲杆，一般有弯矩、剪力和轴力等内力，但剪力和轴力对位移的影响远小于弯矩，故只考虑弯矩的影响。对于梁，一般也只考虑弯矩的影响。设 $X_i = 1$ 引起的弯矩为 $\overline{M}_i$，$X_j = 1$ 引起的弯矩为 $\overline{M}_j$，原载荷引起的弯矩为 M_F，则

$$\left.\begin{aligned} \delta_{ij} = \delta_{ji} = \int_l \frac{\overline{M}_i\,\overline{M}_j}{EI}\mathrm{d}x \\ \Delta_{iF} = \int_l \frac{\overline{M}_i\,M_F}{EI}\mathrm{d}x \end{aligned}\right\} \tag{11.20}$$

对于桁架,设 $X_i=1$ 引起的第 k 根杆的轴力为 $\overline{F}_{\mathrm{N}i,k}$, $X_j=1$ 引起的第 k 根杆的轴力为 $\overline{F}_{\mathrm{N}j,k}$,原载荷引起的第 k 根杆的轴力为 $F_{\mathrm{N}F,k}$, 则

$$\left.\begin{aligned}\delta_{ij}=\delta_{ji}=\sum_{k=1}^{n}\frac{\overline{F}_{\mathrm{N}i,k}\overline{F}_{\mathrm{N}j,k}l_k}{E_kA_k}\\ \Delta_{iF}=\sum_{k=1}^{n}\frac{\overline{F}_{\mathrm{N}i,k}F_{\mathrm{N}F,k}l_k}{E_kA_k}\end{aligned}\right\}\tag{11.21}$$

式中, l_k、E_k 和 A_k分别为第 k 根杆的长度、弹性模量和截面面积。

例 11.17 试求解图 11.24(a)所示超静定刚架, EI 为常量。

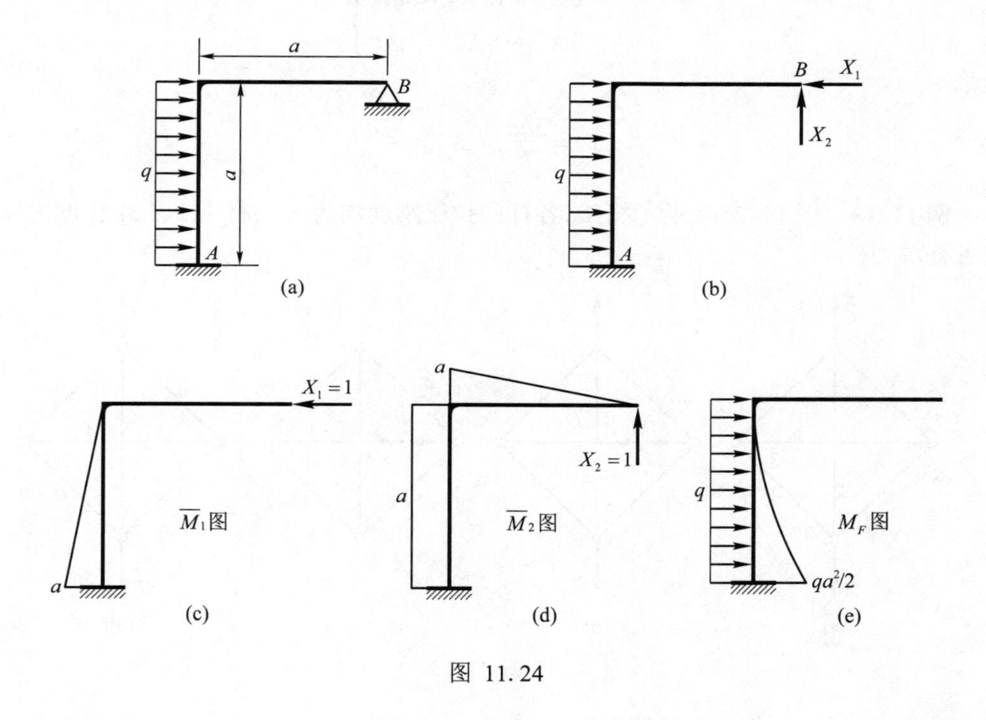

图 11.24

解: 图示刚架为二次超静定结构,解除支座 B 的二个多余约束,代以多余约束力 X_1、X_2[图 11.24(b)],变形协调条件为

$$\Delta_1=\Delta_2=0$$

静定结构在单位力 $X_1=1$、$X_2=1$ 以及原载荷作用下的弯矩图分别如图 11.24(c) ~(e)所示。应用图乘法可以求得

$$\delta_{11}=\frac{1}{EI}\left(\frac{a^2}{2}\frac{2a}{3}\right)=\frac{a^3}{3EI},\quad \delta_{22}=\frac{1}{EI}\left(\frac{a^2}{2}\frac{2a}{3}+a^2\cdot a\right)=\frac{4a^3}{3EI}$$

$$\delta_{12}=\delta_{21}=\frac{1}{EI}\left(\frac{a^2}{2}\cdot a\right)=\frac{a^3}{2EI}$$

$$\Delta_{1F}=-\frac{1}{EI}\left(\frac{a^3}{6}\frac{3a}{4}\right)=-\frac{qa^4}{8EI},\quad \Delta_{2F}=-\frac{1}{EI}\left(\frac{a^3}{6}\cdot a\right)=-\frac{qa^4}{6EI}$$

代入力法正则方程

$$\left.\begin{aligned}\delta_{11}X_1+\delta_{12}X_2+\Delta_{1F}=0\\\delta_{21}X_1+\delta_{22}X_2+\Delta_{2F}=0\end{aligned}\right\}$$

得

$$\left.\begin{aligned}\frac{a^3}{3EI}X_1+\frac{a^3}{2EI}X_2-\frac{qa^4}{8EI}=0\\\frac{a^3}{2EI}X_1+\frac{4a^3}{3EI}X_2-\frac{qa^4}{6EI}=0\end{aligned}\right\}$$

即

$$\left.\begin{aligned}8X_1+12X_2=3qa\\3X_1+8X_2=qa\end{aligned}\right\}$$

解得

$$X_1=\frac{3qa}{7},\quad X_2=-\frac{qa}{28}$$

例 11.18　图 11.25(a)所示桁架,各杆的拉压刚度均为 EA,杆 1、2、3、4 长度为 a。试求各杆轴力。

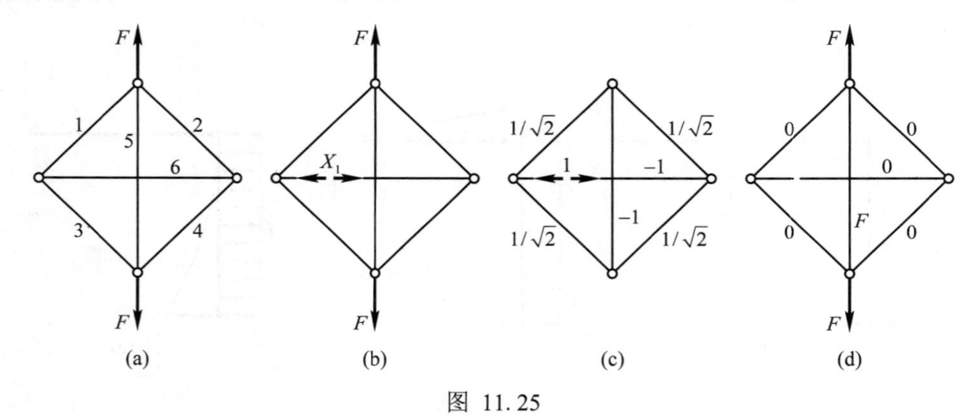

图 11.25

解: 图示桁架为一次内力超静定,选取杆 6 的轴力(压)为多余约束力 [图 11.25(b)]。单位力作用下各杆的轴力标于图 11.25(c)中,原力系作用下各杆的轴力标于图 11.25(d)中。由式(11.21),求得

$$\delta_{11}=\frac{1}{EA}\left(4\times\frac{1}{2}\times a+2\times1\times\sqrt{2}\,a\right)=\frac{a}{EA}(2+2\sqrt{2})$$

$$\Delta_{1F}=-\frac{\sqrt{2}Fa}{EA}$$

代入力法正则方程 $\delta_{11}X_1+\Delta_{1F}=0$,得

$$X_1=\frac{2-\sqrt{2}}{2}F$$

上式即为杆 6 的轴力(压力),再由静力平衡方程求得其他杆的轴力分别为

$$F_{N1}=F_{N2}=F_{N3}=F_{N4}=\frac{\sqrt{2}-1}{2}F,\quad F_{N5}=\frac{F}{\sqrt{2}}$$

11.9 对称性的利用

首先介绍三个概念。

1. 对称结构 若将结构绕对称轴对折后,结构在对称轴两边的部分将完全重合[图11.26(a)]。

2. 正对称载荷 绕对称轴对折后,结构在对称轴两边的载荷的作用点和作用方向将重合,而且每对力数值相等 [图 11.26(b)]。

3. 反对称载荷 绕对称轴对折后,结构在对称轴两边的载荷的数值相等,作用点重合而作用方向相反 [图 11.26(c)]。

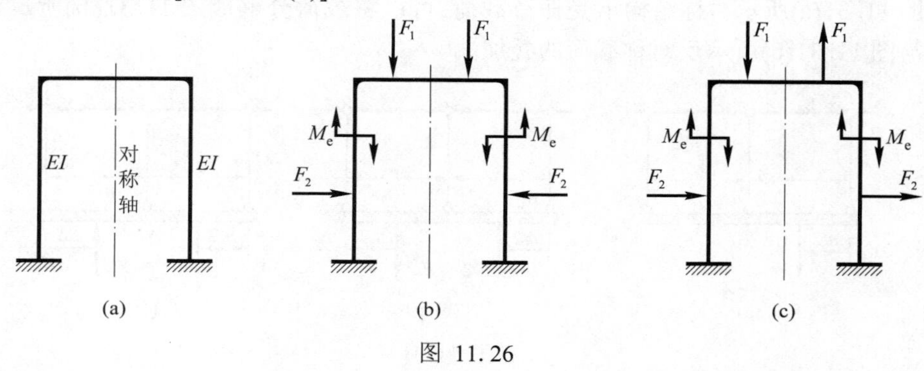

图 11.26

图 11.27 所示显然为正对称载荷。图 11.28(a)所示则是一反对称载荷,这可能不太容易看出,可以将图 11.28(a)中的载荷 F 分成图 11.28(b)中的两个载荷,图 11.28(b)显然是反对称载荷。

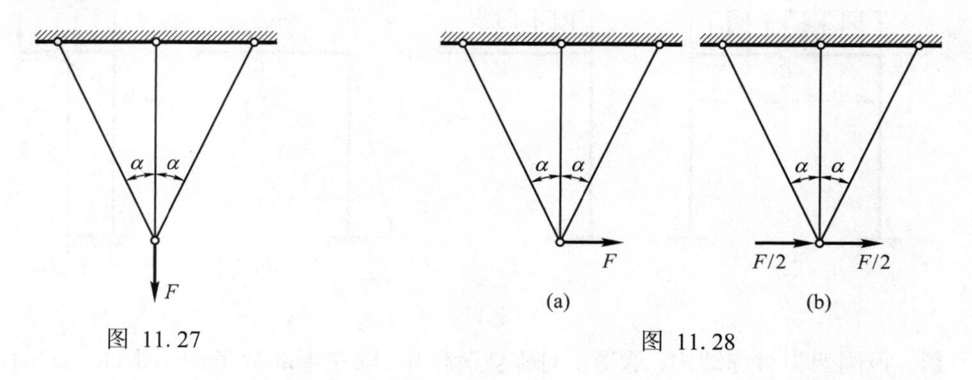

图 11.27　　图 11.28

对称结构在正对称载荷作用下(图 11.29),结构的内力及变形都是正对称的,截面 C(位于对称轴上)的剪力 $F_{SC}=0$,只有轴力 F_{NC}和弯矩 M_C。而且截面 C 只有沿对称轴方向的位移,没有垂直于对称轴方向的位移。

对称结构在反对称载荷作用下(图 11.30),结构的内力及变形都是反对称的,截面 C(位于对称轴上)的轴力 $F_{NC}=0$,弯矩 $M_C=0$,只有剪力 F_{SC}。而且截面 C 只有垂直于对称轴方向的位移,没有沿对称轴方向的位移。

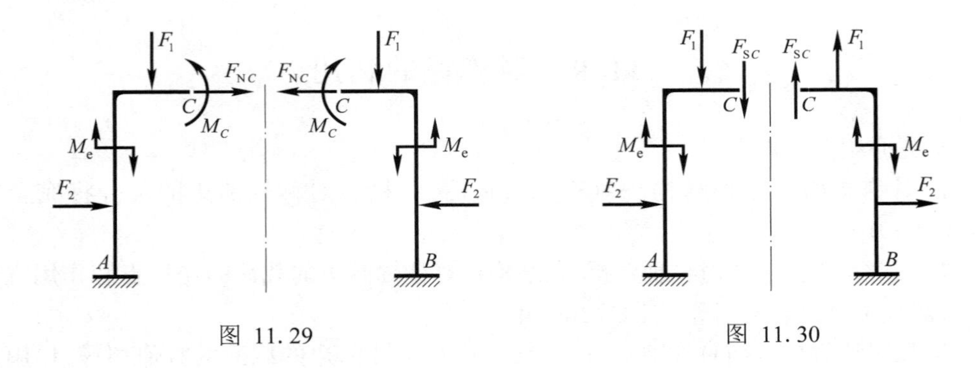

图 11.29　　图 11.30

图 11.31(a)所示对称结构承受任意载荷,可以将载荷分解成图 11.31(b)所示正对称载荷与图 11.31(c)所示反对称载荷的叠加。

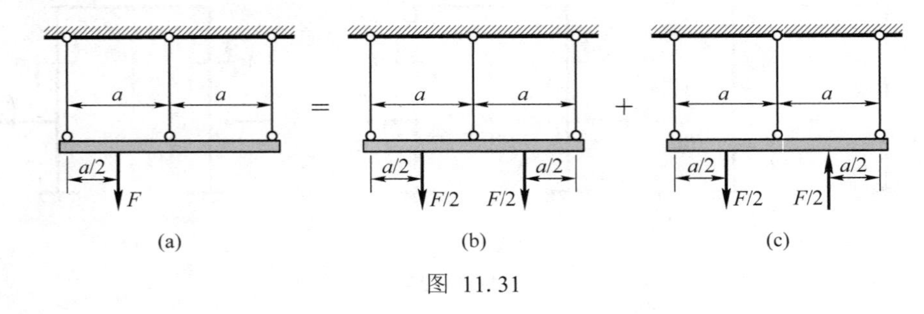

图 11.31

例 11.19　平面刚架受力如图 11.32(a)所示, EI 为常量。试求 C 处的约束力及支座 A 的约束力。

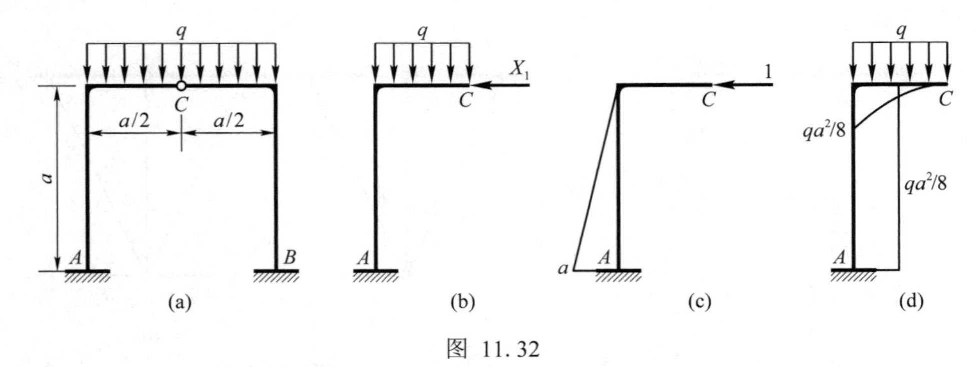

图 11.32

解: 该刚架为对称结构, 承受正对称载荷作用,取左半部分考虑 [图 11.32(b)],在铰 C 处只有轴力, 设为 X_1。单位力及原载荷引起的弯矩图分别如图 11.32(c)、(d) 所示。δ_{11} 就等于图 11.32(c) 所示弯矩图自乘, Δ_{1F} 就等于图 11.32(c)、(d) 相互图乘,即

$$\delta_{11} = \frac{1}{EI}\left(\frac{a^2}{2}\frac{2a}{3}\right) = \frac{a^3}{3EI},\quad \Delta_{1F} = -\frac{1}{EI}\left(\frac{a^2}{2}\frac{qa^2}{8}\right) = -\frac{qa^4}{16EI}$$

代入力法正则方程 $\delta_{11}X_1 + \Delta_{1F} = 0$, 求得

$$X_1 = \frac{3qa}{16}$$

再由图 11.32(b) 所示部分的平衡方程求得

$$F_{Ax} = \frac{3qa}{16}\ (\rightarrow),\quad F_{Ay} = \frac{qa}{2}\ (\uparrow),\quad M_A = \frac{qa^2}{16}\ (\curvearrowright)$$

例 11.20 图 11.33(a)所示半圆曲杆的抗弯刚度为 EI,试求支座约束力。

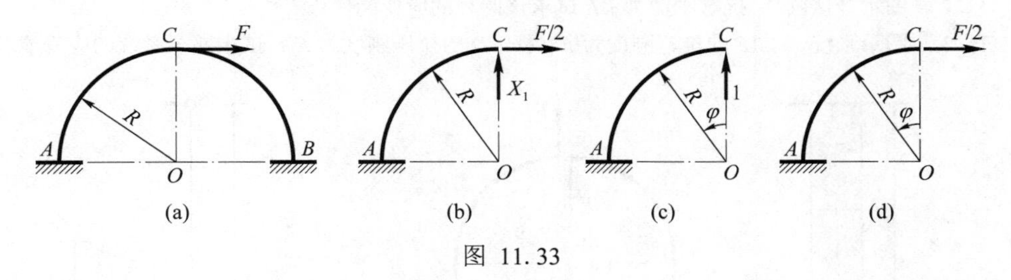

图 11.33

解: 该曲杆左右对称,载荷反对称,取左半部分考虑 [图 11.33(b)],在 C 处只有剪力,设为 X_1。单位力 [图 11.33(c)] 及原载荷 [图 11.33(d)] 引起的弯矩分别为

$$\overline{M}(\varphi) = -R\sin\varphi,\quad M_F(\varphi) = \frac{FR}{2}(1-\cos\varphi)$$

$$\delta_{11} = \int_0^{\pi/2}\frac{\overline{M}\,\overline{M}}{EI}R\,\mathrm{d}\varphi = \frac{\pi R^3}{4EI},\quad \Delta_{1F} = \int_0^{\pi/2}\frac{\overline{M}M_F}{EI}R\,\mathrm{d}\varphi = -\frac{FR^3}{4EI}$$

代入力法正则方程 $\delta_{11}X_1 + \Delta_{1F} = 0$, 求得

$$X_1 = \frac{F}{\pi}$$

再由图 11.33(b) 所示部分的平衡方程以及反对称性求得

$$F_{Ax} = F_{Bx} = \frac{F}{2}\ (\leftarrow),\quad F_{Ay} = \frac{F}{\pi}\ (\downarrow),\quad F_{By} = \frac{F}{\pi}\ (\uparrow)$$

$$M_A = M_B = FR\left(\frac{1}{2}-\frac{1}{\pi}\right)\ (\circlearrowleft)$$

例 11.21 图 11.34(a)所示刚架的抗弯刚度为 EI,试求刚架的最大弯矩。

解: 利用反对称性,沿对角线切开,得图 11.34(b) 所示相当系统,由静力平衡方程求得$X_1 = \frac{qa}{\sqrt{2}}$。最大弯矩发生在刚架四条边的正中间截面,其值 $M_{\max} = \frac{qa^2}{8}$。

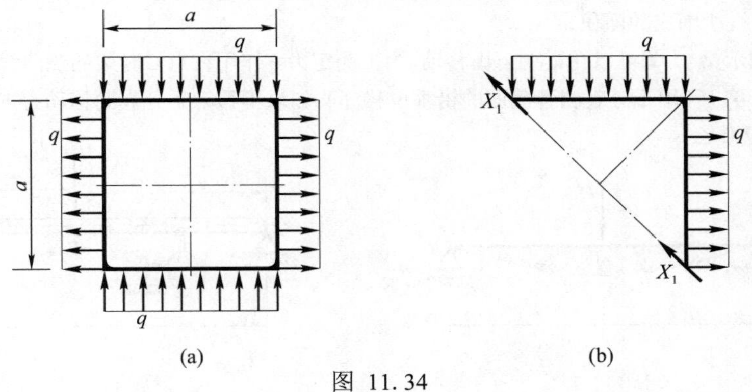

图 11.34

习 题

11.1 拉压刚度为 EA 的直杆受轴向拉伸如图所示。试求该杆的应变能。

11.2 图示开口圆环,抗弯刚度为 EI。试求该圆环的应变能。

11.3 图示系统,梁 AB 的抗弯刚度为 EI,杆 CD 的拉压刚度为 EA,试求整个系统的应变能。

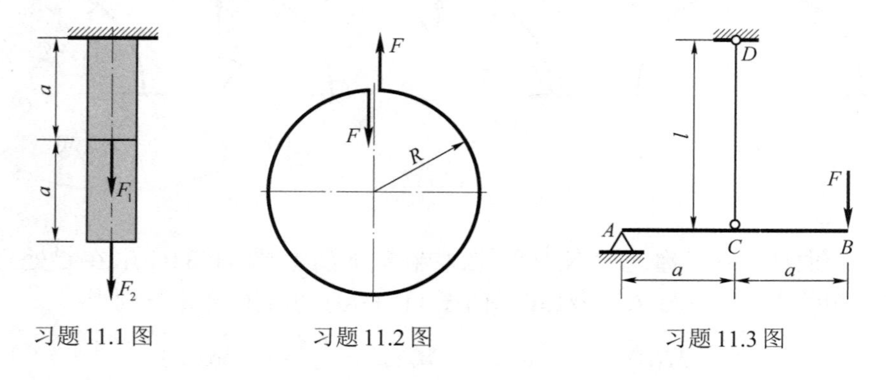

习题 11.1 图　　习题 11.2 图　　习题 11.3 图

11.4 图示平面曲杆的轴线为四分之一圆周,EI 为常量。该曲杆在自由端受集中力偶 M_e 作用。试求该曲杆的应变能以及截面 B 的转角 θ_B。

11.5 试计算图示变截面悬臂梁的应变能以及截面 C 的挠度 w_C。

11.6 图示桁架,各杆的拉压刚度均为 EA,长度均为 l。试计算该桁架的应变能以及节点 A 的铅垂位移。

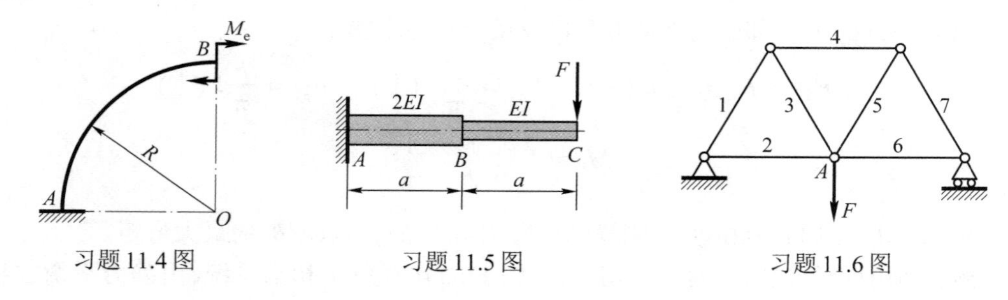

习题 11.4 图　　习题 11.5 图　　习题 11.6 图

11.7 图示简支梁,抗弯刚度为 EI,在中点 C 受集中力 F 作用下。试用互等定理求梁的挠曲线与梁变形前的轴线所围成的面积 ω。

11.8 图示梁,力 F 可以在梁上自由移动。为了测定力 F 作用在点 C 时梁的挠曲线(即要测定任一截面 x 的挠度),可以利用千分表测各截面的铅垂位移。问:如果不移动千分表而移动力 F,则千分表应放在何处,其依据是什么。

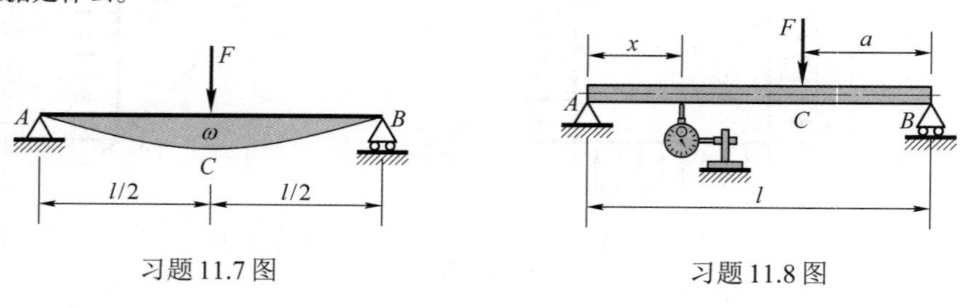

习题 11.7 图　　习题 11.8 图

11.9 图示平面曲杆的轴线为四分之一圆周，EI 为常量。该曲杆在自由端受铅垂集中力 F 作用。试用卡氏定理求 B 点的水平位移 Δ_{BH} 和铅垂位移 Δ_{BV}。轴力和剪力对变形的影响可略去不计。

11.10 图示半圆形曲杆，EI 为常量。试用卡氏定理求点 C 的铅垂位移 Δ_{CV} 和点 B 的水平位移 Δ_{BH}。轴力和剪力对变形的影响可略去不计。

11.11 图示水平放置的圆截面半圆形曲杆，截面直径为 d，材料的弹性模量为 E，泊松比为 μ。该曲杆在其自由端 B 受铅垂力 F 的作用。试求截面 B 的铅垂位移 Δ_{BV}。

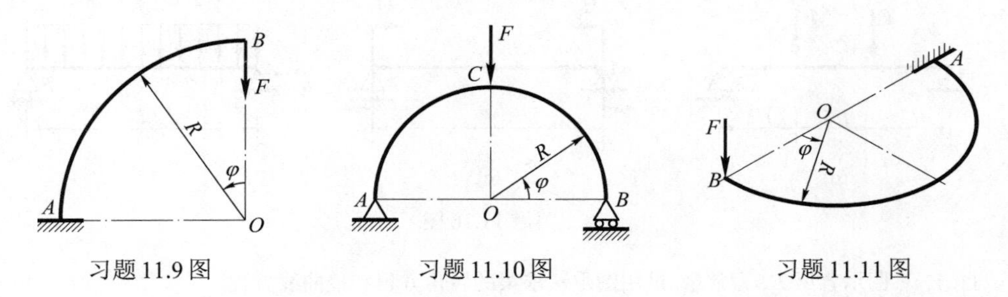

习题 11.9 图　　习题 11.10 图　　习题 11.11 图

11.12 图示各梁 EI 为常量。试用单位载荷法求截面 B 的挠度 w_B 和截面 C 的转角 θ_C。

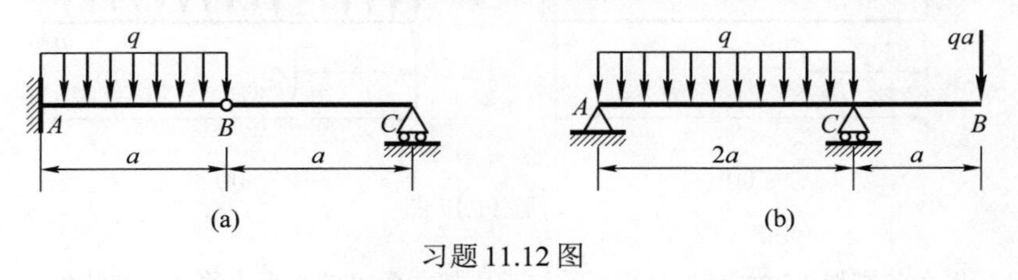

习题 11.12 图

11.13 图示桁架各杆拉压刚度 EA 相同。试求节点 D 的水平位移和铅垂位移。

11.14 图示桁架各杆拉压刚度 EA 相同。试求节点 D、E 之间的相对位移 Δ_{DE}。

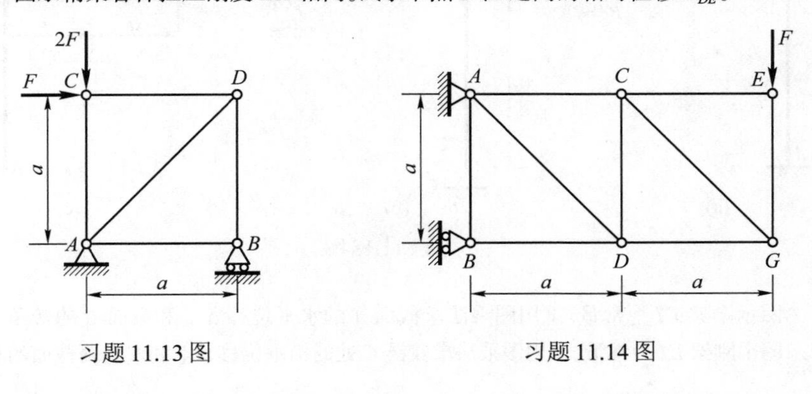

习题 11.13 图　　习题 11.14 图

11.15 图示各梁 EI 为常量。试用图乘法求梁的最大转角 $\theta_{\max}$ 和最大挠度 $w_{\max}$。

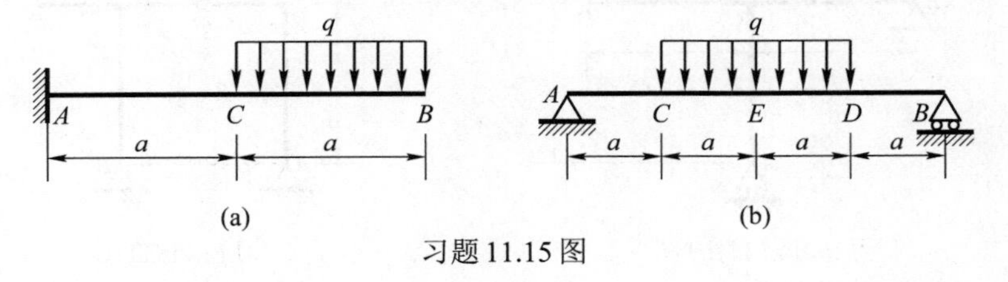

习题 11.15 图

11.16 图示各梁 EI 为常量。试用图乘法求梁的最大转角 θ_{max} 和最大挠度 w_{max}。

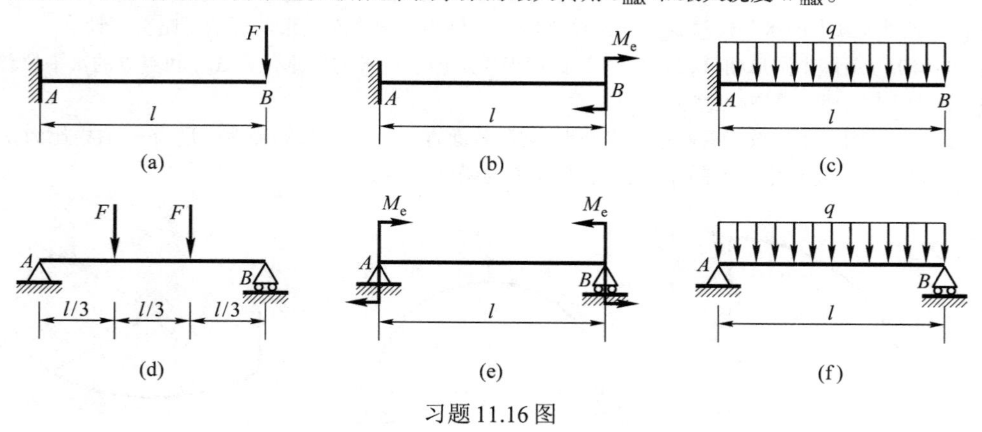

习题 11.16 图

11.17 图示各梁 EI 为常量。试用图乘法求梁的转角方程和挠曲线方程。

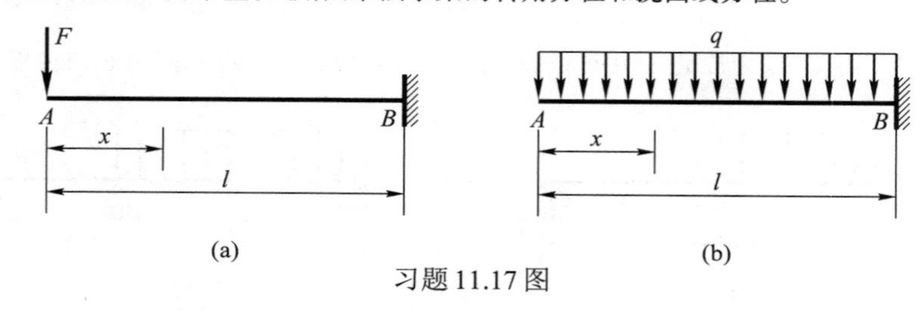

习题 11.17 图

11.18 图示各刚架 EI 为常量。试用图乘法求刚架截面 B 的水平位移 Δ_{BH} 和转角 θ_B。

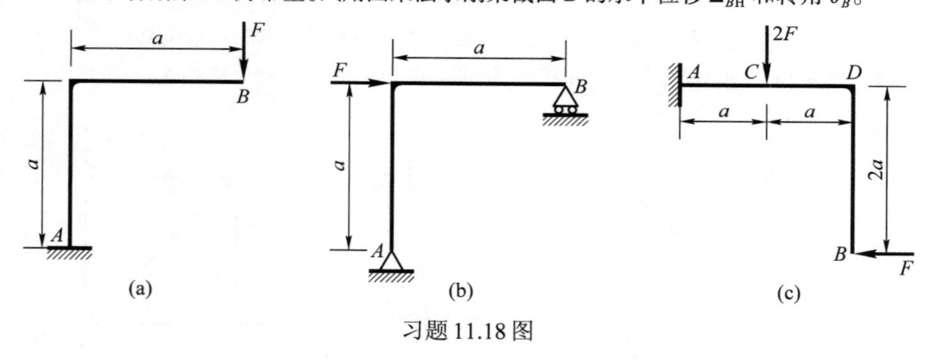

习题 11.18 图

11.19 图示刚架 EI 为常量。试用图乘法求截面 A 的水平位移 Δ_{AH} 和截面 C 的转角 θ_C。

11.20 图示刚架 EI 为常量。试用图乘法求铰链 C 处的铅垂位移 Δ_{CV} 和左右两截面的相对转角 $\theta_{CC'}$。

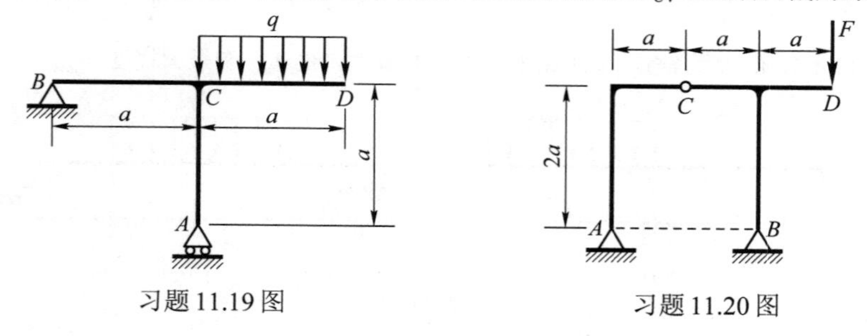

习题 11.19 图 习题 11.20 图

11.21　图示刚架在自由端受集中力 F 作用，EI 为常量。现欲使点 B 的位移发生在沿力 F 的方向。试问力 F 应沿什么方向？（用图乘法求解，规定 φ 角在 $0<\varphi<\pi/2$ 区间内变化。）

11.22　图示刚架抗弯刚度 EI 为常量。试用图乘法求截面 A 的转角 θ_A 及中间铰 C 的铅垂位移 Δ_{CV}。

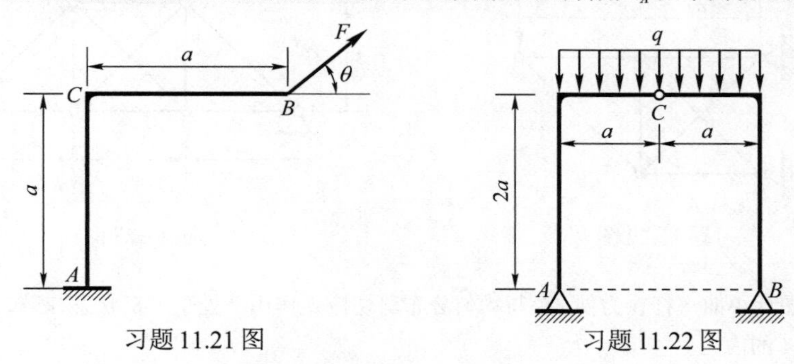

习题 11.21 图　　习题 11.22 图

11.23　图示半圆环，EI 为常量。试用单位载荷法求截面 B 的水平位移 Δ_{BH} 和转角 θ_B。

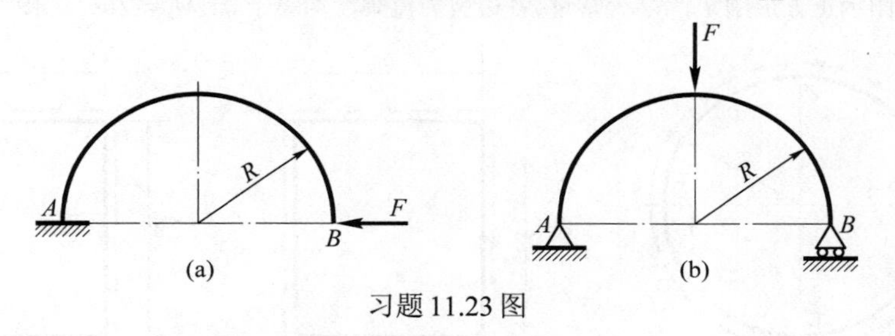

习题 11.23 图

11.24　已知图示各刚架 EI 为常量，画出刚架的弯矩图。

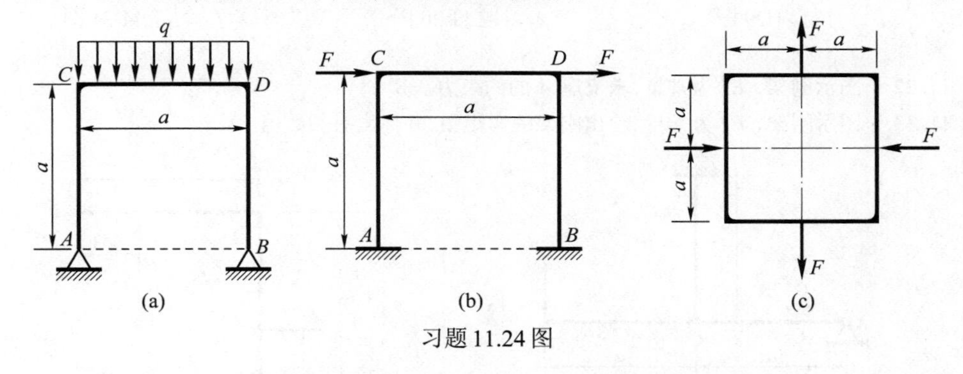

习题 11.24 图

11.25　图示刚架，EI 为常量，在载荷 F 作用下，支座 B 有一下陷量 Δ，试求支座 B 的约束力。

11.26　图示刚架，EI 为常量，画出刚架的弯矩图。

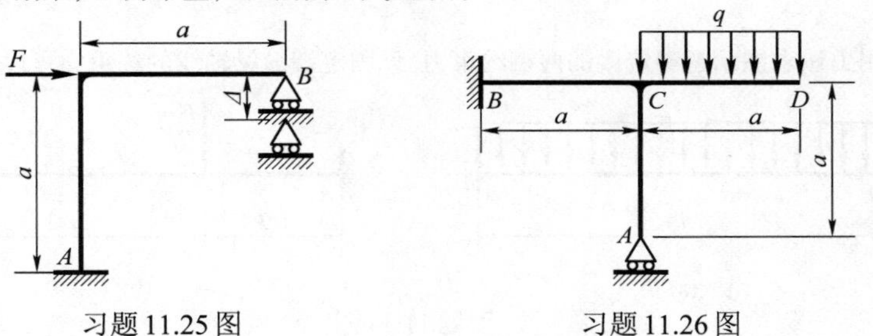

习题 11.25 图　　习题 11.26 图

11.27　图示桁架,各杆的拉压刚度均为 EA,试求支座约束力。

11.28　图示桁架,各杆的拉压刚度均为 EA,试求杆 CD 的轴力(尽可能利用对称性)。

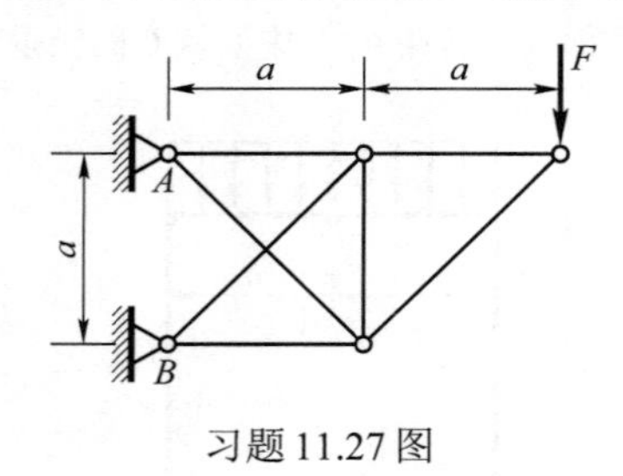

习题 11.27 图

C
D
a
A
B
a
a
a
F

习题 11.28 图

11.29　图示小曲率杆在力偶 M_e 与均匀分布剪切流 q 作用下处于平衡状态,已知 q、R 和抗弯刚度 EI, 试求截面 A 的内力。

11.30　图示刚架, EI 为常量,绘出刚架的弯矩图,并标出有关数值。

11.31　图示正方形刚架, EI 为常量,各边剪力流集度均等于 q, $M_e=2qa^2$。求刚架 B 处剪力 F_{SB}。

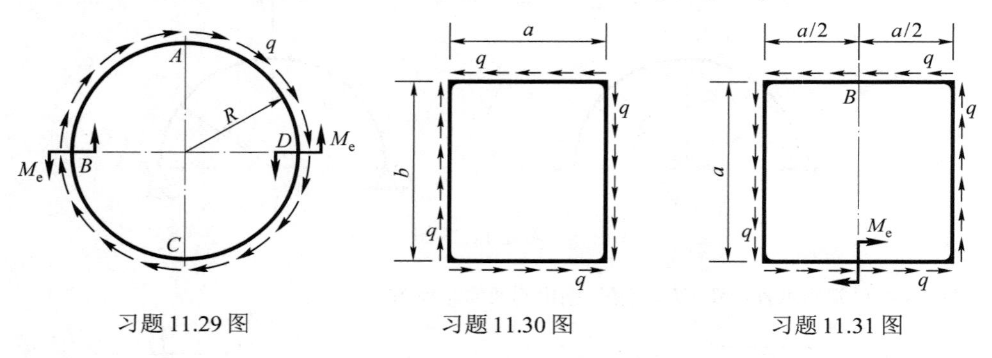

习题 11.29 图　　习题 11.30 图　　习题 11.31 图

11.32　图示刚架, EI 为常量,求支座 A 的约束力。

11.33　图示刚架, EI 为常量,绘出刚架的弯矩图,并标出有关数值。

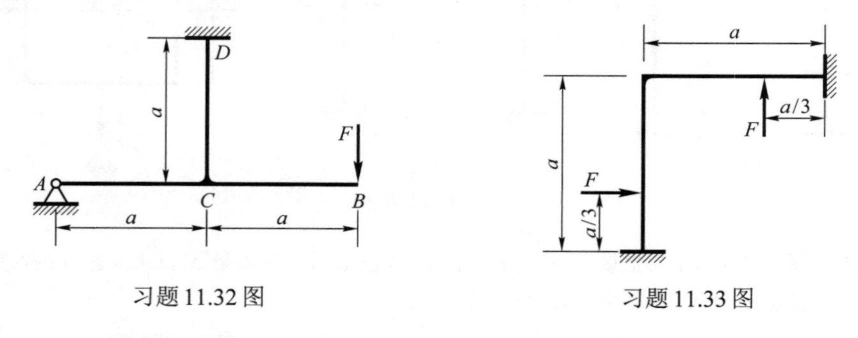

习题 11.32 图　　习题 11.33 图

11.34　用力法求图示超静定梁的两端约束力。设固定端沿梁轴线的约束力可以忽略。EI 为常量。

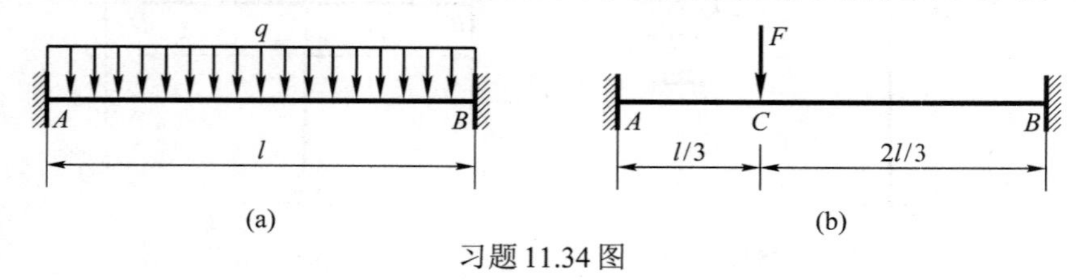

习题 11.34 图

附录 A

截面的几何性质

计算构件在外力作用下的应力和变形时,要用到与横截面形状和尺寸有关的一些几何量,这些几何量称为截面的几何性质。下面主要介绍截面的几何性质的定义和计算方法。

A.1 静矩和形心

设一任意形状的截面如图 **A.1** 所示,其面积为 A。建立参考坐标系 yOz。在坐标为 (y,z)处取微面积 $\mathrm{d}A$,则积分

$$S_z = \int_A y\,\mathrm{d}A, \quad S_y = \int_A z\,\mathrm{d}A \tag{A.1}$$

分别定义为该截面对 z 轴和 y 轴的**静矩**(static moment of an area)。静矩的数值可正、可负、可为零。静矩的量纲为 L^3,单位一般采用 mm^3 或 m^3。

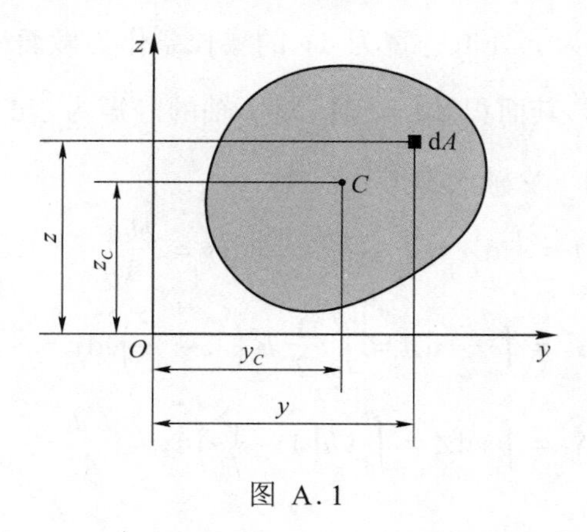

图 A.1

对于均质薄板,形心与重心坐标相同。理论力学中关于均质薄板的重心坐标公式

$$y_C = \frac{\int_A y\,\mathrm{d}A}{A}, \quad z_C = \frac{\int_A z\,\mathrm{d}A}{A} \tag{A.2}$$

上式也就是截面形心坐标的计算公式。注意式(A.1),可以把式(A.2)改写成

$$y_C = \frac{S_z}{A}, \quad z_C = \frac{S_y}{A} \tag{A.3}$$

上式还可以改写为

$$S_z = A \cdot y_C, \quad S_y = A \cdot z_C \tag{A.4}$$

式(A.4)表明,截面对 z 轴和 y 轴的静矩,分别等于其面积乘以形心的坐标 y_C 和 z_C。若已知截面的面积及其形心坐标,即可直接计算出静矩。若截面对某一轴的静矩等于零,则该轴必通过截面的形心。截面对通过其形心的坐标轴的静矩等于零。

当截面由若干个简单图形(例如矩形、圆形、三角形等)组成时,由静矩的定义可知,整个截面对某轴的静矩等于所有简单图形对同一轴静矩的代数和。而简单图形的面积及形心坐标都不难确定,利用公式(A.4)较易算出静矩。

例 A.1 计算图 A.2(a)所示由抛物线 $z = h\left(1 - \frac{y^2}{b^2}\right)$、$y$ 轴和 z 轴所围成的截面对 y 轴和 z 轴的静矩 S_y 和 S_z,并确定截面形心 C 的坐标 y_C 和 z_C。

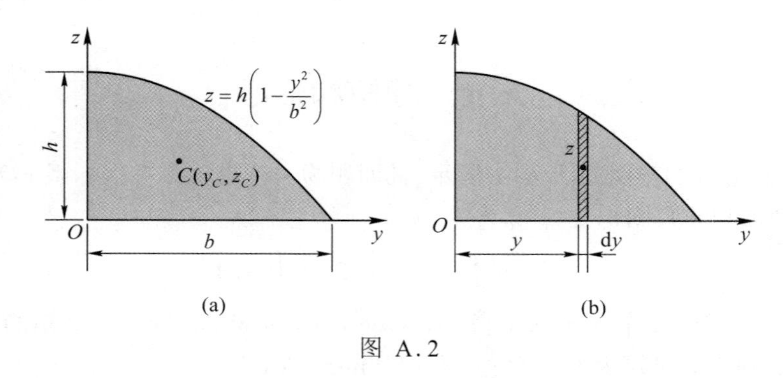

图 A.2

解: 在距 z 轴距离为 y 处取一宽为 $\mathrm{d}y$ 的狭长条作为微面积 $\mathrm{d}A$,如图 A.2(b)所示。该狭长条可看成一矩形,其面积 $\mathrm{d}A = z\mathrm{d}y$,对 y 轴的静矩为$\frac{z}{2}\mathrm{d}A$,对 z 轴的静矩为 $y\mathrm{d}A$,故整个截面面积及其对 y、z 轴的静矩分别为

$$A = \int_A \mathrm{d}A = \int_0^b h\left(1 - \frac{y^2}{b^2}\right)\mathrm{d}y = \frac{2bh}{3}$$

$$S_y = \int_A \frac{z}{2}\mathrm{d}A = \int_0^b \frac{1}{2}h^2\left(1 - \frac{y^2}{b^2}\right)^2\mathrm{d}y = \frac{4bh^2}{15}$$

$$S_z = \int_A y\mathrm{d}A = \int_0^b yh\left(1 - \frac{y^2}{b^2}\right)\mathrm{d}y = \frac{b^2h}{4}$$

代入式(A.3),得

$$y_C = \frac{S_z}{A} = \frac{3}{8}b, \quad z_C = \frac{S_y}{A} = \frac{2}{5}h$$

例 A.2 半径为 R 的半圆形截面,如图 A.3(a)所示,试计算其对 y 轴和 z 轴的静矩及形心 C 位置。

解: 在点(ρ,θ) 处取微面积 $\mathrm{d}A = \rho\mathrm{d}\rho\mathrm{d}\theta$ [图 A.3(b)],其到 y 轴的距离 $z = \rho\sin\theta$,故

$$S_y = \int_A z\mathrm{d}A = \int_A (\rho\sin\theta)\rho\mathrm{d}\rho\mathrm{d}\theta = \int_0^\pi \sin\theta\mathrm{d}\theta\int_0^R \rho^2\mathrm{d}\rho = \frac{2R^3}{3}$$

由于 z 轴为对称轴,通过截面的形心,故 $S_z=0$。形心坐标为

$$y_C=0, \quad z_C=\frac{S_y}{A}=\frac{\dfrac{2R^3}{3}}{\dfrac{\pi R^2}{2}}=\frac{4R}{3\pi}$$

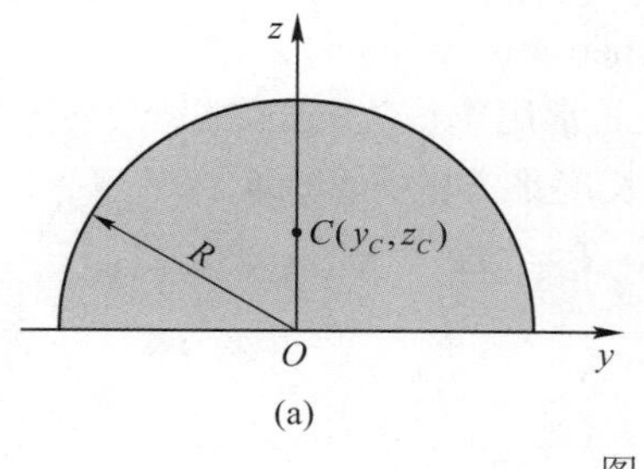

(a)

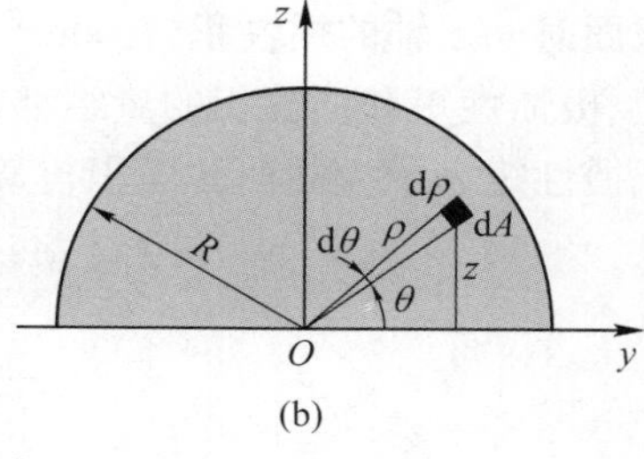

(b)

图 A.3

例 A.3　试计算图 A.4 所示 L 形截面对 y 轴和 z 轴的静矩及形心 C 位置。

解: 把截面看成由两个矩形①和②组成,每一矩形的面积及静矩分别为

$$A_1=(30\ \text{mm})\times(5\ \text{mm})=150\ \text{mm}^2$$

$$S_{y1}=A_1\times(15\ \text{mm})=2\ 250\ \text{mm}^3$$

$$S_{z1}=A_1\times(2.5\ \text{mm})=375\ \text{mm}^3$$

$$A_2=(35\ \text{mm})\times(5\ \text{mm})=175\ \text{mm}^2$$

$$S_{y2}=A_2\times(2.5\ \text{mm})=437.5\ \text{mm}^3$$

$$S_{z2}=A_2\times(22.5\ \text{mm})=3\ 937.5\ \text{mm}^3$$

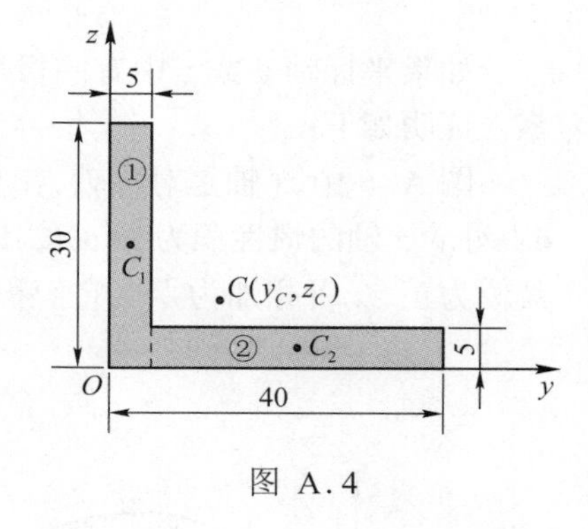

图 A.4

整个截面的面积及静矩分别为

$$A=A_1+A_2=325\ \text{mm}^2$$

$$S_y=S_{y1}+S_{y2}=2\ 687.5\ \text{mm}^3$$

$$S_z=S_{z1}+S_{z2}=4\ 312.5\ \text{mm}^3$$

整个截面的形心坐标

$$y_C=\frac{S_z}{A}=13.3\ \text{mm}, \qquad z_C=\frac{S_y}{A}=8.27\ \text{mm}$$

A.2　惯性矩、极惯性矩和惯性积

设一任意形状的截面如图 A.5 所示,其面积为 A。建立参考坐标系 yOz。在坐标为 (y,z)处取微面积 $\mathrm{d}A$,则积分

$$I_z=\int_A y^2\mathrm{d}A, \quad I_y=\int_A z^2\mathrm{d}A \tag{A.5}$$

分别定义为截面对 z 轴和 y 轴的**惯性矩**(moment of inertia of an area)。惯性矩的数值恒为正。积分

$$I_{\mathrm{p}} = \int_A \rho^2 \mathrm{d}A \tag{A.6}$$

则定义为截面对坐标原点 O 的**极惯性矩**(polar moment of inertia of an area)。在讲扭转时用到极惯性矩的概念。积分

$$I_{yz} = \int_A yz\,\mathrm{d}A \tag{A.7}$$

则定义为截面对 y、z 轴的**惯性积**(product of inertia of an area)。

惯性矩、极惯性矩和惯性积的量纲都是 L^4,常用单位为 mm^4 或 m^4。

有时把惯性矩表示为截面的面积与某一长度平方的乘积,即

$$I_y = A i_y^2, \qquad I_z = A i_z^2 \tag{A.8}$$

或改写成

$$i_y = \sqrt{\frac{I_y}{A}}, \qquad i_z = \sqrt{\frac{I_z}{A}} \tag{A.9}$$

式中,i_y和 i_z分别称为截面对 y 轴和 z 轴的**惯性半径**(radius of gyration of an area)。惯性半径的量纲就是 L,在讲压杆稳定时用到惯性半径的概念。

由图 A.5 可见,$\rho^2 = y^2 + z^2$,所以从式(A.5)和式(A.6)的定义可得

$$I_{\mathrm{p}} = I_y + I_z \tag{A.10}$$

如果坐标轴 y 或 z 中有一根是截面的对称轴,则截面对该对坐标轴的惯性积必等于零。证明如下:

图 A.6 中,z 轴是对称轴,在与 z 轴对称的左、右两点处取微面积 $\mathrm{d}A$,左边的微面积 $\mathrm{d}A$ 对 y、z 轴的惯性积为 $yz\,\mathrm{d}A$,其值为负;右边的微面积 $\mathrm{d}A$ 对 y、z 轴的惯性积为 $yz\,\mathrm{d}A$,其值为正,二者相加为零。它们积分求和时互相抵消,故有

$$I_{yz} = \int_A yz\,\mathrm{d}A = 0$$

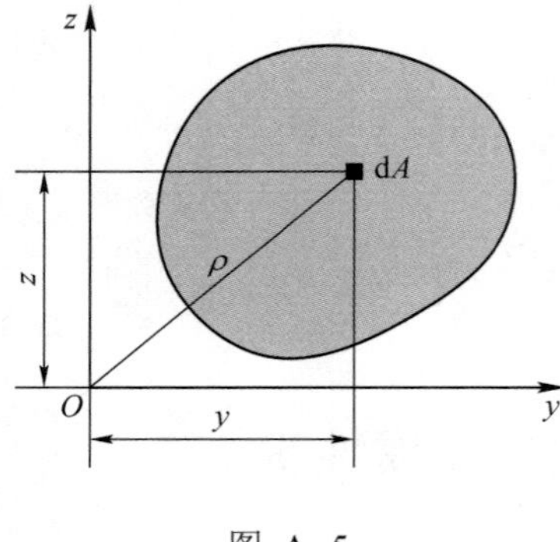

图 A.5

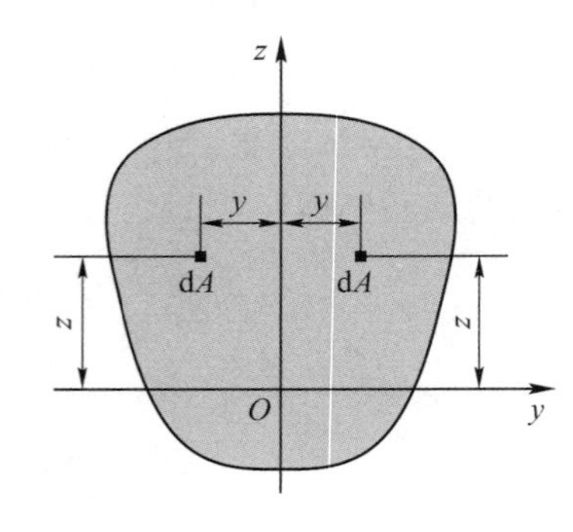

图 A.6

下面介绍几个主要定义。

1. 主惯性轴(principal axes of inertia of an area) 当截面对某一对正交坐标轴 y_0、z_0 的惯性积 $I_{y_0 z_0}=0$ 时,则坐标轴 y_0、z_0 称为主惯性轴。因此,具有一个或两个对称轴的正交坐标轴一定是截面的主惯性轴。

2. 主惯性矩(principal moment of inertia of an area)　截面对主惯性轴的惯性矩称为主惯性矩。

3. 形心主惯性轴(centroidal principal axes of inertia of an area)　过形心的主惯性轴称为形心主惯性轴。可以证明:任意形状的截面必定存在一对相互垂直的形心主惯性轴。

4. 形心主惯性矩(centroidal principal moment of inertia of an area)　截面对形心主惯性轴的惯性矩称为形心主惯性矩。

例 A.4　图 A.7 所示矩形截面，高为 h，宽为 b，试求该矩形截面对其对称轴 y 和 z 的惯性矩。

解: 在距 y 轴距离为 z 处，取宽为 $\mathrm{d}z$ 的狭长条，其微面积 $\mathrm{d}A = b\mathrm{d}z$，则

$$I_y = \int_A z^2 \mathrm{d}A = \int_{-h/2}^{h/2} z^2 b \mathrm{d}z = \frac{bh^3}{12}$$

用完全相似的方法可求得

$$I_z = \frac{hb^3}{12}$$

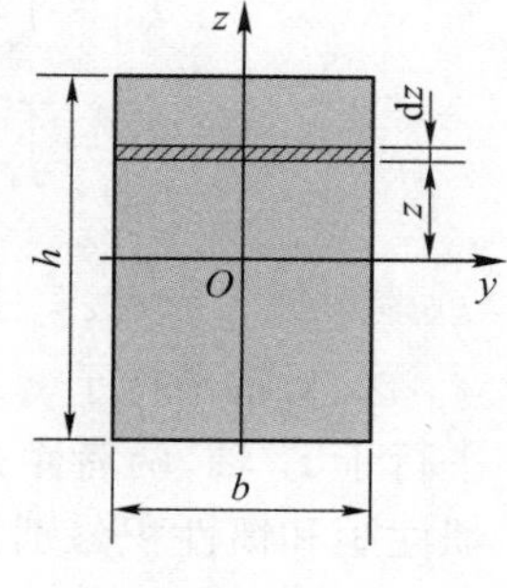

图 A.7

例 A.5　图 A.8 所示圆形截面，直径为 d，试计算该截面对其形心轴的惯性矩。

解: 显然 $I_y = I_z$，再注意到关系式(A.10)和式(3.19)，得

$$I_y = I_z = \frac{I_p}{2} = \frac{\pi d^4}{64}$$

也可以直接积分。如图 A.8 所示，在任意点(ρ, θ)处取微面积 $\mathrm{d}A = \rho \mathrm{d}\rho \mathrm{d}\theta$，则

$$I_y = \int_A z^2 \mathrm{d}A = \int_A (\rho \sin\ \theta)^2 \rho \mathrm{d}\rho \mathrm{d}\theta = \int_0^{2\pi} \sin^2\theta \mathrm{d}\theta \int_0^{d/2} \rho^3 \mathrm{d}\rho = \frac{\pi d^4}{64}$$

对于图 A.9 所示的空心圆截面，可看作是由直径为 D 的大圆挖去直径为 d 的小圆所得的截面。根据惯性矩的定义，在空心圆上积分就等于在大圆上积分减去在小圆上积分。所以，该空心圆截面对形心轴的惯性矩为

$$I_y = I_z = \frac{\pi D^4}{64} - \frac{\pi d^4}{64} = \frac{\pi}{64}(D^4 - d^4)$$

若要计算图 A.10 所示工字型截面对其对称轴 y 的惯性矩 I_y，则可将工字形截面看作$B \times H$的大矩形挖去$(B - b) \times h$ 的小矩形所得。故

$$I_y = \frac{BH^3}{12} - \frac{(B - b)h^3}{12}$$

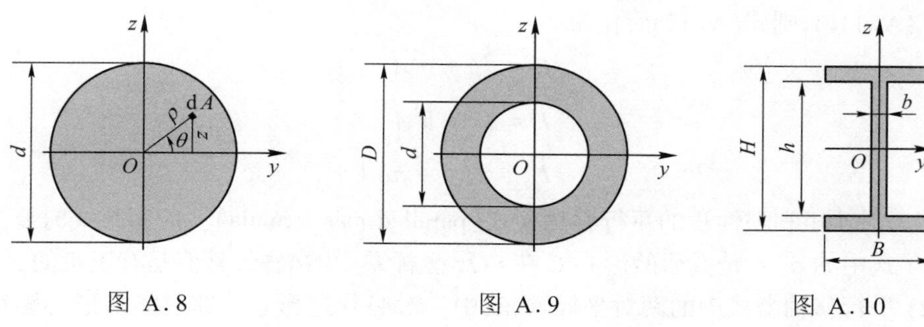

图 A.8　　图 A.9　　图 A.10

A.3 平行移轴公式

在图 A.11 中, C 为截面的形心, y_C 和 z_C 是通过形心 C 的坐标轴。截面对形心轴 y_C 和 z_C 的惯性矩和惯性积分别记为

$$\left.\begin{aligned} I_{y_C} &= \int_A z_C^2 \mathrm{d}A \\ I_{z_C} &= \int_A y_C^2 \mathrm{d}A \\ I_{y_C z_C} &= \int_A y_C z_C \mathrm{d}A \end{aligned}\right\} \tag{A.11a}$$

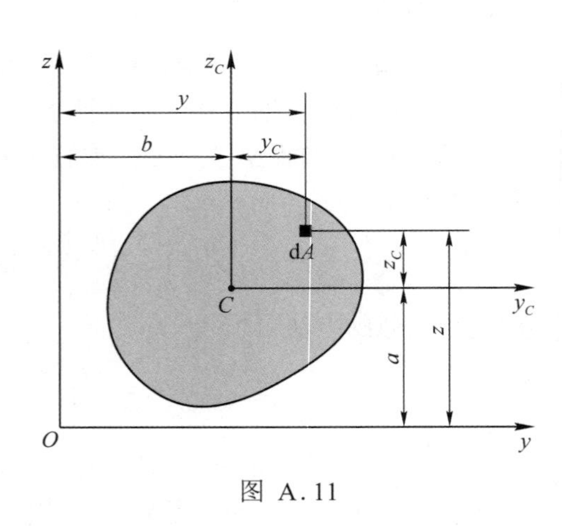

图 A.11

设 y 轴平行于 y_C 轴,两者距离为 a; z 轴平行于 z_C 轴,两者距离为 b。截面对 y、z 的惯性矩和惯性积分别为

$$\left.\begin{aligned} I_y &= \int_A z^2 \mathrm{d}A \\ I_z &= \int_A y^2 \mathrm{d}A \\ I_{yz} &= \int_A yz \mathrm{d}A \end{aligned}\right\} \tag{A.11b}$$

从图 A.11 可以看出

$$y = y_C + b, \qquad z = z_C + a$$

将上式代入式(A.11b),得

$$\left.\begin{aligned} I_y &= \int_A z^2 \mathrm{d}A = \int_A (z_C + a)^2 \mathrm{d}A = \int_A z_C^2 \mathrm{d}A + 2a\int_A z_C \mathrm{d}A + a^2\int_A \mathrm{d}A \\ I_z &= \int_A y^2 \mathrm{d}A = \int_A (y_C + b)^2 \mathrm{d}A = \int_A y_C^2 \mathrm{d}A + 2b\int_A y_C \mathrm{d}A + b^2\int_A \mathrm{d}A \\ I_{yz} &= \int_A yz \mathrm{d}A = \int_A (y_C + b)(z_C + a) \mathrm{d}A \\ &= \int_A y_C z_C \mathrm{d}A + a\int_A y_C \mathrm{d}A + b\int_A z_C \mathrm{d}A + ab\int_A \mathrm{d}A \end{aligned}\right\} \tag{A.12}$$

在以上三式中, $\int_A z_C \mathrm{d}A$ 和 $\int_A y_C \mathrm{d}A$ 分别为截面对形心轴 y_C、z_C 的静矩,故其值为零。再应用式(A.11a),则式(A.12)简化为

$$\left.\begin{aligned} I_y &= I_{y_C} + a^2 A \\ I_z &= I_{z_C} + b^2 A \\ I_{yz} &= I_{y_C z_C} + abA \end{aligned}\right\} \tag{A.13}$$

上式称为惯性矩和惯性积的**平行移轴公式**(paralled axis formula)。应用该式时要注意:

(1) 式中的 a、b 是截面的形心 C 在 yOz 坐标系中的坐标,其值是有正负的;

(2) 平行移轴公式中的两对坐标轴,其中一对必须过形心。即只能从形心轴往外移,

或从外往形心移,不能从非形心轴移到非形心轴。

从式(A.13)可见,在一组相互平行的轴中,截面对形心轴的惯性矩最小。轴离形心越远,则截面对其惯性矩越大。

例 A.6 试求图 A.12 所示截面的形心主惯性矩。

解: 将该截面分割为矩形①和②,两矩形的形心分别为 C_1 和 C_2。建立参考坐标 yC_1z,形心 C 到 y 轴的距离为

$$z_C = \frac{S_y}{A} = \frac{30 \times 10 \times 20\ \mathrm{mm}^3}{30 \times 10 \times 2\ \mathrm{mm}^2} = 10\ \mathrm{mm}$$

因 z 轴是对称轴,故 y_C、z 轴是形心主惯性轴。利用平行移轴公式,分别算出矩形①、②对 y_C、z 轴的惯性矩分别为

$$I_{y_C}^{①} = \frac{30 \times 10^3}{12}\ \mathrm{mm}^4 + 10^2 \times 30 \times 10\ \mathrm{mm}^4$$

$$= 3.25 \times 10^4\ \mathrm{mm}^4$$

$$I_{y_C}^{②} = \frac{10 \times 30^3}{12}\ \mathrm{mm}^4 + 10^2 \times 10 \times 30\ \mathrm{mm}^4$$

$$= 5.25 \times 10^4\ \mathrm{mm}^4$$

$$I_z^{①} = \frac{10 \times 30^3}{12}\ \mathrm{mm}^4 = 2.25 \times 10^4\ \mathrm{mm}^4$$

$$I_z^{②} = \frac{30 \times 10^3}{12}\ \mathrm{mm}^4 = 2.5 \times 10^3\ \mathrm{mm}^4$$

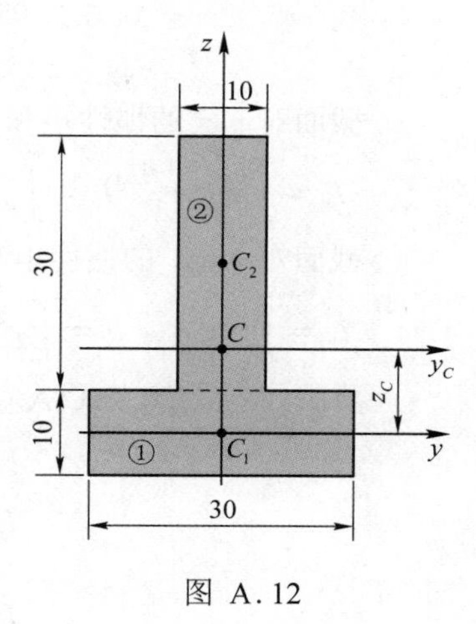

图 A.12

整个截面的形心主惯性矩为

$$I_{y_C} = I_{y_C}^{①} + I_{y_C}^{②} = 8.5 \times 10^4\ \mathrm{mm}^4$$

$$I_z = I_z^{①} + I_z^{②} = 2.5 \times 10^4\ \mathrm{mm}^4$$

例 A.7 图 A.13 所示截面由中间一个正方形和上、下两个半圆组成。试求该截面对 y 轴的惯性矩 I_y。

解: 将该截面分割为中间正方形①和上、下两个半圆②、③,两个半圆对 z 轴的惯性矩是相等的。中间正方形①对 y 轴的惯性矩为

$$I_y^{①} = \frac{(2R)^4}{12} = \frac{4R^4}{3}$$

半圆②对 y' 轴的惯性矩为 $I_{y'}^{②} = \frac{\pi R^4}{8}$, y' 轴过半圆② 的圆心 O_2,但不过形心 C_2,半圆的形心到圆心的距离为$\frac{4R}{3\pi}$, 半圆②对 y''轴的惯性矩为

$$I_{y''}^{②} = I_{y'}^{②} - \left(\frac{4R}{3\pi}\right)^2 \frac{\pi R^2}{2} = \left(\frac{\pi}{8} - \frac{8}{9\pi}\right) R^4$$

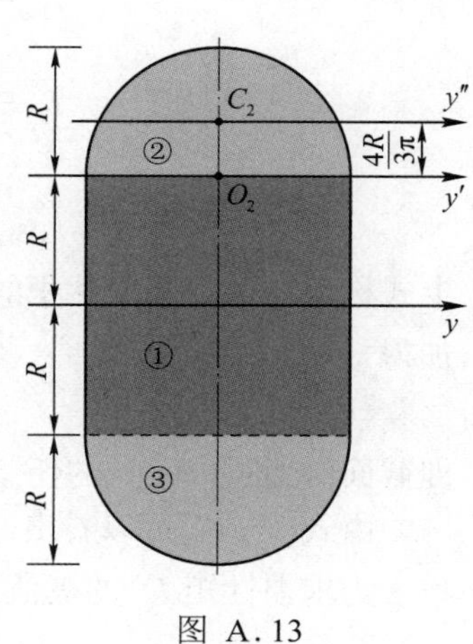

图 A.13

半圆②对 y 轴的惯性矩为

$$I_y^{②} = I_{y''}^{②} + \left(R + \frac{4R}{3\pi}\right)^2 \frac{\pi R^2}{2} = 3.297R^4$$

整个截面对 y 轴的惯性矩为

$$I_y = I_y^{①} + 2I_y^{②} = 7.93R^4$$

A.4 转 轴 公 式

设一任意形状的截面如图 A.14 所示，将坐标系 yOz 绕原点 O 逆时针旋转 α 角，到达新的位置 y_1Oz_1。取微面积 $\mathrm{d}A$，微面积 $\mathrm{d}A$ 在新、旧两个坐标系中的坐标 (y_1, z_1) 和 (y, z) 之间的关系为

$$\left.\begin{aligned} y_1 &= y\cos\alpha + z\sin\alpha \\ z_1 &= z\cos\alpha - y\sin\alpha \end{aligned}\right\} \tag{A.14}$$

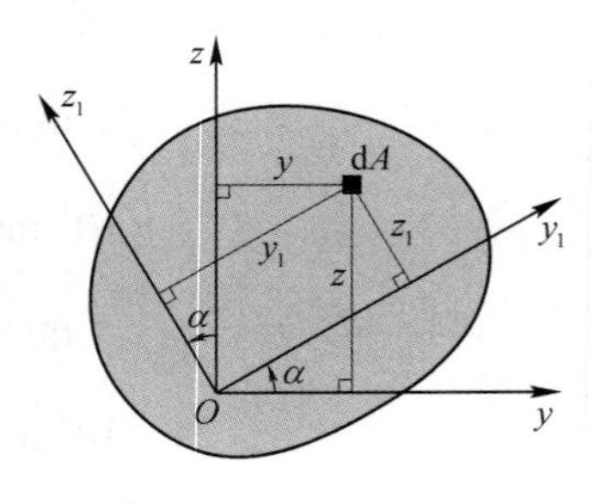

图 A.14

截面对 y、z 的惯性矩和惯性积分别为

$$I_y = \int_A z^2 \mathrm{d}A, \quad I_z = \int_A y^2 \mathrm{d}A, \quad I_{yz} = \int_A yz\,\mathrm{d}A \tag{A.15}$$

截面对 y_1、z_1 的惯性矩和惯性积分别为

$$I_{y_1} = \int_A z_1^2 \mathrm{d}A, \quad I_{z_1} = \int_A y_1^2 \mathrm{d}A, \quad I_{y_1z_1} = \int_A y_1 z_1\,\mathrm{d}A \tag{A.16}$$

将式(A.14)代入式(A.16)，展开并整理得

$$\left.\begin{aligned} I_{y_1} &= I_y\cos^2\alpha + I_z\sin^2\alpha - I_{yz}\sin 2\alpha \\ I_{z_1} &= I_y\sin^2\alpha + I_z\cos^2\alpha + I_{yz}\sin 2\alpha \\ I_{y_1z_1} &= \frac{I_y - I_z}{2}\sin 2\alpha + I_{yz}\cos 2\alpha \end{aligned}\right\}$$

以 $\cos^2\alpha = \dfrac{1+\cos 2\alpha}{2}$，$\sin^2\alpha = \dfrac{1-\cos 2\alpha}{2}$ 代入上式，得

$$\left.\begin{aligned} I_{y_1} &= \frac{I_y + I_z}{2} + \frac{I_y - I_z}{2}\cos 2\alpha - I_{yz}\sin 2\alpha \\ I_{z_1} &= \frac{I_y + I_z}{2} - \frac{I_y - I_z}{2}\cos 2\alpha + I_{yz}\sin 2\alpha \\ I_{y_1z_1} &= \frac{I_y - I_z}{2}\sin 2\alpha + I_{yz}\cos 2\alpha \end{aligned}\right\} \tag{A.17}$$

上式称为惯性矩和惯性积的**转轴公式**(rotation axis formula)。将式(A.17)中的 I_{y_1} 与 I_{z_1} 相加得

$$I_{y_1} + I_{z_1} = I_y + I_z = I_{\mathrm{p}} \tag{A.18}$$

即截面对通过同一点的任意一对正交坐标轴的两个惯性矩之和恒为常数。

由式(A.17)可以看出，I_{y_1}、I_{z_1}、$I_{y_1z_1}$ 都是 α 的函数，下面进一步讨论惯性矩的极值。

为求惯性矩 I_{y_1} 的极值，将式(A.17)中的第一式对 α 求导数，得

$$\frac{\mathrm{d}I_{y_1}}{\mathrm{d}\alpha} = \frac{I_y - I_z}{2}\sin 2\alpha + I_{yz}\cos 2\alpha$$

若 $\alpha=\alpha_0$ 时,能使导数 $\frac{\mathrm{d}I_{y_1}}{\mathrm{d}\alpha}=0$,则

$$\frac{I_y-I_z}{2}\sin 2\alpha_0+I_{yz}\cos 2\alpha_0=0 \tag{A.19}$$

$$\tan 2\alpha_0=-\frac{2I_{yz}}{I_y-I_z} \tag{A.20}$$

由式(A.20)可以求出两个相差 $\pi/2$ 的角度 α_0,从而确定了一对正交坐标轴 y_0 和 z_0,截面对其中之一轴的惯性矩为极大值(也是最大值),对另一轴的惯性矩为极小值(也是最小值)。从式(A.20)可求出 $\sin 2\alpha_0$ 和 $\cos 2\alpha_0$ 的值,代入式(A.17)的前两式,求得惯性矩的极值为

$$\left.\begin{aligned} I_{y_0}&=\frac{I_y+I_z}{2}+\sqrt{\left(\frac{I_y-I_z}{2}\right)^2+I_{yz}^2}\\ I_{z_0}&=\frac{I_y+I_z}{2}-\sqrt{\left(\frac{I_y-I_z}{2}\right)^2+I_{yz}^2}\end{aligned}\right\}$$

或简写成

$$\left.\begin{matrix} I_{y_0}\\ I_{z_0}\end{matrix}\right\}=\frac{I_y+I_z}{2}\pm\sqrt{\left(\frac{I_y-I_z}{2}\right)^2+I_{yz}^2} \tag{A.21}$$

比较式(A.19)与式(A.17)的第三式,发现两式完全相同,这说明,惯性矩取极值时惯性积正好等于零。故以上求得的惯性矩的极值就是主惯性矩,式(A.21)就是主惯性矩的计算公式,利用式(A.20)可确定主惯性轴的方位。

例 A.8　确定图 A.15 所示截面形心主惯性轴的位置,并计算形心主惯性矩。

解: 将该截面分成①、②、③三个矩形,过形心 C 建立坐标系 yCz。

$$I_y=\left(\frac{35\times60^3}{12}-\frac{30\times50^3}{12}\right)\ \mathrm{mm}^4=3.175\times10^5\ \mathrm{mm}^4$$

$$I_z=\left(\frac{5\times65^3}{12}+\frac{55\times5^3}{12}\right)\ \mathrm{mm}^4=1.15\times10^5\ \mathrm{mm}^4$$

$$\begin{aligned}I_{yz}&=2I_{yz}^{①}=2\times(30\times5\times17.5\times27.5)\ \mathrm{mm}^4\\&=1.444\times10^5\ \mathrm{mm}^4\end{aligned}$$

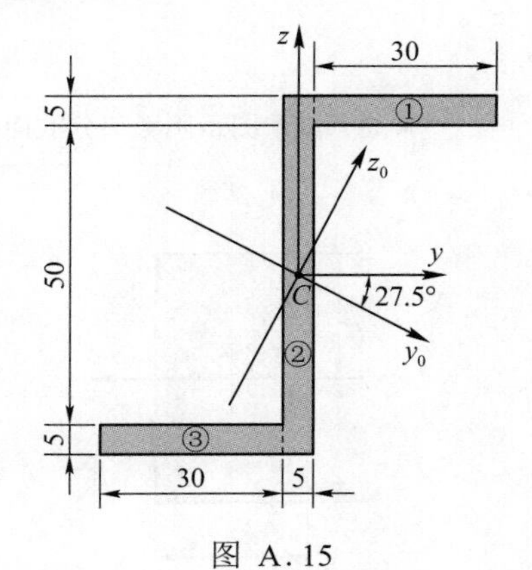

图 A.15

由

$$\tan 2\alpha_0=-\frac{2I_{yz}}{I_y-I_z}=-1.426$$

得形心主惯性轴的方位角

$$\alpha_0=-27.5^\circ\quad 或\quad \alpha_0=62.5^\circ$$

形心主惯性矩大小为

$$\left.\begin{matrix} I_{y_0}\\ I_{z_0}\end{matrix}\right\}=\frac{I_y+I_z}{2}\pm\sqrt{\left(\frac{I_y-I_z}{2}\right)^2+I_{yz}^2}=\begin{cases}3.93\times10^5\ \mathrm{mm}^4\\3.99\times10^4\ \mathrm{mm}^4\end{cases}$$

注意:求解 I_y、I_z 时,将原截面拼成两个矩形,可避免使用平行移轴公式。

习　题

A.1　试确定图示各截面的形心位置。

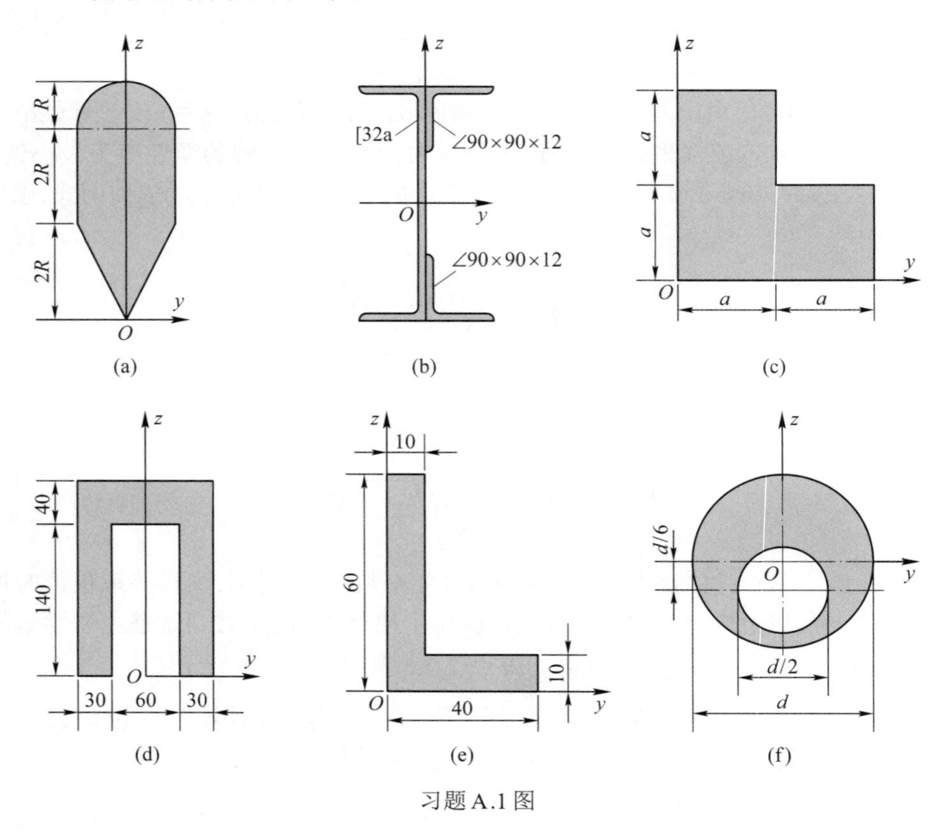

习题 A.1 图

A.2　试求图示阴影部分的面积对 y 轴的静矩。

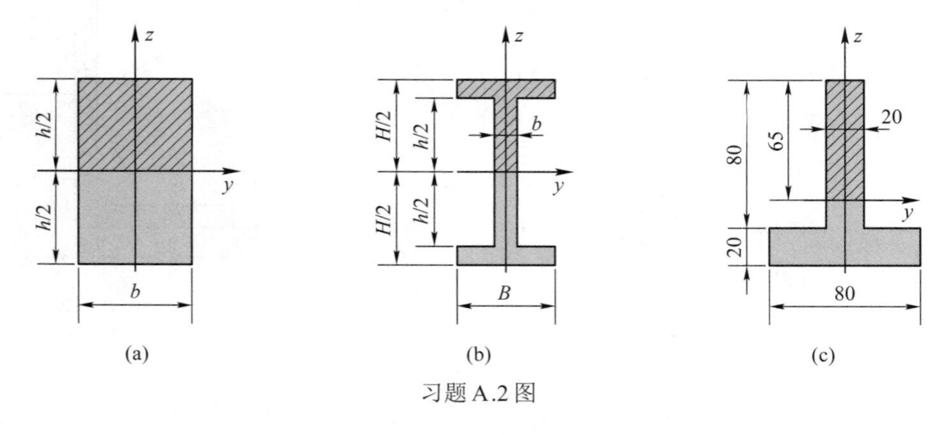

习题 A.2 图

A.3　薄壁圆环的平均半径为 r，厚度为 δ，$\delta \ll r$。试求薄壁圆环对任意直径的惯性矩 I 以及对圆心的极惯性矩 I_p。

A.4　试求图示各截面对 y、z 轴的惯性矩 I_y、I_z。

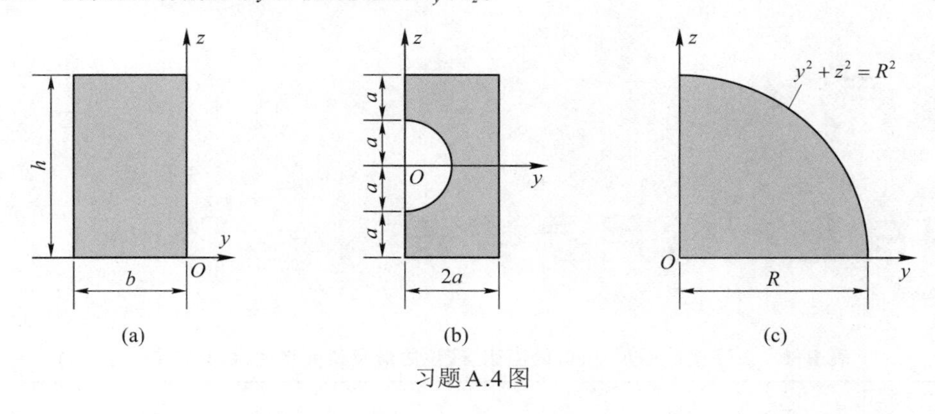

习题 A.4 图

A.5　试求图示各截面对 y、z 轴的惯性矩 I_y、I_z。

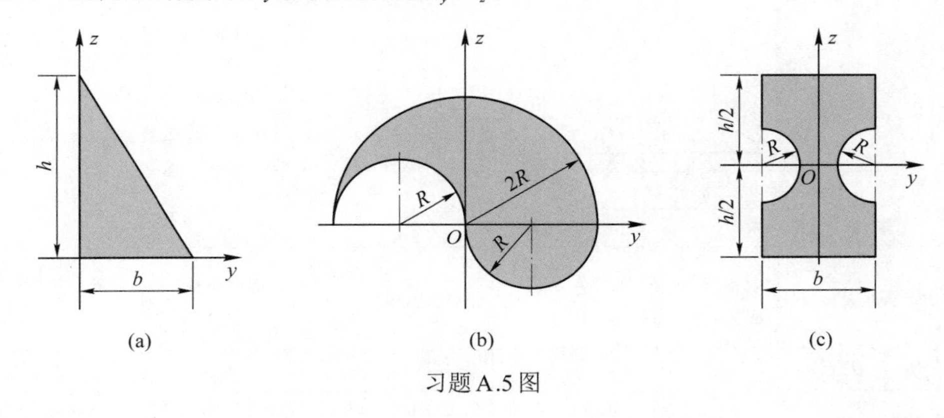

习题 A.5 图

A.6　图示为两个 No.22a 槽钢组成的截面，若要使该截面的形心主惯性矩 $I_y = I_z$，试求间距 a 应为多大？

A.7　图示截面的边界 BO 为四分之一的圆弧曲线，轴 y_C 为平行于 y 轴的形心轴。试计算该截面对 y_C 轴的惯性矩 I_{y_C}。

A.8　试证明由对角线将图示矩形分成的两个三角形分别对 y、z 轴的惯性积相等，且等于矩形截面对 y、z 轴惯性积的一半。

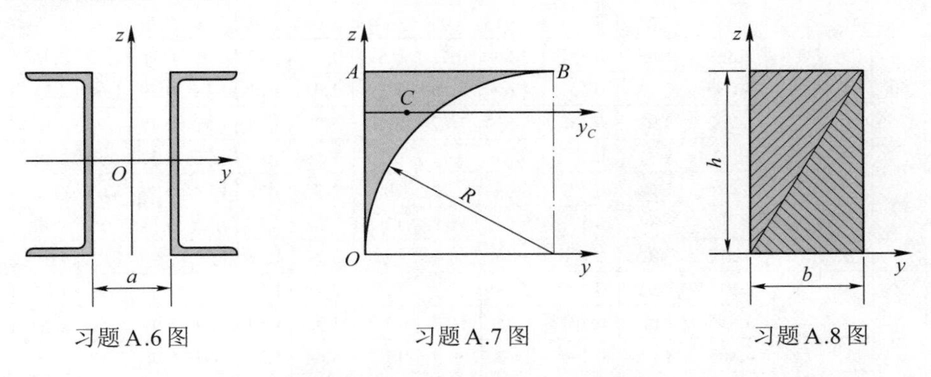

习题 A.6 图　　习题 A.7 图　　习题 A.8 图

A.9　试确定习题 A.1 图中各截面形心主惯性轴的位置，并计算形心主惯性矩的大小。

附录 B

热轧型钢常用参数表

表 B.1　工字钢截面尺寸、截面面积、理论质量及截面特性(GB/T 706－2016)

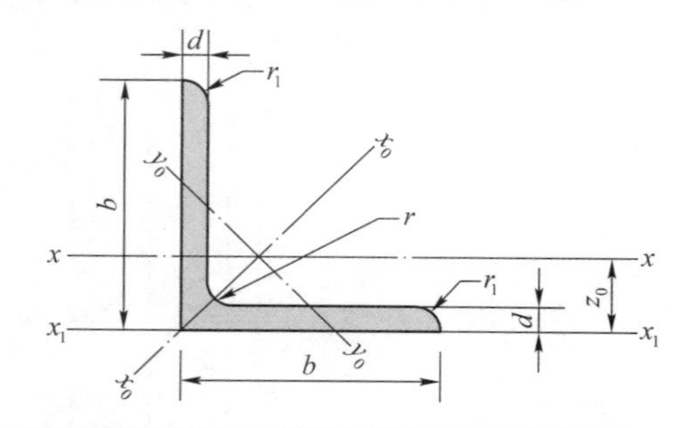

说明：
b——边宽度；
d——边厚度；
r——内圆弧半径；
r_1——边端圆弧半径；
z_0——重心距离。

型号	截面尺寸/mm			截面面积/cm^2	理论质量/(kg/m)	外表面积/(m^2/m)	惯性矩/cm^4				惯性半径/cm			截面模数/cm^3			重心距离/cm
	b	d	r				I_x	I_{x1}	I_{x0}	I_{y0}	i_x	i_{x0}	i_{y0}	W_x	W_{x0}	W_{y0}	z_0
2	20	3	3.5	1.132	0.89	0.078	0.40	0.81	0.63	0.17	0.59	0.75	0.39	0.29	0.45	0.20	0.60
		4		1.459	1.15	0.077	0.50	1.09	0.78	0.22	0.58	0.73	0.38	0.36	0.55	0.24	0.64
2.5	25	3		1.432	1.12	0.098	0.82	1.57	1.29	0.34	0.76	0.95	0.49	0.46	0.73	0.33	0.73
		4		1.859	1.46	0.097	1.03	2.11	1.62	0.43	0.74	0.93	0.48	0.59	0.92	0.40	0.76
3.0	30	3	4.5	1.749	1.37	0.117	1.46	2.71	2.31	0.61	0.91	1.15	0.59	0.68	1.09	0.51	0.85
		4		2.276	1.79	0.117	1.84	3.63	2.92	0.77	0.90	1.13	0.58	0.87	1.37	0.62	0.89
3.6	36	3		2.109	1.66	0.141	2.58	4.68	4.09	1.07	1.11	1.39	0.71	0.99	1.61	0.76	1.00
		4		2.756	2.16	0.141	3.29	6.25	5.22	1.37	1.09	1.38	0.70	1.28	2.05	0.93	1.04
		5		3.382	2.65	0.141	3.95	7.84	6.24	1.65	1.08	1.36	0.70	1.56	2.45	1.00	1.07
4.0	40	3	5	2.359	1.85	0.157	3.59	6.41	5.69	1.49	1.23	1.55	0.79	1.23	2.01	0.96	1.09
		4		3.086	2.42	0.157	4.60	8.56	7.29	1.91	1.22	1.54	0.79	1.60	2.58	1.19	1.13
		5		3.792	2.98	0.156	5.53	10.7	8.76	2.30	1.21	1.52	0.78	1.96	3.10	1.39	1.17
4.5	45	3		2.659	2.09	0.177	5.17	9.12	8.20	2.14	1.40	1.76	0.89	1.58	2.58	1.24	1.22
		4		3.486	2.74	0.177	6.65	12.2	10.6	2.75	1.38	1.74	0.89	2.05	3.32	1.54	1.26
		5		4.292	3.37	0.176	8.04	15.2	12.7	3.33	1.37	1.72	0.88	2.51	4.00	1.81	1.30
		6		5.077	3.99	0.176	9.33	18.4	14.8	3.89	1.36	1.70	0.80	2.95	4.64	2.06	1.33
5	50	3	5.5	2.971	2.33	0.197	7.18	12.5	11.4	2.98	1.55	1.96	1.00	1.96	3.22	1.57	1.34
		4		3.897	3.06	0.197	9.26	16.7	14.7	3.82	1.54	1.94	0.99	2.56	4.16	1.96	1.38
		5		4.803	3.77	0.196	11.2	20.9	17.8	4.64	1.53	1.92	0.98	3.13	5.03	2.31	1.42
		6		5.688	4.46	0.196	13.1	25.1	20.7	5.42	1.52	1.91	0.98	3.68	5.85	2.63	1.46

续表

型号	截面尺寸/mm			截面面积/cm^2	理论质量/(kg/m)	外表面积/(m^2/m)	惯性矩/cm^4				惯性半径/cm			截面模数/cm^3			重心距离/cm
	b	d	r				I_x	I_{x1}	I_{x0}	I_{y0}	i_x	i_{x0}	i_{y0}	W_x	W_{x0}	W_{y0}	z_0
5.6	56	3	6	3.343	2.62	0.221	10.2	17.6	16.1	4.24	1.75	2.20	1.13	2.48	4.08	2.02	1.48
		4		4.390	3.45	0.220	13.2	23.4	20.9	5.46	1.73	2.18	1.11	3.24	5.28	2.52	1.53
		5		5.415	4.25	0.220	16.0	29.3	25.4	6.61	1.72	2.17	1.10	3.97	6.42	2.98	1.57
		6		6.420	5.04	0.220	18.7	35.3	29.7	7.73	1.71	2.15	1.10	4.68	7.49	3.40	1.61
		7		7.404	5.81	0.219	21.2	41.2	33.6	8.82	1.69	2.13	1.09	5.36	8.49	3.80	1.64
		8		8.367	6.57	0.219	23.6	47.2	37.4	9.89	1.68	2.11	1.09	6.03	9.44	4.16	1.68
6	60	5	6.5	5.829	4.58	0.236	19.9	36.1	31.6	8.21	1.85	2.33	1.19	4.59	7.44	3.48	1.67
		6		6.914	5.43	0.235	23.4	43.3	36.9	9.60	1.83	2.31	1.18	5.41	8.70	3.98	1.70
		7		7.977	6.26	0.235	26.4	50.7	41.9	11.0	1.82	2.29	1.17	6.21	9.88	4.45	1.74
		8		9.020	7.08	0.235	29.5	58.0	46.7	12.3	1.81	2.27	1.17	6.98	11.0	4.88	1.78
6.3	63	4	7	4.978	3.91	0.248	19.0	33.4	30.2	7.89	1.96	2.46	1.26	4.13	6.78	3.29	1.70
		5		6.143	4.82	0.248	23.2	41.7	36.8	9.57	1.94	2.45	1.25	5.08	8.25	3.90	1.74
		6		7.288	5.72	0.247	27.1	50.1	43.0	11.2	1.93	2.43	1.24	6.00	9.66	4.46	1.78
		7		8.412	6.60	0.247	30.9	58.6	49.0	12.8	1.92	2.41	1.23	6.88	11.0	4.98	1.82
		8		9.515	7.47	0.247	34.5	67.1	54.6	14.3	1.90	2.40	1.23	7.75	12.3	5.47	1.85
		10		11.66	9.15	0.246	41.1	84.3	64.9	17.3	1.88	2.36	1.22	9.39	14.6	6.36	1.93
7	70	4	8	5.570	4.37	0.275	26.4	45.7	41.8	11.0	2.18	2.74	1.40	5.14	8.44	4.17	1.86
		5		6.875	5.40	0.275	32.2	57.2	51.1	13.3	2.16	2.73	1.39	6.32	10.3	4.95	1.91
		6		8.160	6.41	0.275	37.8	68.7	59.9	15.6	2.15	2.71	1.38	7.48	12.1	5.67	1.95
		7		9.424	7.40	0.275	43.1	80.3	68.4	17.8	2.14	2.69	1.38	8.59	13.8	6.34	1.99
		8		10.67	8.37	0.274	48.2	91.9	76.4	20.0	2.12	2.68	1.37	9.68	15.4	6.98	2.03
7.5	75	5	9	7.412	5.82	0.295	40.0	70.6	63.3	16.6	2.33	2.92	1.50	7.32	11.9	5.77	2.04
		6		8.797	6.91	0.294	47.0	84.6	74.4	19.5	2.31	2.90	1.49	8.64	14.0	6.67	2.07
		7		10.16	7.98	0.294	53.6	98.7	85.0	22.2	2.30	2.89	1.48	9.93	16.0	7.44	2.11
		8		11.50	9.03	0.294	60.0	113	95.1	24.9	2.28	2.88	1.47	11.2	17.9	8.19	2.15
		9		12.83	10.1	0.294	66.1	127	105	27.5	2.27	2.86	1.46	12.4	19.8	8.89	2.18
		10		14.13	11.1	0.293	72.0	142	114	30.1	2.26	2.84	1.46	13.6	21.5	9.56	2.22
8	80	5		7.912	6.21	0.315	48.8	85.4	77.3	20.3	2.48	3.13	1.60	8.34	13.7	6.66	2.15
		6		9.397	7.38	0.314	57.4	103	91.0	23.7	2.47	3.11	1.59	9.87	16.1	7.65	2.19
		7		10.86	8.53	0.314	65.6	120	104	27.1	2.46	3.10	1.58	11.4	18.4	8.58	2.23
		8		12.30	9.66	0.314	73.5	137	117	30.4	2.44	3.08	1.57	12.8	20.6	9.46	2.27
		9		13.73	10.8	0.314	81.1	154	129	33.6	2.43	3.06	1.56	14.3	22.7	10.3	2.31
		10		15.13	11.9	0.313	88.4	172	140	36.8	2.42	3.04	1.56	15.6	24.8	11.1	2.35

续表

型号	截面尺寸/mm			截面面积/cm^2	理论质量/(kg/m)	外表面积/(m^2/m)	惯性矩/cm^4				惯性半径/cm			截面模数/cm^3			重心距离/cm
	b	d	r				I_x	I_{x_1}	I_{x0}	I_{y0}	i_x	i_{x0}	i_{y0}	W_x	W_{x0}	W_{y0}	z_0
9	90	6	10	10.64	8.35	0.354	82.8	146	131	34.3	2.79	3.51	1.80	12.6	20.6	9.95	2.44
		7		12.30	9.66	0.354	94.8	170	150	39.2	2.78	3.50	1.78	14.5	23.6	11.2	2.48
		8		13.94	10.9	0.353	106	195	169	44.0	2.76	3.48	1.78	16.4	26.6	12.4	2.52
		9		15.57	12.2	0.353	118	219	187	48.7	2.75	3.46	1.77	18.3	29.4	13.5	2.56
		10		17.17	13.5	0.353	129	244	204	53.3	2.74	3.45	1.76	20.1	32.0	14.5	2.59
		12		20.31	15.9	0.352	149	294	236	62.2	2.71	3.41	1.75	23.6	37.1	16.5	2.67
10	100	6	12	11.93	9.37	0.393	115	200	182	47.9	3.10	3.90	2.00	15.7	25.7	12.7	2.67
		7		13.80	10.8	0.393	132	234	209	54.7	3.09	3.89	1.99	18.1	29.6	14.3	2.71
		8		15.64	12.3	0.393	148	267	235	61.4	3.08	3.88	1.98	20.5	33.2	15.8	2.76
		9		17.46	13.7	0.392	164	300	260	68.0	3.07	3.86	1.97	22.8	36.8	17.2	2.80
		10		19.26	15.1	0.392	180	334	285	74.4	3.05	3.84	1.96	25.1	40.3	18.5	2.84
		12		22.80	17.9	0.391	209	402	331	86.8	3.03	3.81	1.95	29.5	46.8	21.2	2.91
		14		26.26	20.6	0.391	237	471	374	99.0	3.00	3.77	1.94	33.7	52.9	23.4	2.99
		16		29.63	23.3	0.390	263	540	414	111	2.98	3.74	1.94	37.8	58.6	25.6	3.06
11	110	7	12	15.20	11.9	0.433	177	311	281	73.4	3.41	4.30	2.20	22.1	36.1	17.5	2.96
		8		17.24	13.5	0.433	199	355	316	82.4	3.40	4.28	2.19	25.0	40.7	19.4	3.01
		10		21.26	16.7	0.432	242	445	384	100	3.38	4.25	2.17	30.6	49.4	22.9	3.09
		12		25.20	19.8	0.431	283	535	448	117	3.35	4.22	2.15	36.1	57.6	26.2	3.16
		14		29.06	22.8	0.431	321	625	508	133	3.32	4.18	2.14	41.3	65.3	29.1	3.24
12.5	125	8	14	19.75	15.5	0.492	297	521	471	123	3.88	4.88	2.50	32.5	53.3	25.9	3.37
		10		24.37	19.1	0.491	362	652	574	149	3.85	4.85	2.48	40.0	64.9	30.6	3.45
		12		28.91	22.7	0.491	423	783	671	175	3.83	4.82	2.46	41.2	76.0	35.0	3.53
		14		33.37	26.2	0.490	482	916	764	200	3.80	4.78	2.45	54.2	86.4	39.1	3.61
		16		37.74	29.6	0.489	537	1 050	851	224	3.77	4.75	2.43	60.9	96.3	43.0	3.68
14	140	10		27.37	21.5	0.551	515	915	817	212	4.34	5.46	2.78	50.6	82.6	39.2	3.82
		12		32.51	25.5	0.551	604	1 100	959	249	4.31	5.43	2.76	59.8	96.9	45.0	3.90
		14		37.57	29.5	0.550	689	1 280	1 090	284	4.28	5.40	2.75	68.8	110	50.5	3.98
		16		42.54	33.4	0.549	770	1 470	1 220	319	4.26	5.36	2.74	77.5	123	55.6	4.06
15	150	8		23.75	18.6	0.592	521	900	827	215	4.69	5.90	3.01	47.4	78.0	38.1	3.99
		10		29.37	23.1	0.591	638	1 130	1 010	262	4.66	5.87	2.99	58.4	95.5	45.5	4.08
		12		34.91	27.4	0.591	749	1 350	1 190	308	4.63	5.84	2.97	69.0	112	52.4	4.15
		14		40.37	31.7	0.590	856	1 580	1 360	352	4.60	5.80	2.95	79.5	128	58.8	4.23
		15		43.06	33.8	0.590	907	1 690	1 440	374	4.59	5.78	2.95	84.6	136	61.9	4.27
		16		45.74	35.9	0.589	958	1 810	1 520	395	4.58	5.77	2.94	89.6	143	64.9	4.31

续表

型号	截面尺寸/mm			截面面积/cm^2	理论质量/(kg/m)	外表面积/(m^2/m)	惯性矩/cm^4				惯性半径/cm			截面模数/cm^3			重心距离/cm
	b	d	r				I_x	I_{x1}	I_{x0}	I_{y0}	i_x	i_{x0}	i_{y0}	W_x	W_{x0}	W_{y0}	z_0
16	160	10	16	31.50	24.7	0.630	780	1 370	1 240	322	4.98	6.27	3.20	66.7	109	52.8	4.31
		12		37.44	29.4	0.630	917	1 640	1 460	377	4.95	6.24	3.18	79.0	129	60.7	4.39
		14		43.30	34.0	0.629	1 050	1 910	1 670	432	4.92	6.20	3.16	91.0	147	68.2	4.47
		16		49.07	38.5	0.629	1 180	2 190	1 870	485	4.89	6.17	3.14	103	165	75.3	4.55
18	180	12		42.24	33.2	0.710	1 320	2 330	2 100	543	5.59	7.05	3.58	101	165	78.4	4.89
		14		48.90	38.4	0.709	1 510	2 720	2 410	622	5.56	7.02	3.56	116	189	88.4	4.97
		16		55.47	43.5	0.709	1 700	3 120	2 700	699	5.54	6.98	3.55	131	212	97.8	5.05
		18		61.96	48.6	0.708	1 880	3 500	2 990	762	5.50	6.94	3.51	146	235	105	5.13
20	200	14	18	54.64	42.9	0.788	2 100	3 730	3 730	3 340	864	6.20	7.82	3.98	145	236	5.46
		16		62.01	48.7	0.788	2 370	4 270	4 270	3 760	971	6.18	7.79	3.96	164	266	5.54
		18		69.30	54.4	0.787	2 620	4 810	4 810	4 160	1 080	6.15	7.75	3.94	182	294	5.62
		20		76.51	60.1	0.787	2 870	5 350	5 350	4 550	1 180	6.12	7.72	3.93	200	322	5.69
		24		90.66	71.2	0.785	3 340	6 460	6 460	5 290	1 380	6.07	7.64	3.90	236	374	5.87
22	220	16	21	68.67	53.9	0.866	3 190	5 680	5 060	1 310	6.81	8.59	4.37	200	326	154	6.03
		18		76.75	60.3	0.866	3 540	6 400	5 620	1 450	6.79	8.55	4.35	223	361	168	6.11
		20		84.76	66.5	0.865	3 870	7 110	6 150	1 590	6.76	8.52	4.34	245	395	182	6.18
		22		92.68	72.8	0.865	4 200	7 830	6 670	1 730	6.73	8.48	4.32	267	429	195	6.26
		24		100.5	78.9	0.864	4 520	8 550	7 170	1 870	6.71	8.45	4.31	289	461	208	6.33
		26		108.3	85.0	0.864	4 830	9 280	7 690	2 000	6.68	8.41	4.30	310	462	221	6.41
25	250	18	24	87.84	69.0	0.985	5 270	9 380	8 370	2 170	7.75	9.76	4.97	290	473	224	6.84
		20		97.05	76.2	0.984	5 780	10 400	9 180	2 380	7.72	9.73	4.95	320	519	243	6.92
		22		106.2	83.3	0.983	6 280	11 500	9 970	2 580	7.69	9.69	4.93	349	564	261	7.00
		24		115.2	90.4	0.983	6 770	12 500	10 700	2 790	7.67	9.66	4.92	378	608	278	7.07
		26		124.2	97.5	0.982	7 240	13 600	11 500	2 980	7.64	9.62	4.90	406	650	295	7.15
		28		133.0	104	0.982	7 700	14 600	12 200	3 180	7.61	9.58	4.89	433	691	311	7.22
		30		141.8	111	0.981	8 160	15 700	12 900	3 380	7.58	9.55	4.88	461	731	327	7.30
		32		150.5	118	0.981	8 600	16 800	13 600	3 570	7.56	9.51	4.87	488	770	342	7.37
		35		163.4	128	0.980	9 240	18 400	14 600	3 850	7.52	9.46	4.86	527	827	364	7.48

注：截面图中的 $r_1 = d/3$ 及表中 r 的数据用于孔型设计，不做交货条件。

表 B.2 不等边角钢截面尺寸、截面面积、理论质量及截面特性(GB/T 706－2016)

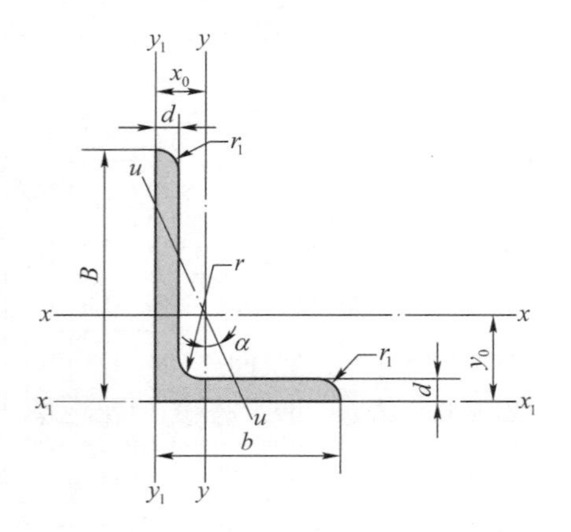

符号意义:
B——长边宽度;
b——短边宽度;
d——边厚度;
r——内圆弧半径;
r_1——边端圆弧半径;
x_0——重心距离;
y_0——重心距离。

型号	截面尺寸/mm				截面面积/	理论质量/	外表面积/	惯性矩/cm^4					惯性半径/cm			截面模数/cm^3			tan α	重心距离/cm	
	B	b	d	r	cm^2	(kg/m)	(m^2/m)	I_x	I_{x1}	I_y	I_{y1}	I_u	i_x	i_y	I_u	W_x	W_y	W_u		x_0	y_0
2.5/1.6	25	16	3	3.5	1.162	0.91	0.080	0.70	1.56	0.22	0.43	0.14	0.78	0.44	0.34	0.43	0.19	0.16	0.392	0.42	0.85
			4		1.499	1.18	0.079	0.88	2.09	0.27	0.59	0.17	0.77	0.43	0.34	0.55	0.24	0.20	0.381	0.46	0.90
3.2/2	32	20	3		1.492	1.17	0.102	1.53	3.27	0.46	0.82	0.28	1.01	0.55	0.43	0.72	0.30	0.25	0.382	0.43	1.08
			4		1.939	1.52	0.101	1.93	4.37	0.57	1.12	0.35	1.00	0.54	0.42	0.93	0.39	0.32	0.374	0.53	1.12
4/2.5	40	25	3	4	1.890	1.48	0.127	3.08	5.39	0.93	1.59	0.56	1.28	0.70	0.54	1.15	0.49	0.40	0.385	0.59	1.32
			4		2.467	1.94	0.127	3.93	8.53	1.18	2.14	0.71	1.36	0.69	0.54	1.49	0.63	0.52	0.381	0.63	1.37
4.5/2.8	45	28	3	5	2.149	1.69	0.143	4.45	9.10	1.34	2.23	0.80	1.44	0.79	0.61	1.47	0.62	0.51	0.383	0.64	1.47
			4		2.806	2.20	0.143	5.69	12.1	1.70	3.00	1.02	1.42	0.78	0.60	1.91	0.80	0.66	0.380	0.68	1.51
5/3.2	50	32	3	5.5	2.431	1.91	0.161	6.24	12.5	2.02	3.31	1.20	1.60	0.91	0.70	1.84	0.82	0.68	0.404	0.73	1.60
			4		3.177	2.49	0.160	8.02	16.7	2.58	4.45	1.53	1.59	0.90	0.69	2.39	1.06	0.87	0.402	0.77	1.65
5.6/3.6	56	36	3	6	2.743	2.15	0.181	8.88	17.5	2.92	4.7	1.73	1.80	1.03	0.79	2.32	1.05	0.87	0.408	0.80	1.78
			4		3.590	2.82	0.180	11.5	23.4	3.76	6.33	2.23	1.79	1.02	0.79	3.03	1.37	1.13	0.408	0.85	1.82
			5		4.415	3.47	0.180	13.9	29.3	4.49	7.94	2.67	1.77	1.01	0.78	3.71	1.65	1.36	0.404	0.88	1.87
6.3/4	63	40	4	7	4.058	3.19	0.202	16.5	33.3	5.23	8.63	3.12	2.02	1.14	0.88	3.87	1.70	1.40	0.398	0.92	2.04
			5		4.993	3.92	0.202	20.0	41.6	6.31	10.9	3.76	2.00	1.12	0.87	4.74	2.07	1.71	0.396	0.95	2.08
			6		5.908	4.64	0.201	23.4	50.0	7.29	13.1	4.34	1.96	1.11	0.86	5.59	2.43	1.99	0.393	0.99	2.12
			7		6.802	5.34	0.201	26.5	58.1	8.24	15.5	4.97	1.98	1.10	0.86	6.40	2.78	2.29	0.389	1.03	2.15
7/4.5	70	45	4	8	4.553	3.57	0.226	23.2	45.9	7.55	12.3	4.40	2.26	1.29	0.98	4.86	2.17	1.77	0.410	1.02	2.24
			5		5.609	4.40	0.225	28.0	57.1	9.13	15.4	5.40	2.23	1.28	0.98	5.92	2.65	2.19	0.407	1.06	2.28
			6		6.644	5.22	0.225	32.5	68.4	10.6	18.6	6.35	2.21	1.26	0.98	6.95	3.12	2.59	0.404	1.09	2.32
			7		7.658	6.01	0.225	37.2	80.0	12.0	21.8	7.16	2.20	1.25	0.97	8.03	3.57	2.94	0.402	1.13	2.36
7.5/5	75	50	5		6.126	4.81	0.245	34.9	70.0	12.6	21.0	7.41	2.39	1.44	1.10	6.83	3.3	2.74	0.435	1.17	2.40
			6		7.260	5.70	0.245	41.1	84.3	14.7	25.4	8.54	2.38	1.42	1.08	8.12	3.88	3.19	0.435	1.21	2.44
			8		9.467	7.43	0.244	52.4	113	18.5	34.2	10.9	2.35	1.40	1.07	10.5	4.99	4.10	0.429	1.29	2.52
			10		11.59	9.10	0.244	62.7	141	22.0	43.4	13.1	2.33	1.38	1.06	12.8	6.04	4.99	0.423	1.36	2.60
8/5	80	50	5		6.376	5.00	0.255	42.0	85.2	12.8	21.1	7.66	2.56	1.42	1.10	7.78	3.32	2.74	0.388	1.14	2.60
			6		7.560	5.93	0.255	49.5	103	15.0	25.4	8.85	2.56	1.41	1.08	9.25	3.91	3.20	0.387	1.18	2.65
			7		8.724	6.85	0.255	56.2	119	17.0	29.8	10.2	2.54	1.39	1.08	10.6	4.48	3.70	0.384	1.21	2.69
			8		9.867	7.75	0.254	62.8	136	18.9	34.3	11.4	2.52	1.38	1.07	11.9	5.03	4.16	0.381	1.25	2.73

续表

型号	截面尺寸/mm				截面面积/	理论质量/	外表面积/	惯性矩/cm^4					惯性半径/cm			截面模数/cm^3			tanα	重心距离/cm	
	B	b	d	r	cm^2	(kg/m)	(m^2/m)	I_x	I_{x1}	I_y	I_{y1}	I_u	i_x	i_y	I_u	W_x	W_y	W_u		x_0	y_0
9/5.6	90	56	5	9	7.212	5.66	0.287	60.5	121	18.3	29.5	11.0	2.90	1.59	1.23	9.92	4.21	3.49	0.385	1.25	2.91
			6		8.557	6.72	0.286	71.0	146	21.4	35.6	12.9	2.88	1.58	1.23	11.7	4.96	4.13	0.384	1.29	2.95
			7		9.881	7.76	0.286	81.0	170	24.4	41.7	14.7	2.86	1.57	1.22	13.5	5.70	4.72	0.382	1.33	3.00
			8		11.18	8.78	0.286	91.0	194	27.2	47.9	16.3	2.85	1.56	1.21	15.3	6.41	5.29	0.380	1.36	3.04
10/63	100	63	6	10	9.618	7.55	0.320	99.1	200	30.9	50.5	18.4	3.21	1.79	1.38	14.6	6.35	5.25	0.394	1.43	3.24
			7		11.11	8.72	0.320	113	233	35.3	59.1	21.0	3.20	1.78	1.38	16.9	7.29	6.02	0.394	1.47	3.28
			8		12.58	9.88	0.319	127	266	39.4	67.9	23.5	3.18	1.77	1.37	19.1	8.21	6.78	0.391	1.50	3.32
			10		15.47	12.1	0.319	154	333	47.1	85.7	28.3	3.15	1.74	1.35	23.3	9.98	8.24	0.387	1.58	3.40
10/8	100	80	6	10	10.64	8.35	0.354	107	200	61.2	103	31.7	3.17	2.40	1.72	15.2	10.2	8.37	0.627	1.97	2.95
			7		12.30	9.66	0.354	123	233	70.1	120	36.2	3.16	2.39	1.72	17.5	11.7	9.60	0.626	2.01	3.00
			8		13.94	10.9	0.353	138	267	78.6	137	40.6	3.14	2.37	1.71	19.8	13.2	10.8	0.625	2.05	3.04
			10		17.17	13.5	0.353	167	334	94.7	172	49.1	3.12	2.35	1.69	24.2	16.1	13.1	0.622	2.13	3.12
11/7	110	70	6	10	10.64	8.35	0.354	133	266	42.9	69.1	25.4	3.54	2.01	1.54	17.9	7.90	6.53	0.403	1.57	3.53
			7		12.30	9.66	0.354	153	310	49.0	80.8	29.0	3.53	2.00	1.53	20.6	9.09	7.50	0.402	1.61	3.57
			8		13.94	10.9	0.353	172	354	54.9	92.7	32.5	3.51	1.98	1.53	23.3	10.3	8.45	0.401	1.65	3.62
			10		17.17	13.5	0.353	208	443	65.9	117	39.2	3.48	1.96	1.51	28.5	12.5	10.3	0.397	1.72	3.70
12.5/8	125	80	7	11	14.10	11.1	0.403	228	455	74.4	120	43.8	4.02	2.30	1.76	26.9	12.0	9.92	0.408	1.80	4.01
			8		15.99	12.6	0.403	257	520	83.5	138	49.2	4.01	2.28	1.75	30.4	13.6	11.2	0.407	1.84	4.06
			10		19.71	15.5	0.402	312	650	101	173	59.5	3.98	2.26	1.74	37.3	16.6	13.6	0.404	1.92	4.14
			12		23.35	18.3	0.402	364	780	117	210	69.4	3.95	2.24	1.72	44.0	19.4	16.0	0.400	2.00	4.22
14/9	140	90	8	12	18.04	14.2	0.453	366	731	121	196	70.8	4.50	2.59	1.98	38.5	17.3	14.3	0.411	2.04	4.50
			10		22.26	17.5	0.452	446	913	140	246	85.8	4.47	2.56	1.96	47.3	21.2	17.5	0.409	2.12	4.58
			12		26.40	20.7	0.451	522	1 100	170	297	100	4.44	2.54	1.95	55.9	25.0	20.5	0.406	2.19	4.66
			14		30.46	23.9	0.451	594	1 280	192	349	114	4.42	2.51	1.94	64.2	28.5	23.5	0.403	2.27	4.74
15/9	150	90	8		18.84	14.8	0.473	442	898	123	196	74.1	4.84	2.55	1.98	43.9	17.5	14.5	0.364	1.97	4.92
			10		23.26	18.3	0.472	539	1 120	149	246	89.9	4.81	2.53	1.97	54.0	21.4	17.7	0.362	2.05	5.01
			12		27.60	21.7	0.471	632	1 350	173	297	105	4.79	2.50	1.95	63.8	25.1	20.8	0.359	2.12	5.09
			14		31.86	25.0	0.471	721	1 570	196	350	120	4.76	2.48	1.94	73.3	28.8	23.8	0.356	2.20	5.17
			15		33.95	26.7	0.471	764	1 680	207	376	127	4.74	2.47	1.93	78.0	30.5	25.3	0.354	2.24	5.21
			16		36.03	28.3	0.470	806	1 800	217	403	134	4.73	2.45	1.93	82.6	32.3	26.8	0.352	2.27	5.25
16/10	160	100	10	13	25.32	19.9	0.512	669	1 360	205	337	122	5.14	2.85	2.19	62.1	26.6	21.9	0.390	2.28	5.24
			12		30.05	23.6	0.511	785	1 640	239	406	142	5.11	2.82	2.17	73.5	31.3	25.8	0.388	2.36	5.32
			14		34.71	27.2	0.510	896	1 910	271	476	162	5.08	2.80	2.16	84.6	35.8	29.6	0.385	2.43	5.40
			16		39.28	30.8	0.510	1 000	2 180	302	548	183	5.05	2.77	2.16	95.3	40.2	33.4	0.382	2.51	5.48
18/11	180	110	10	14	28.37	22.3	0.571	956	1 940	278	447	167	5.80	3.13	2.42	79.0	32.5	26.9	0.376	2.44	5.89
			12		33.71	26.5	0.571	1 120	2 330	325	539	195	5.78	3.10	2.40	93.5	38.3	31.7	0.374	2.52	5.98
			14		38.97	30.6	0.570	1 290	2 720	370	632	222	5.75	3.08	2.39	108	44.0	36.3	0.372	2.59	6.06
			16		44.14	34.6	0.569	1 440	3 110	412	726	249	5.72	3.06	2.38	122	49.4	40.9	0.369	2.67	6.14
20/12.5	200	125	12		37.91	29.8	0.641	1 570	3 190	483	788	286	6.44	3.57	2.74	117	50.0	41.2	0.392	2.83	6.54
			14		43.87	34.4	0.640	1 800	3 730	551	922	327	6.41	3.54	2.73	135	57.4	47.3	0.390	2.91	6.62
			16		49.74	39.0	0.639	2 020	4 260	615	1 060	366	6.38	3.52	2.71	152	64.9	53.3	0.388	2.99	6.70
			18		55.53	43.6	0.639	2 240	4 790	677	1 200	405	6.35	3.49	2.70	169	71.7	59.2	0.385	3.06	6.78

注：截面图中的 $r_1=d/3$ 及表中 r 的数据用于孔型设计，不做交货条件。

表 B.3 工字钢截面尺寸、截面面积、理论质量及截面特性(GB/T 706－2016)

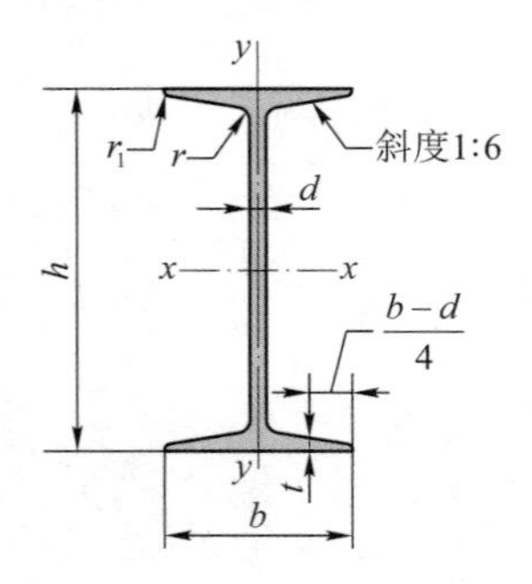

符号意义:
h——高度;
b——腿宽度;
d——腰厚度;
t——腿中间厚度;
r——内圆弧半径;
r_1——腿端圆弧半径。

型号	截面尺寸/mm						截面面积/cm^2	理论质量/(kg/m)	外表面积/(m^2/m)	惯性矩/cm^4		惯性半径/cm		截面模数/cm^3	
	h	b	d	t	r	r_1				I_x	I_y	i_x	i_y	W_x	W_y
10	100	68	4.5	7.6	6.5	3.3	14.33	11.3	0.432	245	33.0	4.14	1.52	49.0	9.72
12	120	74	5.0	8.4	7.0	3.5	17.80	14.0	0.493	436	46.9	4.95	1.62	72.7	12.7
12.6	126	74	5.0	8.4	7.0	3.5	18.10	14.2	0.505	488	46.9	5.20	1.61	77.5	12.7
14	140	80	5.5	9.1	7.5	3.8	21.50	16.9	0.553	712	64.4	5.76	1.73	102	16.1
16	160	88	6.0	9.9	8.0	4.0	26.11	20.5	0.621	1 130	93.1	6.58	1.89	141	21.2
18	180	94	6.5	10.7	8.5	4.3	30.74	24.1	0.681	1 660	122	7.36	2.00	185	26.0
20a	200	100	7.0	11.4	9.0	4.5	35.55	27.9	0.742	2 370	158	8.15	2.12	237	31.5
20b		102	9.0				39.55	31.1	0.746	2 500	169	7.96	2.06	250	33.1
22a	220	110	7.5	12.3	9.5	4.8	42.10	33.1	0.817	3 400	225	8.99	2.31	309	40.9
22b		112	9.5				46.50	36.5	0.821	3 570	239	8.78	2.27	325	42.7
24a	240	116	8.0	13.0	10.0	5.0	47.71	37.5	0.878	4 570	280	9.77	2.42	381	48.4
24b		118	10.0				52.51	41.2	0.882	4 800	297	9.57	2.38	400	50.4
25a	250	116	8.0				48.51	38.1	0.898	5 020	280	10.2	2.40	402	48.3
25b		118	10.0				53.51	42.0	0.902	5 280	309	9.94	2.40	423	52.4
27a	270	116	8.0	13.7	10.5	5.3	54.52	42.8	0.958	6 550	345	10.9	2.51	485	56.6
27b		118	10.0				59.92	47.0	0.962	6 870	366	10.7	2.47	509	58.9
28a	280	122	8.5				55.37	43.5	0.978	7 110	345	11.3	2.50	508	56.6
28b		124	10.5				60.97	47.9	0.982	7 480	379	11.1	2.49	534	61.2
30a	300	126	9.0	14.4	11.0	5.5	61.22	48.1	1.031	8 950	400	12.1	2.55	597	63.5
30b		128	11.0				67.22	52.8	1.035	9 400	422	11.8	2.50	627	65.9
30c		130	13.0				73.22	57.5	1.039	9 850	445	11.6	2.46	657	68.5

续表

型号	截面尺寸/mm						截面面积/cm²	理论质量/(kg/m)	外表面积/(m²/m)	惯性矩/cm⁴		惯性半径/cm		截面模数/cm³	
	h	b	d	t	r	r_1				I_x	I_y	i_x	i_y	W_x	W_y
32a		130	9.5				67.12	52.7	1.084	11 100	460	12.8	2.62	692	70.8
32b	320	132	11.5	15.0	11.5	5.8	73.52	57.7	1.088	11 600	502	12.6	2.61	726	76.0
32c		134	13.5				79.92	62.7	1.092	12 200	544	12.3	2.61	760	81.2
36a		136	10.0				76.44	60.0	1.185	15 800	552	14.4	2.69	875	81.2
36b	360	138	12.0	15.8	12.0	6.0	83.64	65.7	1.189	16 500	582	14.1	2.64	919	84.3
36c		140	14.0				90.84	71.3	1.193	17 300	612	13.8	2.60	962	87.4
40a		142	10.5				86.07	67.6	1.285	21 700	660	15.9	2.77	1090	93.2
40b	400	144	12.5	16.5	12.5	6.3	94.07	73.8	1.289	22 800	692	15.6	2.71	1140	96.2
40c		146	14.5				102.1	80.1	1.293	23 900	727	15.2	2.65	1190	99.6
45a		150	11.5				102.4	80.4	1.411	32 200	855	17.7	2.89	1430	114
45b	450	152	13.5	18.0	13.5	6.8	111.4	87.4	1.415	33 800	894	17.4	2.84	1500	118
45c		154	15.5				120.4	94.5	1.419	35 300	938	17.1	2.79	1570	122
50a		158	12.0				119.2	93.6	1.539	46 500	1 120	19.7	3.07	1860	142
50b	500	160	14.0	20.0	14.0	7.0	129.2	101	1.543	48 600	1 170	19.4	3.01	1940	146
50c		162	16.0				139.2	109	1.547	50 600	1 220	19.0	2.96	2080	151
55a		166	12.5				134.1	105	1.667	62 900	1 370	21.6	3.19	2290	164
55b	550	168	14.5				145.1	114	1.671	65 600	1 420	21.2	3.14	2390	170
55c		170	16.5	21.0	14.5	7.3	156.1	123	1.675	68 400	1 480	20.9	3.08	2490	175
56a		166	12.5				135.4	106	1.687	65 600	1 370	22.0	3.18	2340	165
56b	560	168	14.5				146.6	115	1.691	68 500	1 490	21.6	3.16	2450	174
56c		170	16.5				157.8	124	1.695	71 400	1 560	21.3	3.16	2550	183
63a		176	13.0				154.6	121	1.862	93 900	1 700	24.5	3.31	2980	193
63b	630	178	15.0	22.0	15.0	7.5	167.2	131	1.866	98 100	1 810	24.2	3.29	3160	204
63c		180	17.0				179.8	141	1.870	10 2000	1 920	23.8	3.27	3300	214

注：表中 r、r_1 的数据用于孔型设计，不做交货条件。

表 B.4 槽钢截面尺寸、截面面积、理论质量及截面特性(GB/T 706－2016)

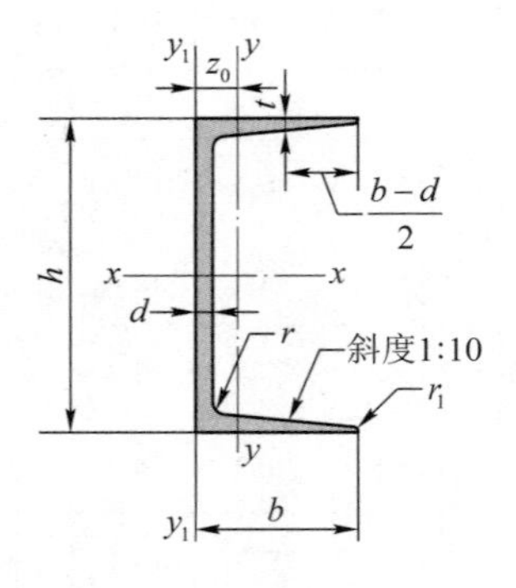

符号意义：
h——高度；
b——腿宽度；
d——腰厚度；
t——腿中间厚度；
r——内圆弧半径；
r_1——腿端圆弧半径；
z_0——重心距离。

型号	截面尺寸/mm						截面面积/cm²	理论质量/(kg/m)	外表面积/(m²/m)	惯性矩/cm⁴			惯性半径/cm		截面模数/cm³		重心距离/cm
	h	b	d	t	r	r_1				I_x	I_y	I_{y_1}	i_x	i_y	W_x	W_y	
5	50	37	4.5	7.0	7.0	3.5	6.925	5.44	0.226	26.0	8.30	20.9	1.94	1.10	10.4	3.55	1.35
6.3	63	40	4.8	7.5	7.5	3.8	8.446	6.63	0.262	50.8	11.9	28.4	2.45	1.19	16.1	4.50	1.36
6.5	65	40	4.3	7.5	7.5	3.8	8.292	6.51	0.267	55.2	12.0	28.3	2.54	1.19	17.0	4.59	1.38
8	80	43	5.0	8.0	8.0	4.0	10.24	8.04	0.307	101	16.6	37.4	3.15	1.27	25.3	5.79	1.43
10	100	48	5.3	8.5	8.5	4.2	12.74	10.0	0.365	198	25.6	54.9	3.95	1.41	39.7	7.80	1.52
12	120	53	5.5	9.0	9.0	4.5	15.36	12.1	0.423	346	37.4	77.7	4.75	1.56	57.7	10.2	1.62
12.6	126	53	5.5	9.0	9.0	4.5	15.69	12.3	0.135	391	38.0	77.1	4.95	1.57	62.1	10.2	1.59
14a	140	58	6.0	9.5	9.5	4.8	18.51	14.5	0.480	564	53.2	107	5.52	1.70	80.5	13.0	1.71
14b		60	8.0				21.31	16.7	0.484	609	61.1	121	5.35	1.69	87.1	14.1	1.67
16a	160	63	6.5	10.0	10.0	5.0	21.95	17.2	0.538	866	73.3	144	6.28	1.83	108	16.3	1.80
16b		65	8.5				25.15	19.8	0.542	935	83.4	161	6.10	1.82	117	17.6	1.75
18a	180	68	7.0	10.5	10.5	5.2	25.69	20.2	0.596	1 270	98.6	190	7.04	1.96	141	20.0	1.88
18b		70	9.0				29.29	23.0	0.600	1 370	111	210	6.84	1.95	152	21.5	1.84
20a	200	73	7.0	11.0	11.0	5.5	28.83	22.6	0.654	1 780	128	244	7.86	2.11	178	24.2	2.01
20b		75	9.0				32.83	25.8	0.658	1 910	144	268	7.64	2.09	191	25.9	1.95
22a	220	77	7.0	11.5	11.5	5.8	31.83	25.0	0.709	2 390	158	298	8.67	2.23	218	28.2	2.10
22b		79	9.0				36.23	28.5	0.713	2 570	176	326	8.42	2.21	234	30.1	2.03

续表

型号	截面尺寸/mm						截面面积/cm²	理论质量/(kg/m)	外表面积/(m²/m)	惯性矩/cm⁴			惯性半径/cm		截面模数/cm³		重心距离/cm
	h	b	d	t	r	r_1				I_x	I_y	I_{y_1}	i_x	i_y	W_x	W_y	
24a		78	7.0	12.0	12.0	6.0	34.21	26.9	0.752	3 050	174	325	9.45	2.25	254	30.5	2.10
24b	240	80	9.0				39.01	30.6	0.756	3 280	194	355	9.17	2.23	274	32.5	2.03
24c		82	11.0				43.81	34.4	0.760	3 510	213	388	8.96	2.21	293	34.4	2.00
25a		78	7.0				34.91	27.4	0.722	3 370	176	322	9.82	2.24	270	30.6	2.07
25b	250	80	9.0				39.91	31.3	0.776	3 530	196	353	9.41	2.22	282	32.7	1.98
25c		82	11.0				44.91	35.3	0.780	3 690	218	384	9.07	2.21	295	35.9	1.92
27a		82	7.5	12.5	12.5	6.2	39.27	30.8	0.826	4 360	216	393	10.5	2.34	323	35.5	2.13
27b	270	84	9.5				44.67	35.1	0.830	4 690	239	428	10.3	2.31	347	37.7	2.06
27c		86	11.5				50.07	39.3	0.834	5 020	261	467	10.1	2.28	372	39.8	2.03
28a		82	7.5				40.02	31.4	0.846	4 760	218	388	10.9	2.33	340	35.7	2.10
28b	280	84	9.5				45.62	35.8	0.850	5 130	242	428	10.6	2.30	366	37.9	2.02
28c		86	11.5				51.22	40.2	0.854	5 500	268	463	10.4	2.29	393	40.3	1.95
30a		85	7.5				43.89	34.5	0.897	6 050	260	467	11.7	2.43	403	41.1	2.17
30b	300	87	9.5	13.5	13.5	6.8	49.89	39.2	0.901	6 500	289	515	11.4	2.41	433	44.0	2.13
30c		89	11.5				55.89	43.9	0.905	6 950	316	560	11.2	2.38	463	46.4	2.09
32a		88	8.0				48.50	38.1	0.947	7 600	305	552	12.5	2.50	475	46.5	2.24
32b	320	90	10.0	14.0	14.0	7.0	54.90	43.1	0.951	8 140	336	593	12.2	2.47	509	49.2	2.16
32c		92	12.0				61.30	48.1	0.955	8 690	374	643	11.9	2.47	543	52.6	2.09
36a		96	9.0				60.89	47.8	1.053	11 900	455	818	14.0	2.73	660	63.5	2.44
36b	360	98	11.0	16.0	16.0	8.0	68.09	53.5	1.057	12 700	497	880	13.6	2.70	703	66.9	2.37
36c		100	13.0				75.29	59.1	1.061	13 400	536	948	13.4	2.67	746	70.0	2.34
40a		100	10.5				75.04	58.9	1.144	17 600	592	1 070	15.3	2.81	879	78.8	2.49
40b	400	102	12.5	18.0	18.0	9.0	83.04	65.2	1.148	18 600	640	1 140	15.0	2.78	932	82.5	2.44
40c		104	14.5				91.04	71.5	1.152	19 700	688	1 220	14.7	2.75	986	86.2	2.42

注：表中r、r_1的数据用于孔型设计，不做交货条件。

习题答案

1 绪　论

1.1　$\varepsilon = 3 \times 10^{-4}$，$\varepsilon' = -9 \times 10^{-5}$

1.2　$\varepsilon_{径} = \varepsilon_{周} = 2.4 \times 10^{-4}$

1.3　(a) $\gamma = 2\alpha$；　(b) $\gamma = 0$；　(c) $\gamma = \alpha - \beta$

1.4　$\varepsilon_{\mathrm{m}} = 1.5 \times 10^{-4}$，$\gamma = 1.5 \times 10^{-4}$ rad

1.5　$\varepsilon_{AC} = \gamma/2$

2 拉伸、压缩与剪切

2.1　(a) $-F$，0，$-F$；　(b) 0，2 kN，-3 kN；　(c) $3F$，F，$2F$；　(d) $-2F$，$-F$，$-F$

2.2　100 MPa，33.3 MPa，62.5 MPa

2.3　$\sigma_{0^\circ} = 100$ MPa，$\tau_{0^\circ} = 0$；　$\sigma_{30^\circ} = 75$ MPa，$\tau_{30^\circ} = 43.3$ MPa；

$\sigma_{45^\circ} = 50$ MPa，$\tau_{45^\circ} = 50$ MPa；　$\sigma_{60^\circ} = 25$ MPa，$\tau_{60^\circ} = 43.3$ MPa；

$\sigma_{90^\circ} = 0$，　$\tau_{90^\circ} = 0$

2.4　21.2 mm

2.5　$A_{AC} \geqslant 10.8\ \mathrm{cm}^2$，选 2 根 $80 \times 80 \times 7$ 的角钢；　$A_{CD} \geqslant 8.63\ \mathrm{cm}^2$，选 2 根 $75 \times 75 \times 6$ 的角钢

2.6　$\sigma_{AB} = -47.4$ MPa，$\sigma_{BC} = 104$ MPa

2.7　36.3 kN

2.8　(1) $\sigma = 11.2$ MPa，绳索强度不够；　(2) $\sigma = 9.16$ MPa，绳索满足强度要求

2.9　(1) $\sigma = 75.9$ MPa，$n = 3.95$；　(2) $m = 14$

2.10　$\theta = 45^\circ$

2.11　$\sigma = 37.7\ \mathrm{MPa} < [\sigma]$，安全

2.12　(1) $d_{\max} \leqslant 17.8$ mm；　(2) $A_{CD} \geqslant 833\ \mathrm{mm}^2$；　(3) $F_{\max} \leqslant 15.7$ kN

2.13　(1) $\sigma_{铁} = 5$ MPa；　(2) $p = 0.5$ MPa

2.14　54.7°

2.15　$\sigma_{\max} = \rho g l$，$\Delta l = \dfrac{\rho g l^2}{2E}$

2.16　$\Delta_{AV} = \dfrac{3Fl}{E_1 A} + \dfrac{8Fl}{\sqrt{3}\ E_2 A}$

2.17　$\Delta l = \dfrac{Fl}{E\delta(b_2 - b_1)} \ln\left(\dfrac{b_2}{b_1}\right)$

2.18　(1) $\sigma_1 = 127$ MPa，$\sigma_2 = 63.7$ MPa；　(2) $\Delta_{CV} = 2.43$ mm

2.19　(1) 轴力图略；

(2) $\sigma_{B1} = -0.06$ MPa，$\sigma_{B2} = -0.16$ MPa，$\sigma_{B3} = -0.26$ MPa；

(3) $\Delta l_{AB1} = 9 \times 10^{-7}$ m，$\Delta l_{AB2} = 2.9 \times 10^{-6}$ m，$\Delta l_{AB3} = 5.9 \times 10^{-6}$ m

2.20　$E = 70$ GPa，$\mu = 0.327$

2.21 $F = 160\ \text{kN}$

2.22 $F_{\max} = 11.7\ \text{kN}$

2.23 $x = \dfrac{6l}{7}$

2.24 $\Delta l_{\text{p}} = 2.5\ \text{mm}$

2.25 $\Delta_{CH} = \dfrac{\sqrt{3}\,Fl}{EA}$，$\Delta_{CV} = \dfrac{Fl}{EA}$

2.26 (1) 300 MPa；(2) 54.8 mm；(3) 258 N

2.27 (1) $x = \dfrac{l}{3}$，$[F]_{\max} = 3[\sigma]_2 A$；(2) $[F] = [\sigma]_2 A$

2.28 $\Delta_{CH} = \Delta_{CV} = \dfrac{Fl}{2EA}$

2.29 $h = \dfrac{l}{4}$时，$F_{NBC} = 30\ \text{kN}$，$F_{NAC} = 0$；$h = \dfrac{3l}{4}$时，$F_{NBC} = 42.5\ \text{kN}$，$F_{NAC} = 12.5\ \text{kN}$

2.30 (1) $F_{\text{N}}(y) = -\dfrac{Fy^3}{l^3}$；(2) $\Delta l = 1.43\ \text{mm}$

2.31 $\Delta T = \dfrac{F}{E_c A_c(\alpha_{lc} - \alpha_{ls})}$

2.32 $\Delta_{AV} = \dfrac{l}{B\cos\alpha}\left(\dfrac{F}{2A\cos\alpha}\right)^n$

2.33 $\sigma_1 = 100\ \text{MPa}$，$\sigma_2 = -50\ \text{MPa}$

2.34 $F_{RA} = F_{RB} = \dfrac{F}{3}$

2.35 $F_{NAC} = \dfrac{7F}{4}$

2.36 $F_{N1} = \dfrac{F}{12}$，$F_{N2} = \dfrac{F}{3}$，$F_{N3} = \dfrac{7F}{12}$

2.37 $[F] = \dfrac{5}{2}[\sigma]A$

2.38 $F_{N1} = F_{N2} = \dfrac{9\sqrt{3} - 6}{23}F$，$F_{N3} = F_{N4} = F_{N5} = \dfrac{6\sqrt{3} - 4}{23}F$

2.39 (1) 28.4%；(2) $[F] = 695\ \text{kN}$；(3) 0.4 mm，$[F] = 948\ \text{kN}$

2.40 $e = \dfrac{b(E_1 - E_2)}{2(E_1 + E_2)}$

2.41 $F_{N1} = \dfrac{F}{5}$ (拉)，$F_{N2} = \dfrac{2F}{5}$ (压)

2.42 $\sigma_1 = -70\ \text{MPa}$，$\sigma_2 = -35\ \text{MPa}$

2.43 $\sigma_1 = \sigma_3 = -35\ \text{MPa}$，$\sigma_2 = 70\ \text{MPa}$

2.44 $d \geqslant 15\ \text{mm}$

2.45 $\sigma_b = 89.1\ \text{MPa}$，$n = 1.27$

2.46 $\dfrac{d}{h} = 2.4$

2.47 $F \geqslant 679\ \text{kN}$

2.48 $\tau = \dfrac{8F}{9\pi d\delta}$

2.49 $d \geqslant 19.9\ \text{mm}$

2.50 $\tau = \dfrac{F}{lb}$，$\sigma_{bs} = \dfrac{F}{ab}$

2.51 $\tau = 43.3$ MPa，$\sigma_{bs} = 59.5$ MPa

2.52 $\tau = 162$ MPa

2.53 $\delta_{min} = 80$ mm

2.54 $t = 20$ mm，$l = 200$ mm，$h = 80$ mm

3 扭 转

3.1 略

3.2 $T_{max} = 152.8$ N·m；轮 A 与 B 互换位置后 $T_{max} = 267.4$ N·m，故互换不合理

3.3 (1) $\tau_{max} = 61.1$ MPa； (2) $\tau = 48.9$ MPa； (3) 轮 A 与 B 互换位置较合理

3.4 $\varphi = 0.044\ 8$ rad；轮 A 与 B 互换位置后，$\varphi = -0.016\ 3$ rad

3.5 $D = 82.4$ mm，$d = 57.7$ mm，$\dfrac{P_{空}}{P_{实}} = 0.612$

3.6 略

3.7 $\tau_{max} = 75.1$ MPa，$d \geqslant 11.2$ mm

3.8 (1) $M_e = 110$ N·m； (2) $\varphi = 0.021\ 9$ rad

3.9 $T' = \dfrac{T}{16}$

3.10 合力大小 $F_S' = \dfrac{4\sqrt{2}\ T}{3\pi d}$；作用点在对称轴上，至圆心的距离 $\rho = \dfrac{3\pi d}{16\sqrt{2}}$

3.11 $\varphi_B = \dfrac{ml^2}{2GI_p}$

3.12 $\varphi = \dfrac{32M_e l}{3\pi G} \cdot \dfrac{d_1^2 + d_1 d_2 + d_2^2}{d_1^3 d_2^3}$

3.13 $d(x) = \sqrt[3]{\dfrac{16mx}{\pi[\tau]}}$

3.14 空心轴比实心轴省材料 48.8%

3.15 略

3.16 $M_A = \dfrac{3ml}{8}$，$M_B = \dfrac{ml}{8}$

3.17 $d_2 = \sqrt[3]{\dfrac{16M_e}{9\pi[\tau]}}$，$d_1 = 2d_2$

3.18 $\dfrac{d_B}{d_A} = \dfrac{G_B}{G_A}$

3.19 $a \leqslant 39.5$ mm

3.20 $E = 216$ GPa，$G = 81.5$ GPa，$\mu = 0.325$

3.21 $F_E = \dfrac{F}{4}$

3.22 $\tau_{管\,max} = \dfrac{16M_e}{\pi D^3}$，$\tau_{轴\,max} = \dfrac{16M_e}{\pi d^3}\left(1 - \dfrac{d^4}{D^4}\right)$

3.23 $\tau_{max} = \dfrac{64M_e}{31\pi d^3}$，$\varphi = \dfrac{32M_e l}{31\pi G d^4}$

3.24 略

3.25 $\tau_{圆} : \tau_{方} : \tau_{矩} = 1 : 1.36 : 1.62$

3.26 $\frac{T_s}{T_u} = \frac{45}{56}$

4 弯曲内力

4.1 (a) $F_{S1} = F_{S2} = -\frac{1}{12}q_0a$, $F_{S3} = \frac{1}{2}q_0a$, $M_1 = 0$, $M_2 = M_3 = -\frac{1}{6}q_0a^2$;

(b) $F_{S1} = 0$, $F_{S2} = \frac{1}{2}qa$, $F_{S3} = qa$, $M_1 = -qa^2$, $M_2 = M_3 = -\frac{1}{2}qa^2$;

(c) $F_{S1} = F_{S2} = qa$, $F_{S3} = 0$, $M_1 = \frac{3}{2}qa^2$, $M_2 = \frac{1}{2}qa^2$, $M_3 = qa^2$;

(d) $F_{S1} = \frac{1}{2}q_0a$, $F_{S2} = 0$, $F_{S3} = -\frac{1}{2}q_0a$, $M_1 = 0$, $M_2 = \frac{1}{6}q_0a^2$, $M_3 = 0$

4.2 (a) $|F_S|_{max} = qa$, $|M|_{max} = \frac{3}{2}qa^2$; (b) $|F_S|_{max} = F$, $|M|_{max} = Fa$;

(c) $|F_S|_{max} = qa$, $|M|_{max} = \frac{1}{2}qa^2$; (d) $|F_S|_{max} = qa$, $|M|_{max} = \frac{3}{2}qa^2$;

(e) $|F_S|_{max} = 2F$, $|M|_{max} = Fa$; (f) $|F_S|_{max} = qa$, $|M|_{max} = \frac{1}{2}qa^2$;

(g) $|F_S|_{max} = 5\ \text{kN}$, $|M|_{max} = 6\ \text{kN·m}$; (h) $|F_S|_{max} = 5\ \text{kN}$, $|M|_{max} = 5\ \text{kN·m}$

4.3 (a) $|F_S|_{max} = \frac{1}{2}qa$, $|M|_{max} = \frac{5}{8}qa^2$; (b) $|F_S|_{max} = \frac{3}{8}qa$, $|M|_{max} = \frac{9}{128}qa^2$;

(c) $|F_S|_{max} = qa$, $|M|_{max} = \frac{1}{2}qa^2$; (d) $|F_S|_{max} = qa$, $|M|_{max} = qa^2$;

(e) $|F_S|_{max} = qa$, $|M|_{max} = \frac{1}{2}qa^2$; (f) $|F_S|_{max} = qa$, $|M|_{max} = qa^2$;

(g) $|F_S|_{max} = qa$, $|M|_{max} = \frac{1}{2}qa^2$; (h) $|F_S|_{max} = qa$, $|M|_{max} = \frac{1}{2}qa^2$;

(i) $|F_S|_{max} = \frac{M_e}{a}$, $|M|_{max} = M_e$; (j) $|F_S|_{max} = \frac{5}{8}qa$, $|M|_{max} = \frac{1}{8}qa^2$;

(k) $|F_S|_{max} = 2qa$, $|M|_{max} = 2qa^2$; (l) $|F_S|_{max} = qa$, $|M|_{max} = \frac{1}{2}qa^2$;

(m) $|F_S|_{max} = \frac{5}{4}qa$, $|M|_{max} = qa^2$; (n) $|F_S|_{max} = qa$, $|M|_{max} = \frac{3}{4}qa^2$

4.4 略

4.5 $x = \frac{l}{5}$

4.6 (a) $|F_S|_{max} = \frac{F}{2}$, $|M|_{max} = \frac{1}{2}Fa$; (b) $|F_S|_{max} = \frac{1}{2}qa$, $|M|_{max} = \frac{1}{2}qa^2$;

(c) $|F_S|_{max} = qa$, $|M|_{max} = \frac{1}{2}qa^2$; (d) $|F_S|_{max} = qa$, $|M|_{max} = \frac{1}{2}qa^2$

4.7 (a) $|M|_{max} = \frac{1}{2}qa^2$; (b) $|M|_{max} = \frac{7}{4}Fa$; (c) $|M|_{max} = \frac{9}{2}qa^2$;

(d) $|M|_{max} = 2Fa$; (e) $|M|_{max} = \frac{3}{2}qa^2$

4.8 (a) $|M|_{max} = \frac{1}{2}qa^2$; (b) $|M|_{max} = \frac{3}{2}qa^2$

4.9 (a) $|F_S|_{max}=\dfrac{2F}{3}$； (b) $|F_S|_{max}=F$

4.10 (a) $|M|_{max}=FR$； (b) $|M|_{max}=M_e$； (c) $|M|_{max}=\dfrac{FR}{2}(\sqrt{2}-1)$

4.11 (a) $|F_S|_{max}=\dfrac{1}{3}q_0a$， $|M|_{max}=\dfrac{q_0a^2}{9\sqrt{3}}$； (b) $|F_S|_{max}=\dfrac{1}{2}q_0a$， $|M|_{max}=\dfrac{q_0a^2}{6}$

5 弯曲应力

5.1 $\sigma_{max}=100$ MPa

5.2 $\sigma_{max}=63.2$ MPa

5.3 实心圆截面 $\sigma_{max}=119$ MPa，空心圆截面 $\sigma_{max}=70.2$ MPa，减小 41%

5.4 圆形 $d=108$ mm，矩形 $h=114$ mm，工字钢型号 No.16

5.5 $\sigma_t=37.9$ MPa，$\sigma_c=60.3$ MPa

5.6 $\sigma_{max}=28.3$ MPa

5.7 (1) $\sigma_a=24$ MPa，$\tau_a=1.28$ MPa;
(2) $\sigma_{max1}=40$ MPa，$\tau_{max1}=2$ MPa;
(3) $\sigma_{max}=160$ MPa，$\tau_{max}=4$ MPa

5.8 略

5.9 $[M]=7.23$ kN·m

5.10 $b=316$ mm

5.11 $a=1.2$ m

5.12 $F=\dfrac{2bh^2E\varepsilon}{3l}$

5.13 $F=\dfrac{4bh^2E\delta}{3l^2}$

5.14 $\dfrac{h}{b}=\sqrt{2}$，$d\geqslant 198$ mm

5.15 $\sigma_t=23.3$ MPa，$\sigma_c=35$ MPa; 倒置后 $\sigma_t=35$ MPa

5.16 $F=491$ N，$\sigma_{max}=125$ MPa

5.17 $x=\dfrac{l}{2}$，$\sigma_{max}=\dfrac{128Fl}{27\pi d_A^3}$

5.18 $a=b=2$ m，$[F]=14.8$ kN

5.19 $[F]=4.2$ kN

5.20 $b=138.7$ mm，$h=208$ mm

5.21 $\tau_{max}=\dfrac{F_S}{\pi R\delta}$

5.22 $a=\dfrac{2l}{3}$，$\sigma_{max}=\dfrac{16Pl}{9\pi d^3}$

5.23 143 kN(压力),作用于距中性轴 70 mm 处

5.24 $n=\dfrac{1}{9}$

5.25 (1) 略； (2) $\sigma_t=7.29$ MPa，$\sigma_c=4.38$ MPa； (3) 22.8 kN

5.26 $[F]=3.75$ kN

5.27 $\sigma_{max}=138$ MPa，$\tau_{max}=13.9$ MPa

5.28 每 1 mm 长度焊缝传递 473 N 的力

5.29 中性层上有均布切应力 $\tau' = \dfrac{3F}{2bh}$，其合力为 $F' = \dfrac{3Fl}{2h}$

5.30 (1) $\sigma_C = 150$ MPa，$\sigma_D = 213$ MPa； (2) $\tau_{\max} = 41.5$ MPa； (3) $a = 3.28$ m

5.31 $h_c = 75$ mm，$h_t = 125$ mm，$\sigma_t = 18.1$ MPa，$\sigma_c = 30.2$ MPa

6 弯 曲 变 形

6.1 $M(x)=\dfrac{q_0 x}{6l}(l^2 - x^2)$，$F_S(x) = \dfrac{q_0}{6l}(l^2 - 3x^2)$，$M_{\max} = \dfrac{q_0 l^2}{9\sqrt{3}}$

6.2 略

6.3 (a) $\theta_A = \theta_B = \dfrac{M_e l}{24EI}$，$w_C = 0$；

(b) $\theta_A = -\dfrac{M_e l}{24EI}$，$\theta_B = \dfrac{11M_e l}{24EI}$，$w_C = -\dfrac{M_e l^2}{8EI}$；

(c) $\theta_B = -\dfrac{q_0 a^3}{24EI}$，$w_B = -\dfrac{q_0 a^4}{30EI}$；

(d) $\theta_A = \dfrac{5Fa^2}{2EI}$，$\theta_B = \dfrac{2Fa^2}{EI}$，$w_A = -\dfrac{7Fa^3}{2EI}$，$w_B = -\dfrac{7Fa^3}{6EI}$；

(e) $\theta_A = -\dfrac{7ql^3}{384EI}$，$\theta_B = \dfrac{3ql^3}{128EI}$，$w_C = -\dfrac{5ql^4}{768EI}$；

(f) $\theta_B = -\dfrac{Fa^2}{3EI}$，$\theta_C = -\dfrac{5Fa^2}{6EI}$，$w_C = -\dfrac{2Fa^3}{3EI}$

6.4 相对误差为$\dfrac{1}{3}\left(\dfrac{w_{\max}}{l}\right)^2$

6.5 $A = \dfrac{ql}{12}$，$B = -\dfrac{ql^2}{12}$，$C = D = 0$

6.6 (a) $w_C = \dfrac{5q_0 l^4}{768EI}(\downarrow)$； (b) $w_C = \dfrac{5(q_1 + q_2)l^4}{768EI}(\downarrow)$

6.7 (a) $w_C = \dfrac{qa^4}{24EI}(\downarrow)$，$\theta_D = \dfrac{qa^3}{4EI}(\circlearrowright)$，$w_D = \dfrac{5qa^4}{24EI}(\downarrow)$；

(b) $w_C = \dfrac{Fa^3}{12EI}(\uparrow)$，$\theta_D = \dfrac{17Fa^2}{12EI}(\circlearrowright)$，$w_D = \dfrac{11Fa^3}{12EI}(\downarrow)$；

(c) $w_C = \dfrac{qa^4}{12EI}(\downarrow)$，$\theta_D = \dfrac{qa^3}{6EI}(\circlearrowright)$，$w_D = \dfrac{qa^4}{8EI}(\downarrow)$；

(d) $w_C = \dfrac{Fa^3}{4EI}(\uparrow)$，$\theta_D = \dfrac{5Fa^2}{4EI}(\circlearrowright)$，$w_D = \dfrac{13Fa^3}{12EI}(\downarrow)$

6.8 (a) $\theta_{\max} = \dfrac{5Fa^2}{6EI}(\circlearrowright)$，$w_{\max} = \dfrac{2Fa^3}{3EI}(\downarrow)$； (b) $\theta_{\max} = \dfrac{3qa^3}{2EI}(\circlearrowright)$，$w_{\max} = \dfrac{55qa^4}{24EI}(\downarrow)$；

(c) $\theta_{\max} = \dfrac{11qa^3}{6EI}(\circlearrowright)$，$w_{\max} = \dfrac{19qa^4}{8EI}(\downarrow)$； (d) $\theta_{\max} = \dfrac{q_0 l^3}{10EI}(\circlearrowright)$，$w_{\max} = \dfrac{13q_0 l^4}{180EI}(\downarrow)$

6.9 $M_{e2} = 2M_{e1}$

6.10 $w_D = \dfrac{11Fa^3}{3EI}(\downarrow)$，$w_E = \dfrac{13Fa^3}{3EI}(\downarrow)$

6.11 (a) $w_C = \dfrac{14qa^4}{3EI}(\downarrow)$，$w_D = \dfrac{7qa^4}{3EI}(\downarrow)$； (b) $w_C = \dfrac{8qa^4}{EI}(\downarrow)$，$w_D = \dfrac{101qa^4}{24EI}(\downarrow)$

6.12　在梁的自由端应加方向向上的集中力 $F = 6AEI$ 和顺时针方向的集中力偶 $M_e = 6AlEI$

6.13　$\Delta = \dfrac{19Pa^3}{1\,152EI}$

6.14　由强度条件得 $W_z \geqslant 400\ \text{cm}^3$，由刚度条件得 $I \geqslant 794\ \text{cm}^4$，应选用 No.32a 工字钢

6.15　$\Delta_{CV} = 8.63\ \text{mm}$

6.16　(a) $F_{By} = \dfrac{7qa}{4}(\uparrow)$；　(b) $M_A = \dfrac{qa^2}{8}$ (↻)；　(c) $F_{Cy} = \dfrac{5qa}{8}(\uparrow)$；　(d) $M_A = \dfrac{Fa}{4}$ (↺)

6.17　$a = 2\left(l - \sqrt{\dfrac{2EI}{Rq}}\right)$

6.18　$\delta = \dfrac{7qa^4}{72EI}$

6.19　$\delta = \dfrac{8\sqrt{2}-11}{24}\dfrac{ql^4}{EI} = \dfrac{0.013\,1ql^4}{EI}$

6.20　$F_N = \dfrac{3ql}{4\left(4 + \dfrac{3I}{l^2A}\right)}$

6.21　$M_{max} = \dfrac{3EAI\alpha_l l\Delta T}{3I + Al^2}$

7　应力状态分析与强度理论

7.1　略

7.2　(a) $\sigma_\alpha = 50\ \text{MPa}$，$\tau_\alpha = 20\ \text{MPa}$；

(b) $\sigma_\alpha = -10\ \text{MPa}$，$\tau_\alpha = 52\ \text{MPa}$；

(c) $\sigma_\alpha = 22.3\ \text{MPa}$，$\tau_\alpha = 16.0\ \text{MPa}$

7.3　(a) $\sigma_1 = 70\ \text{MPa}$，$\sigma_2 = 20\ \text{MPa}$，$\sigma_3 = 0$，$\alpha_0 = 26.6^\circ$，$\tau_{max} = 25\ \text{MPa}$；

(b) $\sigma_1 = 50\ \text{MPa}$，$\sigma_2 = 0$，$\sigma_3 = -50\ \text{MPa}$，$\alpha_0 = -45^\circ$，$\tau_{max} = 50\ \text{MPa}$；

(c) $\sigma_1 = 30\ \text{MPa}$，$\sigma_2 = 0$，$\sigma_3 = -20\ \text{MPa}$，$\alpha_0 = -63.4^\circ$，$\tau_{max} = 25\ \text{MPa}$；

(d) $\sigma_1 = 67.0\ \text{MPa}$，$\sigma_2 = 2.98\ \text{MPa}$，$\sigma_3 = 0$，$\alpha_0 = -19.3^\circ$，$\tau_{max} = 32.0\ \text{MPa}$；

(e) $\sigma_1 = 6.06\ \text{MPa}$，$\sigma_2 = 0$，$\sigma_3 = -66.1\ \text{MPa}$，$\alpha_0 = -16.8^\circ$，$\tau_{max} = 36.1\ \text{MPa}$；

(f) $\sigma_1 = 0$，$\sigma_2 = -1.46\ \text{MPa}$，$\sigma_3 = -68.5\ \text{MPa}$，$\alpha_0 = -58.3^\circ$，$\tau_{max} = 33.5\ \text{MPa}$

7.4　$\sigma_x = 120\ \text{MPa}$，$\tau_{xy} = 40\sqrt{3}\ \text{MPa} = 69.3\ \text{MPa}$

7.5　A 点 $\sigma_1 = 0.008\,43\ \text{MPa}$，$\sigma_2 = 0$，$\sigma_3 = -24\ \text{MPa}$；

B 点 $\sigma_1 = 24\ \text{MPa}$，$\sigma_2 = 0$，$\sigma_3 = -0.008\,43\ \text{MPa}$

7.6　略

7.7　略

7.8　$\sigma_1 = 74.6\ \text{MPa}$，$\sigma_2 = 28.5\ \text{MPa}$，$\sigma_3 = 0$

7.9　$\sigma_1 = 86.5\ \text{MPa}$，$\sigma_2 = 18.5\ \text{MPa}$，$\sigma_3 = 0$

7.10　$\varepsilon_x = 380 \times 10^{-6}$，$\varepsilon_y = 250 \times 10^{-6}$，$\gamma_{xy} = 650 \times 10^{-6}\ \text{rad}$，$\varepsilon_{30^\circ} = 66.0 \times 10^{-6}$

7.11　$\sigma_1 = 100\ \text{MPa}$，$\sigma_2 = 0$，$\sigma_3 = -200\ \text{MPa}$

7.12　略

7.13　$\sigma_{r3} = 170\ \text{MPa}$，$\sigma_{r4} = 159\ \text{MPa}$

7.14　$F = \dfrac{4bhE\varepsilon}{3(1+\mu)}$

7.15 $F = 503\ \text{kN}$，$M_e = 3.48\ \text{kN·m}$

7.16 $\alpha_0 = -26.6°$ 方向伸长 0.18 mm，$\alpha_0 = 63.4°$ 方向缩短 0.145 mm

7.17 $M_e = 10.9\ \text{kN·m}$

7.18 (a) $\sigma_1 = 57.7\ \text{MPa}$，$\sigma_2 = 50\ \text{MPa}$，$\sigma_3 = -27.7\ \text{MPa}$，$\tau_{max} = 42.7\ \text{MPa}$；
(b) $\sigma_1 = 60\ \text{MPa}$，$\sigma_2 = 60\ \text{MPa}$，$\sigma_3 = -60\ \text{MPa}$，$\tau_{max} = 60\ \text{MPa}$；
(c) $\sigma_1 = 37.0\ \text{MPa}$，$\sigma_2 = 30\ \text{MPa}$，$\sigma_3 = -27.0\ \text{MPa}$，$\tau_{max} = 32.0\ \text{MPa}$

7.19 直径减小 $\Delta d = 0.01\ \text{mm}$；体积减小 $\Delta V = 157\ \text{mm}^3$

7.20 (1) $\varepsilon_x = -6.5 \times 10^{-4}$，$\varepsilon_y = 6.5 \times 10^{-4}$；　(2) 圆筒厚度不变

7.21 (1) $\Delta l_{AB} = \dfrac{\sqrt{2}F(1-\mu)}{2Eb}$；　(2) $\varphi_{AB} = \dfrac{F(1+\mu)}{2bhE}$ (↻)

7.22 $\gamma_{ABC} = \dfrac{\sqrt{3}}{2}(1+\mu)\dfrac{F}{bhE}$ (直角增大)；　$\Delta l_{BC} = \dfrac{F}{2bE}(3-\mu)$

7.23 $\sigma = 28\ \text{MPa}$

7.24 $\sigma_{r2} = 26.8\ \text{MPa} < [\sigma_t]$，$\sigma_{rM} = 25.8\ \text{MPa} < [\sigma_t]$，安全

7.25 $\delta \geqslant 14.2\ \text{mm}$

8 组 合 变 形

8.1 $\sigma_{max} = 90.9\ \text{MPa}$

8.2 $\sigma_t = 6.75\ \text{MPa}$，$\sigma_c = 6.99\ \text{MPa}$

8.3 $\sigma_t = \dfrac{8F}{a^2}$，$\sigma_c = -\dfrac{4F}{a^2}$

8.4 (a) $\sigma_c = -\dfrac{F}{4a^2}$；　(b) $\sigma_c = -\dfrac{F}{3a^2}$；　(c) $\sigma_c = -\dfrac{F}{4a^2}$

8.5 $a = 5.21\ \text{mm}$

8.6 $\sigma_A = 8.83\ \text{MPa}$，$\sigma_B = 3.83\ \text{MPa}$，$\sigma_C = -12.2\ \text{MPa}$，$\sigma_D = -7.17\ \text{MPa}$

8.7 $\sigma_{max} = \dfrac{4ql}{bh}$；$\Delta l_{AB} = -\dfrac{ql^2}{bhE}$

8.8 (1) $\sigma_{max} = -1.33\ \text{MPa}$，$\sigma_{min} = -1.53\ \text{MPa}$；　(2) $\sigma_{max} = -0.246\ \text{MPa}$，$\sigma_{min} = -2.61\ \text{MPa}$

8.9 $b = 1.35\ \text{m}$

8.10 按第三强度理论 $F_{max} = 788\ \text{N}$；按第四强度理论 $F_{max} = 836\ \text{N}$

8.11 A 点处 $\sigma_1 = 139\ \text{MPa}$，$\sigma_2 = 0$，$\sigma_3 = -1.4\ \text{MPa}$；$\tau_B = 12.7\ \text{MPa}$，$\tau_C = 14.9\ \text{MPa}$

8.12 $\sigma_{max} = 176\ \text{MPa}$

8.13 $\sigma_{r3} = 123\ \text{MPa}$，$\sigma_{r4} = 120\ \text{MPa}$

8.14 $\sigma_{r3} = 156\ \text{MPa}$

8.15 $\sigma_{r3} = 71.2\ \text{MPa}$

8.16 $d \geqslant 159\ \text{mm}$

8.17 $F_C = \dfrac{8F}{9 + 3E/G}$

8.18 $b = 55\ \text{mm}$，$h = 110\ \text{mm}$

8.19 (1) $\alpha = 25.5°$；　(2) $\sigma_{max} = 11.6\ \text{MPa}$；　(3) $w = 6.02\ \text{mm}$

8.20 $\sigma_{max} = 62.5\ \text{MPa}$；　$w_{max} = 5.70\ \text{mm}$

8.21 $b = 90\ \text{mm}$，$h = 180\ \text{mm}$

8.22 $\sigma_{\max} = \dfrac{32\sqrt{2}\ Fl}{\pi d^3}$

8.23 略

8.24 $s = \dfrac{h^2}{12(l-x)}$

8.25 $d \geqslant 23$ mm

9 压 杆 稳 定

9.1 $F_{cr} = 125$ kN

9.2 (a) $F_{cr\,a} = 2\ 540$ kN； (b) $F_{cr\,b} = 2\ 645$ kN； (c) $F_{cr\,c} = 3\ 136$ kN

9.3 (a) $I_a = 0.055\ 6a^2$； (b) $I_b = 0.083\ 3a^2$；
(c) $I_c = 0.079\ 6a^2$； (d) $I_d = 0.133a^2$，$F_{cr\,d} > F_{cr\,b} > F_{cr\,c} > F_{cr\,a}$

9.4 (1) $F_{\max} = \dfrac{\pi^3 Ed^4}{128a^2}$； (2) $F_{\max} = \dfrac{\sqrt{2}\ \pi^3 Ed^4}{64a^2}$

9.5 2

9.6 $\dfrac{l_a}{l_b} = 2$

9.7 $\theta = \arctan(\cot^2\beta)$，$F_{\max} = \dfrac{\pi^2 EI}{a^2}\sqrt{\left(\dfrac{1}{\sin^2\beta}\right)^2 + \left(\dfrac{1}{\cos^2\beta}\right)^2}$

9.8 (1) $F_{cr} = 106$ kN； (2) $F_{cr} = 456$ kN； (3) $a = 35.7$ mm，$F_{cr} = 754$ kN

9.9 $n_{st} = 3.7$

9.10 $F_{cr\,1} = 2\ 616$ kN，$F_{cr\,2} = 4\ 705$ kN，$F_{cr\,3} = 4\ 725$ kN

9.11 $[F] = 160$ kN

9.12 $[F] = 7.50$ kN

9.13 $d_{AB} = 25.8$ mm，$d_{AC} = 39.3$ mm

9.14 由梁的强度得 $F \leqslant 130$ kN，由压杆的稳定性条件得 $F \leqslant 78.5$ kN,所以 $[F] = 78.5$ kN

9.15 (1) $[F] = 287$ kN； (2) $a = 102$ mm； (3) $D = 145$ mm

9.16 略

9.17 $t = 56.6$ ℃

9.18 $\theta = 54.7°$

9.19 $T_2 = 51.4$ ℃

9.20 (1) $[F] = 316$ kN； (2) $[F] = 659$ kN，2.09 倍

9.21 $F_{cr} = \dfrac{\pi^3 Ed^4}{128l^2}$

9.22 $\dfrac{h}{b} = 2$

10 动载荷与交变应力

10.1 $F_N(x) = \dfrac{\gamma A a}{g}x$

10.2 当 $a = g$ 时，绳索内的应力 $\sigma_d = 11.2$ MPa

10.3 (1) $\sigma_{d\max} = \dfrac{\rho\omega^2 l^2}{2}$； (2) $\Delta l_{CD} = \dfrac{\rho\omega^2 l^3}{3E}$

10.4 $\sigma = 4.63\ \text{MPa}$

10.5 $M_{\max} = \dfrac{Pl}{3}\left(1 + \dfrac{h\omega^2}{3g}\right)$

10.6 $\sigma_{\max} = \dfrac{4\rho\delta(d_1 a\omega)^2}{d^3}$

10.7 $\sigma_{\mathrm{d\,max}} = 145\ \text{MPa}$

10.8 有弹簧时 $\sigma_{\mathrm{d}} = 66.2\ \text{MPa}$；无弹簧时 $\sigma_{\mathrm{d}} = 173\ \text{MPa}$

10.9 $\sigma_{\mathrm{d\,max}} = 59.1\ \text{MPa}$

10.10 (1) $\sigma_{\mathrm{st}} = 0.070\,7\ \text{MPa}$； (2) $\sigma_{\mathrm{d}} = 15.4\ \text{MPa}$； (3) $\sigma_{\mathrm{d}} = 2.69\ \text{MPa}$

10.11 $h \leqslant 86.6\ \text{mm}$

10.12 $\sigma_{\mathrm{d\,max}} = 43.1\ \text{MPa}$

10.13 $\sigma_{\mathrm{d}} = \dfrac{P}{A}\left(1 + \dfrac{v}{\sqrt{g\Delta_{\mathrm{st}}}}\right)$，其中 $\Delta_{\mathrm{st}} = \dfrac{Pl^3}{3EI} + \dfrac{Pa}{EA}$

10.14 $\dfrac{(K_{\mathrm{d}})_{\mathrm{a}}}{(K_{\mathrm{d}})_{\mathrm{b}}} = \dfrac{1}{2}$，$\dfrac{(\sigma_{\mathrm{d\,max}})_{\mathrm{a}}}{(\sigma_{\mathrm{d\,max}})_{\mathrm{b}}} = 1$

10.15 (a) $\sigma_{\mathrm{d\,max}} = 121\ \text{MPa}$； (b) 弹簧置于梁下时 $\sigma_{\mathrm{d\,max}} = 50.6\ \text{MPa}$

10.16 $\Delta_{\mathrm{d}} = \Delta_{\mathrm{st}}\left(1 + \sqrt{1 + \dfrac{2h}{\Delta_{\mathrm{st}}}}\right)$，其中 $\Delta_{\mathrm{st}} = \dfrac{5Pa^3}{6EI} + \dfrac{16P}{9k_2} + \dfrac{P}{9k_1}$

10.17 $\sigma_{\mathrm{d\,max}} = \dfrac{Pl}{4W}\left(1 + \sqrt{1 + \dfrac{48EI(v^2 + gl)}{gPl^3}}\right)$

10.18 (1) $K_{\mathrm{d}} = 1 + \sqrt{1 + \dfrac{384EI}{175Pl^2}}$； (2) K_{d} 变小

10.19 杆的轴力 $F_{\mathrm{Nd}} = 40.3\ \text{kN}$，工作安全因数 $n = 4.27$；梁 $\sigma_{\max} = 140\ \text{MPa}$

10.20 $\sigma_{\max} = 75.5\ \text{MPa}$，$\sigma_{\min} = -75.5\ \text{MPa}$，$r = -1$

10.21 $\sigma_{\mathrm{m}} = 20\ \text{MPa}$，$\sigma_{\mathrm{a}} = 40\ \text{MPa}$，$r = -\dfrac{1}{3}$

10.22 $\sigma_{\mathrm{m}} = -70.8\ \text{MPa}$，$\sigma_{\mathrm{a}} = 113\ \text{MPa}$，$r = -4.33$

10.23 $\sigma_{\mathrm{a}} = \dfrac{8Fl}{\pi d^3}$，$\sigma_{\mathrm{m}} = \dfrac{4F}{\pi d^2}$

11 能 量 法

11.1 $V_\varepsilon = \dfrac{(F_1 + F_2)^2 a}{2EA} + \dfrac{F_2^2 a}{2EA}$

11.2 $V_\varepsilon = \dfrac{\pi F^2 R^3}{2EI}$

11.3 $V_\varepsilon = \dfrac{F^2 a^3}{3EI} + \dfrac{2F^2 l}{EA}$

11.4 $V_\varepsilon = \dfrac{M_{\mathrm{e}}^2 \pi R}{4EI}$，$\theta_B = \dfrac{M_{\mathrm{e}} \pi R}{2EI}$

11.5 $V_\varepsilon = \dfrac{3F^2 a^3}{4EI}$，$w_B = \dfrac{3Fa^3}{2EI}$

11.6 $\Delta_{AV} = \dfrac{11Fl}{6EA}(\downarrow)$

11.7 $\omega = \dfrac{5Fl^4}{384EI}$

11.8 千分表放在 $x = l - a$,即 C 点,其依据是位移互等定理

11.9 $\Delta_{BH} = \dfrac{FR^3}{2EI}(\rightarrow)$, $\Delta_{BV} = \dfrac{\pi FR^3}{4EI}(\downarrow)$

11.10 $\Delta_{CV} = \dfrac{(3\pi - 8)FR^3}{8EI}(\downarrow)$, $\Delta_{BH} = \dfrac{FR^3}{2EI}(\rightarrow)$

11.11 $\Delta_{BV} = \dfrac{\pi FR^3}{2EI} + \dfrac{3\pi FR^3}{2GI_p} = (128 + 96\mu)\dfrac{FR^3}{Ed^4}$

11.12 (a) $w_B = \dfrac{qa^4}{8EI}(\downarrow)$, $\theta_C = \dfrac{qa^3}{8EI}(\circlearrowleft)$; (b) $w_B = \dfrac{2qa^4}{3EI}(\downarrow)$, $\theta_C = \dfrac{qa^3}{3EI}(\circlearrowright)$

11.13 $\Delta_{CH} = (1 + 2\sqrt{2})\dfrac{Fa}{EA}(\rightarrow)$, $\Delta_{CV} = \dfrac{Fa}{EA}(\downarrow)$

11.14 $\Delta_{DE} = \left(2 + \dfrac{3}{\sqrt{2}}\right)\dfrac{Fa}{EA}(\rightarrow \leftarrow)$

11.15 (a) $\theta_{\max} = \dfrac{7qa^3}{6EI}$, $w_{\max} = \dfrac{41qa^4}{24EI}$; (b) $\theta_{\max} = \dfrac{11qa^3}{6EI}$, $w_{\max} = \dfrac{19qa^4}{8EI}$

11.16 (d) $\theta_{\max} = \dfrac{Fl^2}{9EI}$, $w_{\max} = \dfrac{23Fl^3}{648EI}$;其他略

11.17 (a) $\theta(x) = \dfrac{F}{2EI}(l^2 - x^2)(\circlearrowleft)$, $w(x) = \dfrac{F}{6EI}(x^3 - 3l^2x + 2l^3)(\downarrow)$;

(b) $\theta(x) = \dfrac{q}{6EI}(l - x)(x^2 + lx + l^2)(\circlearrowleft)$, $w(x) = \dfrac{q}{24EI}(l - x)^2(x^2 + 2lx + 3l^2)(\downarrow)$

11.18 (a) $\Delta_{BH} = \dfrac{Fa^3}{2EI}(\rightarrow)$, $\theta_B = \dfrac{3Fa^2}{2EI}(\circlearrowright)$; (b) $\Delta_{BH} = \dfrac{2Fa^3}{3EI}(\rightarrow)$, $\theta_B = \dfrac{Fa^2}{6EI}(\circlearrowleft)$;

(c) $\Delta_{BH} = \dfrac{38Fa^3}{3EI}(\leftarrow)$, $\theta_B = \dfrac{7Fa^2}{EI}(\circlearrowright)$

11.19 $\Delta_{AH} = \dfrac{qa^4}{6EI}(\leftarrow)$, $\theta_C = \dfrac{qa^3}{6EI}(\circlearrowright)$

11.20 $\Delta_{CV} = \dfrac{Fa^3}{3EI}(\uparrow)$, $\theta_{CC'} = \dfrac{2Fa^2}{3EI}(\circlearrowleft\circlearrowright)$

11.21 $\varphi = \dfrac{\pi}{8}$

11.22 $\theta_A = \dfrac{qa^3}{6EI}(\circlearrowleft)$, $\Delta_{CV} = \dfrac{11qa^4}{24EI}(\downarrow)$

11.23 (a) $\Delta_{BH} = \dfrac{\pi FR^3}{2EI}(\leftarrow)$, $\theta_B = \dfrac{2FR^2}{EI}(\circlearrowright)$; (b) $\Delta_{BH} = \dfrac{FR^3}{2EI}(\rightarrow)$, $\theta_B = \dfrac{(\pi - 2)FR^2}{4EI}(\circlearrowleft)$

11.24 (a) $M_{\max} = \dfrac{3qa^2}{40}$; (b) $M_{\max} = \dfrac{Fa}{2}$; (c) $M_{\max} = \dfrac{3qa^2}{8}$

11.25 $F_{By} = \dfrac{3F}{8} - \dfrac{3EI\Delta}{4a^3}(\uparrow)$

11.26 $M_B = \dfrac{qa^2}{4}$, $M_{\max} = \dfrac{qa^2}{2}$

11.27 $F_{By} = \dfrac{1 + 2\sqrt{2}}{3 + 4\sqrt{2}}F = \dfrac{13 - 2\sqrt{2}}{23}F(\uparrow)$

11.28 $F_{NCD} = \dfrac{3 + 2\sqrt{2}}{4(1 + \sqrt{2})}F = \dfrac{\sqrt{2} + 1}{4}F$ (压)

11.29 $F_{NA} = 0$, $F_{SA} = qR$, $M_A = 0$

11.30 $M_{\max} = \dfrac{qab}{4}$

11.31 $F_{SB} = \dfrac{5qa}{8}$

11.32 $F_{Ax} = \dfrac{6F}{7}(\rightarrow)$，$F_{Ay} = \dfrac{3F}{7}(\downarrow)$

11.33 $M_{\max} = \dfrac{5Fa}{27}$

11.34 (a) $F_{Ay} = F_{By} = \dfrac{ql}{2}(\uparrow)$，$M_A = \dfrac{ql^2}{12}(\circlearrowleft)$，$M_B = \dfrac{ql^2}{12}(\circlearrowright)$；

(b) $F_{Ay} = \dfrac{20F}{27}(\uparrow)$，$F_{By} = \dfrac{7F}{27}(\uparrow)$，$M_A = \dfrac{4Fl}{27}(\circlearrowleft)$，$M_B = \dfrac{2Fl}{27}(\circlearrowright)$

附录A 截面的几何性质

A.1 (a) $z_C = 2.86R$； (b) $y_C = -0.026\ 4$ mm； (c) $y_C = z_C = \dfrac{5a}{6}$；

(d) $z_C = 103$ mm； (e) $y_C = 11.7$ mm，$z_C = 21.7$ mm； (f) $z_C = \dfrac{d}{18}$

A.2 (a) $S_y = \dfrac{bh^2}{8}$； (b) $S_y = \dfrac{B}{8}(H^2 - h^2) + \dfrac{bh^2}{8}$； (c) $S_y = 42\ 250\ \text{mm}^3$

A.3 $I = \pi r^3\delta$，$I_p = 2\pi r^3\delta$

A.4 (a) $I_y = \dfrac{bh^3}{3}$，$I_z = \dfrac{hb^3}{3}$；

(b) $I_y = I_z = \left(\dfrac{32}{3} - \dfrac{\pi}{8}\right)a^4 = 10.3a^4$；

(c) $I_y = I_z = \dfrac{\pi R^4}{16}$

A.5 (a) $I_y = \dfrac{bh^3}{12}$，$I_z = \dfrac{hb^3}{12}$；

(b) $I_y = I_z = 2\pi R^4$；

(c) $I_y = \dfrac{bh^3}{12} - \dfrac{\pi R^4}{4}$，$I_z = \dfrac{hb^3}{12} - \dfrac{R^2}{12}(3\pi R^2 - 16bR + 3\pi b^2)$

A.6 $a = 125$ mm

A.7 $I_{y_C} = 7.55 \times 10^{-3}R^4$

A.8 略

A.9 (a) $I_{y_0} = 10.4R^4$，$I_{z_0} = 2.06R^4$；

(b) $I_{y_0} = 1.51 \times 10^{-4}\ \text{m}^4$，$I_{z_0} = 1.14 \times 10^{-5}\ \text{m}^4$；

(c) $I_{y_0} = \dfrac{5}{4}a^4$，$I_{z_0} = \dfrac{7}{12}a^4$；

(d) $I_{y_0} = 3.91 \times 10^{-5}\ \text{m}^4$，$I_{z_0} = 2.34 \times 10^{-5}\ \text{m}^4$；

(e) $I_{y_0} = 3.49 \times 10^5\ \text{m}^4$，$I_{z_0} = 6.61 \times 10^4\ \text{m}^4$，$\alpha_0 = 22.5°$ 或 $112.5°$；

(f) $I_{y_0} = 0.038\ 7d^4$，$I_{z_0} = 0.046d^4$

主要参考文献

范钦珊，2012．工程力学［M］．2 版．北京：清华大学出版社.

邓宗白，2013．材料力学［M］．北京：科学出版社.

胡增强，1994．材料力学 800 题［M］．徐州：中国矿业大学出版社.

江苏省力学学会，1991．材料力学试题库试题精选［M］．南京：东南大学出版社.

江苏省力学学会，2015．基础力学竞赛与考研试题精解［M］．徐州：中国矿业大学出版社.

江苏省力学学会，2011．理论力学材料力学考研与竞赛试题精解［M］．徐州：中国矿业大学出版社.

景荣春，2006．材料力学简明教程［M］．北京：清华大学出版社.

李锋，2011．材料力学案例：教学与学习参考［M］．北京：科学出版社.

刘鸿文，2017a．材料力学Ⅰ［M］．6 版．北京：高等教育出版社.

刘鸿文，2017b．材料力学Ⅱ［M］．6 版．北京：高等教育出版社.

秦飞，2012．材料力学［M］．北京：科学出版社.

孙训方，方孝淑，关来泰，2019a．材料力学（Ⅰ）［M］．6 版．北京：高等教育出版社.

孙训方，方孝淑，关来泰，2019b．材料力学（Ⅱ）［M］．6 版．北京：高等教育出版社.

吴永端，邓宗白，周克印，2011．材料力学［M］．北京：高等教育出版社.

严圣平，2019．工程力学［M］．2 版．北京：高等教育出版社.

HIBBELER R C，2004．Mechanics of Materials［M］．5th. 北京：高等教育出版社.